ACAA 中国数字艺术教育联盟
Autodesk 中国教育管理中心
高等职业教育应用型人才培养教材

AutoCAD 2016 中文版机械设计一体化教学案例教程

公茂金　主编

鲁　明　赵向阳　郝风伦　副主编

電子工業出版社
Publishing House of Electronics Industry
北京·BEIJING

内 容 简 介

本书以 AutoCAD 2016 为软件平台，讲述各种 CAD 机械设计的绘制方法。包括熟悉 AutoCAD 基本操作、绘制简单机械图形、绘制复杂机械图形、标注机械图形、灵活运用辅助绘图工具、轴系类零件设计、齿轮类零件设计、箱体和箱盖设计、减速箱装配图设计等内容。

全书内容翔实，图文并茂，语言简洁，思路清晰。可以作为 AutoCAD 初学者的入门教材，也可作为工程技术人员的参考工具书。

未经许可，不得以任何方式复制或抄袭本书之部分或全部内容。
版权所有，侵权必究。

图书在版编目（CIP）数据

AutoCAD 2016 中文版机械设计一体化教学案例教程 / 公茂金主编. —北京：电子工业出版社，2017.3
ISBN 978-7-121-30843-7

Ⅰ. ①A… Ⅱ. ①公… Ⅲ. ①机械设计－计算机辅助设计－AutoCAD 软件－高等学校－教材
Ⅳ. ①TH122

中国版本图书馆 CIP 数据核字（2017）第 016990 号

策划编辑：王昭松
责任编辑：王昭松
印　　刷：北京七彩京通数码快印有限公司
装　　订：北京七彩京通数码快印有限公司
出版发行：电子工业出版社
　　　　　北京市海淀区万寿路 173 信箱　　邮编：100036
开　　本：787×1092　1/16　印张：15.5　字数：396.8 千字
版　　次：2017 年 3 月第 1 版
印　　次：2023 年 7 月第 11 次印刷
定　　价：49.00 元

凡所购买电子工业出版社图书有缺损问题，请向购买书店调换。若书店售缺，请与本社发行部联系，联系及邮购电话：（010）88254888，88258888。

质量投诉请发邮件至 zlts@phei.com.cn，盗版侵权举报请发邮件至 dbqq@phei.com.cn。

本书咨询联系方式：wangzs@phei.com.cn。

前　言

机械工程图用来阐述机械工程的构成和功能，描述机械装置的工作原理，提供安装和维护使用的信息，辅助机械工程研究和指导机械工程实践施工等。机械工程的规模不同，该项工程的机械图的种类和数量也不同。较大规模的机械工程通常要包含更多种类的机械工程图，从不同的侧面表达不同侧重点的工程含义。

机械工程图一方面可以根据功能和使用场合分为不同的类别，另一方面各种类别的机械工程图都有某些联系和共同点，不同类别的机械工程图适用于不同的场合，其表达工程含义的侧重点也不尽相同。对于不同专业和在不同场合下，只要是按照同一种用途绘成的机械图，不仅在表达方式与方法上必须是统一的，而且在图的分类与属性上也应该一致。

AutoCAD 2016 提供的平面绘图功能能胜任机械工程图中使用的各种机械系统图、框图、电路图、接线图、机械平面图等的绘制。此外，AutoCAD 2016 还提供了三维造型、图形渲染等功能，用于机械工程图的辅助设计。

AutoCAD 机械设计是计算机辅助设计与机械设计结合的交叉学科。虽然在现代机械设计中，应用 AutoCAD 辅助设计是顺理成章的事，但国内专门讲解利用 AutoCAD 进行机械设计的方法和技巧的书很少。本书根据机械设计在各学科和专业中的实际应用，全面具体地对各种机械设计的 AutoCAD 设计方法和技巧进行深入细致的讲解。

一、本书特色

市面上的 AutoCAD 机械设计学习书籍比较多，与同类书相比，本书有以下 4 大特色。

1. 项目驱动，目标明确

本书根据教育部关于高职高专项目化教学推广的最新要求，在深入理解项目化教学思想精髓的基础上，采取项目化教学驱动的方式组织内容，所有知识都在项目任务实施过程中进行潜移默化地灌输，使读者学习起来目标明确，有的放矢，增强学习的兴趣。

2. 内容全面，剪裁得当

本书定位于一本针对 AutoCAD 2016 在机械设计领域应用功能全解的教材与自学结合指导书。全书内容全面具体，不留死角，适合各种不同需求的读者。但是，项目化教学在实施的过程中有一个缺陷需要特别注意，那就是实例对知识应用的片面性容易造成知识点本身的割裂，因此本书在编写过程中，精心设计任务实例，注意知识应用的代表性，尽量覆盖 AutoCAD 绝大部分知识点。同时为了在有限的篇幅内提高知识集中程度，又对所讲述的知识点进行了精心剪裁。

3. 实例丰富，步步为营

作为 AutoCAD 专业软件在机械设计领域应用的工具书，我们力求避免空洞的介绍和描述，而是步步为营，逐个知识点采用机械设计实例进行演绎，这样读者在实例操作过程中就牢固地掌握了软件功能。实例的种类也非常丰富，既有知识点讲解的小实例，又有几个知识点或全章知识点综合的综合实例，还有练习提高的上机实例，更有最后完整实用的工程案例。各种实例交错讲解，达到巩固读者理解的目标。

4．例解与图解配合使用

与同类书比较，本书一个最大的特点是“例解+图解”。所谓“例解”是指抛弃传统的基础知识点铺陈的讲解方法，而是采用直接实例引导加知识点拨的方式进行讲解，这种方式讲解使本书操作性强，可以以最快的速度抓住读者，避免枯燥。“图解”是指多图少字，图文紧密结合，大大增强了本书的可读性。

二、本书组织结构和主要内容

本书以最新的 AutoCAD 2016 版本为演示平台，全面介绍 AutoCAD 机械设计从基础到实例的全部知识，帮助读者从入门走向精通。全书分为 9 个项目。

项目一 熟悉 AutoCAD 基本操作；
项目二 绘制简单机械图形；
项目三 绘制复杂机械图形；
项目四 标注机械图形；
项目五 灵活运用辅助绘图工具；
项目六 轴系类零件设计；
项目七 齿轮类零件设计；
项目八 箱体和箱盖设计；
项目九 减速箱装配图设计。

三、本书教学资源

本书所有实例操作需要的原始文件和结果文件、上机实验的原始文件和结果文件以及电子课件和教学视频，请广大读者登录网址 www.hxedu.com.cn 或 www.sjzswsw.com 下载使用和学习。

四、致谢

本书由山东交通技师学院的公茂金任主编，山东交通技师学院的鲁明、赵向阳、郝风伦老师任副主编，山东交通技师学院的徐春良、刘涛、王东涛、刘永强、狄菲菲、陈晖、杨忠一、刘兴旺参与了部分章节的编写。Autodesk 中国认证考试中心首席专家胡仁喜博士审校了全稿。

由于时间仓促，加上编者水平有限，书中不足之处在所难免，望广大读者联系 www.sjzswsw.com 或发送邮件到 win760520@126.com 批评指正，编者将不胜感激。

编 者

2017 年 1 月

目　录

项目一　熟悉 AutoCAD 基本操作

【学习情境】

到目前为止，读者还没有正式接触到 AutoCAD 2016 软件，对软件的操作环境、基本操作功能等还没有一个基本的了解。

在项目一中，我们通过几个简单的任务，开始循序渐进地学习 AutoCAD 2016 绘图软件的基本知识。了解如何设置图形的系统参数，熟悉建立新的图形文件、打开已有文件的方法等，为后面进入系统学习准备必要的基础知识。

【能力目标】

- 操作环境设置。
- 文件管理。
- 基本输入操作。
- 显示控制操作。

【课时安排】

3 课时（讲课 2 课时，练习 1 课时）

任务一　设置操作环境

【任务背景】

操作任何一款软件的第一件事就是要对这个软件的基本界面进行感性的认识，并会进行基本的参数设置，从而为后面具体的操作做好准备。

AutoCAD 2016 为用户提供了交互性良好的 Windows 风格操作界面，也提供了方便的系统定制功能，用户可以根据需要和喜好灵活地设置绘图环境。

本任务只要求读者熟悉 AutoCAD 2016 软件的基本界面布局和各个区域的大体功能范畴。为了便于读者后面具体绘图，在本任务中可以试着设置十字光标大小和绘图窗口颜色等最基本的参数。

【操作步骤】

1. 熟悉操作界面

单击计算机桌面快捷图标，或在计算机上选择“开始”→“所有程序”→“Autodesk”→“AutoCAD 2016 简体中文（Simplified Chinese）”菜单选项，打开如图 1-1 所示的 AutoCAD 操作界面。

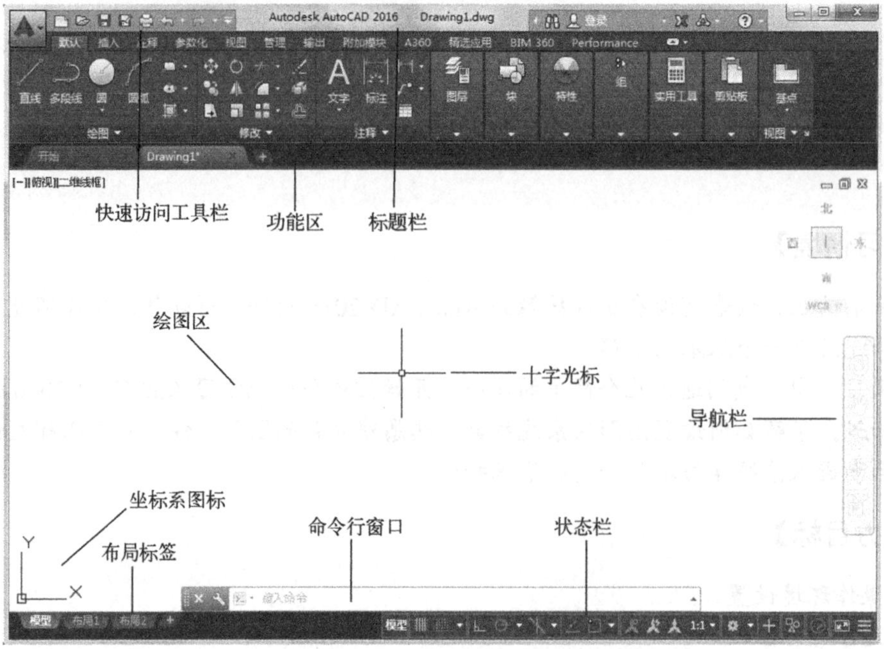

图 1-1　AutoCAD 2016 操作界面

该界面是 AutoCAD 2016 显示、编辑图形的区域，一个完整的 AutoCAD 操作界面，包括标题栏、功能区、绘图区、十字光标、坐标系图标、命令行窗口、状态栏、布局标签、导航栏和快速访问工具栏等。

在绘图区中右击鼠标，打开快捷菜单，如图 1-2 所示，选择“选项”命令，打开“选项”对话框，选择“显示”选项卡，将窗口元素对应的“配色方案”设置为“明”，如图 1-3 所示，单击“确定”按钮，退出对话框，此时操作界面如图 1-4 所示。

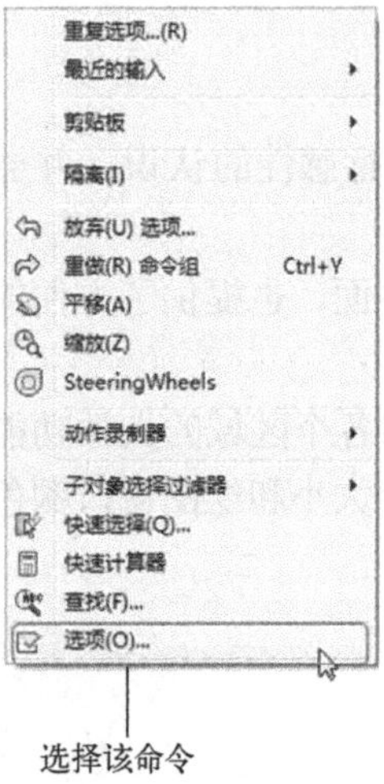

图 1-2　快捷菜单

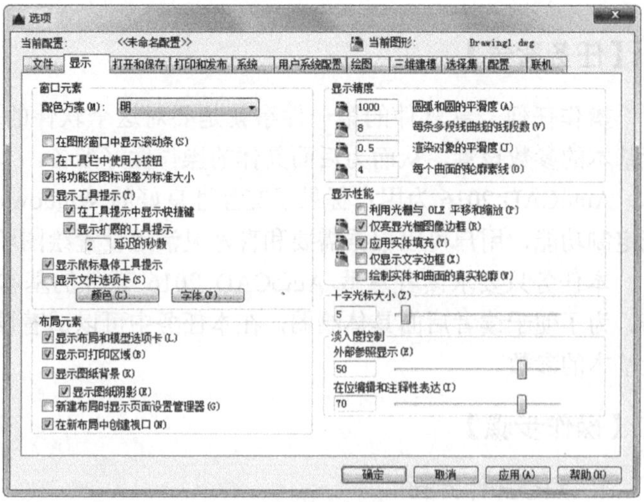

图 1-3　“选项”对话框

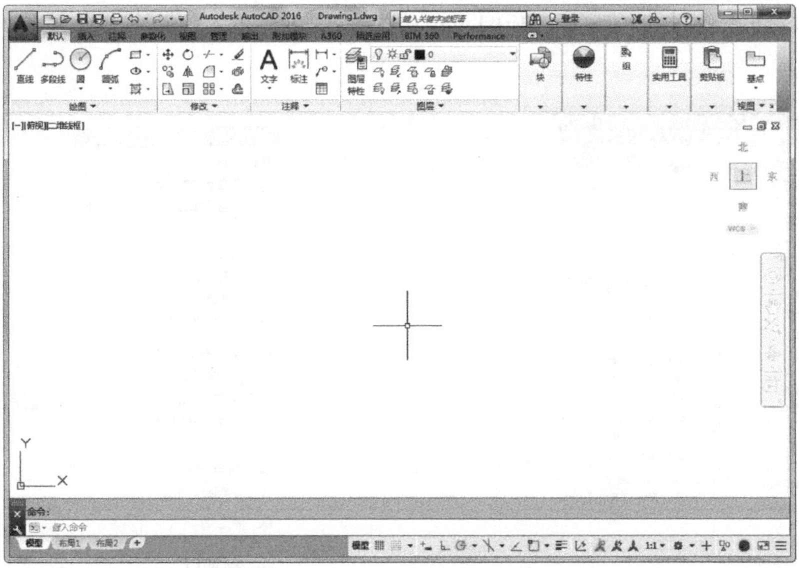

图 1-4　配色方案为“明”的操作界面

2. 菜单栏

单击 AutoCAD 快速访问工具栏右侧三角，在打开的下拉菜单中选择“显示菜单栏”命令，如图 1-5 所示。调出的菜单栏显示界面如图 1-6 所示。同其他 Windows 程序一样，AutoCAD 的菜单也是下拉形式，并在菜单中包含子菜单。AutoCAD 的菜单栏中包含“文件”“编辑”“视图”“插入”“格式”“工具”“绘图”“标注”“修改”“参数”“窗口”和“帮助”12 个菜单，这些菜单几乎包含 AutoCAD 的所有绘图命令，后面的项目将围绕这些菜单展开讲述。AutoCAD 下拉菜单中的命令有以下 3 种类型。

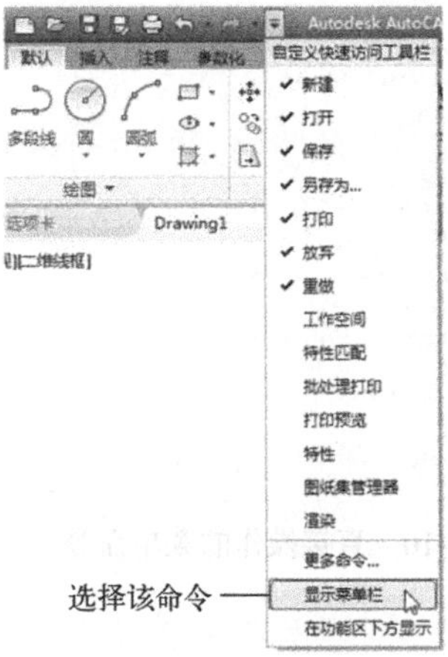

图 1-5　调出菜单栏

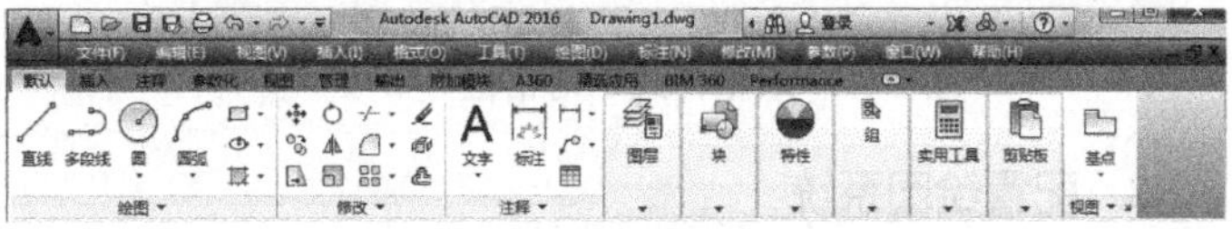

图 1-6　菜单栏显示界面

（1）带有小三角形的菜单命令。这种类型的命令后面带有子菜单。例如，选择菜单栏中的“绘图”→“圆弧”命令，屏幕上就会进一步下拉出“圆弧”子菜单中所包含的命令，如图 1-7 所示。

（2）打开对话框的菜单命令。这种类型的命令后面带有省略号。例如，选择菜单栏中的“格式”→“表格样式”命令，如图 1-8 所示，屏幕上就会打开“表格样式”对话框，如图 1-9 所示。

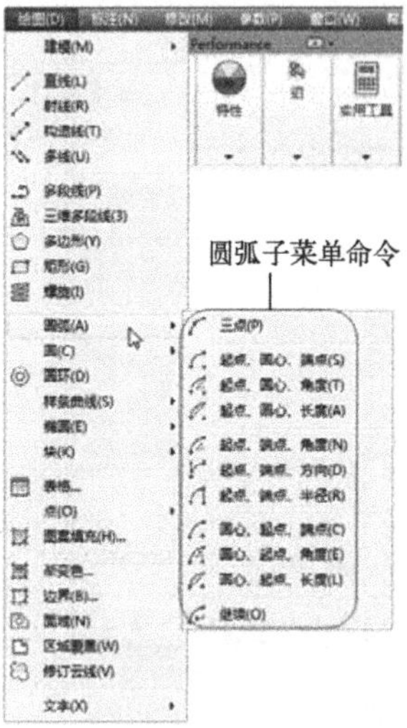

图 1-7　带有子菜单的菜单命令

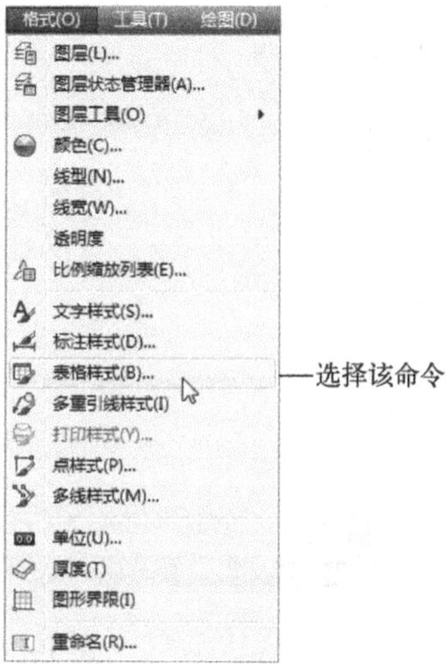

图 1-8　打开对话框的菜单命令

（3）直接操作的菜单命令。这种类型的命令将直接进行相应的绘图或其他操作。例如，选择菜单栏中的“视图”→“重画”命令，系统将刷新显示所有视图，如图 1-10 所示。

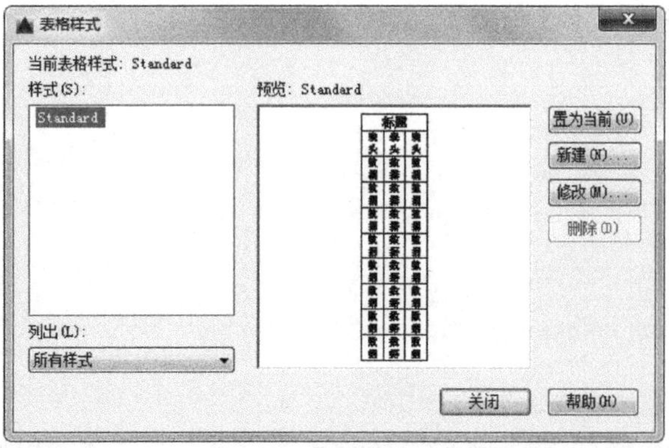

图 1-9　“表格样式”对话框

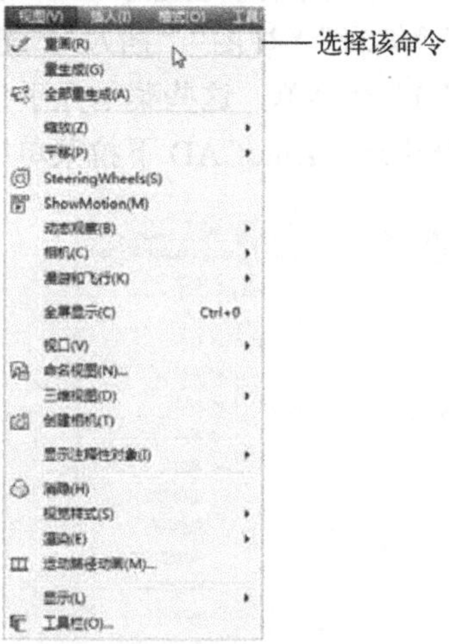

图 1-10　直接操作的菜单命令

3. 配置绘图系统

由于每台计算机所使用的显示器、输入设备和输出设备的类型不同，用户喜好的风格及计算机的目录设置也是不同的，所以每台计算机都是独特的。使用 AutoCAD 2016 的默认配置就可以绘图，但为了使用用户的定点设备或打印机，以及为提高绘图的效率，AutoCAD 2016 推荐用户在开始作图前先进行必要的配置。具体配置操作如下：

在命令行输入 preferences，或选择菜单栏中的“工具”→“选项”命令，或右击鼠标打开快捷菜单（其中包括一些最常用的命令，如图 1-11 所示），选择其中的“选项”命令，执行上述命令后，系统自动打开“选项”对话框。用户可以在该对话框中选择有关选项，对系统进行配置。下面只就其中主要的几个选项卡作一下说明，其他配置选项在后面用到时再作具体说明。

图 1-11　“选项”的快捷菜单

（1）系统配置。在“选项”对话框中的第五个选项卡为“系统”，如图 1-12 所示。该选项卡用来设置 AutoCAD 系统的有关特性。其中“常规选项”选项组确定是否选择系统配置的有关基本选项。

（2）显示配置。在“选项”对话框中的第二个选项卡为“显示”，该选项卡控制 AutoCAD 窗口的外观，如图 1-13 所示。该选项卡设定屏幕菜单、屏幕颜色、光标大小、滚动条显示与否、固定命令行窗口中文字行数、AutoCAD 的版面布局设置、各实体的显示分辨率及 AutoCAD 运行时的其他各项性能参数的设定等。其中部分设置如下：

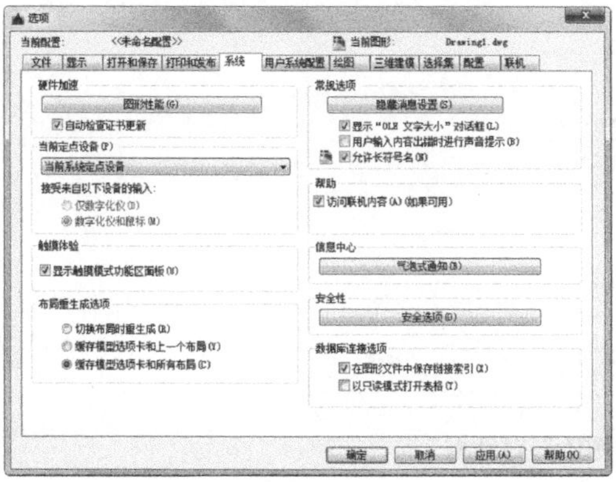
图 1-12　“系统”选项卡

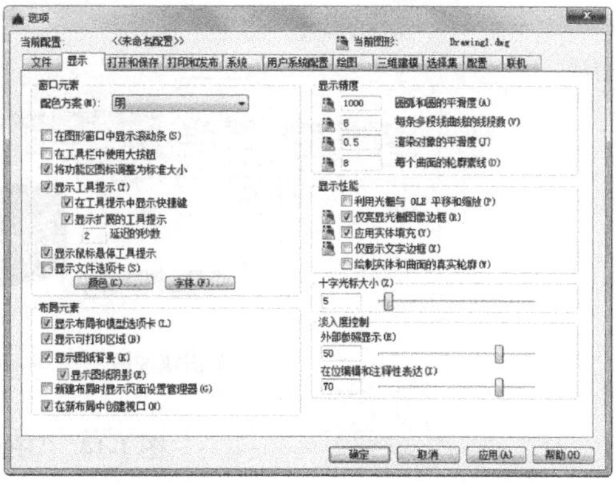
图 1-13　“显示”选项卡

① 修改图形窗口中十字光标的大小。光标的长度系统预设为屏幕大小的 5%，用户可以根据绘图的实际需要更改其大小。改变光标大小的方法为：

选择菜单栏中的“工具”→“选项”命令，打开“选项”对话框，选择“显示”选项卡，在“十字光标大小”区域中的编辑框中直接输入数值，或者拖动编辑框后的滑块，即可对十字光标的大小进行调整，如图 1-13 所示。

此外，还可以通过设置系统变量 CURSORSIZE 的值，实现对其大小的更改。方法是在命令行输入：

```
命令:↙
输入 CURSORSIZE 的新值 <5>:
```

在提示下输入新值即可。默认值为 5%。

② 修改绘图窗口的颜色。在默认情况下，AutoCAD 的绘图窗口是黑色背景、白色线条，这不符合绝大多数用户的习惯，因此修改绘图窗口颜色是大多数用户都需要进行的操作。

修改绘图窗口颜色的步骤为：

a. 选择菜单栏中的“工具”→“选项”命令，打开“选项”对话框，打开如图 1-13 所示的“显示”选项卡，单击“窗口元素”区域中的“颜色”按钮，将打开如图 1-14 所示的“图形窗口颜色”对话框。

b．单击“图形窗口颜色”对话框中“颜色”字样右侧的下拉箭头，在打开的下拉列表中选择需要的窗口颜色，然后单击“应用并关闭”按钮，此时 AutoCAD 的绘图窗口变成了窗口背景色，通常按视觉习惯选择白色为窗口颜色。

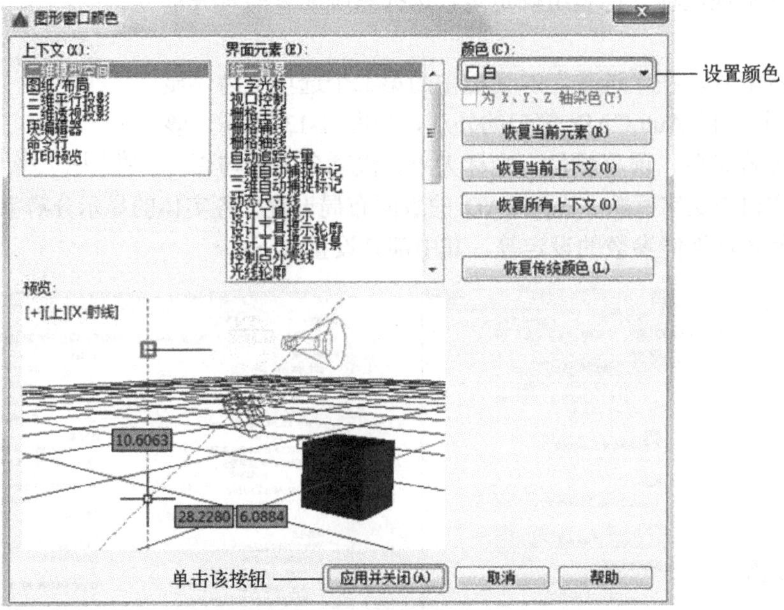

图 1-14 “图形窗口颜色”对话框

注意

在设置实体显示分辨率时，请务必记住，显示质量越高，即分辨率越高，计算机计算的时间越长，千万不要将其设置得太高。显示质量设定在一个合理的程度上是很重要的。

③ 设置工具栏。工具栏是一组图标型工具的集合，选择菜单栏中的“工具”→“工具栏”→“AutoCAD”命令，调出所需要的工具栏，把光标移动到某个图标，稍停片刻即在该图标一侧显示相应的工具提示，同时在状态栏中显示对应的说明和命令名。此时，单击图标也可以启动相应命令。

a．调出工具栏。AutoCAD 2016 的标准菜单提供有几十种工具栏，选择菜单栏中的“工具”→“工具栏”→“AutoCAD”命令，系统会自动打开单独的工具栏标签列表，如图 1-15 所示。单击某一个未在界面显示的工具栏标签名，系统自动在工作界面打开该工具栏；反之，则关闭工具栏。

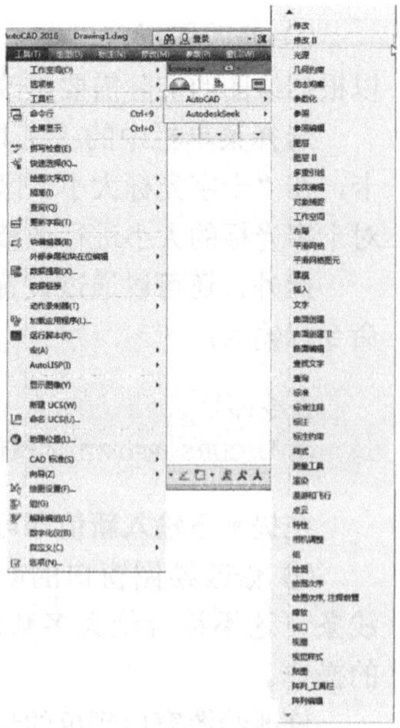

图 1-15 单独的工具栏标签

b．工具栏的“固定”“浮动”与“打开”。工具栏可以在绘图区“浮动”，如图 1-16 所示，此时显示该工具栏标题，并可关闭该工具栏，用鼠标可以拖动“浮动”工具栏到图形区边界，使它变为“固定”工具栏，此时工具栏标题隐藏。也可以把“固定”工具栏拖出，使它成为“浮动”工具栏。

在有些图标的右下角带有一个小三角，按住鼠标左键会打开相应的工具栏，按住鼠标左键，将光标移动到某一图标上然后松手，该图标就为当前图标。单击当前图标，执行相应命令，如图 1-17 所示。

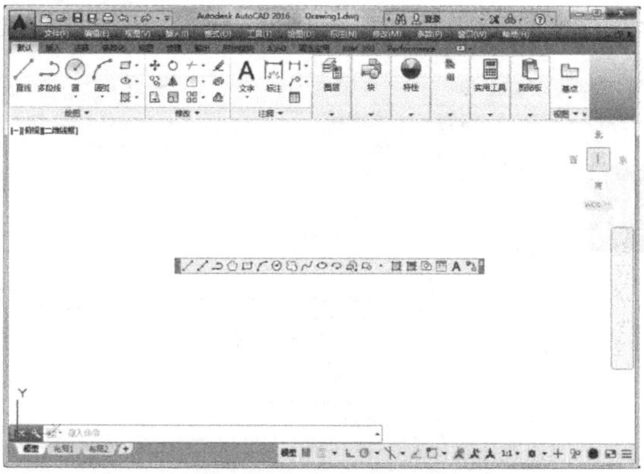

图 1-16 “浮动”工具栏

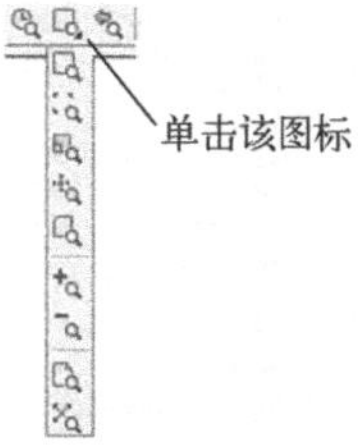

图 1-17　打开工具栏

任务二　管 理 文 件

【任务背景】

任何应用软件，在进入具体操作环节之前，首先都要熟悉管理文件，如新建文件、打开文件、保存文件等。

本任务将介绍有关文件管理的一些基本操作方法，包括新建文件、打开已有文件、保存文件、另存文件等，这些都是进行 AutoCAD 2016 操作最基础的知识。

【操作步骤】

1. 新建文件

在命令行输入 NEW（或 QNEW）命令，或者选择菜单栏中“文件”→“新建”命令，或者单击“快速访问”工具栏中的“新建”按钮，系统打开如图 1-18 所示的“选择样板”对话框。选择一个样板文件（系统默认的是 acadiso.dwt 文件），系统立即从弹出的对话框中的图形样板创建新图形。如果选择的是默认的 acadiso.dwt 文件，打开的界面就如图 1-18 所示。

提示

样板文件是系统提供的预设好各种参数或进行了初步设置的标准绘制文件（比如框）。

在“文件类型”下拉列表框中有.dwt，.dwg，.dws 3 种图形样板。

一般情况下，.dwt 文件是标准的样板文件，通常将一些规定的标准样板文件设置成.dwt 文件；.dwg 文件是普通的样板文件；而.dws 文件是包含标准图层、标注样式、线型和文字样式的样板文件。

2. 保存文件

在命令行输入 QSAVE（或 SAVE）命令，或者选择菜单栏中的“文件”→“保存”命令，或者单击“快速访问”工具栏中的“保存”按钮，执行上述命令后，若文件已命名，则 AutoCAD 自动保存；若文件未命名（即为默认名 drawing1.dwg），则系统打开“图形另存为”对话框，如图 1-19 所示。在“保存于”下拉列表框中可以指定保存文件的路径；在“文件类型”下拉列表框中选择保存文件的类型后，单击“保存”按钮保存文件。

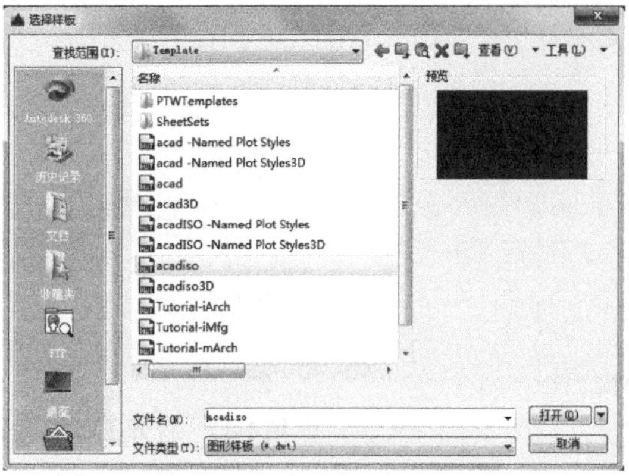

图 1-18 “选择样板”对话框

图 1-19 “图形另存为”对话框

3. 打开文件

在命令行输入 OPEN 命令，或者选择菜单栏中的“文件”→“打开”命令，或者单击“快速访问”工具栏中的“打开”按钮，打开“选择文件”对话框，如图 1-20 所示，找到刚才保存的文件，单击“打开”按钮，系统即可打开该文件。

4. 另存文件

在命令行输入 SAVEAS 命令，或者选择菜单栏中的“文件”→“另存为”命令，系统打开如图 1-21 所示的“图形另存为”对话框，将刚才打开的文件输入另一个文件名，指定路径进行保存。

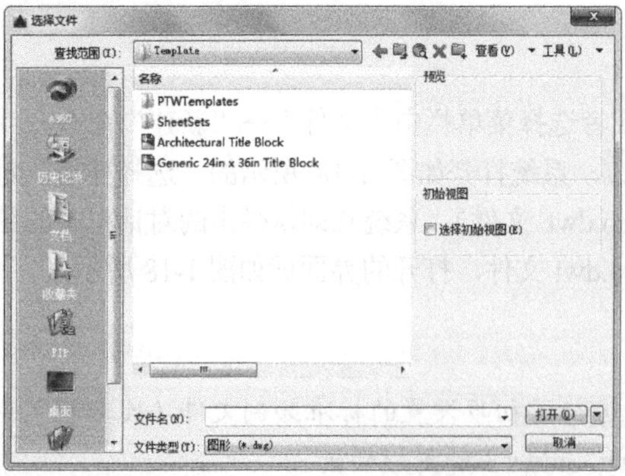

图 1-20 “选择文件”对话框

图 1-21 “图形另存为”对话框

5. 退出系统

在命令行输入 QUIT（或 EXIT）命令，或者选择菜单栏中的“文件”→“关闭”命令，或者单击 AutoCAD 操作界面右上角的“关闭”按钮后，若用户对图形所作的修改尚未保存，则会出现如图 1-22 所示的系统警告对话框。若选择“是”按钮，则系统将保存文件，然后退出；若选择“否”按钮，则系统将不保存文件。若用户对图形所作的修改已经保存，则直接退出。

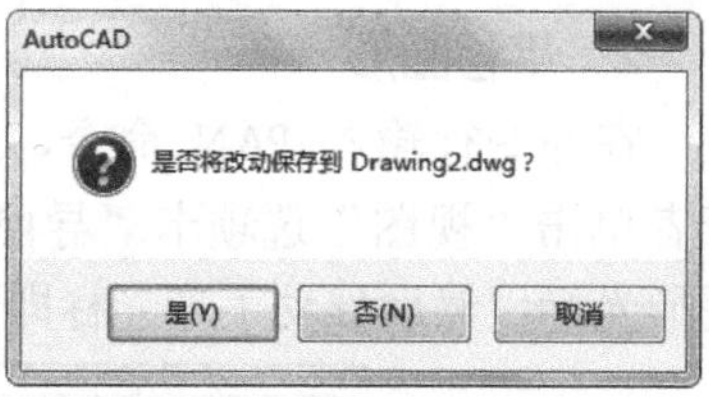

图 1-22　系统警告对话框

任务三　查看零件图细节

【任务背景】

在绘制或者查看图形时，经常要转换绘制或查看图形的区域，或者要查看图形某部分的细节，这时候就需要用到 AutoCAD 的图形显示工具。

改变视图的一般方法就是利用缩放和平移命令，在绘图区域放大或缩小图像显示，或者改变观察位置。

本任务将介绍利用 AutoCAD 2016 的平移和缩放两种显示工具对图形进行查看的具体方法，方便读者在具体绘图过程中转换显示区域和查看图形细节。

【操作步骤】

1. 打开文件

单击“快速访问”工具栏中的“打开”按钮，打开“C 盘/Program files/Autodesk/AutoCAD 2016/Sample/SheetSets/Manufacturing”文件夹里的“VW252-02-0500-N.dwg”文件，如图 1-23 所示。

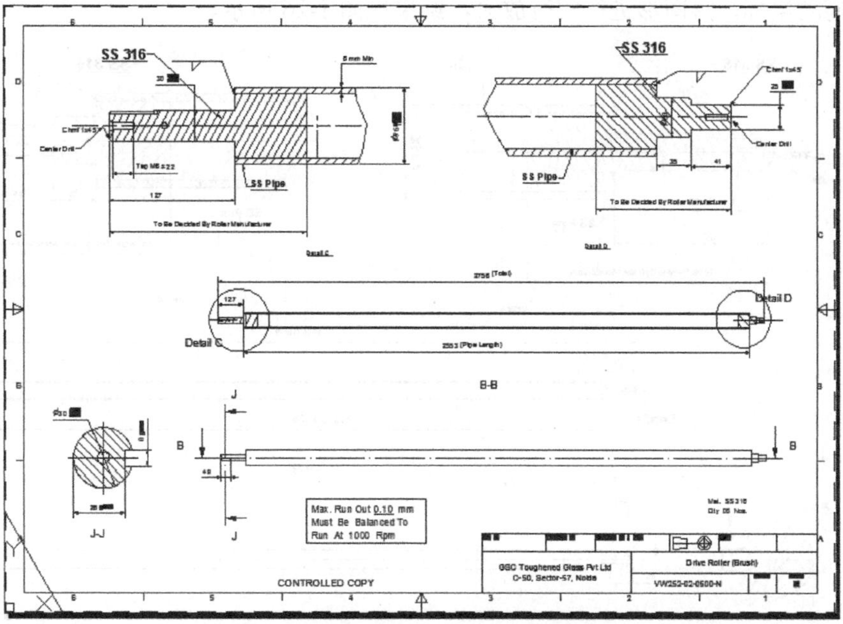

图 1-23　VW252-02-0500-N.dwg 文件

2. 平移图形

在命令行输入 PAN 命令，或者选择菜单栏中的“视图”→“平移”→“实时”命令，或者单击“视图”选项卡“导航”面板中的“平移”按钮，执行上述命令后，鼠标变成手形光标，然后移动手形光标即可移动图形，如图 1-24 所示。

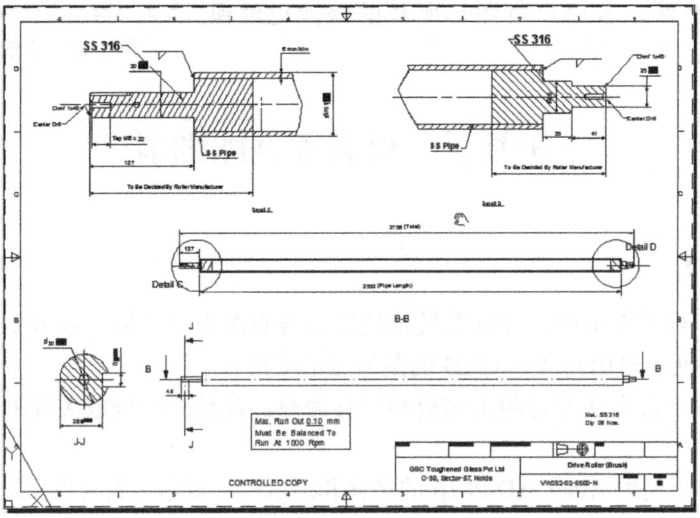

图 1-24　平移图形

3. 缩放图形

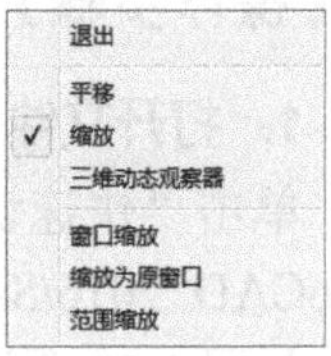

图 1-25　右键快捷菜单

（1）在命令行输入 ZOOM 命令，或者选择菜单栏中的“视图”→“缩放”→“实时”命令，或者单击“视图”选项卡“导航”面板“缩放”下拉列表中的“实时”按钮，或者右击鼠标，选择右键快捷菜单中的“缩放”命令，如图 1-25 所示。绘图平面出现缩放标记，向上拖动鼠标，将图形进行实时放大，结果如图 1-26 所示。

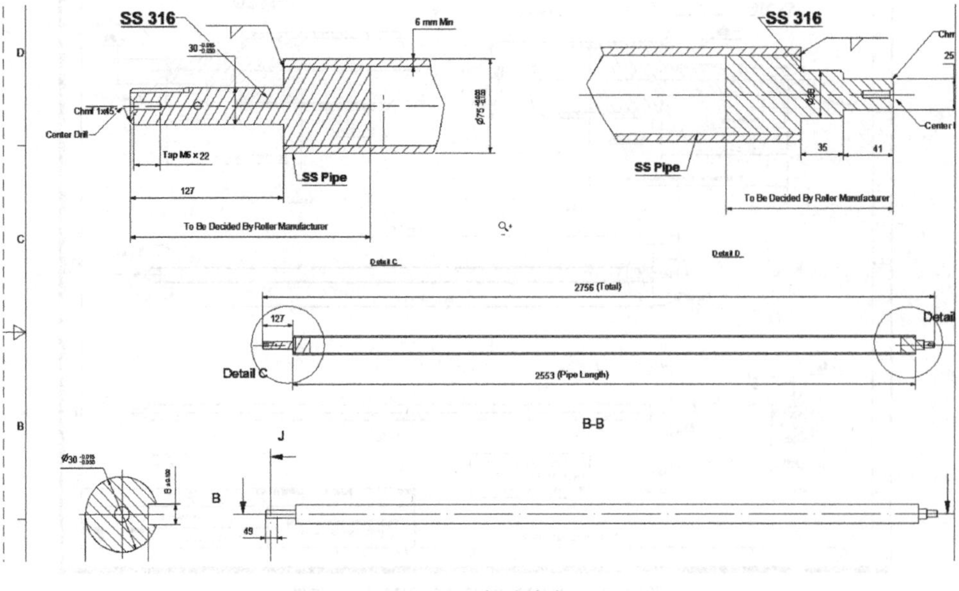

图 1-26　实时放大

（2）单击“视图”选项卡“导航”面板“缩放”下拉列表中的“窗口”按钮，用鼠标拖出一个缩放窗口，如图 1-27 所示。

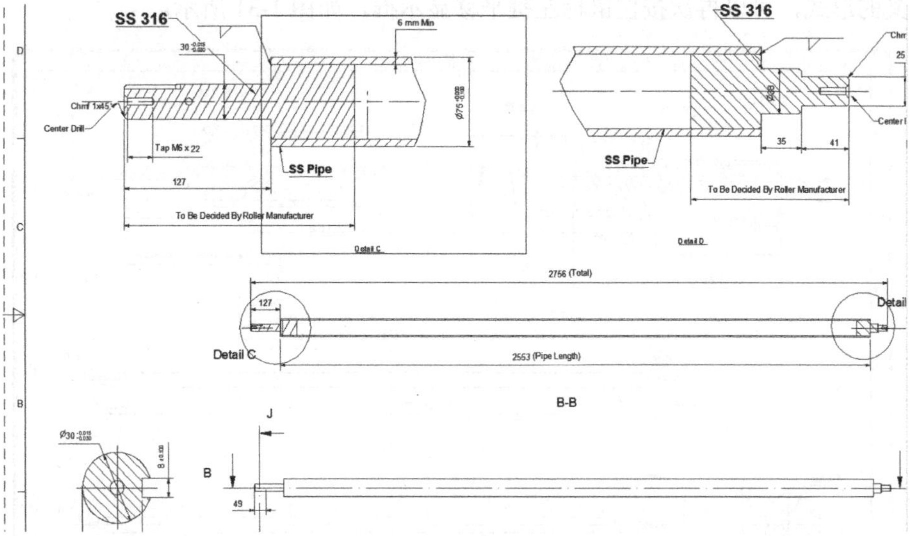

图 1-27　缩放窗口

（3）单击“视图”选项卡“导航”面板“缩放”下拉列表中的“上一个”按钮，系统自动返回上一次缩放的图形窗口。

（4）单击“视图”选项卡“导航”面板“缩放”下拉列表中的“动态”按钮，这时，图形平面上会出现一个中心有小叉的显示范围框，如图 1-28 所示。

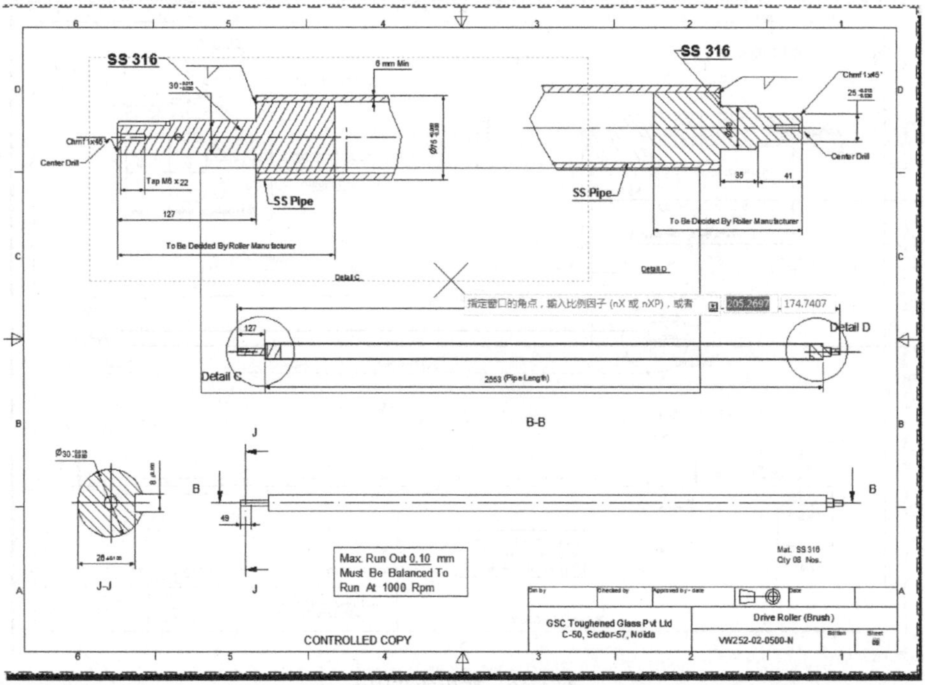

图 1-28　动态缩放范围窗口

（5）单击鼠标左键，会出现右边带箭头的缩放范围显示框，如图 1-29 所示。拖动鼠标，可以看出，带箭头的范围框大小在变化，如图 1-30 所示。释放鼠标左键，范围框又变成带小叉的形式，可以再次按住鼠标左键平移显示框，如图 1-31 所示。

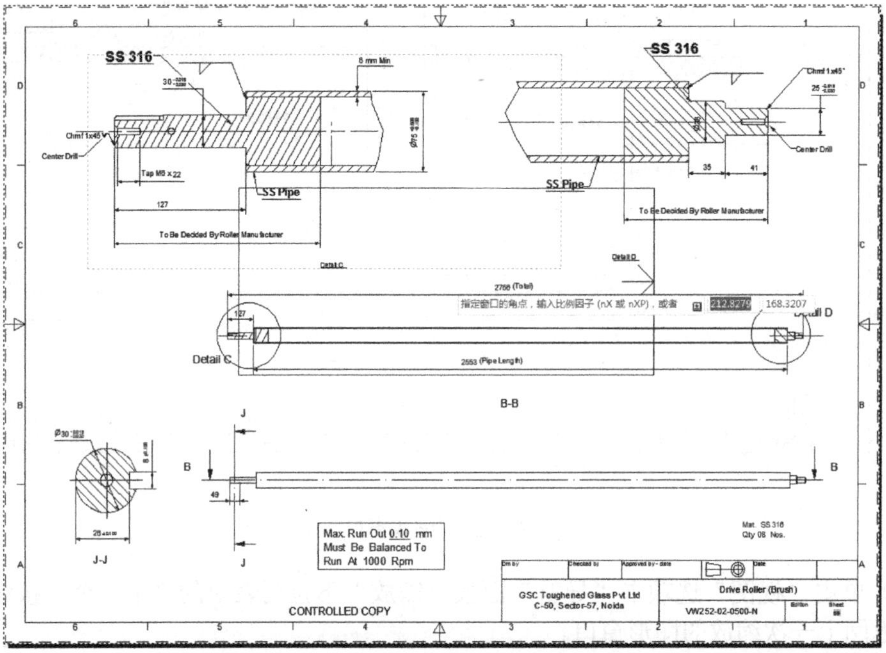

图 1-29　右边带箭头的缩放范围显示框

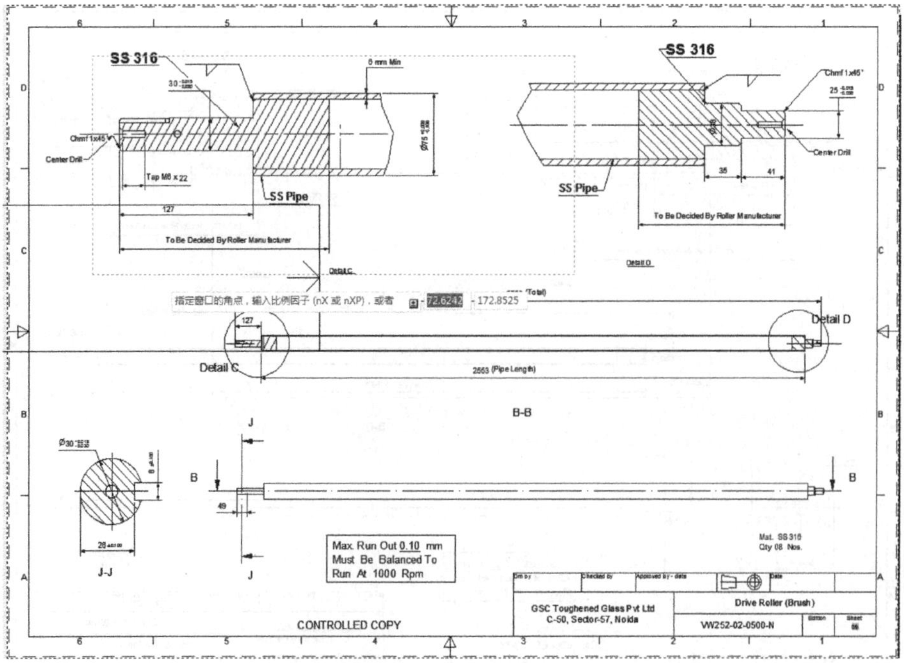

图 1-30　变化的范围框

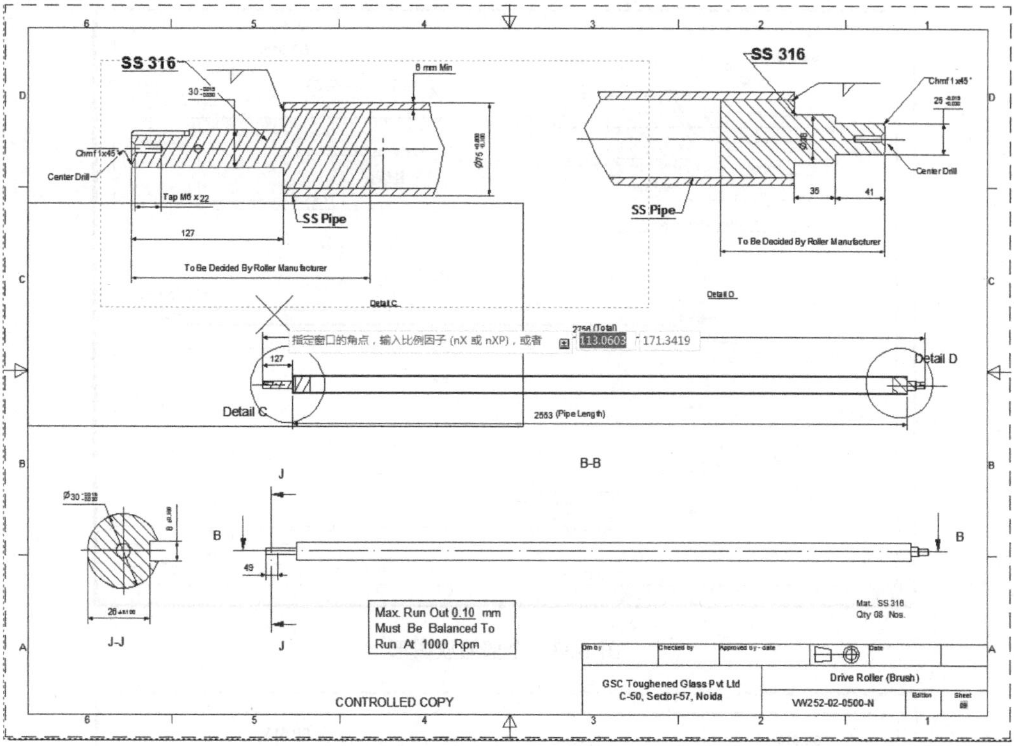

图 1-31　平移显示框

按【Enter】键，则系统显示动态缩放后的图形，如图 1-32 所示。

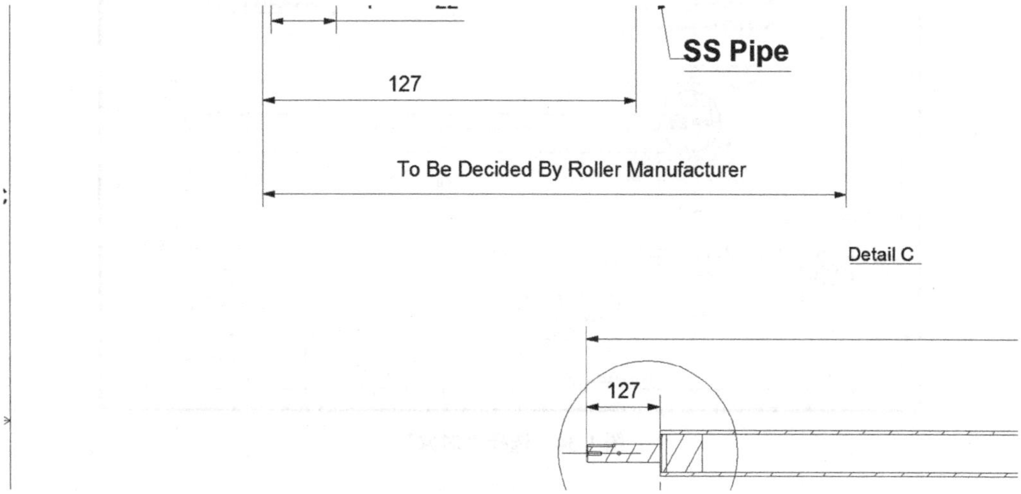

图 1-32　动态缩放结果

（6）单击“视图”选项卡“导航”面板“缩放”下拉列表中的“全部”按钮，系统将显示全部图形画面，如图 1-33 所示。

（7）单击“视图”选项卡“导航”面板“缩放”下拉列表中的“对象”按钮，并框选如图 1-34 所示的范围，系统进行对象缩放，如图 1-35 所示。

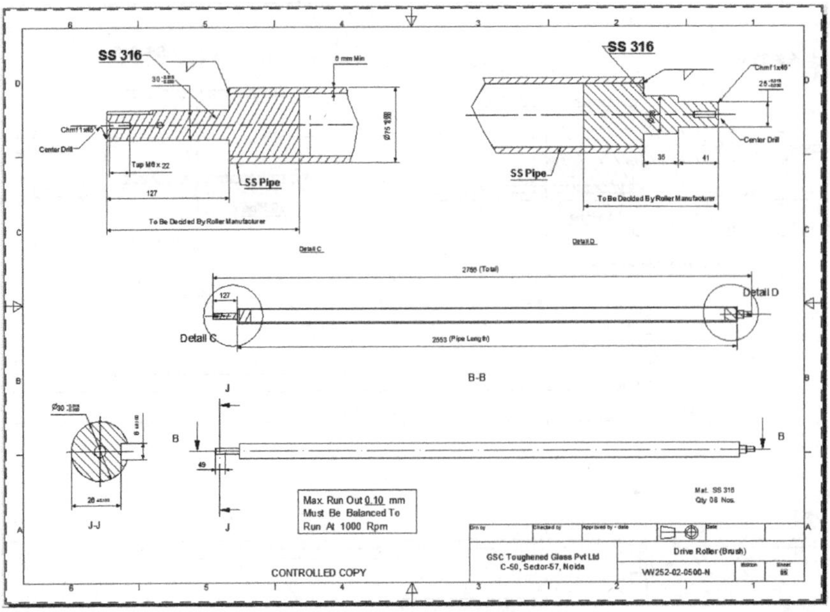

图 1-33 全部缩放图形

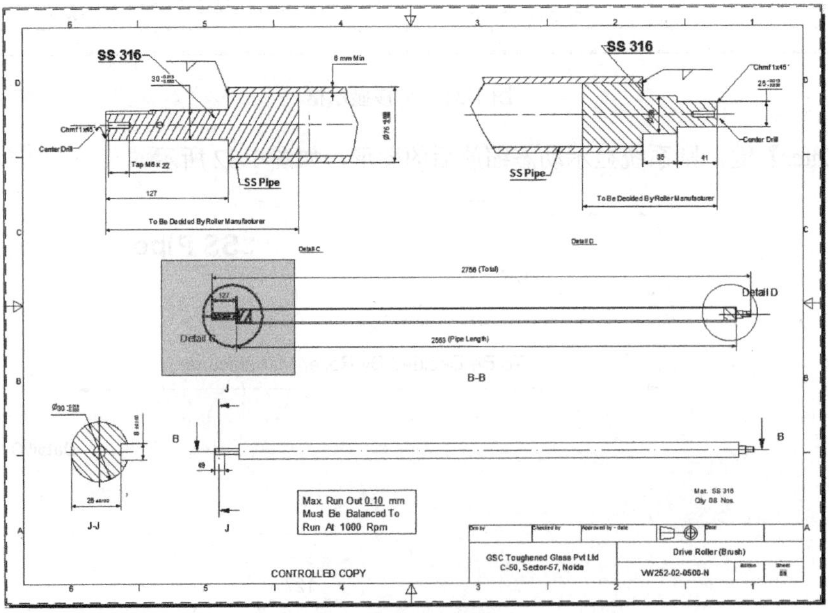

图 1-34 选择“对象”

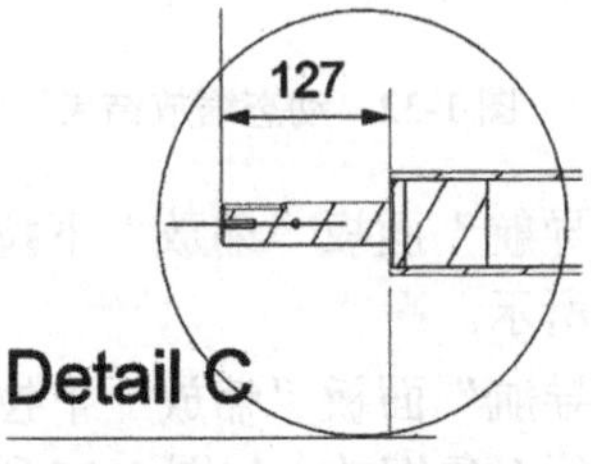

图 1-35 缩放对象结果

任务四　绘制一条线段

【任务背景】

为了便于绘制图形，AutoCAD 提供了尽可能多的命令输入方式，读者可以选择自己习惯的命令输入方式进行快速绘图。在指定数据点的具体坐标等参数时，AutoCAD 也设定了一些固定的格式，只有遵守这些格式输入数值，系统才能准确识别。

在 AutoCAD 2016 中，点的坐标可以用直角坐标、极坐标、球面坐标和柱面坐标表示，每一种坐标又分别具有两种坐标输入方式：绝对坐标和相对坐标。其中直角坐标和极坐标最为常用。

本任务将通过绘制如图 1-36 所示的线段介绍利用 AutoCAD 2016 绘图时具体的命令输入方式和数值输入格式。

图 1-36　线段

【操作步骤】

1. 直角坐标法输入数值绘制线段

（1）绝对坐标输入方式。

在命令行提示与操作如下：

命令：LINE↙（LINE 是“直线”命令，大小写字母都可以，AutoCAD 不区分大小写，↙表示回车键）

指定第一个点：0,0↙（这里输入的是用直角坐标法输入的点的 X、Y 坐标值）

指定下一点或 [放弃(U)]：15,18↙（表示输入了一个 X、Y 的坐标值分别为 15、18 的点，此为绝对坐标输入方式，表示该点的坐标是相对于当前坐标原点的坐标值，如图 1-37（a）所示）

指定下一点或 [放弃(U)]：↙（直接回车，表示结束当前命令）

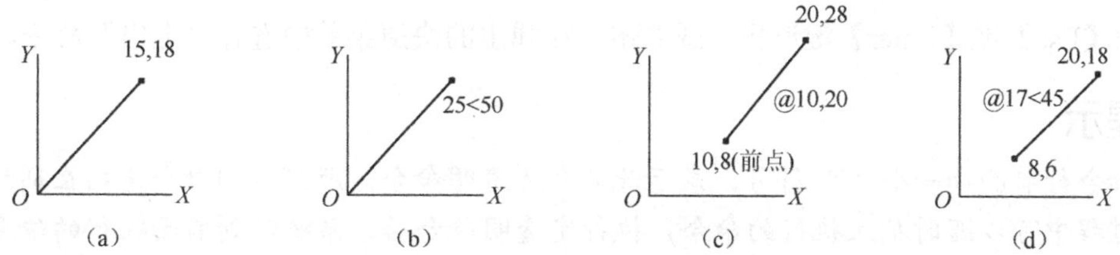

图 1-37　数据输入方法

注意

分隔数值一定要是西文状态下的逗号，否则系统不会准确输入数据。

（2）相对坐标输入方式。

在命令行提示与操作如下：

命令：L↙（L 是“直线”命令的快捷输入方式，和完整命令输入方式等效）

指定第一个点:10,8↙

指定下一点或 [放弃(U)]：@10,20↙（此为相对坐标输入方式，表示该点的坐标是相对于前一点的坐标值，如图 1-37（c）所示）

指定下一点或 [放弃(U)]：↙（如果输入 U，表示放弃上步的操作）

2. 极坐标法输入数值绘制线段

（1）绝对坐标输入方式。

选择菜单栏中的“绘图”→“直线”命令，如图 1-38 所示，命令行提示与操作如下：

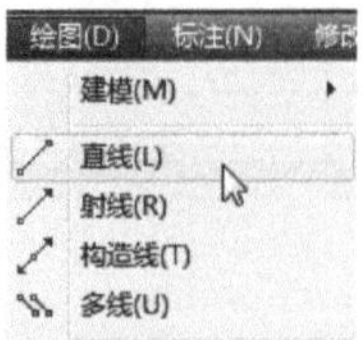

图 1-38 “直线”命令的菜单执行方式

命令：_line↙（line 命令前加一个“_”，表示是“直线”命令的菜单或工具栏输入方式，和命令行输入方式等效）

指定第一个点:0,0↙

指定下一点或 [放弃(U)]：25<50↙（此为绝对坐标输入方式下，极坐标法输入数值的方式，25 表示该点到坐标原点的距离，50 表示该点至原点的连线与 X 轴正向的夹角，如图 1-37（b）所示）

指定下一点或 [放弃(U)]：↙

（2）相对坐标输入方式。

单击“默认”选项卡“绘图”面板中的“直线”按钮（系统默认位置在绘图区上方），命令行提示与操作如下：

命令：_line↙

指定第一个点:8,6↙

指定下一点或 [放弃(U)]：@17<45↙（此为相对坐标输入方式下，极坐标法输入数值的方式，17 表示该点到前一点的距离，45 表示该点至前一点的连线与 X 轴正向的夹角，如图 1-37（d）所示）

指定下一点或 [放弃(U)]：↙

有时候看不清楚绘制的线段，可以在当前命令执行的过程中执行一些显示控制命令，比如单击“视图”选项卡“导航”面板中的“平移”按钮，命令行提示与操作如下：

命令：'_pan

按【Esc】或【Enter】键退出，或右击，在弹出的快捷菜单中选择“退出”命令。

提示

命令行前面加一个“'”符号，表示此命令为透明命令，所谓透明命令是指在别的命令执行过程中可以随时插入执行的命令，执行完透明命令后，系统回到前面执行的命令过程中，不影响原命令的执行。

3. 直接输入长度值绘制线段

（1）在绘图区右击，打开右键快捷菜单，在“最近的输入”子菜单中选择需要的命令，如图 1-39 所示。“最近的输入”子菜单中储存最近使用的 6 个命令，如果经常重复使用某个 6 次操作以内的命令，这种方法就比较快速简洁。

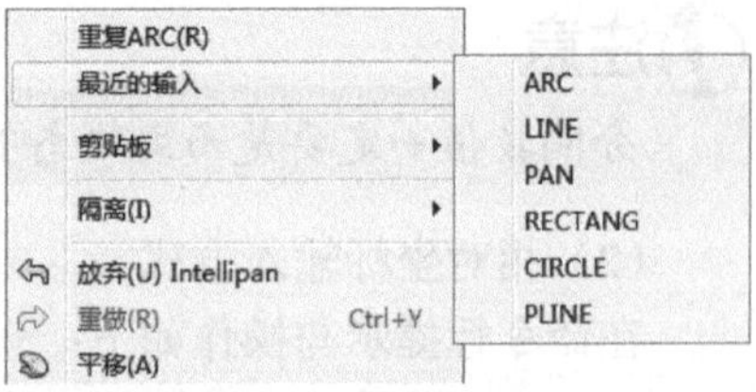

图 1-39 右键快捷菜单

（2）在命令行提示下操作如下：

命令：_line

指定第一点：（在屏幕上指定一点）

指定下一点或 [放弃(U)]:

这时在屏幕上移动鼠标指明线段的方向，但不要单击鼠标左键确认，如图 1-40 所示，然后在命令行输入“10”，这样就在指定方向上准确地绘制了长度为 10mm 的线段。

4. 动态数据输入

（1）按下状态栏上的按钮，系统打开动态输入功能，可以在屏幕上动态地输入某些参数数据。

例如，绘制直线时，在光标附近会动态地显示“指定第一点”，以及后面的坐标框，当前显示的是光标所在位置，可以输入数据，两个数据之间以逗号隔开，如图 1-41 所示。指定第一点后，系统动态显示直线的角度，同时要求输入线段长度值，如图 1-42 所示，其输入效果与“@长度<角度”方式相同。

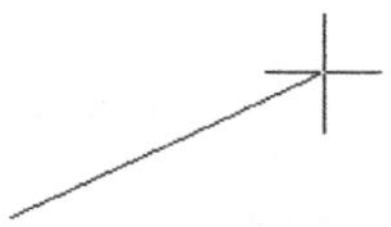

图 1-40　绘制直线

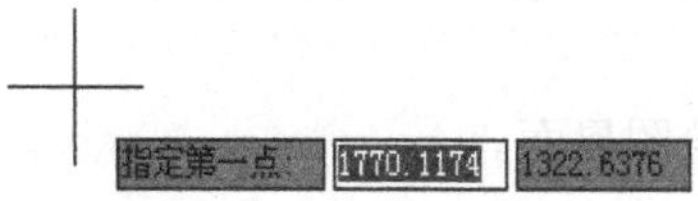

图 1-41　动态输入坐标值

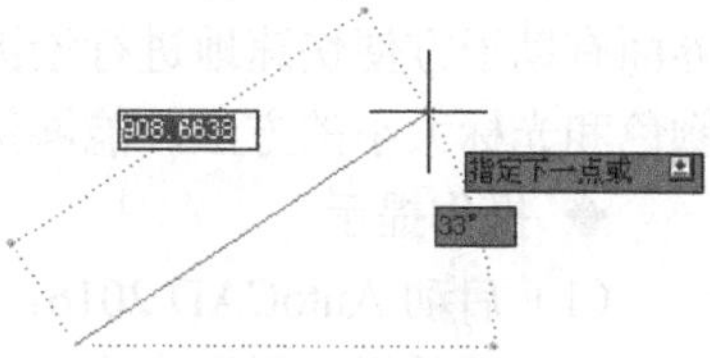

图 1-42　动态输入长度值

（2）在命令行直接回车，表示重复执行上一次使用的“直线”命令，在绘图区指定一点作为线段的起点。

（3）在绘图区移动光标指明线段的方向，但不要单击鼠标，然后在命令行输入“10”，这样就在指定方向上准确地绘制了长度为 10mm 的线段，如图 1-43 所示。

图 1-43　绘制线段

任务五　模拟试题与上机实验

1. 选择题

（1）调用 AutoCAD 命令的方法有（　　）。

A. 在命令窗口输入命令名　　B. 在命令窗口输入命令缩写字

C. 拾取下拉菜单中的菜单选项　　D. 拾取工具栏中的对应图标

（2）正常退出 AutoCAD 的方法有（　　）。

A. 使用 QUIT 命令　　B. 使用 EXIT 命令

C. 单击屏幕右上角的“关闭”按钮　　D. 直接关机

（3）如果想要改变绘图区域的背景颜色，应该（　　）。

A. 在“选项”对话框的“显示”选项卡中的“窗口元素”选项区域，单击“颜色”按钮，在弹出的对话框中进行修改

B. 在 Windows 的“显示属性”对话框的“外观”选项卡中单击“高级”按钮，在弹出的对话框中进行修改

C. 修改 SETCOLOR 变量的值

D. 在“特性”面板的“常规”选项区域，修改“颜色”值

（4）下面哪个选项将图形进行动态放大？（　　）

A. ZOOM/(D)　　B. ZOOM/(W)

C. ZOOM/(E)　　D. ZOOM/(A)

（5）绘制一条直线，起点坐标为（57，79），线段长度 173mm，与 X 轴正向的夹角为 71°。将线段分为 5 等份，从起点开始的第一个等分点的坐标为（　　）。

A. X = 113.3233，Y = 242.5747　　B. X = 79.7336，Y = 145.0233

C. X = 90.7940，Y = 177.1448　　D. X = 68.2647，Y = 111.7149

2. 上机实验题

实验 1　熟悉操作界面

◆ 目的要求

操作界面是用户绘制图形的平台，操作界面的各个部分都有其独特的功能，熟悉操作界面有助于方便快速地进行绘图。本实验要求了解操作界面各部分功能，掌握改变绘图窗口颜色和光标大小的方法，能够熟练地打开、移动、关闭工具栏。

◆ 操作提示

（1）启动 AutoCAD 2016，进入绘图界面。

（2）调整操作界面大小。

（3）设置绘图窗口颜色与光标大小。

（4）打开、移动、关闭工具栏。

（5）尝试同时利用命令行、下拉菜单和工具栏绘制一条线段。

实验 2　数据输入

◆ 目的要求

AutoCAD 2016 人机交互的最基本内容就是数据输入。本实验要求读者灵活熟练地掌握各种数据输入方法。

◆ 操作提示

（1）在命令行输入“LINE”命令。

（2）输入起点的直角坐标方式下的绝对坐标值。

（3）输入下一点的直角坐标方式下的相对坐标值。

（4）输入下一点的极坐标方式下的绝对坐标值。

（5）输入下一点的极坐标方式下的相对坐标值。

（6）用鼠标直接指定下一点的位置。

（7）按下状态栏上的“正交”按钮，用鼠标拉出下一点的方向，在命令行输入一个数值。

（8）按下状态栏上的“DYN”按钮，拖动鼠标，系统会动态显示角度，拖动到选定角度后，在长度文本框输入长度值。

（9）回车结束绘制线段的操作。

实验 3　查看零件图的细节

如图 1-44 所示，打开 AutoCAD 2016/Sample/Sheet Sets/Manufacturing 文件夹里的“VW252-02-0200.dwg”文件，利用平移工具和缩放工具移动和缩放图形。

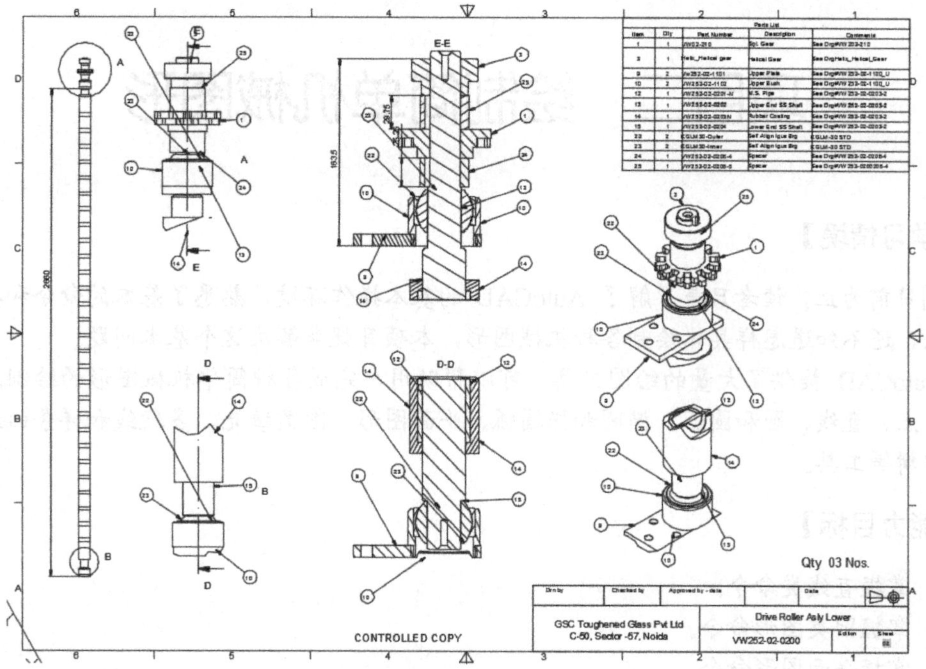

图 1-44　零件图

◆ 目的要求

本实验要求读者能够熟练使用各种平移和缩放工具来灵活地显示图形。

◆ 操作提示

（1）利用平移工具对图形进行平移。

（2）综合利用各种缩放工具对图形细节进行缩放观察。

项目二　绘制简单机械图形

【学习情境】

到目前为止，读者只是了解了 AutoCAD 的基本操作环境，熟悉了基本的命令和数据输入方法，还不知道怎样具体绘制各种机械图形，本项目就来解决这个基本问题。

AutoCAD 提供了大量的绘图工具，可以帮助用户完成各种简单机械图形的绘制。具体包括：点、直线、圆和圆弧、椭圆和椭圆弧、平面图形、图案填充、多段线和样条曲线的绘制与编辑等工具。

【能力目标】

- 掌握直线类命令。
- 掌握圆类图形命令。
- 掌握平面图形命令。
- 掌握图案填充命令。
- 掌握多段线、样条曲线命令。

【课时安排】

7 课时（讲课 3 课时，练习 4 课时）

任务一　绘 制 螺 栓

【任务背景】

螺栓是机械工程设计中最常用的零件，也是标准件。一个简化的螺栓图形由一系列的直线段组成，在绘制过程中要用到最基本的“直线”命令。其中根据《机械制图国家标准》相关规定，图线又分为点划线、粗实线、细实线 3 种。

在绘制机械图形时，如果出现了不同的线型或线宽的图线怎么处理呢？AutoCAD 提供了图层工具，对每个图层规定其颜色和线型，并把具有相同特征的图形对象放在同一层上绘制，这样绘图时不用分别设置对象的线型和颜色，不仅方便绘图，而且存储图形时只需存储几何数据和所在图层，因而既节省了存储空间，又可以提高工作效率。

图层的概念类似投影片，将不同属性的对象分别画在不同的图层（投影片）上，例如将图形的主要线段、中心线、尺寸标注等分别画在不同的图层上，每个图层可设定不同的线型、线条颜色，然后把不同的图层堆栈在一起成为一张完整的视图，如此可使视图层次分明、有条理，方便图形对象的编辑与管理。一个完整的图形就是它所包含的所有图层上的对象叠加在一起，如图 2-1 所示。

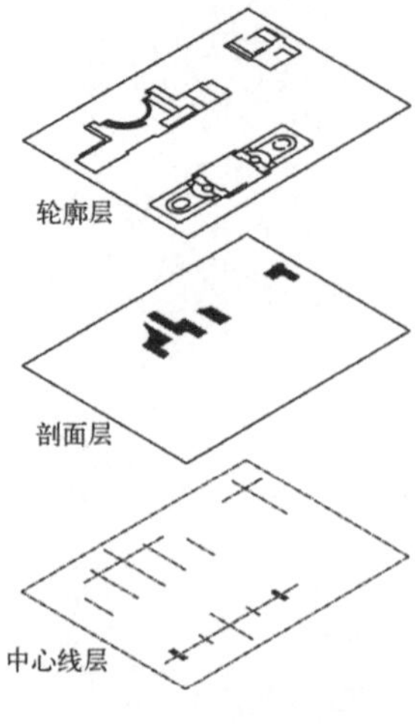

图 2-1　图层效果

在用图层功能绘图之前，首先要对图层的各项特性进行设置，包括建立和命名图层、设置当前图层、设置图层的颜色和线型、图层是否关闭、是否冻结、是否锁定以及图层删除等。

本任务主要是执行直线命令，由于图形中出现了三种不同的线型，所以需要设置图层来管理线型。整个图形都是由线段构成，所以只需要利用 LINE 命令就能绘制图形。绘制流程如图 2-2 所示。

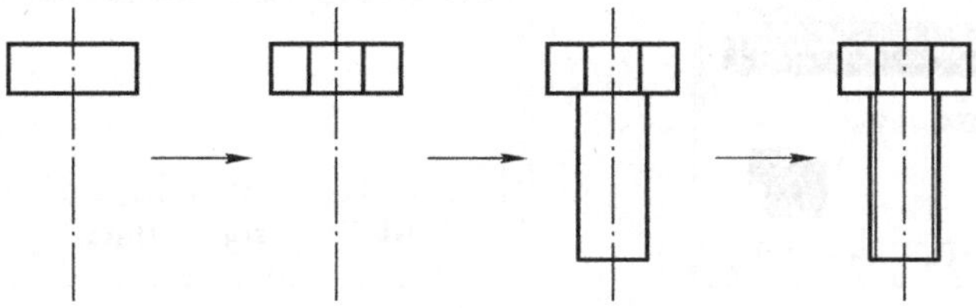

图 2-2　绘制螺栓流程图

【操作步骤】

1. 设置图层

（1）在命令行中输入 LAYER 命令，或者选择菜单栏中的“格式”→“图层”命令，或者单击“默认”选项卡“图层”面板中的“图层特性”按钮，系统打开“图层特性管理器”选项板，如图 2-3 所示。

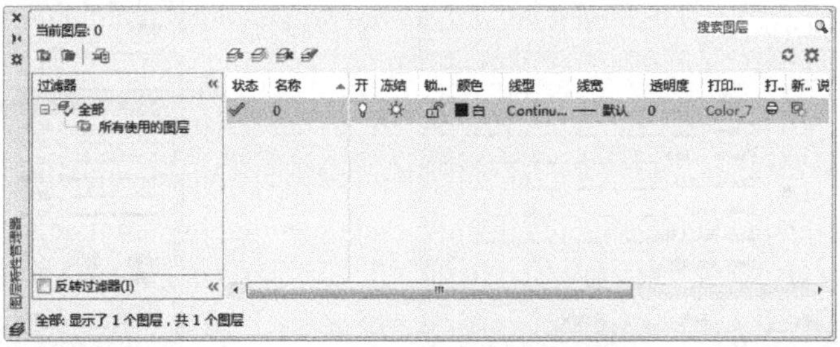

图 2-3 “图层特性管理器”选项板

（2）单击“新建图层”按钮，创建一个新图层，把该图层的名字由默认的“图层 1”改为“中心线”，如图 2-4 所示。

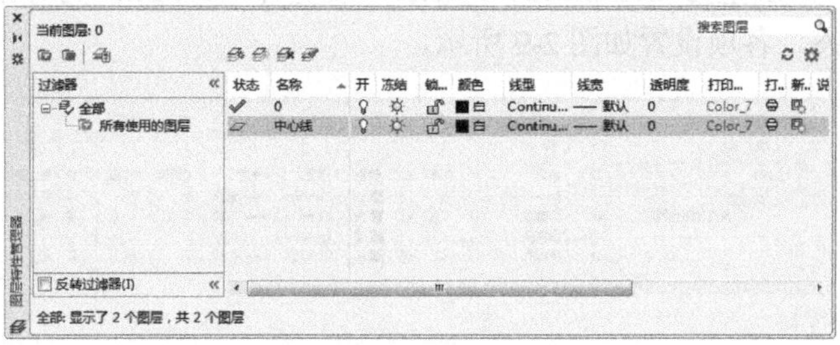

图 2-4　更改图层名

（3）单击“中心线”图层对应的“颜色”选项，打开“选择颜色”对话框，选择红色为该层颜色，如图 2-5 所示。单击“确认”按钮，返回“图层特性管理器”选项板。

（4）单击“中心线”图层对应的“线型”选项，打开“选择线型” 对话框，如图 2-6 所示。

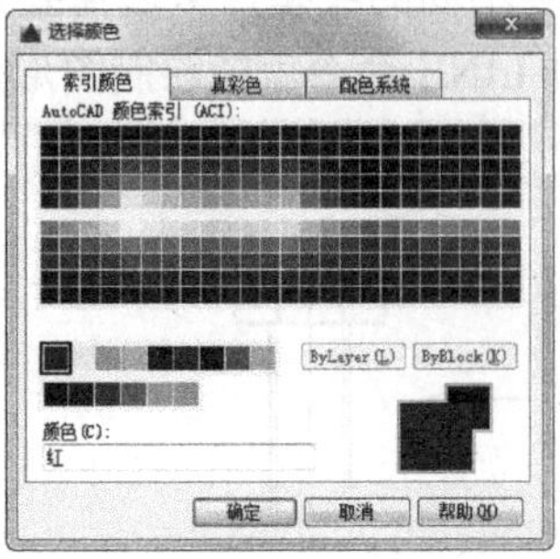

图 2-5 “选择颜色”对话框

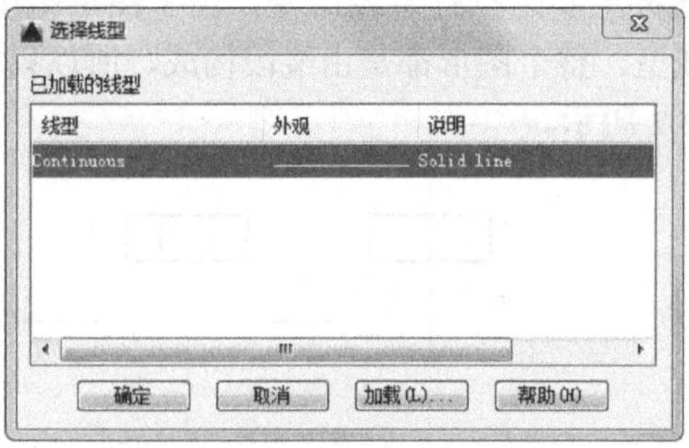

图 2-6 “选择线型”对话框

（5）在“选择线型”对话框中单击“加载”按钮，系统打开“加载或重载线型”对话框，选择 CENTER 线型，如图 2-7 所示。单击“确定”按钮，退出。

在“选择线型”对话框中选择 CENTER2（点划线）为该层线型，单击“确定”按钮，返回“图层特性管理器”选项板。

（6）单击“中心线”图层对应的“线宽”选项，打开“线宽”对话框，选择 0.09mm 线宽，如图 2-8 所示，单击“确定”按钮，退出。

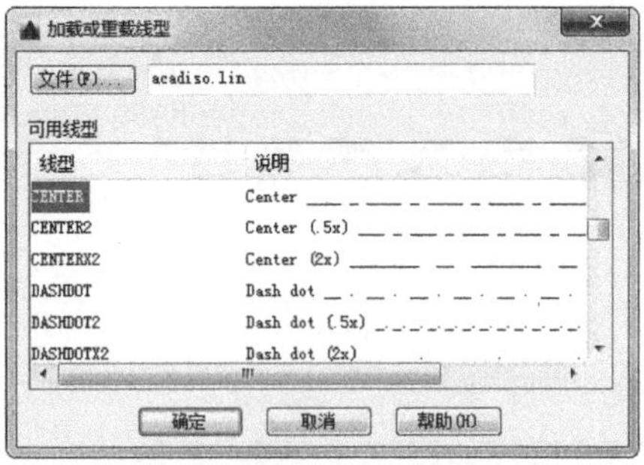

图 2-7 加载新线型

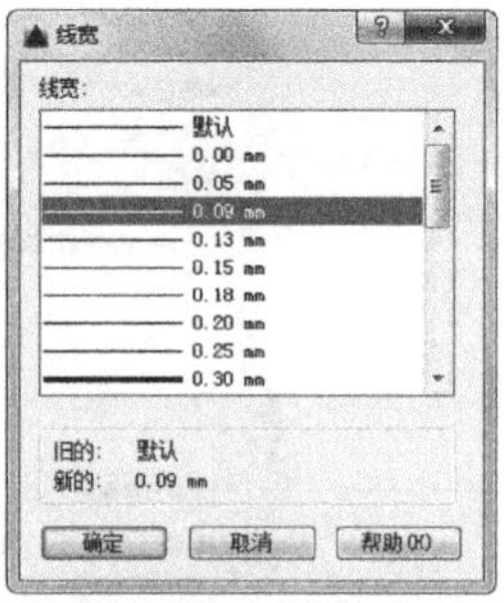

图 2-8 选择线宽

（7）采用相同的方法再建立两个新图层，命名为“轮廓线”和“细实线”。“轮廓线”图层的颜色设置为“黑色”，线型为 Continuous（实线），线宽为 0.30mm；“细实线”图层的颜色设置为“蓝色”，线型为 Continuous（实线），线宽为 0.09mm。同时让两个图层均处于打开、解冻和解锁状态，各项设置如图 2-9 所示。

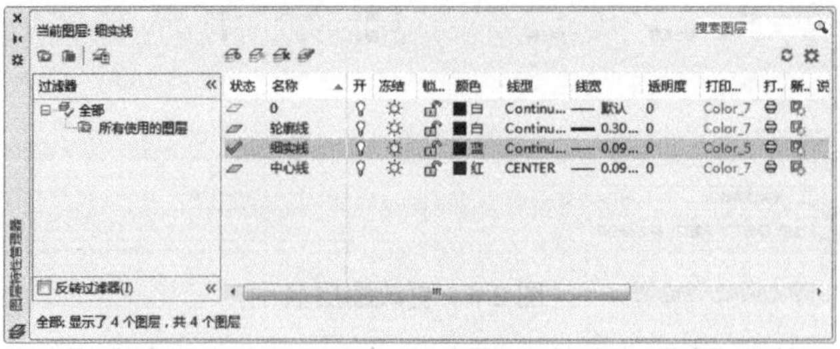

图 2-9 设置图层

（8）选择“中心线”图层，单击“置为当前”按钮，将其设置为当前图层，然后单击“确认”按钮，关闭“图层特性管理器”选项板。

2. 绘制中心线

在命令行中输入 LINE 命令，或者选择菜单栏中的“绘图”→“直线”命令，或者单击“默认”选项卡“绘图”面板中的“直线”按钮，命令行提示与操作如下（按【Ctrl+9】快捷键可调出或关闭命令行）：

```
命令：LINE↙
指定第一点：40，25↙
指定下一点或 [放弃(U)] ：40,-145↙
```

3. 绘制螺帽外框

将“轮廓线”图层设置为当前图层。单击“默认”选项卡“绘图”面板中的“直线”按钮，绘制螺帽的一条轮廓线。命令行提示与操作如下：

```
命令：LINE↙
指定第一点：0，0↙
指定下一点或 [放弃(U)]：@80,0↙
指定下一点或 [放弃(U)]：@0，-30↙
指定下一点或 [闭合(C)/放弃(U)]：@80<180↙
指定下一点或 [闭合(C)/放弃(U)]：C↙
```

结果如图 2-10 所示。

4. 完成螺帽绘制

单击“默认”选项卡“绘图”面板中的“直线”按钮，绘制另外两条线段，端点分别为{(25,0)，(@0,-30)}、{(55,0)，(@0,-30)}。命令行提示与操作如下：

```
命令：LINE↙
指定第一点：25,0↙
指定下一点或 [放弃(U)]：@0,-30↙
指定下一点或 [放弃(U)]：↙
命令：LINE↙
指定第一点：55,0↙
指定下一点或 [放弃(U)]：@0,-30↙
指定下一点或 [放弃(U)]：↙
```

结果如图 2-11 所示。

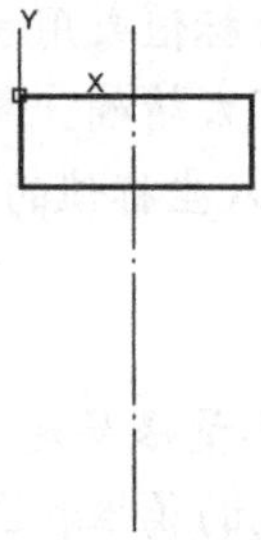

图 2-10　绘制螺帽外框

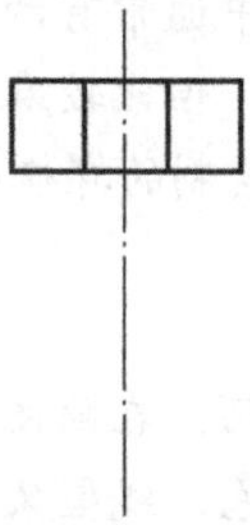

图 2-11　绘制直线

5. 绘制螺杆

单击“默认”选项卡“绘图”面板中的“直线”按钮，命令行提示与操作如下：

```
命令：LINE↙
指定第一点：20,-30↙
指定下一点或 [放弃(U)]：@0,-100↙
指定下一点或 [放弃(U)]：@40,0↙
指定下一点或 [闭合(C)/放弃(U)]：@0,100↙
指定下一点或 [闭合(C)/放弃(U)]：↙
```

结果如图 2-12 所示。

6. 绘制螺纹

将“细实线”图层设置为当前图层。单击“默认”选项卡“绘图”面板中的“直线”按钮，绘制螺纹，端点分别为{(22.56,-30)，(@0,-100)}、{(57.44,-30)，(@0,-100)}。命令行提示与操作如下：

```
命令：LINE↙
指定第一点：22.56,-30↙
指定下一点或 [放弃(U)]：@0,-100↙
指定下一点或 [放弃(U)]：↙
命令：LINE↙
指定第一点：57.44,-30↙
指定下一点或 [放弃(U)]：@0,-100↙
```

7. 显示线宽

单击状态栏上的“显示/隐藏线宽”按钮，显示图线线宽，最终结果如图 2-13 所示。

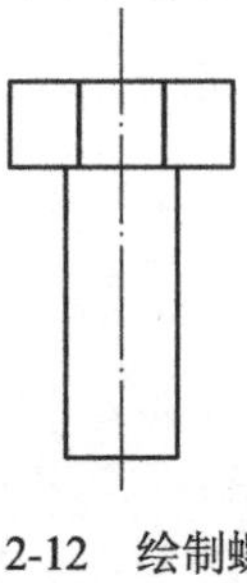

图 2-12　绘制螺杆

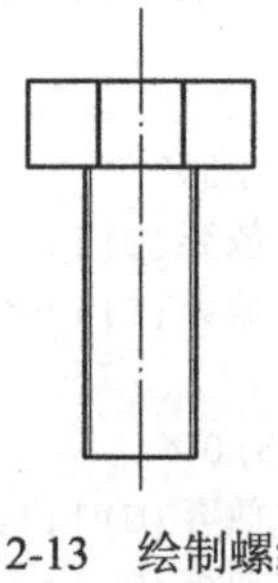

图 2-13　绘制螺纹

注意

在 AutoCAD 中通常有两种输入数据的方法，即输入坐标值或用鼠标在屏幕上指定。输入坐标值很精确，但比较麻烦；鼠标指定比较快捷，但不太精确。用户可以根据需要选择。例如，本例所绘制的螺栓由于是对称的，所以最好用输入坐标值的方法输入数据。

注意

图层的使用技巧：在画图时，所有图元的各种属性都尽量跟层走。不要这根线是 WA 层的，颜色却是黄色，线型又变成了点划线。尽量保持图元的属性和图层属性一致，也就是说尽可能使图元属性都是 Bylayer。在需要修改某一属性时，可以统一修改当前图层属性。这样有助于图面的清晰、准确，提高效率。

【知识点详解】

1. 图层特性管理器

AutoCAD 提供了详细直观的“图层特性管理器”对话框，用户可以方便地通过对该对话框中的各选项及其二级对话框进行设置，从而实现建立新图层、设置图层颜色及线型等各种操作。

（1）“新建特性过滤器”按钮。显示“图层过滤器特性”对话框，如图 2-14 所示。从中可以基于一个或多个图层特性创建图层过滤器。

（2）“新建过滤器”按钮。创建一个图层过滤器，其中包含用户选定并添加到该过滤器的图层。

（3）“图层状态管理器”按钮。显示“图层状态管理器”对话框，如图 2-15 所示。从中可以将图层的当前特性设置保存到命名图层状态中，以后可以再恢复这些设置。

（4）“新建图层”按钮。建立新图层。单击此按钮，图层列表中出现一个新的图层名称“图层 1”，用户可使用此名称，也可改名。要想同时产生多个图层，可选中一个图层名后，输入多个名称，各名称之间以逗号分隔。图层的名称可以包含字母、数字、空格和特殊符号，AutoCAD 2016 支持长达 255 个字符的图层名称。新的图层继承了建立新图层时所选中的已有图层的所有特性（颜色、线型、ON/OFF 状态等），如果新建图层时没有图层被选中，则新图层具有默认的设置。

（5）“删除图层”按钮。删除所选图层。在图层列表中选中某一图层，然后单击此按钮，可把该图层删除。

（6）“置为当前”按钮。设置当前图层。在图层列表中选中某一图层，然后单击此按钮，则把该图层设置为当前图层，并在“当前图层”一栏中显示其名称。当前图层的名称存储在系统变量 CLAYER 中。另外，双击图层名也可把该图层设置为当前图层。

（7）“搜索图层”文本框。输入字符时，按名称快速过滤图层列表。关闭“图层特性管理器”对话框时并不保存此过滤器。

（8）“反转过滤器”复选框。选中此复选框，显示所有不满足选定图层特性过滤器中条件的图层。

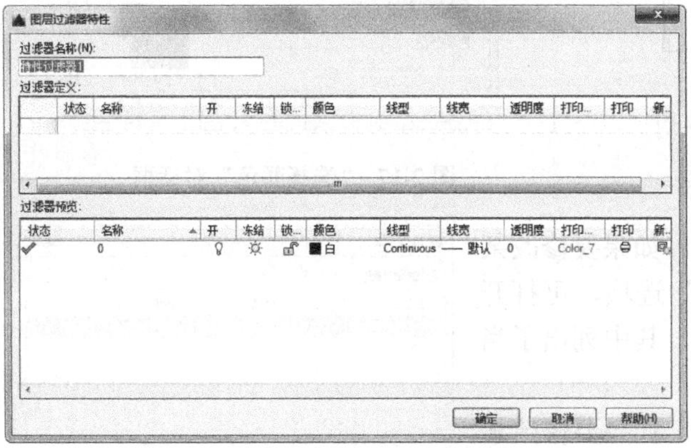

图 2-14 “图层过滤器特性”对话框

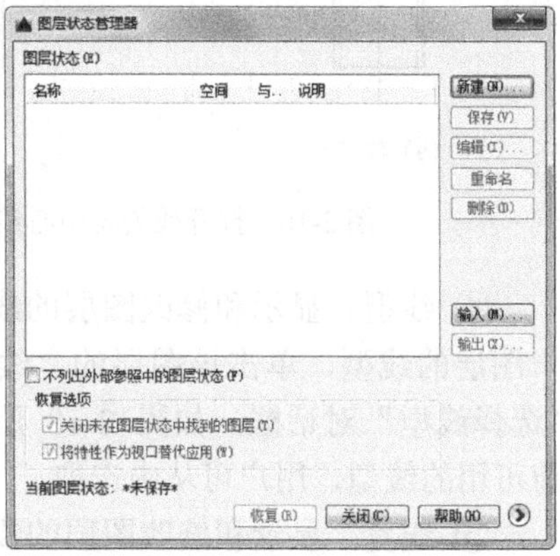

图 2-15 “图层状态管理器”对话框

（9）图层列表区。显示已有的图层及其特性。要修改某一图层的某一特性，单击它所对应的图标即可。右击空白区域，利用快捷菜单可快速选中所有图层。列表区中各列的含义如下：

① 名称。显示满足条件的图层的名称。如果要对某图层进行修改，首先要选中该图层，使其逆反显示。

② 状态转换图标。在“图层特性管理器”对话框的“名称”栏前分别有一列图标，移动指针到图标上单击，可以打开或关闭该图标所代表的功能，或从详细数据区中选中或取消选中/关闭（/）、锁定（/）、在所有视图内冻结（/）及不打印（/）等项目，各图标功能说明见表 2-1。

表 2-1　各图标功能说明

图　标	名　称	功 能 说 明
/	打开/关闭	将图层设定为打开或关闭状态，当呈现关闭状态时，该图层上的所有对象将隐藏不显示，只有打开状态的图层会在屏幕上显示或由打印机打印出来。因此，绘制复杂的视图时，先将不编辑的图层暂时关闭，可降低图形的复杂性。如图 2-16（a）和图 2-16（b）所示分别表示中心线图层打开和关闭的情形
/	解冻/冻结	将图层设定为解冻或冻结状态。当图层呈现冻结状态时，该图层上的对象均不会显示在屏幕上或由打印机打出，而且不会执行重生（REGEN）、缩放（ROOM）、平移（PAN）等命令的操作。因此，若将视图中不编辑的图层暂时冻结，可加快执行绘图编辑的速度。而/（打开/关闭）功能只是单纯将对象隐藏，并不会加快执行速度
/	解锁/锁定	将图层设定为解锁或锁定状态。被锁定的图层，仍然显示在画面上，但不能以编辑命令修改被锁定的对象，只能绘制新的对象，如此可防止重要的图形被修改
/	打印/不打印	设定该图层是否可以打印图形

③ 颜色。显示和改变图层的颜色。如果要改变某一图层的颜色，单击其对应的颜色图标，将打开如图 2-17 所示的“选择颜色”对话框，用户可从中选取需要的颜色。

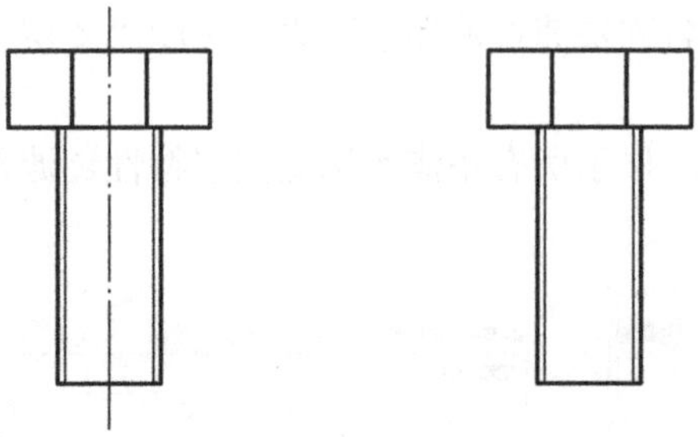

（a）打开　　（b）关闭

图 2-16　打开或关闭中心线图层

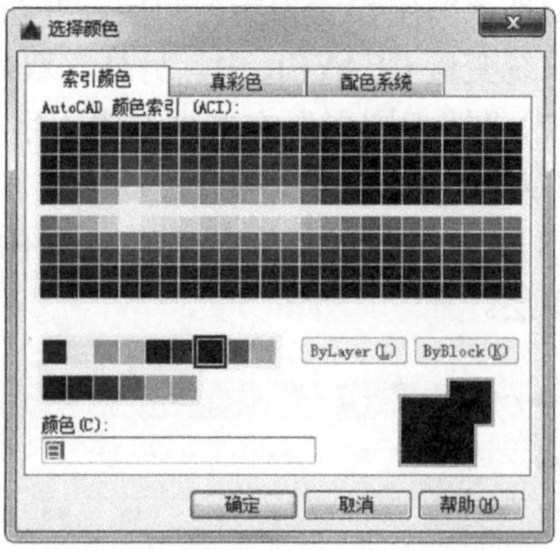

图 2-17　“选择颜色”对话框

④ 线型。显示和修改图层的线型。如果要修改某一图层的线型，单击该图层的“线型”选项，可打开“选择线型”对话框，如图 2-18 所示，其中列出了当前可用的线型，用户可从中选取。

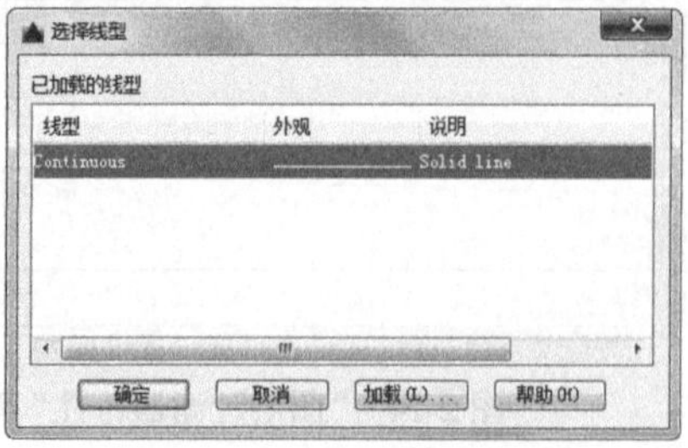

图 2-18　“选择线型”对话框

⑤ 线宽。显示和修改图层的线宽。如果要修改某一图层的线宽，单击该图层的“线宽”选项，打开“线宽”对话框，如图 2-19 所示，其中列出了

AutoCAD 设定的线宽，用户可从中选取。其中，“线宽”列表框显示可以选用的线宽值，包括一些绘图中经常用到的线宽，用户可从中选取需要的线宽。“旧的”文本框显示前面赋予图层的线宽。当建立一个新图层时，采用默认线宽（其值为 0.01in，即 0.25 mm），默认线宽的值由系统变量 LWDEFAULT 设置。“新的”文本框显示赋予图层的新的线宽。

⑥ 打印样式：修改图层的打印样式，所谓打印样式是指打印图形时各项属性的设置。

2. “特性”工具栏

AutoCAD 提供了一个“特性”面板，如图 2-20 所示。用户能够控制和使用面板中的工具图标快速地查看和改变所选对象的图层、颜色、线型和线宽等特性。“特性”面板中的图层颜色、线型、线宽和打印样式的控制增强了查看和编辑对象属性的命令。在绘图屏幕上选择任何对象都将在面板中自动显示它所在图层、颜色、线型等属性。

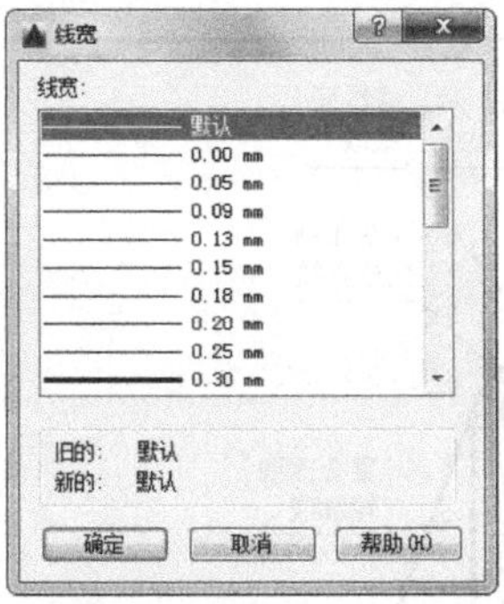

图 2-19 “线宽”对话框

图 2-20 “特性”面板

下面把“特性”面板各部分的功能简单说明一下。

（1）“颜色控制”下拉列表框。单击右侧的下拉按钮，可弹出一个下拉列表框，用户可从中选择所需颜色，如果选择“选择颜色”选项，AutoCAD 将打开“选择颜色”对话框以供选择其他颜色。修改当前颜色之后，不论在哪个图层上绘图都采用这种颜色，但对各个图层的颜色设置没有影响。

（2）“线型控制”下拉列表框。单击右侧的下拉按钮，可弹出一个下拉列表框，用户可从中选择某一线型使之成为当前线型。修改当前线型之后，不论在哪个图层上绘图都采用这种线型，但对各个图层的线型设置没有影响。

（3）“线宽”下拉列表框。单击右侧的下拉按钮，可弹出一个下拉列表框，用户可从中选择一个线宽使之成为当前线宽。修改当前线宽之后，不论在哪个图层上绘图都采用这种线宽，但对各个图层的线宽设置没有影响。

（4）“打印类型控制”下拉列表框。单击右侧的下拉按钮，可弹出一个下拉列表框，用户可从中选择一种打印样式，使之成为当前打印样式。

3. 图层的线型

（1）图线的型式。在国家标准中，对机械图样中使用的各种图线的名称、线型、线宽以及在图样中的应用作了规定，见表 2-2，其中常用的图线有粗实线、细实线、虚线和细点划线。图线分为粗、细两种，粗线的宽度 b 应按图样的大小和图形的复杂程度，在 0.5～2mm 之间选择，细线的宽度约为 $b/2$。图线用途示例如图 2-21 所示。

表 2-2　图线的型式及应用

图线名称	线型	线宽	主要用途
粗实线		b=0.5～2	可见轮廓线、可见过渡线
细实线		约 $b/2$	尺寸线、尺寸界线、剖面线、引出线、弯折线、牙底线、齿根线、辅助线等
细点划线		约 $b/2$	轴线、对称中心线、齿轮节线等
虚线		约 $b/2$	不可见轮廓线、不可见过渡线
波浪线		约 $b/2$	断裂处的边界线、剖视与视图的分界线
双折线		约 $b/2$	断裂处的边界线
粗点划线		b	有特殊要求的线或面的表示线
双点划线		约 $b/2$	相邻辅助零件的轮廓线、极限位置的轮廓线、假想投影的轮廓线

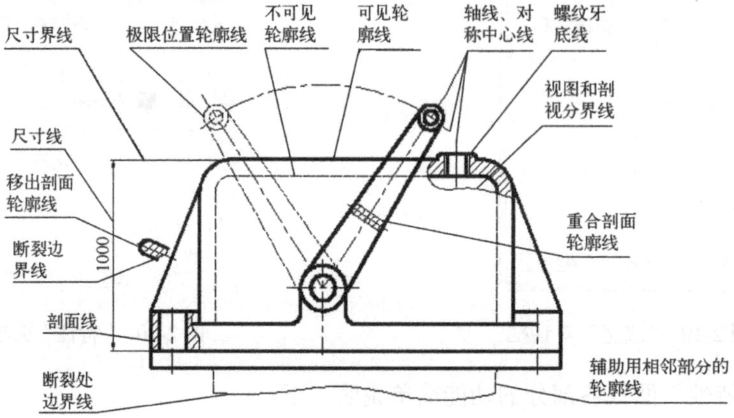

图 2-21　图线用途示例

（2）图线的画法。

① 同一图样中，同类图线的宽度应基本一致。虚线、点划线及双点划线的线段和间隔应各自大致相等。

② 两条平行线（包括剖面线）之间的距离应不小于粗实线的两倍宽度，其最小距离不得小于 0.7 mm。

③ 绘制圆的对称中心线时，圆心应为线段的交点。点划线和双点划线的首末两端应是线段而不是短划。建议中心线超出轮廓线 2～5 mm，如图 2-22 所示。

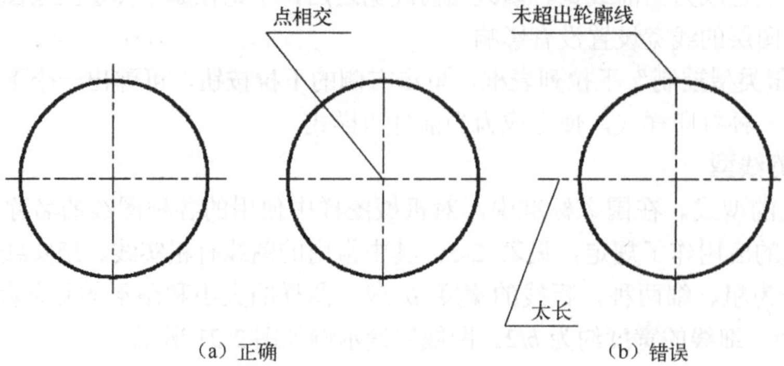

图 2-22　点划线画法

④ 在较小的图形上画点划线或双点划线有困难时，可用细实线代替。

为保证图形清晰，各种图线相交、相连时的习惯画法如图 2-23 所示。

点划线、虚线与粗实线相交以及点划线、虚线彼此相交时，均应交于点划线或虚线的线段处。虚线与粗实线相连时，应留间隙；虚直线与虚半圆弧相切时，在虚直线处留间隙，而虚半圆弧画到对称中心线为止，如图 2-23（a）所示。

⑤ 由于图样复制中所存在的困难，应尽量避免采用 0.18mm 的线宽。

按照前面讲述方法打开“图层特性管理器”对话框，在图层列表的“线型”项下单击线型名，系统打开“选择线型”对话框，该对话框中选项的含义如下。

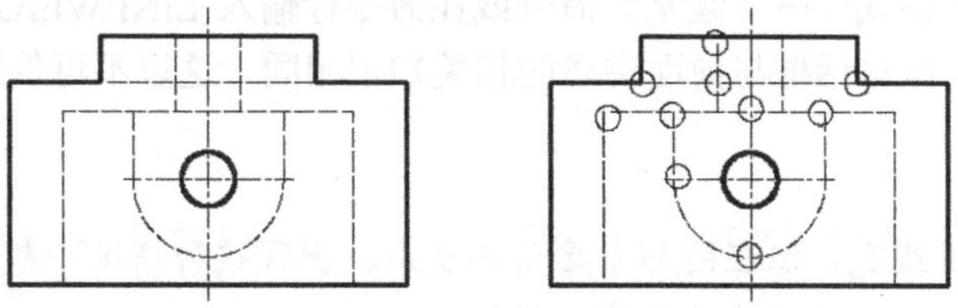

（a）正确　　　　（b）错误

图 2-23　图线画法

a.“已加载的线型”列表框：显示在当前绘图中加载的线型，可供用户选用，其右侧显示出线型的形式。

b.“加载”按钮：单击此按钮，打开“加载或重载线型”对话框，如图 2-24 所示，用户可通过此对话框加载线型并将其添加到线型列表中，不过加载的线型必须在线型库（LIN）文件中定义过。标准线型都保存在 acad.lin 文件中。

设置图层线型的方法如下：

```
命令行：LINETYPE
```

在命令行输入上述命令后，系统打开“线型管理器”对话框，如图 2-25 所示。该对话框与前面讲述的相关知识相同，不再赘述。

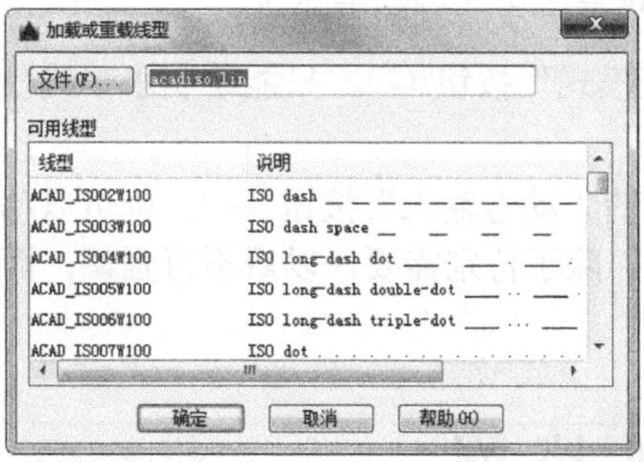

图 2-24　“加载或重载线型”对话框

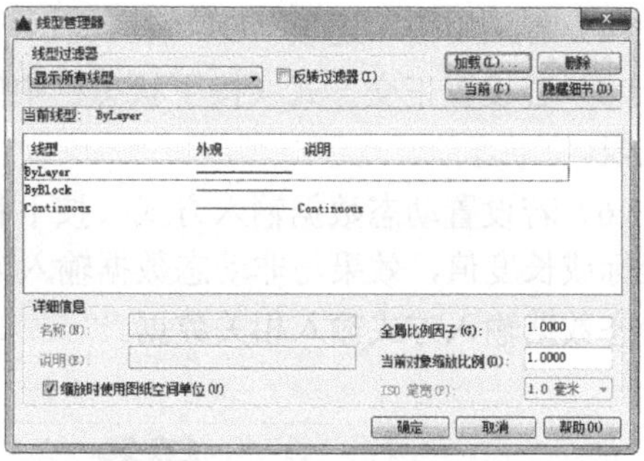

图 2-25　“线型管理器”对话框

4. 颜色的设置

AutoCAD 绘制的图形对象都具有一定的颜色，为使绘制的图形清晰明了，可把同一类的图形对象用相同的颜色绘制，而使不同类的对象具有不同的颜色以示区分。为此，需要适当地对颜色进行设置。AutoCAD 允许用户为图层设置颜色，为新建的图形对象设置当前颜色，还可以改变已有图形对象的颜色。

选择“格式”菜单中的“颜色”命令或在命令行输入 COLOR 命令后按【Enter】键，AutoCAD 打开“选择颜色”对话框。也可在图层操作中打开此对话框。

5. 线宽的设置

在国家标准 GB/T4457.4—2002 中，对机械工程图中使用的各种图线的线宽作了规定，图线分为粗、细两种，粗线的宽度 b 应按图样的大小和图形的复杂程度，在 0.5～2mm 之间选择，图线宽度的推荐系列为：0.18mm、0.25mm、0.35mm、0.5mm、0.7mm、1mm、1.4mm、2mm。细线的宽度约为 $b/2$。AutoCAD 提供了相应的工具帮助用户来设置线宽。

选择菜单栏中“格式”→“线宽”命令或在命令行输入 LINEWEIGHT 命令后，系统打开“线宽”对话框。该对话框与前面讲述的相关知识相同，这里不再赘述。

提示

有的读者设置了线宽，但在图形中显示不出来，出现这种情况一般有两种原因：

（1）没有打开状态上的“显示线宽”按钮。

（2）线宽设置的宽度不够，AutoCAD 只能显示出宽度在 0.30mm 以上的线宽，如果宽度低于 0.30mm，就无法显示出线宽。

6. “直线”命令

在上面任务绘制直线的命令行提示中，各个选项含义如下：

（1）若采用按【Enter】键响应“指定第一个点”提示，系统会把上次绘制图线的终点作为本次图线的起始点。若上次操作为绘制圆弧，按【Enter】键响应后绘出通过圆弧终点并与该圆弧相切的直线段，该线段的长度为光标在绘图区指定的一点与切点之间线段的距离。

（2）在“指定下一点”提示下，用户可以指定多个端点，从而绘出多条直线段。但是，每一段直线是一个独立的对象，可以进行单独的编辑操作。

（3）绘制两条以上直线段后，若采用输入选项“C”响应“指定下一点”提示，系统会自动连接起始点和最后一个端点，从而绘出封闭的图形。

（4）若采用输入选项“U”响应提示，则删除最近一次绘制的直线段。

（5）若设置正交方式（按下状态栏中的“正交模式”按钮），只能绘制水平线段或垂直线段。

（6）若设置动态数据输入方式（按下状态栏中的“动态输入”按钮），则可以动态输入坐标或长度值，效果与非动态数据输入方式类似。除了特别需要，以后不再强调，而只按非动态数据输入方式输入相关数据。

任务二 绘制挡圈

【任务背景】

在机械图形绘制过程中，除了用到最基本的“直线”命令绘制直线外，还要经常绘制曲线。圆是最简单的曲线，AutoCAD 提供了“圆”命令绘制圆。

本任务所绘制挡圈也是一种最简单的机械零件，主要起到轴向固定的作用，一般用在轴端。图形中出现了两种不同的线型，所以需要设置图层来管理线型。图形中包括 5 个圆，所以需要利用“圆”命令的各种操作方式来绘制图形。绘制流程图如图 2-26 所示。

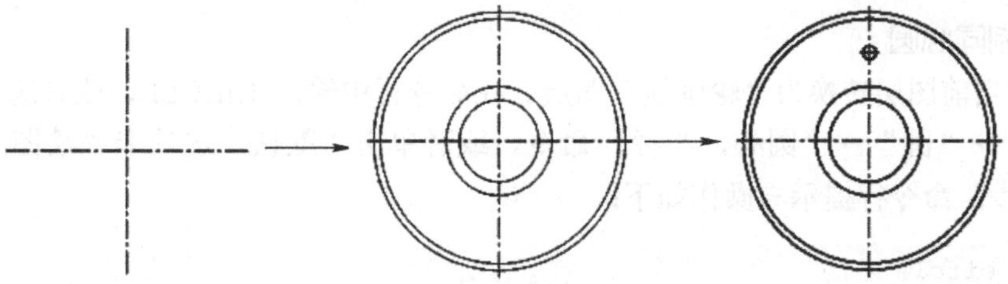

图 2-26　绘制挡圈流程图

【操作步骤】

1. 设置图层

单击“默认”选项卡“图层”面板中的“图层特性”按钮，系统打开“图层特性管理器”选项板。新建“中心线”和“轮廓线”两个图层，如图 2-27 所示。

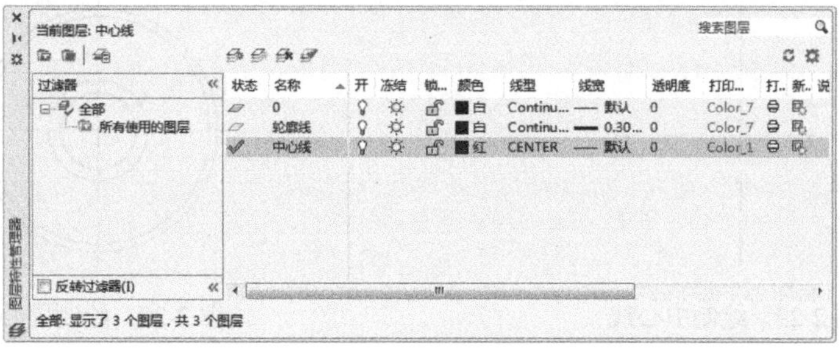

图 2-27　图层设置

2. 绘制中心线

将当前图层设置为“中心线”图层。单击“默认”选项卡“绘图”面板中的“直线”按钮，命令行提示与操作如下：

命令：_line
指定第一点：(适当指定一点)
指定下一点或 [放弃(U)]：@400,0↙
指定下一点或 [放弃(U)]：↙
命令：_line
指定第一点：from↙（表示“捕捉自”功能）
基点：(单击状态栏上的“对象捕捉”按钮，把光标移动到刚绘制线段中点附近，系统显示一个黄色的小三角形表示中点捕捉位置，如图 2-28 所示，单击确定基点位置)
<偏移>：@0,200↙
指定下一点或 [放弃(U)]：@0,-400↙
指定下一点或 [放弃(U)]：↙

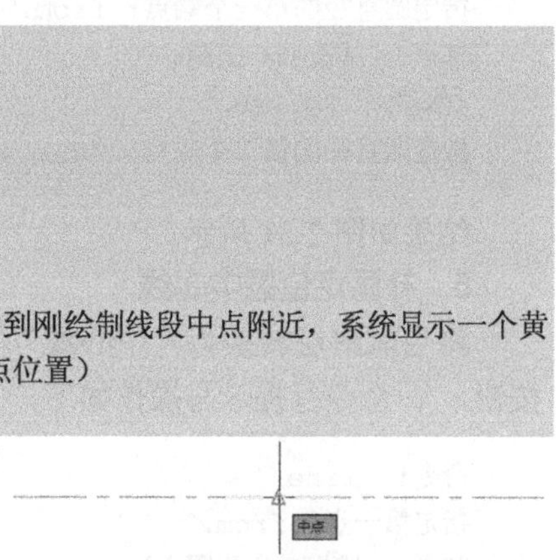

图 2-28　捕捉中点

结果如图 2-29 所示。

注意

“捕捉自”功能快捷键为按住【Shift】键，同时右击鼠标，可以弹出快捷对话框。

3. 绘制同心圆

（1）将当前图层转换为“轮廓线”图层。在命令行中输入 CIRCLE，或者选择菜单栏中的“绘图”→“圆”→“圆心，半径”命令，或者单击“默认”选项卡“绘图”面板中的“圆”按钮，命令行提示与操作如下：

```
命令: _circle
指定圆的圆心或 [三点(3P)/两点(2P)/切点、切点、半径(T)]:（捕捉中心线交点为圆心）
指定圆的半径或 [直径(D)]: 40↙
命令: _circle
指定圆的圆心或 [三点(3P)/两点(2P)/切点、切点、半径(T)]: （捕捉中心线交点为圆心）
指定圆的半径或 [直径(D)] <20.0000>: d↙
指定圆的直径 <40.0000>: 120↙
```

（2）用同样的方法绘制半径分别为 180 和 190 的同心圆，如图 2-30 所示。

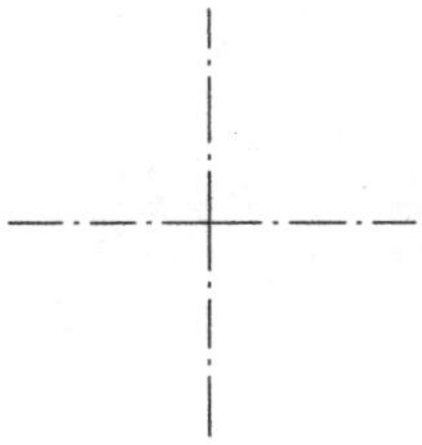

图 2-29　绘制中心线

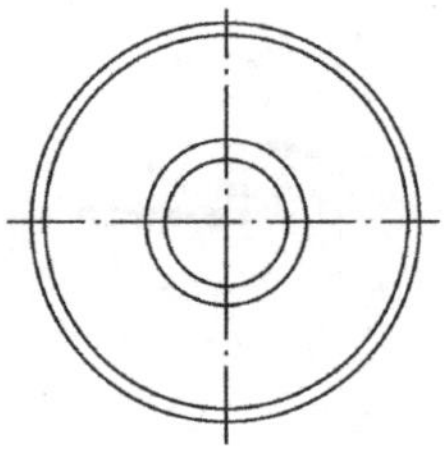

图 2-30　绘制同心圆

4. 绘制定位孔

单击“默认”选项卡“绘图”面板中的“圆”按钮，命令行提示与操作如下：

```
命令: ↙（或者直接按【Enter】键，表示执行上次执行的命令）
CIRCLE 指定圆的圆心或 [三点(3P)/两点(2P)/切点、切点、半径(T)]: 2p↙
指定圆直径的第一个端点: from↙
基点:（捕捉同心圆圆心）
<偏移>: @0,120↙
指定圆直径的第二个端点: @0,20↙
```

结果如图 2-31 所示。

5. 补画定位圆中心线

将当前图层转换为“中心线”图层。单击“默认”选项卡“绘图”面板中的“直线”按钮，命令行提示与操作如下：

```
命令: _line
指定第一点: from↙
基点:（捕捉定位圆圆心）
<偏移>: @-15,0↙
```

```
指定下一点或 [放弃(U)]: @30,0↙
指定下一点或 [放弃(U)]: ↙
```

结果如图 2-32 所示。

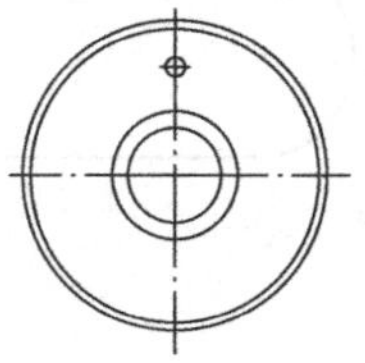

图 2-31　绘制定位孔

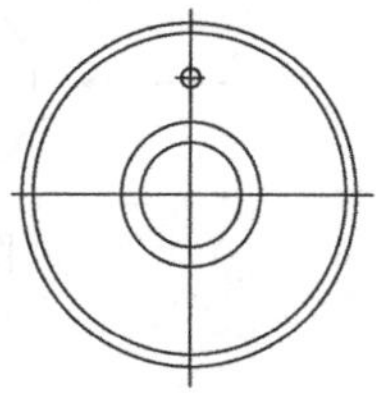

图 2-32　补画中心线

6. **显示线宽**

单击状态栏上的“显示/隐藏线宽”按钮，显示图线线宽，最终结果如图 2-26 所示。

【知识点详解】

在上面任务绘制圆的命令行提示中，各个选项含义如下：

（1）三点(3P)。用指定圆周上三点的方法画圆。

（2）两点(2P)。用指定直径的两端点的方法画圆。

（3）切点、切点、半径(T)。按先指定两个相切对象，后给出半径的方法画圆。如图 2-33（a）～（d）所示给出了以“切点、切点、半径”方式绘制圆的各种情形（其中加黑的圆为最后绘制的圆）。

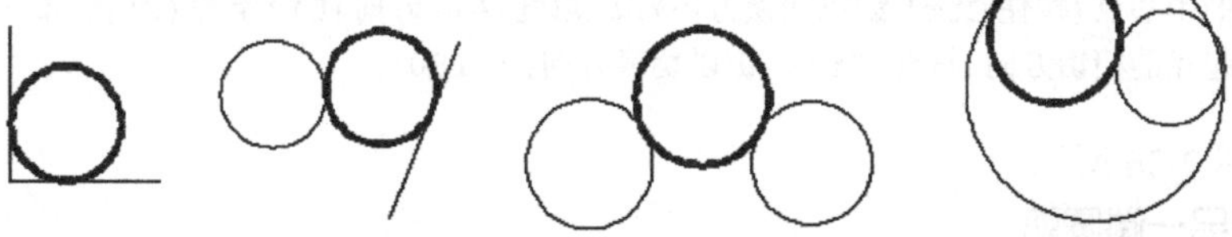

(a)　(b)　(c)　(d)

图 2-33　圆与另外两个对象相切的各种情形

（4）功能区中多了一种“相切、相切、相切”的方法，当选择此方式时，系统提示：

```
指定圆上的第一个点: _tan 到: （指定相切的第一个圆弧）
指定圆上的第二个点: _tan 到: （指定相切的第二个圆弧）
指定圆上的第三个点: _tan 到: （指定相切的第三个圆弧）
```

任务三　绘制圆头平键

【任务背景】

键是一种常用的联接件，常用于轴与轴上零件的周向固定和导向。其中平键是最常用的一种键，也是一种标准件，平键分为圆头平键（A 型键）、方头平键（B 型键）和半圆头平键（C 型键）3 种，这里讲述其中的方头平键三视图的绘制方法。

本任务将通过定位销的绘制过程来熟练掌握“圆弧”命令的操作方法。利用“圆弧”命令绘制图形，绘制流程图如图 2-34 所示。

图 2-34　绘制圆头平键流程图

【操作步骤】

1. 绘制直线

单击“默认”选项卡“绘图”面板中的“直线”按钮，以（100,100）为起点，（150,100）为终点绘制直线。同理，绘制坐标值为（100,130）和（150,130）的直线，结果如图 2-35 所示。

2. 绘制圆弧

在命令行中输入 ARC 命令，或者选择菜单栏中的“绘图”→“圆弧”→“起点、端点、方向”命令或者单击“默认”选项卡“绘图”面板中的“圆弧”按钮，绘制圆头部分圆弧。命令行提示与操作如下：

```
命令: _arc
指定圆弧的起点或[圆心(C)]:打开“对象捕捉”开关，指定起点为上面水平线左端点。
指定圆弧的第二个点或[圆心(C)/端点(E)]: E
指定圆弧的端点:指定端点为下面水平线左端点。
指定圆弧的中心点(按住 Ctrl 键以切换方向)或[角度(A)/方向(D)/半径(R)]: D
指定圆弧起点的相切方向(按住 Ctrl 键以切换方向): 180
```

结果如图 2-36 所示。

3. 绘制另一端圆弧

单击“默认”选项卡“绘图”面板中的“圆弧”按钮，绘制另一端圆弧。命令行提示与操作如下：

```
命令: _arc
指定圆弧的起点或[圆心(C)]:打开“对象捕捉”开关，指定起点为上面水平线右端点。
指定圆弧的第二个点或[圆心(C)/端点(E)]: E
指定圆弧的端点:指定端点为下面水平线右端点。
指定圆弧的中心点(按住 Ctrl 键以切换方向)或[角度(A)/方向(D)/半径(R)]:A
指定夹角(按住 Ctrl 键以切换方向): -180
```

最终结果如图 2-37 所示。

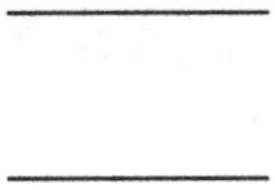

图 2-35　绘制直线

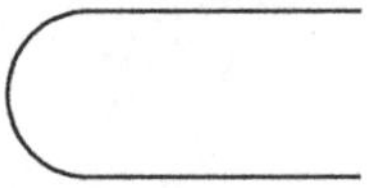

图 2-36　绘制左端圆弧

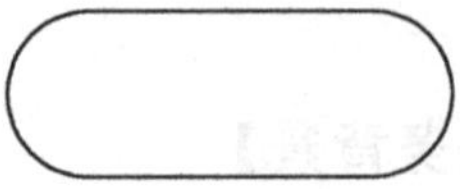

图 2-37　绘制右端圆弧

提示

绘制圆弧时，注意圆弧的曲率是遵循逆时针方向的，所以在选择指定圆弧两个端点和半径模式时，需要注意端点的指定顺序，否则有可能导致圆弧的凹凸形状与预期的相反。

【知识点详解】

在上面任务绘制圆弧的命令行提示中，各个选项含义如下。

（1）用命令行方式画圆弧时，可以根据系统提示选择不同的选项，具体功能和用“绘制”菜单的“圆弧”子菜单提供的 11 种方式相似。这 11 种方式如图 2-38（a）～（k）所示。

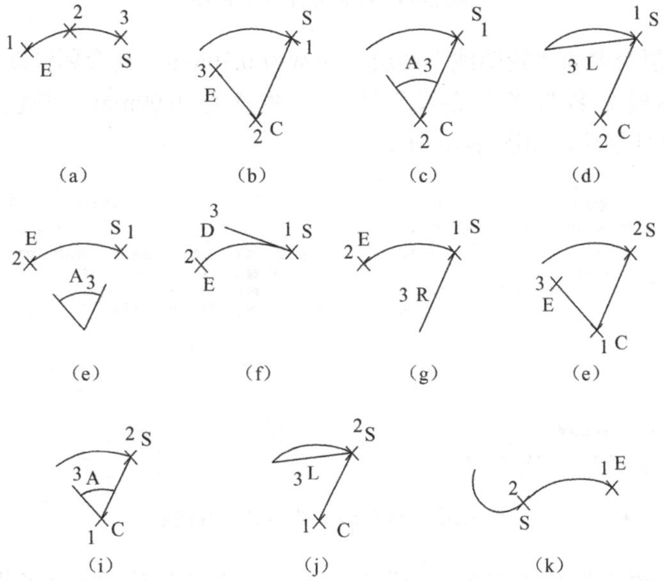

图 2-38　11 种绘制圆弧的方法

（2）需要强调的是“继续”方式，绘制的圆弧与上一线段或圆弧相切，继续画圆弧段，因此提供端点即可。

任务四　绘制定距环

【任务背景】

定距环是机械零件中一种典型的辅助轴向定位零件，绘制比较简单。

定距环呈管状，主视图呈圆环状，可利用“圆”命令绘制；俯视图呈矩形状，可利用“矩形”命令绘制；中心线利用“直线”命令绘制。绘制流程如图 2-39 所示。

【操作步骤】

（1）单击“默认”选项卡“图层”面板中的“图层特性”按钮，弹出“图层特性管理器”对话框，在其中新建如下两个图层。

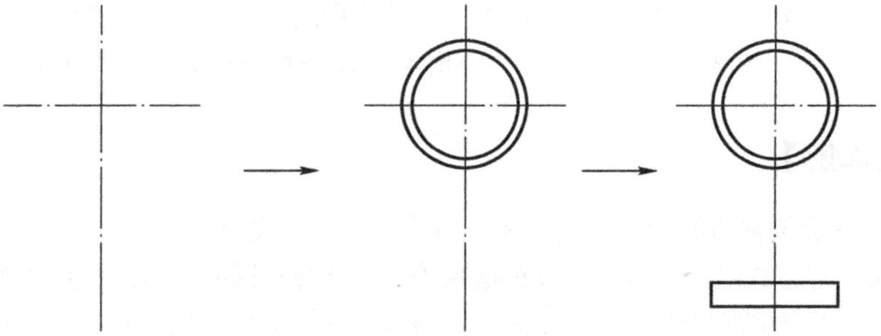

图 2-39　绘制定距环流程图

① 第一个图层命名为“轮廓线”图层，线宽为 0.30mm，其余属性默认。

② 第二个图层命名为“中心线”图层，线宽为 0.09mm，颜色为红色，线型为 CENTER，其余属性默认，如图 2-40 所示。

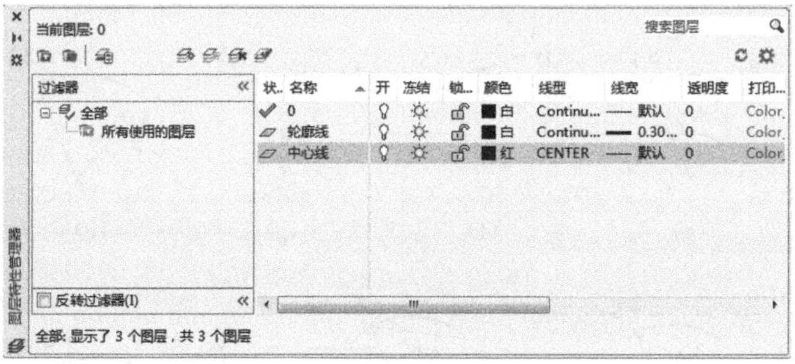

图 2-40　“图层特性管理器”对话框

（2）将“中心线”图层设置为当前图层，单击“默认”选项卡“绘图”面板中的“直线”按钮，绘制中心线。命令行提示与操作如下：

```
命令: LINE ↙
指定第一点: 150,92 ↙
指定下一点或 [放弃(U)]: 150,120 ↙
指定下一点或 [放弃(U)]: ↙
```

使用同样的方法绘制另两条中心线{(100,200)，(200,200)}和{(150,150)，(150,250)}，结果如图 2-41 所示。

（3）将“轮廓线”图层设置为当前图层。单击“默认”选项卡“绘图”面板中的“圆”按钮，绘制定距环主视图，命令行提示与操作如下：

```
命令: CIRCLE ↙
指定圆的圆心或 [三点(3P)/两点(2P)/切点、切点、半径(T)]: 150,200 ↙
指定圆的半径或 [直径(D)] : 27.5 ↙
```

使用同样的方法绘制另一个圆：圆心点（150,200），半径 32mm，结果如图 2-42 所示。

对于圆心点的选择，除了直接输入圆心点（150,200）之外，还可以利用圆心点与中心线的对应关系，利用对象捕捉的方法。单击状态栏中的“对象捕捉”按钮。命令行中会提示“命令: <对象捕捉 开>”。

图 2-41　绘制中心线

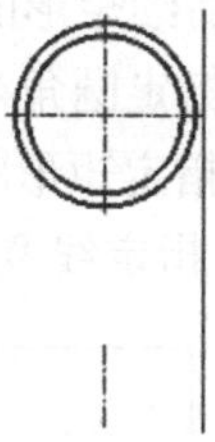

图 2-42　绘制主视图

重复绘制圆的操作，当命令行提示“指定圆的圆心或 [三点(3P)/两点(2P)/切点、切点、半径(T)]: ”时，移动鼠标到中心线交叉点附近，系统会自动在中心线交叉点显示黄色的小三角形，此时表明系统已经捕捉到该点，单击鼠标确认，命令行会继续提示“指定圆的半径或 [直径(D)] :”，输入圆的半径值，按【Enter】键完成圆的绘制。

注意

在命令行中输入坐标时，需检查此时的输入法是否是英文输入。如果是中文输入法，如输入“150，92”，则由于逗号“，”的原因，系统会认定该坐标输入无效。这时，只需将输入法改为英文即可。

注意

在绘制某些局部图形时，可能会重复使用同一命令，此时若重复使用菜单命令、工具栏命令或命令行命令，工作效率太低。AutoCAD 2016 提供了快速重复前一命令的方法，在绘图窗口中非选中图形对象上，右击鼠标，弹出快捷菜单，选择第一项“重复某某”命令，或者使用更为简便的做法，直接按【Enter】键或是空格键，即可重复调用某一命令。

（4）在命令行中输入 RECTANG 命令，或者选择菜单栏中的“绘图”→“矩形”命令，或者单击“默认”选项卡“绘图”面板中的“矩形”按钮，绘制定距环俯视图。命令行提示与操作如下：

```
命令: RECTANG ↙
指定第一个角点或 [倒角(C)/标高(E)/圆角(F)/厚度(T)/宽度(W)]: 118,100 ↙
指定另一个角点或 [面积(A)/尺寸(D)/旋转(R)]: 182,112 ↙
```

绘制结果如图 2-43 所示。

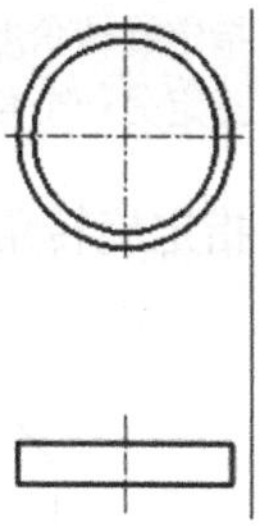

图 2-43　绘制俯视图

【知识点详解】

1. 矩形

在上面任务绘制矩形的命令行提示中，各个选项含义如下：

（1）第一个角点。通过指定两个角点确定矩形，如图 2-44（a）所示。

（2）倒角（C）。指定倒角距离，绘制带倒角的矩形，如图 2-44（b）所示，每一个角点的逆时针和顺时针方向的倒角可以相同，也可以不同，其中第一个倒角距离是指角点逆时针方向倒角距离，第二个倒角距离是指角点顺时针方向倒角距离。

（3）标高（E）。指定矩形标高（Z 坐标），即把矩形画在标高为 Z、和 XOY 坐标面平行的平面上，并作为后续矩形的标高值。

（4）圆角（F）。指定圆角半径，绘制带圆角的矩形，如图 2-44（c）所示。

（5）厚度（T）。指定矩形的厚度，如图 2-44（d）所示。

（6）宽度（W）。指定线宽，如图 2-44（e）所示。

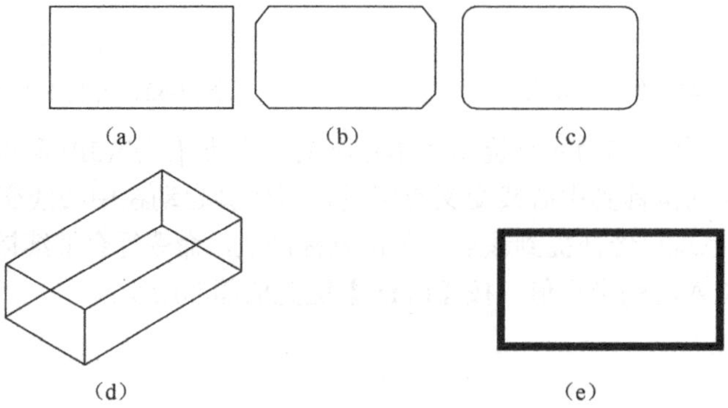

图 2-44　绘制矩形

（7）尺寸（D）。使用长和宽创建矩形。第二个指定点将矩形定位在与第一角点相关的四个位置之一内。

（8）面积（A）。指定面积和长或宽创建矩形。选择该项，命令行提示与操作如下：

```
输入以当前单位计算的矩形面积 <20.0000>:  （输入面积值）
计算矩形标注时依据 [长度(L)/宽度(W)] <长度>:（回车或输入 W）
输入矩形长度 <4.0000>: （指定长度或宽度）
```

指定长度或宽度后，系统自动计算另一个维度后绘制出矩形。如果矩形被倒角或圆角，则长度或宽度计算中会考虑此设置，如图 2-45 所示。

（9）旋转（R）。旋转所绘制的矩形的角度。选择该项，命令行提示与操作如下：

```
指定旋转角度或 [拾取点(P)] <135>:  （指定角度）
指定另一个角点或 [面积(A)/尺寸(D)/旋转(R)]: （指定另一个角点或选择其他选项）
```

指定旋转角度后，系统按指定角度创建矩形，如图 2-46 所示。

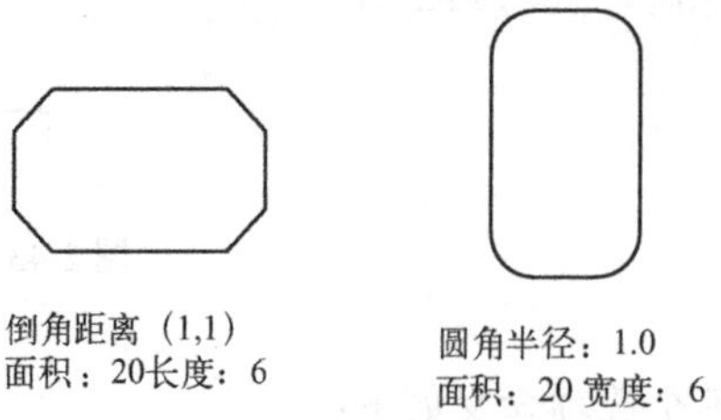

图 2-45　按面积绘制矩形

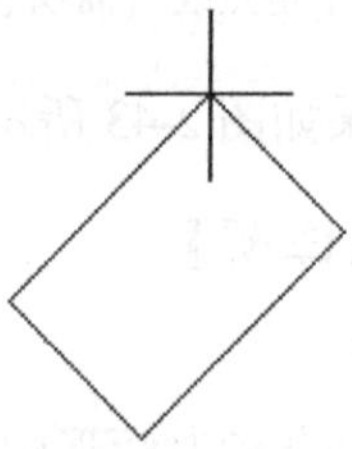

图 2-46　按指定旋转角度创建矩形

2. 对象捕捉

在绘制 AutoCAD 图形时，有时需要指定一些特殊位置的点，如圆心、端点、中点、平行线上的点等，见表 2-3。可以通过对象捕捉功能来捕捉这些点。

表 2-3　特殊位置点捕捉

捕捉模式	命　令	功　能
临时追踪点	TT	建立临时追踪点
两点之间的中点	M2P	捕捉两个独立点之间的中点
捕捉自	FROM	建立一个临时参考点，作为指出后继点的基点
点过滤器	.X (Y、Z)	由坐标选择点
端点	ENDP	线段或圆弧的端点
中点	MID	线段或圆弧的中点
交点	INT	线、圆弧或圆等的交点
外观交点	APPINT	图形对象在视图平面上的交点
延长线	EXT	指定对象的延伸线
圆心	CEN	圆或圆弧的圆心
象限点	QUA	距光标最近的圆或圆弧上可见部分的象限点，即圆周上 0°、90°、180°、270°位置上的点
切点	TAN	最后生成的一个点到选中的圆或圆弧上引切线的切点位置
垂足	PER	在线段、圆、圆弧或它们的延长线上捕捉一个点，使之与最后生成的点的连线与该线段、圆或圆弧正交
平行线	PAR	绘制与指定对象平行的图形对象
节点	NOD	捕捉用 Point 或 DIVIDE 等命令生成的点
插入点	INS	文本对象和图块的插入点
最近点	NEA	离拾取点最近的线段、圆、圆弧等对象上的点
无	NON	关闭对象捕捉模式
对象捕捉设置	OSNAP	设置对象捕捉

AutoCAD 提供了命令行、工具栏和右键快捷菜单三种执行特殊点对象捕捉的方法。

（1）命令方式。绘图时，当在命令行中提示输入一点时，输入相应特殊位置点命令，见表 2-3，然后根据提示操作即可。

（2）工具栏方式。使用如图 2-47 所示的“对象捕捉”工具栏可以使用户更方便地实现捕捉点的目的。当命令行提示输入一点时，从“对象捕捉”工具栏上单击相应的按钮。当把鼠标放在某一图标上时，会显示出该图标功能的提示，然后根据提示操作即可。

（3）快捷菜单方式。快捷菜单可通过同时按【Shift】键和右击鼠标来激活，菜单中列出了 AutoCAD 提供的对象捕捉模式，如图 2-48 所示。操作方法与工具栏相似，只要在 AutoCAD 提示输入点时单击快捷菜单上相应的菜单项，然后按提示操作即可。

图 2-47　“对象捕捉”工具栏

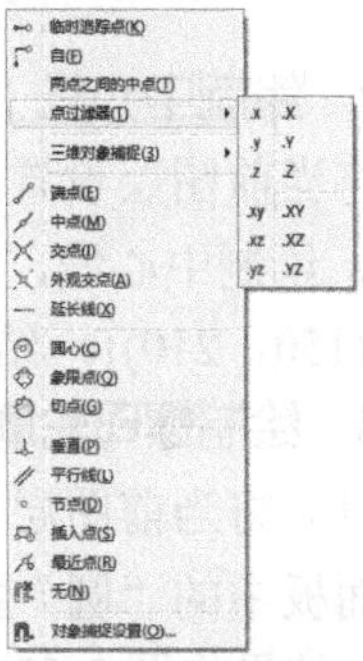

图 2-48　对象捕捉快捷菜单

任务五　绘 制 螺 母

【任务背景】

螺母属于螺纹零件中的一种，是一种典型的连接件，也是标准件，和螺栓一起用于固定可拆卸连接不同的机械零件，在机械设计工程中非常常见。

本任务绘制的螺母主视图主要利用“多边形”“圆”“直线”命令，其绘制流程图如图 2-49 所示。

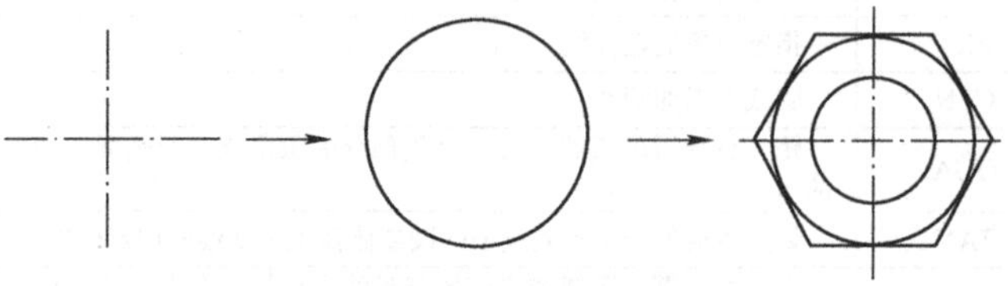

图 2-49　绘制螺母流程图

【操作步骤】

1. 设置图层

单击“默认”选项卡“图层”面板中的“图层特性”按钮，打开“图层特性管理器”对话框。新建“中心线”和“轮廓线”两个图层，如图 2-50 所示。

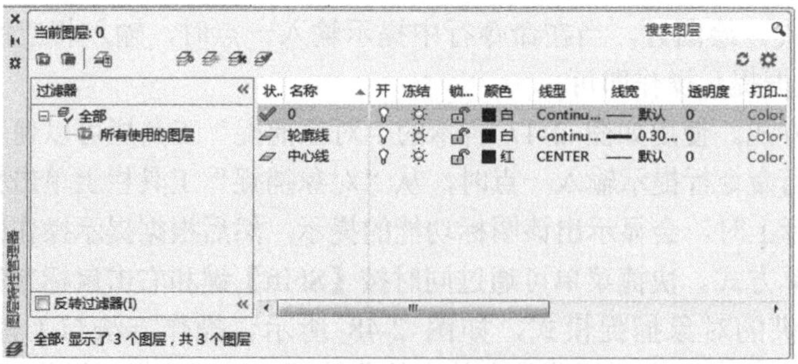

图 2-50　图层设置

2. 绘制中心线

将当前图层设置为“中心线”层，单击“默认”选项卡“绘图”面板中的“直线”按钮，绘制中心线，端点坐标值为{(90，150)，(210，150)}、{(150，90)，(150，210)}，结果如图 2-51 所示。

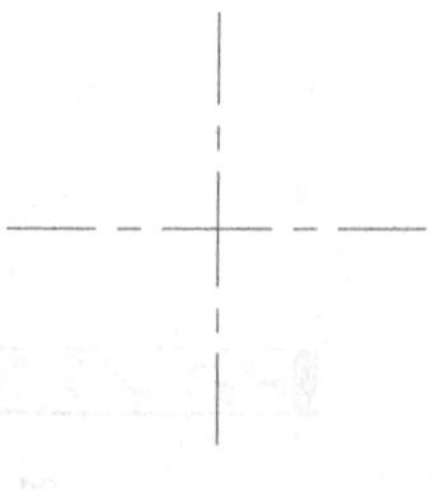

图 2-51　绘制中心线

3. 绘制螺母轮廓

（1）将当前图层设置为“轮廓线”层。单击“默认”选项卡“绘图”面板中的“圆”按钮，以（150,150）为圆心，绘制半径为 50 的圆。结果如图 2-52 所示。

（2）绘制正六边形。在命令行输入 POLYGON 命令，或者选择菜单栏中的“绘图”→“多边形”命令，或者单击“默认”选项卡“绘图”面板中的“多边形”按钮，命令行提示与操作如下：

```
命令: POLYGON↙
输入侧面数 <4>: 6
指定正多边形的中心点或 [边(E)]: 150,150↙
输入选项 [内接于圆(I)/外切于圆(C)] <I>: c↙
指定圆的半径: 50↙
```

得到的结果如图 2-53 所示。

（3）单击“默认”选项卡“绘图”面板中的“圆”按钮，以（150，150）为中心，以 30 为半径绘制另一个圆，结果如图 2-49 所示。

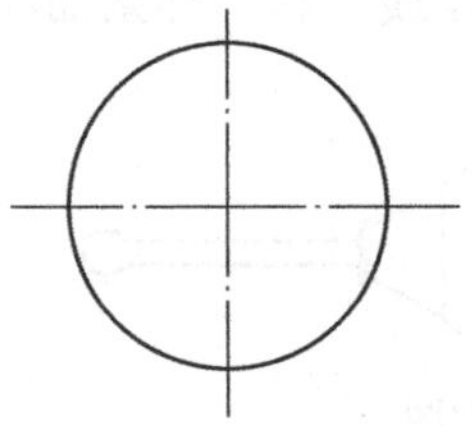

图 2-52　绘制圆

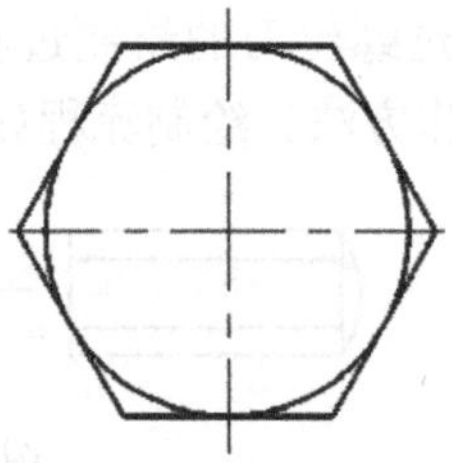

图 2-53　绘制正六边形

【知识点详解】

在上面任务绘制正多边形的命令行提示中，各个选项含义如下：

（1）边（E）。选择该选项，则只要指定多边形的一条边，系统就会按逆时针方向创建该正多边形，如图 2-54（a）所示。

（2）内接于圆（I）。选择该选项，绘制的多边形内接于圆，如图 2-54（b）所示。

（3）外接于圆（C）。选择该选项，绘制的多边形外接于圆，如图 2-54（c）所示。

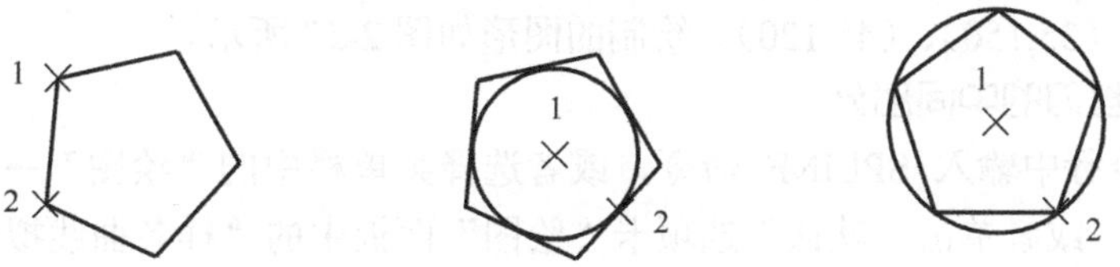

（a）　（b）　（c）

图 2-54　绘制正多边形

任务六　绘制螺丝刀

【任务背景】

在绘制机械图形时，有时会碰到直线和曲线连接，或者图线粗细出现变化等相对比较复杂的情况，为了方便这种图线的绘制，AutoCAD 提供了“多段线”命令。

多段线是一种由线段和圆弧组合而成的不同线宽的多线，这种线由于其组合形式多样，线宽变化，弥补了直线或圆弧功能的不足，适合绘制各种复杂的图形轮廓，因而得到广泛的应用。

另外，AutoCAD 使用一种称为非一致有理 B 样条（NURBS）曲线的特殊样条曲线类型。NURBS 曲线在控制点之间产生一条光滑的曲线，如图 2-55 所示。样条曲线可用于创建形状不规则的曲线，例如为地理信息系统（GIS）应用或汽车设计绘制轮廓线。

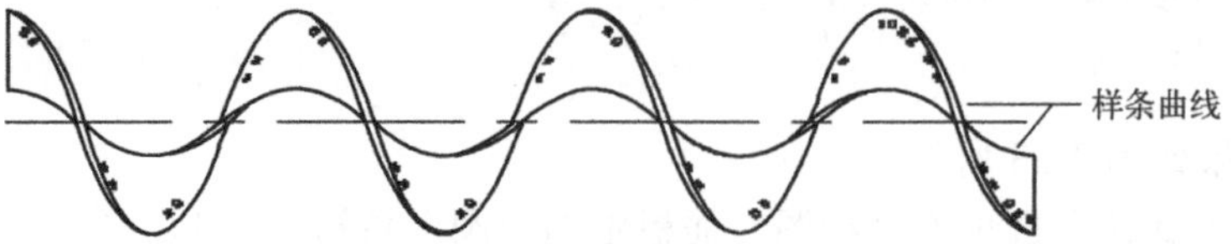

图 2-55　样条曲线

本任务将通过螺丝刀的绘制过程来熟练掌握“多段线”和“样条曲线”命令这两种复杂绘图命令的操作方法。绘制流程如图 2-56 所示。

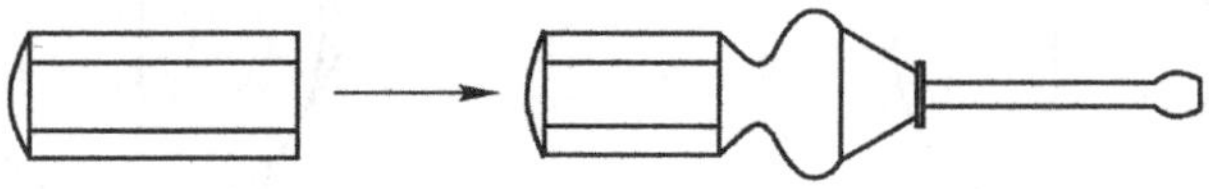

图 2-56　螺丝刀绘制流程图

【操作步骤】

1. 绘制螺丝刀左部把手

（1）单击“默认”选项卡“绘图”面板中的“矩形”按钮，绘制矩形，两个角点的坐标为（45,180）和（170,120）。

（2）单击“默认”选项卡“绘图”面板中的“直线”按钮，绘制两条线段，坐标分别为{(45,166)，(@125<0)}、{(45,134)，(@125<0)}。

（3）单击“默认”选项卡“绘图”面板中的“圆弧”按钮，绘制圆弧，三点坐标分别为（45,180）、（35,150）、（45,120）。绘制的图形如图 2-57 所示。

2. 绘制螺丝刀的中间部分

（1）在命令行中输入 SPLINE 命令，或者选择菜单栏中的“绘图”→“样条曲线”→“拟合点”命令，或者单击“默认”选项卡“绘图”面板中的“样条曲线拟合”按钮，命令行提示与操作如下：

```
命令：SPLINE↙
当前设置：方式=拟合　节点=弦
指定第一个点或 [方式(M)/节点(K)/对象(O)]: 170,180↙
输入下一个点或 [起点切向(T)/公差(L)]: 192,165↙
输入下一个点或 [端点相切(T)/公差(L)/放弃(U)]: 225,187↙
输入下一个点或 [端点相切(T)/公差(L)/放弃(U)/闭合(C)]: 255,180↙
输入下一个点或 [端点相切(T)/公差(L)/放弃(U)/闭合(C)]:↙
命令：SPLINE↙
当前设置：方式=拟合　节点=弦
指定第一个点或 [方式(M)/节点(K)/对象(O)]: 170,120↙
输入下一个点或 [起点切向(T)/公差(L)]: 192,135↙
```

```
输入下一个点或 [端点相切(T)/公差(L)/放弃(U)]:225,113↙
输入下一个点或 [端点相切(T)/公差(L)/放弃(U)/闭合(C)]: 255,120↙
输入下一个点或 [端点相切(T)/公差(L)/放弃(U)/闭合(C)]:↙
```

（2）单击“默认”选项卡“绘图”面板中的“直线”按钮，绘制一条连续线段，坐标分别为{(255,180)，(308,160)，(@5<90)，(@5<0)，(@30<-90)，(@5<-180)，(@5<90)，(255,120)，(255,180)}；再单击“默认”选项卡“绘图”面板中的“直线”按钮，绘制一条连续线段，坐标分别为{(308,160)，(@20<-90)}。绘制完成后的图形如图 2-58 所示。

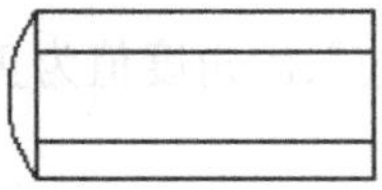

图 2-57　绘制螺丝刀把手

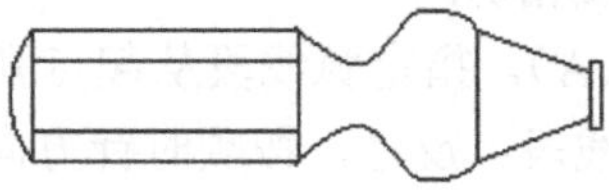

图 2-58　绘制完成的螺丝刀中间部分的图形

3. 绘制螺丝刀的右部

在命令行中输入 PLINE 命令，或者选择菜单栏中的“绘图”→“多段线”命令，或者单击“默认”选项卡“绘图”面板中的“多段线”按钮，命令行提示与操作如下：

```
命令: PLINE↙
指定起点: 313,155↙
当前线宽为 0.0000
指定下一点或 [圆弧(A)/闭合(C)/半宽(H)/长度(L)/放弃(U)/宽度(W)]: @162<0↙
指定下一点或 [圆弧(A)/闭合(C)/半宽(H)/长度(L)/放弃(U)/宽度(W)]: A↙
指定圆弧的端点(按住 Ctrl 键以切换方向)或[角度(A)/圆心(CE)/闭合(CL)/方向(D)/半宽(H)/直线(L)/半径(R)/第二点(S)/放弃(U)/宽度(W)]: 490,160↙
指定圆弧的端点(按住 Ctrl 键以切换方向)或[角度(A)/圆心(CE)/闭合(CL)/方向(D)/半宽(H)/直线(L)/半径(R)/第二点(S)/放弃(U)/宽度(W)]: ↙
命令: PLINE↙
指定起点: 313,145↙
当前线宽为 0.0000
指定下一点或 [圆弧(A)/闭合(C)/半宽(H)/长度(L)/放弃(U)/宽度(W)]: @162<0↙
指定下一点或 [圆弧(A)/闭合(C)/半宽(H)/长度(L)/放弃(U)/宽度(W)]: A↙
指定圆弧的端点(按住 Ctrl 键以切换方向)或[角度(A)/圆心(CE)/闭合(CL)/方向(D)/半宽(H)/直线(L)/半径(R)/第二点(S)/放弃(U)/宽度(W)]: 490,140↙
指定圆弧的端点(按住 Ctrl 键以切换方向)或[角度(A)/圆心(CE)/闭合(CL)/方向(D)/半宽(H)/直线(L)/半径(R)/第二点(S)/放弃(U)/宽度(W)]: L↙
指定下一点或 [圆弧(A)/闭合(C)/半宽(H)/长度(L)/放弃(U)/宽度(W)]: 510,145↙
指定下一点或 [圆弧(A)/闭合(C)/半宽(H)/长度(L)/放弃(U)/宽度(W)]: @10<90↙
指定下一点或 [圆弧(A)/闭合(C)/半宽(H)/长度(L)/放弃(U)/宽度(W)]: 490,160↙
指定下一点或 [圆弧(A)/闭合(C)/半宽(H)/长度(L)/放弃(U)/宽度(W)]: ↙
```

最终绘制的图形如图 2-59 所示。

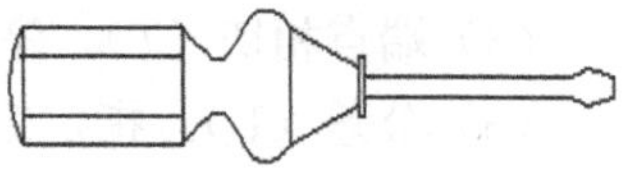

图 2-59　绘制多段线

【知识点详解】

1. 多段线

多段线是一种由线段和圆弧组合而成的不同线宽的多线，这种线由于其组合形式多样，线宽变化弥补了直线或圆弧功能的不足，适合绘制各种复杂的图形轮廓。

在上面任务绘制多段线的命令行提示中，各个选项含义如下：

（1）指定下一个点。确定另一端点绘制一条直线段，是系统的默认项。

（2）圆弧（A）。使系统变为绘圆弧方式。当选择了该选项后，系统会提示：

```
指定圆弧的端点(按住 Ctrl 键以切换方向)或[角度(A)/圆心(CE)/闭合(CL)/方向(D)/半宽(H)/直线(L)/半径(R)/第二个点(S)/放弃(U)/宽度(W)]:
```

① 圆弧的端点。绘制弧线段，此为系统的默认项。弧线段从多段线上一段的最后一点开始并与多段线相切。

② 角度（A）。指定弧线段从起点开始包含的角度。若输入的角度值为正值，则按逆时针方向绘制弧线段；反之，按顺时针方向绘制弧线段。

③ 圆心（CE）。指定所绘制弧线段的圆心。

④ 闭合（CL）。用一段弧线段封闭所绘制的多段线。

⑤ 方向（D）。指定弧线段的起始方向。

⑥ 半宽（H）。指定从多段线线段宽的中心到其一边的宽度。

⑦ 直线（L）。退出绘制圆弧功能项并返回到 PLINE 命令的初始提示信息状态。

⑧ 半径（R）。指定所绘制弧线段的半径。

⑨ 第二个点（S）。利用三点绘制圆弧。

⑩ 放弃（U）。撤销上一步操作。

⑪ 宽度（W）。指定下一条直线段的宽度。与“半宽”相似。

（3）闭合（C）。绘制一条直线段来封闭多段线。

（4）半宽（H）。指定从多段线线段宽的中心到其一边的宽度。

（5）长度（L）。在与前一线段相同的角度方向上绘制指定长度的直线段。

（6）放弃（U）。撤销上一步操作。

（7）宽度（W）。指定下一段多线段的宽度。

2. 样条曲线

在上面任务绘制样条曲线的命令行提示中，各个选项含义如下：

（1）方式（M）。控制是使用拟合点还是使用控制点来创建样条曲线。选项会因您选择的是使用拟合点创建样条曲线的选项还是使用控制点创建样条曲线的选项而异。

（2）节点（K）。指定节点参数化，它会影响曲线在通过拟合点时的形状。

（3）对象（O）。将二维或三维的二次或三次样条曲线拟合多段线转换为等价的样条曲线，然后（根据 DELOBJ 系统变量的设置）删除该多段线。

（4）起点切向（T）。定义样条曲线的第一点和最后一点的切向。如果在样条曲线的两端都指定切向，可以输入一个点或使用“切点”和“垂足”对象捕捉模式使样条曲线与已有的对象相切或垂直。如果按【Enter】键，系统将计算默认切向。

（5）端点相切（T）。停止基于切向创建曲线。可通过指定拟合点继续创建样条曲线。

（6）公差（L）。指定距样条曲线必须经过的指定拟合点的距离。公差应用于除起点和端点外的所有拟合点。

（7）闭合（C）。将最后一点定义与第一点一致，并使其在连接处相切，以闭合样条曲线。选择该项，命令行提示如下：

```
指定切向:指定点或按<Enter>键
```

如果在样条曲线的两端都指定切向，可以通过输入一个点或者使用“切点”和“垂足”对象捕捉模式使样条曲线与已有的对象相切或垂直。如果按【Enter】键，AutoCAD 将计算默认切向。

任务七　绘制泵轴

【任务背景】

在机械图的绘制过程中，大部分图线关于轴线对称，除了利用准确的坐标输入法绘制外，还有什么方法能够保持这种对称关系呢？

在绘制机械图形时，有些图线之间有一定的对应几何关系，如相切、垂直、平行等，为了在绘图时严格保持这种对应的几何关系，AutoCAD 提供了几何约束功能。另外，在绘制机械图形时，有时需要修改图线的长度等尺寸参数来得到系列不同的零件或修改错误的设计。这时可以利用尺寸约束功能来进行自动修改。

我们把这种几何约束和尺寸约束统称为对象约束，也叫参数化绘图，这是 AutoCAD 参数化设计功能的一种典型体现。

本任务绘制的泵轴主要由直线、圆及圆弧组成，因此，可以用“直线”“圆”及“圆弧”命令来绘制完成，在绘制过程中，可灵活应用对象约束功能来提高绘图效率，保持图形精确程度。绘制流程如图 2-60 所示。

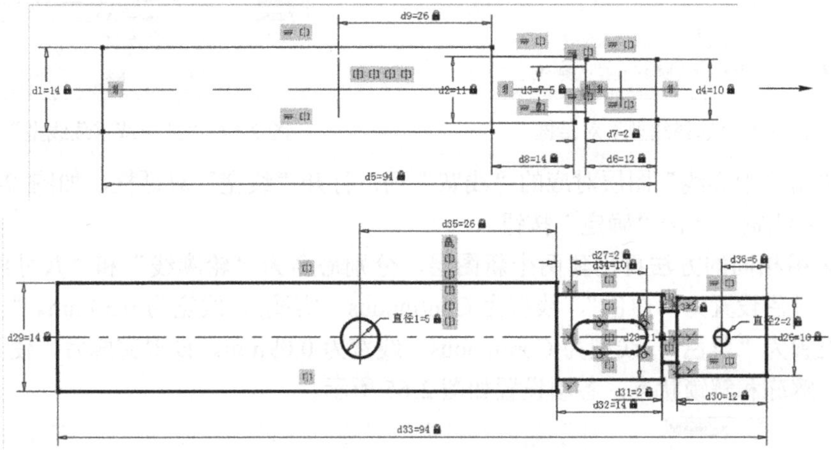

图 2-60　绘制泵轴流程图

【操作步骤】

1．在命令行中输入 LIMITS 命令，设置绘图环境，命令行提示与操作如下：

```
命令: LIMITS↙
重新设置模型空间界限:
```

```
指定左下角点或 [开(ON)/关(OFF)]<0.0000,0.0000>: ↙
指定右上角点 <420.0000,297.0000>: 297,210↙
```

2. 图层设置

（1）单击“默认”选项卡“图层”面板中的“图层特性”按钮，打开“图层特性管理器”对话框。

（2）单击“新建图层”按钮，创建一个新图层，将该图层命名为“中心线”。

（3）单击“中心线”图层对应的“颜色”列，打开“选择颜色”对话框，如图 2-61 所示。选择红色为该图层颜色，单击“确定”按钮，返回“图层特性管理器”对话框。

（4）单击“中心线”图层对应的“线型”列，打开“选择线型”对话框，如图 2-62 所示。

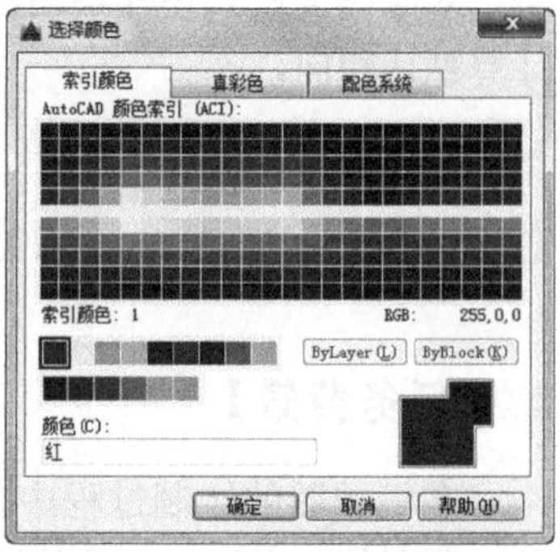

图 2-61 “选择颜色”对话框

（5）在“选择线型”对话框中单击“加载”按钮，系统打开“加载或重载线型”对话框，选择 CENTER 线型，如图 2-63 所示，单击“确定”按钮，退出。在“选择线型”对话框中选择 CENTER（点划线）为该图层线型，单击“确定”按钮，返回“图层特性管理器”对话框。

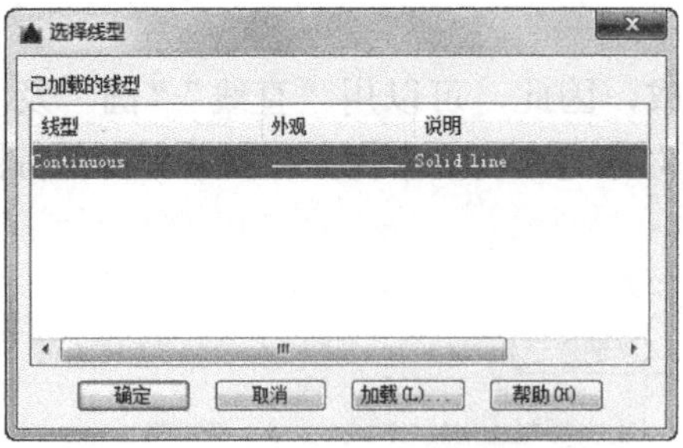

图 2-62 “选择线型”对话框

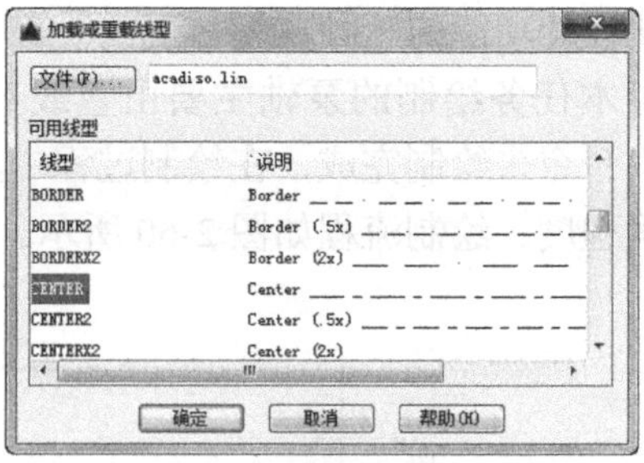

图 2-63 “加载或重载线型”对话框

（6）单击“中心线”图层对应的“线宽”列，打开“线宽”对话框，如图 2-64 所示。选择 0.09mm 线宽，单击“确定”按钮。

（7）采用相同的方法再创建两个新图层，分别命名为“轮廓线”和“尺寸线”。“轮廓线”图层的颜色设置为“白色”，线型为 Continuous（实线），线宽为 0.30mm。“尺寸线”图层的颜色设置为“蓝色”，线型为 Continuous，线宽为 0.09mm。设置完成后，使 3 个图层均处于打开、解冻和解锁状态，各项设置如图 2-65 所示。

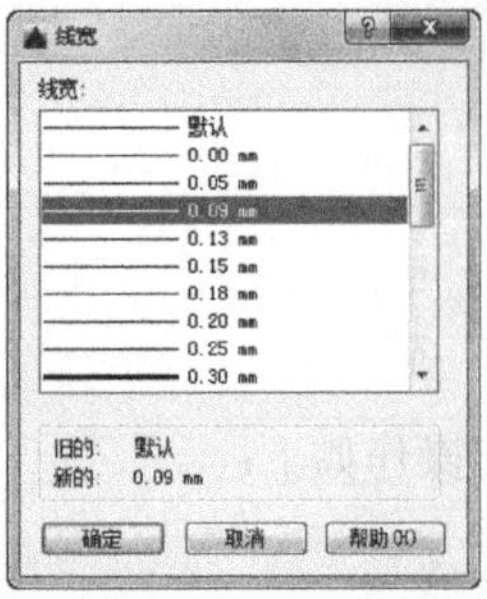

图 2-64 “线宽”对话框

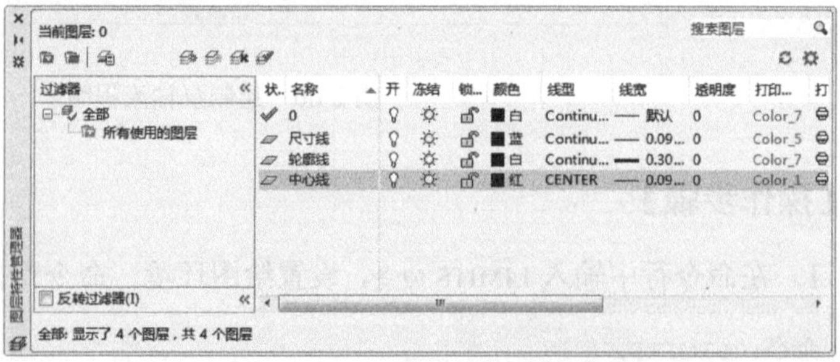

图 2-65 新建图层的各项设置

3. 绘制中心线

将当前图层设置为“中心线”图层，单击“默认”选项卡“绘图”面板中的“直线”按钮，绘制泵轴的水平中心线。

4. 绘制泵轴的外轮廓线

将当前图层设置为“轮廓线”图层。单击“默认”选项卡“绘图”面板中的“直线”按钮，绘制如图 2-66 所示的泵轴外轮廓线，尺寸无须精确。

5. 添加约束

（1）在命令行中输入 GCFIX 命令，或者单击“参数化”选项卡“几何”面板中的“固定”按钮，添加水平中心线的固定约束，命令行提示与操作如下：

```
命令：_GcFix
选择点或 [对象(O)] <对象>：选取水平中心线
```

结果如图 2-67 所示。

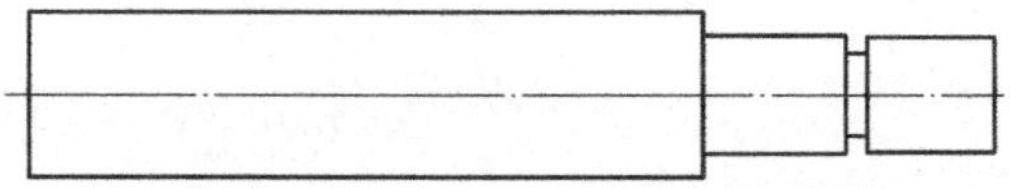

图 2-66　泵轴的外轮廓线

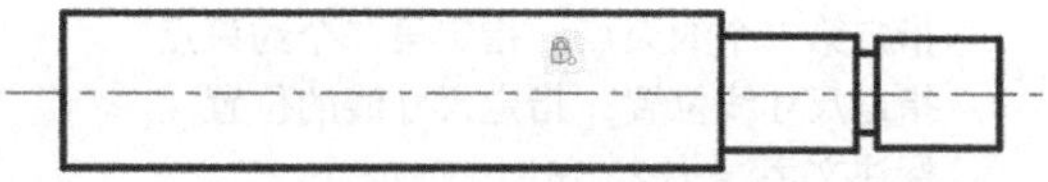

图 2-67　添加固定约束

（2）在命令行中输入 GCCOINCIDENT 命令，或者单击“参数化”选项卡“几何”面板中的“重合”按钮，选取左端竖直线的上端点和最上端水平直线的左端点添加重合约束。命令行提示与操作如下：

```
命令：_GcCoincident
选择第一个点或 [对象(O)/自动约束(A)] <对象>:选取左端竖直线的上端点
选择第二个点或 [对象(O)] <对象>:选取最上端水平直线的左端点
```

采用相同的方法，添加各个端点之间的重合约束，如图 2-68 所示。

（3）单击“参数化”选项卡“几何”面板中的“共线”按钮，添加轴肩竖直之间的共线约束，结果如图 2-69 所示。

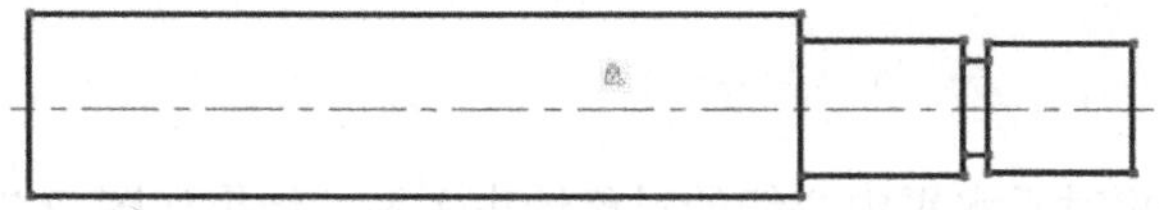

图 2-68　添加重合约束

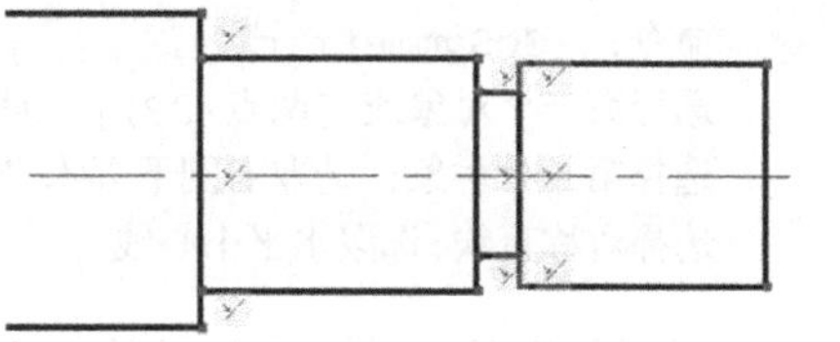

图 2-69　添加共线约束

（4）在命令行中输入 DCVERTICAL 命令，或者单击“参数化”选项卡“标注”面板中的“竖直”按钮，选择左侧第一条竖直线的两端点进行尺寸约束，命令行提示与操作如下：

```
命令：_DcVertical
指定第一个约束点或 [对象(O)] <对象>：选取竖直线的上端点
指定第二个约束点：选取竖直线的下端点
```

```
指定尺寸线位置：指定尺寸线的位置
标注文字 = 19
```

更改尺寸值为 14，直线的长度根据尺寸进行变化。采用相同的方法，对其他线段进行竖直约束，结果如图 2-70 所示。

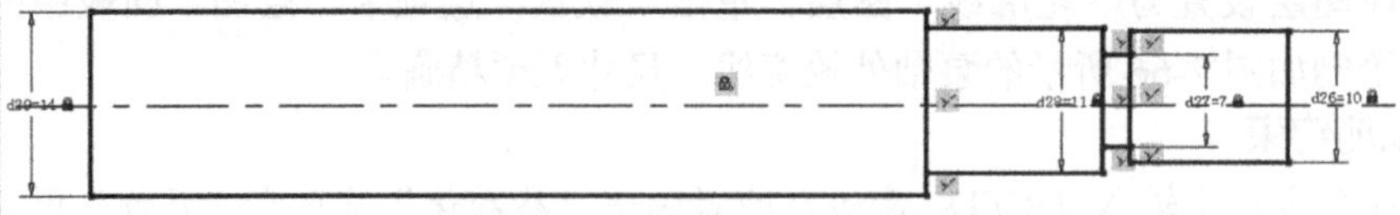

图 2-70　添加竖直尺寸约束

（5）在命令行中输入 DCHORIZONTAL 命令，或者单击“参数化”选项卡“几何”面板中的“水平”按钮，对泵轴外轮廓尺寸进行约束设置，命令行提示与操作如下：

```
命令：_DcHorizontal
指定第一个约束点或 [对象(O)] <对象>:指定第一个约束点
指定第二个约束点：指定第二个约束点
指定尺寸线位置：指定尺寸线的位置
标注文字 = 12.56
```

更改尺寸值为 12，直线的长度根据尺寸进行变化。采用相同的方法，对其他线段进行水平约束，绘制结果如图 2-71 所示。

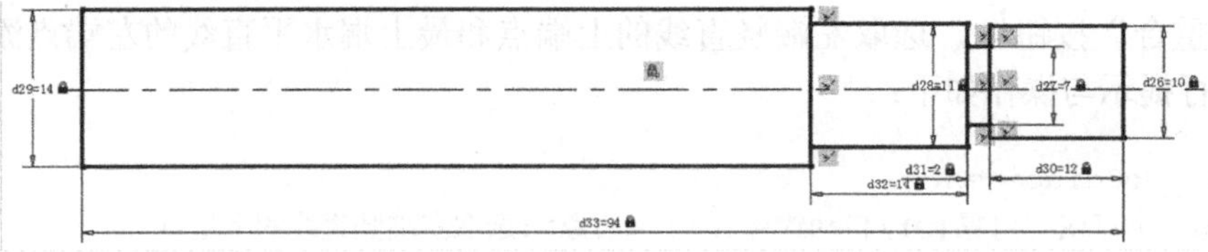

图 2-71　添加水平尺寸约束

（6）在命令行中输入 GCSYMMETRIC 命令，或者单击“参数化”选项卡“几何”面板中的“对称”按钮，添加上下两条水平直线相对于水平中心线的对称约束关系，命令行提示与操作如下：

```
命令：_GcSymmetric
选择第一个对象或 [两点(2P)] <两点>:选取右侧上端水平直线
选择第二个对象：选取右侧下端水平直线
选择对称直线:选取水平中心线
```

采用相同的方法，添加其他三个轴段相对于水平中心线的对称约束关系，结果如图 2-72 所示。

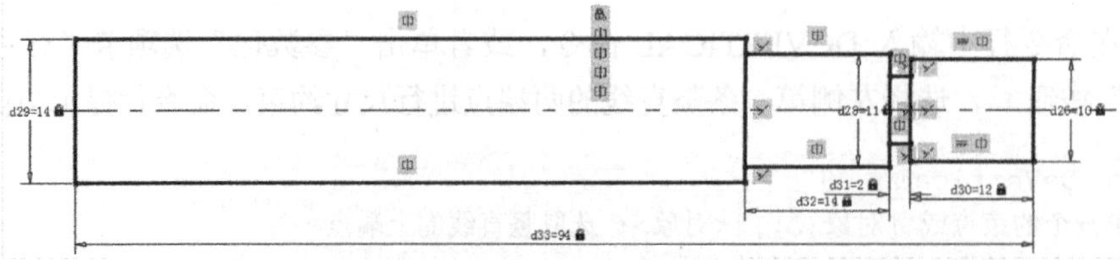

图 2-72　添加对称尺寸约束

6. 绘制泵轴的键槽

（1）将"轮廓线"层设置为当前图层。单击"默认"选项卡"绘图"面板中的"直线"按钮，在第二轴段内适当位置绘制两条水平直线。

（2）单击"默认"选项卡"绘图"面板中的"圆弧"按钮，在直线的两端绘制圆弧，结果如图 2-73 所示。

（3）单击"参数化"选项卡"几何"面板中的"重合"按钮，分别添加直线端点与圆弧端点的重合约束关系。

（4）单击"参数化"选项卡"几何"面板中的"对称"按钮，添加键槽上下两条水平直线相对于水平中心线的对称约束关系。

（5）单击"参数化"选项卡"几何"面板中的"相切"按钮，添加直线与圆弧之间的相切约束关系，结果如图 2-74 所示。

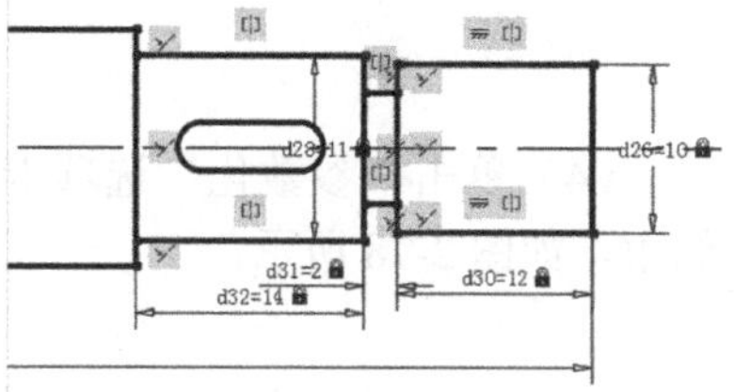

图 2-73　绘制键槽轮廓

（6）单击"参数化"选项卡"标注"面板中的"线性"按钮，对键槽进行线性尺寸约束。

（7）单击"参数化"选项卡"标注"面板中的"半径"按钮，更改半径尺寸为 2，结果如图 2-75 所示。

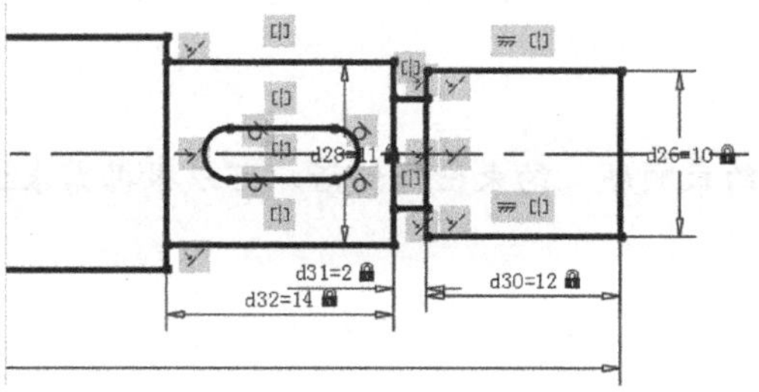

图 2-74　添加键槽的几何约束

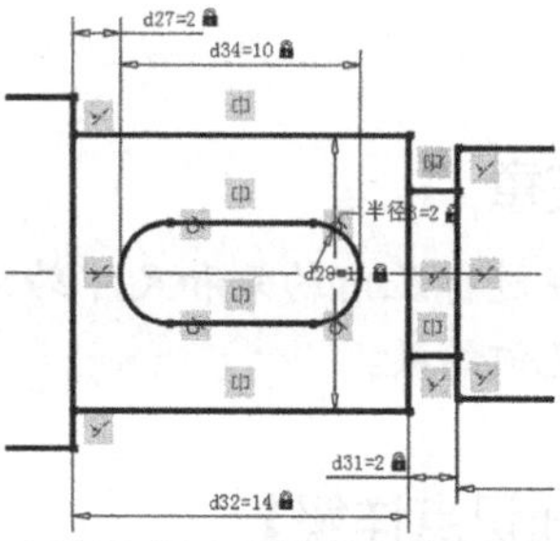

图 2-75　添加键槽的尺寸约束

7. 绘制孔

（1）当前图层设置为"中心线"图层，单击"默认"选项卡"绘图"面板中的"直线"按钮，在第一轴段和最后一轴段适当位置绘制竖直中心线。

（2）单击"参数化"选项卡"标注"面板中的"线性"按钮，对竖直中心线进行线性尺寸约束，如图 2-76 所示。

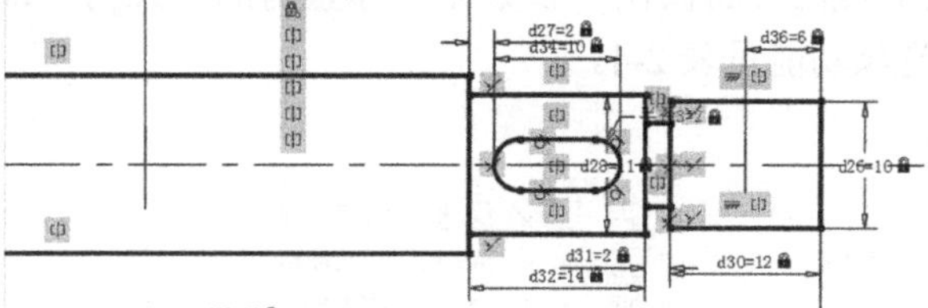

图 2-76　添加尺寸约束

（3）当前图层设置为"轮廓线"图层，单击"默认"选项卡"绘图"面板中的"圆"按钮，在竖直中心线和水平中心线的交点处绘制圆，如图 2-77 所示。

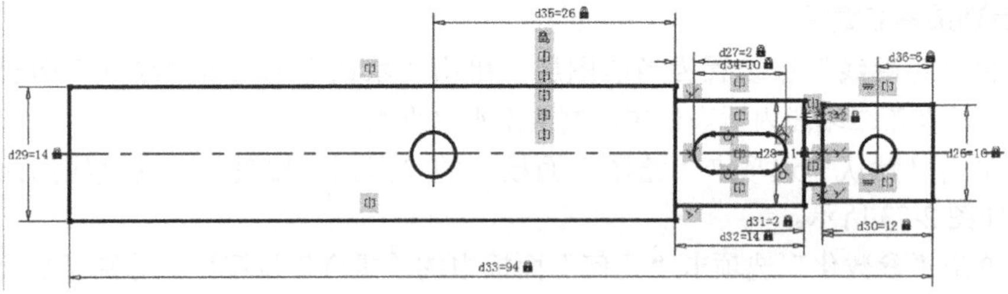

图 2-77 绘制圆

（4）单击“参数化”选项卡“标注”面板中的“直径”按钮，对圆的直径进行尺寸约束，如图 2-78 所示。

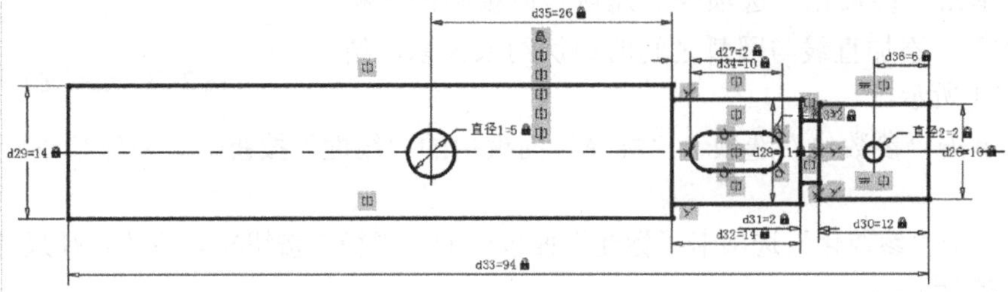

图 2-78 标注直径尺寸

注意

在进行几何约束和尺寸约束时，注意约束顺序，约束出错的话，可以根据需求适当的添加几何约束。

【知识点详解】

1. 几何约束

几何约束建立起草图对象的几何特性（如要求某一直线具有固定长度）或是两个或更多个草图对象的关系类型（如要求两条直线垂直或平行，或是几个弧具有相同的半径）。在图形区，用户可以使用“参数化”选项卡内的“全部显示”“全部隐藏”或“显示”来显示有关信息，并显示代表这些约束的直观标记（如图 2-79 所示的水平标记和共线标记）。

使用几何约束，可以指定草图对象必须遵守的条件，或是草图对象之间必须维持的关系。几何约束面板及工具栏（面板在“参数化”标签内的“几何”面板中）如图 2-80 所示，其主要几何约束选项功能见表 2-4。

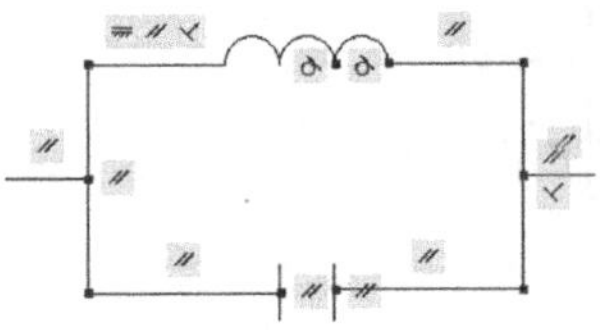

图 2-79 “几何约束”示意图

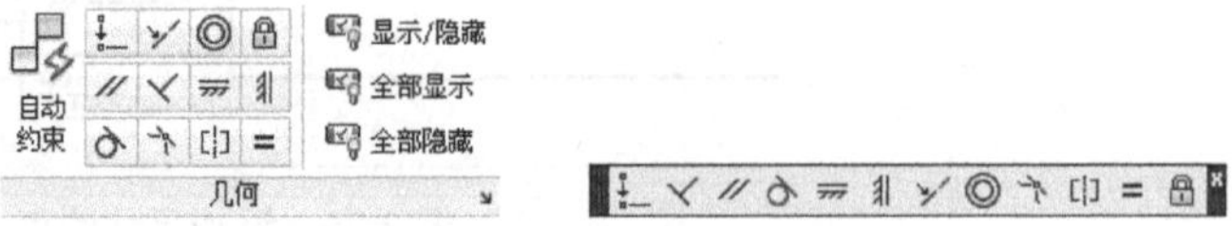

图 2-80 “几何约束”面板及工具栏

表 2-4 几何约束选项功能

约束模式	功能
重合	约束两个点使其重合，或者约束一个点使其位于曲线（或曲线的延长线）上。可以使对象上的约束点与某个对象重合，也可以使其与另一对象上的约束点重合
共线	使两条或多条直线段沿同一直线方向
同心	将两个圆弧、圆或椭圆约束到同一个中心点。结果与将重合约束应用于曲线的中心点所产生的结果相同
固定	将几何约束应用于一对对象时，选择对象的顺序以及选择每个对象的点可能会影响对象彼此间的放置方式
平行	使选定的直线位于彼此平行的位置。平行约束在两个对象之间应用
垂直	使选定的直线位于彼此垂直的位置。垂直约束在两个对象之间应用
水平	使直线或点对位于与当前坐标系的 X 轴平行的位置。默认选择类型为对象
竖直	使直线或点对位于与当前坐标系的 Y 轴平行的位置
相切	将两条曲线约束为保持彼此相切或其延长线保持彼此相切。相切约束在两个对象之间应用
平滑	将样条曲线约束为连续，并与其他样条曲线、直线、圆弧或多段线保持 G2 连续性
对称	使选定对象受对称约束，相对于选定直线对称
相等	将选定圆弧和圆的尺寸重新调整为半径相同，或将选定直线的尺寸重新调整为长度相同

绘图中可指定二维对象或对象上的点之间的几何约束。之后编辑受约束的几何图形时，将保留约束。因此，通过使用几何约束，可以在图形中包括设计要求。

在命令行输入 CONSTRAINTSETTINGS 命令，或者选择菜单栏中“参数”→“约束设置”命令，或者单击“参数化”工具栏中的“约束设置”按钮，或者单击“参数化”选项卡“几何”面板中的“约束设置”按钮，系统打开“约束设置”对话框，在该对话框中选择“几何”选项卡，如图 2-81 所示。利用此对话框可以控制约束栏中约束类型的显示。各选项功能如下：

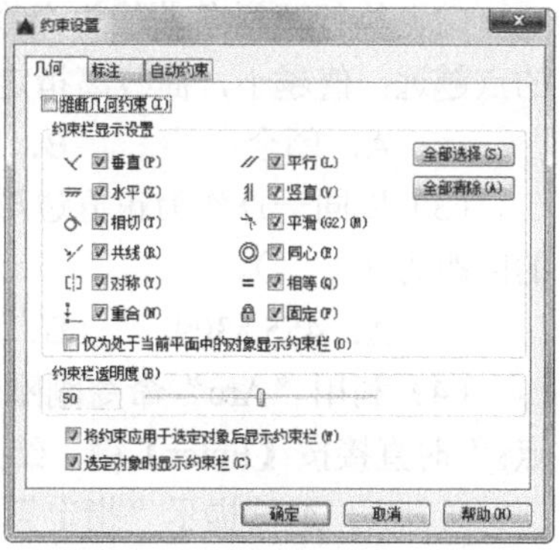

图 2-81 “约束设置”对话框

（1）“约束栏显示设置”选项组。此选项组控制图形编辑器中是否为对象显示约束栏或约束点标记。例如，可以为水平约束和竖直约束隐藏约束栏的显示。

（2）“全部选择”按钮。选择几何约束类型。

（3）“全部清除”按钮。清除选定的几何约束类型。

（4）“仅为处于当前平面中的对象显示约束栏”复选框。选中此复选框，仅为当前平面上受几何约束的对象显示约束栏。

（5）“约束栏透明度”选项组。设置图形中约束栏的透明度。

（6）“将约束应用于选定对象后显示约束栏”复选框。手动应用约束后，或使用 AUTOCONSTRAIN 命令时显示相关约束栏。

2. 尺寸约束

在命令行输入 CONSTRAINTSETTINGS 命令，或者选择菜单栏中的“参数”→“约束设置”命令，或者单击“参数化”工具栏中的“约束设置”按钮，或者单击“参数化”选项卡“标注”面板中“约束设置”按钮，系统打开“约束设置”对话框。在该对话框中，单击“标注”标签，打开“标注”选项卡，如图 2-82 所示。利用此对话框可以控制约束栏上约束类型的显示。

（1）“显示所有动态约束”复选框。默认情况下显示所有动态标注约束。

（2）“标注约束格式”选项组。该选项组内可以设置标注名称格式和锁定图标的显示。

（3）“标注名称格式”下拉框。为应用标注约束时显示的文字指定格式。将名称格式设置为显示：名称、值或名称和表达式。

（4）“为注释性约束显示锁定图标”复选框。针对已应用注释性约束的对象显示锁定图标。

（5）“为选定对象显示隐藏的动态约束”复选框。显示选定时已设置为隐藏的动态约束。

图 2-82 “约束设置”对话框

任务八 模拟试题与上机实验

1. 选择题

（1）可以有宽度的线有（　　）。

A. 构造线　　B. 多段线　　C. 直线　　D. 样条曲线

（2）执行“样条曲线”命令后，某选项用来输入曲线的偏差值。值越大，曲线离指定的点越远；值越小，曲线离指定的点越近。该选项是（　　）。

A. 闭合　　B. 端点切向　　C. 拟合公差　　D. 起点切向

（3）以同一点作为正五边形的中心，圆的半径为 50，分别用 I 和 C 方式画的正五边形的间距为（　　）。

A. 455.5309　　B. 16512.9964　　C. 910.9523　　D. 261.0327

（4）利用“Arc”命令刚刚结束绘制一段圆弧，现在执行 Line 命令，提示“指定第一点：”时直接按【Enter】键，结果是（　　）。

A. 继续提示“指定第一点：”

B. 提示“指定下一点或 [放弃(U)]：”

C. Line 命令结束

D. 以圆弧端点为起点绘制圆弧的切线

（5）重复使用刚执行的命令，按（　　）键。

A.【Ctrl】　　B.【ALT】　　C.【Enter】　　D.【Shift】

（6）动手试操作一下，进行图案填充时，下面图案类型中不需要同时指定角度和比例的有（　　）。

A. 预定义　　B. 用户定义　　C. 自定义

（7）根据图案填充创建边界时，边界类型不可能是（　　）。

A. 多段线　　B. 样条曲线　　C. 三维多段线　　D. 螺旋线

（8）在标注约束中，圆 a 和圆 b 的距离值 d_1 为 30，圆 b 与圆 c 的值 d_2 为 80，圆 a 和圆 c 的距离为 $d_3=d_1+d_2$，则它们的距离值为（　　）。

A．80　　　　B．50　　　　C．30　　　　D．110

（9）有 3 个不共圆心的圆，单击“同心”几何约束，首先选择圆 a，将圆 a 和圆 b 共圆心。然后继续单击“同心”几何约束，选择圆 c，则圆 a、b、c 共圆圆心的坐标是（　　）。

A．圆 a 的圆心　　　　B．圆 b 的圆心

C．圆 c 的圆心　　　　D．第二次首先单击的圆圆心

2．上机实验题

实验 1　绘制如图 2-83 所示的定位销

◆ 目的要求

本实验绘制如图 2-83 所示的定位销，主要涉及“直线”和“圆弧”命令。本例对尺寸要求不是很严格，在绘图时可以适当指定位置，通过本例，要求读者掌握圆弧绘制方法，同时复习直线的绘制方法。

◆ 操作提示

（1）利用“直线”命令绘制中心线和销侧面斜线。

（2）利用“圆弧”命令绘制两端的圆弧顶。

实验 2　绘制如图 2-84 所示的螺杆头部

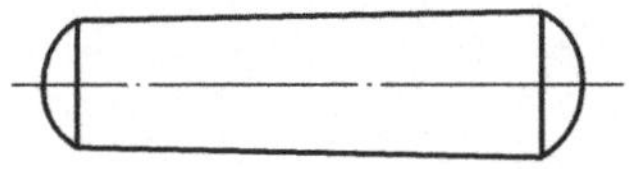

图 2-83　定位销

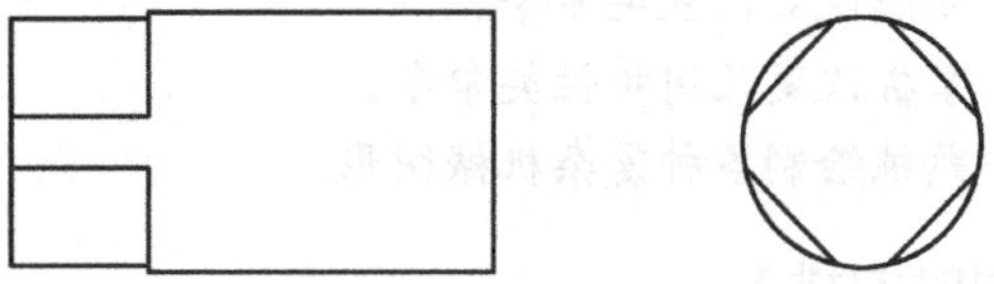

图 2-84　螺杆头部

◆ 目的要求

本实验绘制如图 2-84 所示的螺杆头部，主要涉及“直线”“矩形”“构造线”和“圆”命令。本例对尺寸要求很严格，在绘图时要结合对象捕捉相关命令，通过本例，要求读者掌握各种基本绘图命令操作方法。

◆ 操作提示

（1）利用“矩形”命令绘制倒角矩形。

（2）利用“圆”命令绘制矩形外接圆。

（3）利用“构造线”命令绘制辅助线。

（4）利用“直线”命令绘制主视图。

（5）删除构造线。

实验 3　绘制如图 2-85 所示的带轮截面

◆ 目的要求

本实验练习的命令主要是“多段线”命令，在绘制过程中，注意各个点的准确坐标。

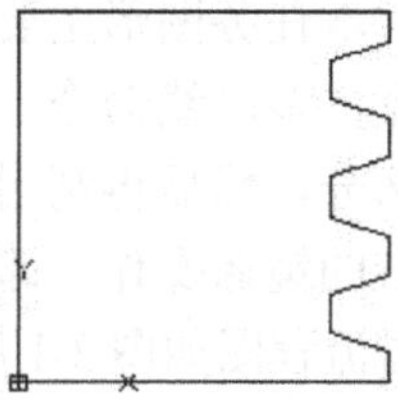

图 2-85　带轮截面轮廓线

◆ 操作提示

利用“多段线”命令进行绘制。

项目三　绘制复杂机械图形

【学习情境】

在前面的项目中，读者学习了利用 AutoCAD 绘制简单机械图形的基本方法以及对应的 AutoCAD 命令的使用技巧。对于那些相对复杂的机械图形，前面所学的知识就不足以解决问题了，本项目则要帮助读者利用二维图形编辑命令来解决这些问题。

有一类命令叫二维图形编辑命令，这类命令是在已经绘制图线的基础上，经过一些修改，进一步完成复杂图形对象的绘制工作。这些命令可使用户合理安排和组织图形，保证作图准确，减少重复，因此，对编辑命令的熟练掌握和使用有助于提高设计和绘图的效率。

【能力目标】

- 掌握复制类命令。
- 熟悉改变位置类命令。
- 掌握改变几何特性类命令。
- 熟练绘制各种复杂机械图形。

【课时安排】

8 课时（讲课 4 课时，练习 4 课时）

任务一　绘 制 卡 盘

【任务背景】

在绘制机械图形时，如果图形中出现了对称的图线需要绘制，可以利用“镜像”命令来迅速完成。“镜像”命令是一种最简单的编辑命令，镜像对象是指把选择的对象围绕一条镜像线作对称复制。镜像操作完成后，可以保留原对象，也可以将其删除。

本任务图形主要由圆、圆弧和直线组成，其上下、左右均对称，因此可以利用绘制圆命令、多段线命令、修剪命令绘制出图形的右上部分，然后再利用镜像命令分别进行上下、左右的镜像操作，即可完成图形的绘制。绘制卡盘流程图如图 3-1 所示。

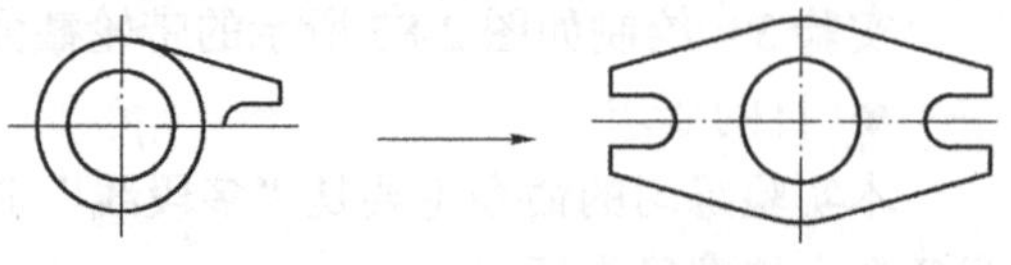

图 3-1　绘制卡盘流程图

【操作步骤】

1. 设置图层

单击“默认”选项卡“图层”面板中的“图层特性”按钮，弹出“图层特性管理器”选项板，在其中创建两个新图层。

（1）“粗实线”图层。线宽为 0.3mm，其余属性默认。

（2）“中心线”图层。颜色为“红色”，线型为 CENTER，其余属性默认。

2. 绘制中心线

设置“中心线”图层为当前图层。单击“默认”选项卡“绘图”面板中的“直线”按钮，绘制图形的对称中心线。

3. 绘制图形

（1）设置“粗实线”图层为当前图层。单击“默认”选项卡“绘图”面板中的“圆”按钮和“多段线”按钮，绘制图形右上部分，如图 3-2 所示。

（2）在命令行中输入 MIRROR 命令，或者选择菜单栏中的“修改”→“镜像”命令，或者单击“默认”选项卡“修改”面板中的“镜像”按钮，以水平中心线为镜像线将右上部分进行镜像，命令行提示与操作如下：

```
命令：_mirror
选择对象：选取右上部分
选择对象：
指定镜像线的第一点:选取水平中心线的左端点
指定镜像线的第二点:选取水平中心线的右端点
要删除源对象吗？[是(Y)/否(N)] <否>:直接回车
```

重复“镜像”命令，将右上部分和镜像后的图形以竖直中心线为对称轴镜像图形。

（3）在命令行中输入 TRIM 命令，或者选择菜单栏中的“修改”→“修剪”命令，或者单击“默认”选项卡“修改”面板中的“修剪”按钮，修剪所绘制的图形。命令行提示与操作如下：

```
命令：TRIM↙
当前设置:投影=UCS，边=无　选择剪切边...
选择对象：（选择 4 条多段线，如图 3-3 所示）
……总计 4 个　选择对象:↙
选择要修剪的对象，或按住【Shift】键选择要延伸的对象，或[栏选(F)/窗交(C)/投影(P)/边(E)/删除(R)/放弃(U)]：（分别选择中间大圆的左右段）
```

最终绘制的图形效果如图 3-4 所示。

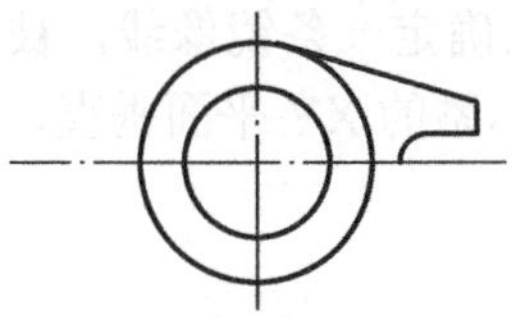

图 3-2　绘制右上部分

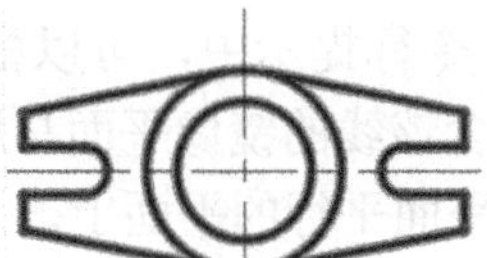

图 3-3　选择对象

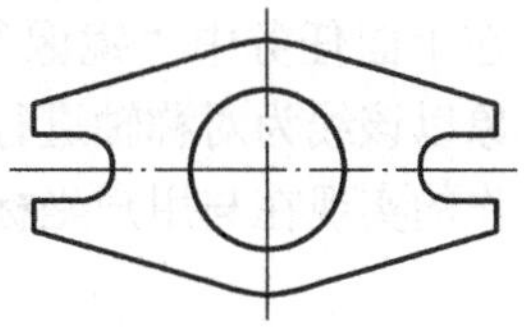

图 3-4　修剪图形

【知识点详解】

1. 修剪

在上面任务中“修剪”命令的命令行提示中，各个选项含义如下：

（1）在选择对象时，如果按住【Shift】键，系统就自动将“修剪”命令转换成“延伸”

命令，“延伸”命令将在下一个任务中介绍。

（2）选择“边”选项时，可以选择对象的修剪方式，包括延伸和不延伸两种。

① 延伸（E）。延伸边界进行修剪。在此方式下，如果剪切边没有与要修剪的对象相交，系统会延伸剪切边直至与对象相交，然后再修剪，如图 3-5 所示。

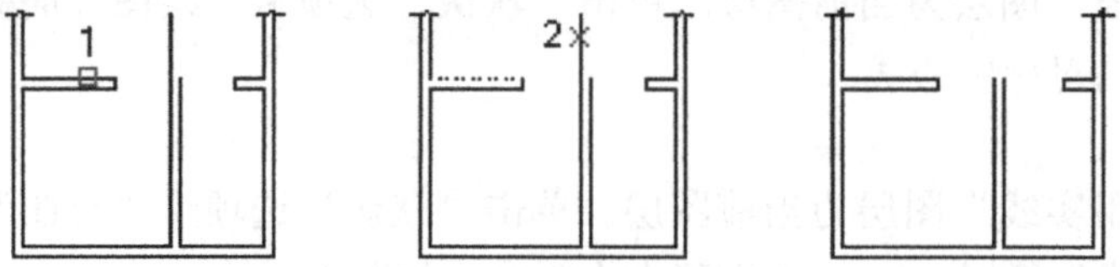

（a）选择剪切边　（b）选择要修剪的对象　（c）修剪后的结果

图 3-5　延伸方式修剪对象

② 不延伸（N）。不延伸边界修剪对象，只修剪与剪切边相交的对象。

（3）选择“栏选（F）”选项时，系统以栏选的方式选择被修剪对象，如图 3-6 所示。

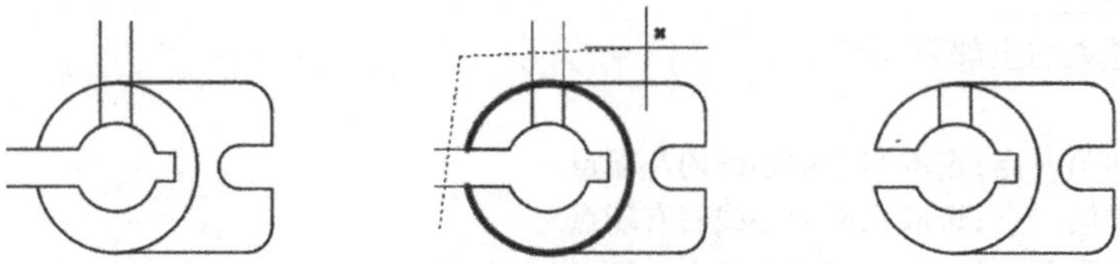
（a）选定剪切边　（b）使用“栏选”选定要修剪的对象　（c）结果

图 3-6　选择“栏选”修剪对象

（4）选择“窗交（C）”选项时，系统以窗交的方式选择被修剪对象，如图 3-7 所示。

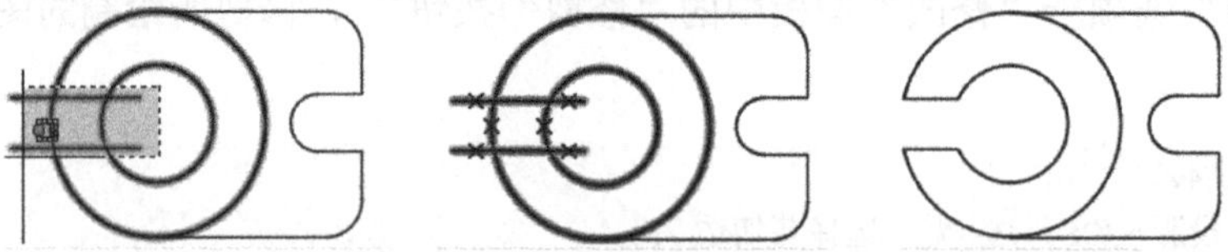
（a）使用“窗交”选择选定的边　（b）选定要修剪的对象　（c）结果

图 3-7　选择“窗交”修剪对象

（5）被选择的对象可以互为边界和被修剪对象，此时系统会在选择的对象中自动判断边界。

2. 镜像

在上面任务中“镜像”命令的命令行提示中，可以根据两点确定一条镜像线，被选择的对象以该线为对称轴进行镜像。包含该线的镜像平面与用户坐标系的 XY 平面垂直，即镜像操作的实现在与用户坐标系的 XY 平面平行的平面上。

任务二　绘制弹簧

【任务背景】

弹簧是一种常用件，应用很广，它可以用来减震、夹紧、储存能量和测力等。它的特点是当外力解除以后能立即恢复原状。弹簧可以分为压缩弹簧、拉伸弹簧、扭转弹簧和平面涡卷弹簧等，如图 3-8 所示。

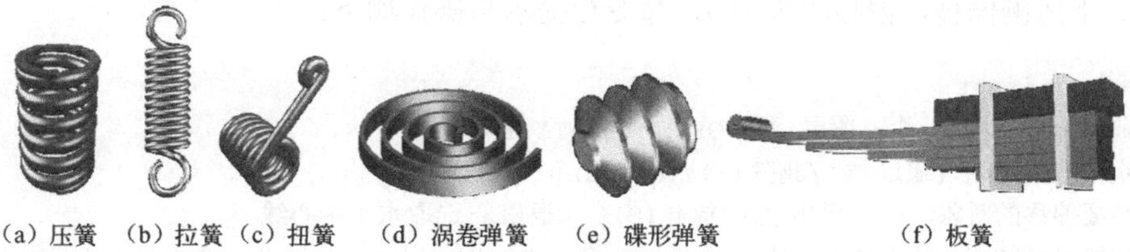

图 3-8　弹簧

本任务利用“直线”命令绘制基本的图线，再利用“镜像”命令和“复制”命令完成重复图线的绘制，最后利用“删除”命令删除多余的图线，绘制弹簧流程图如图 3-9 所示。

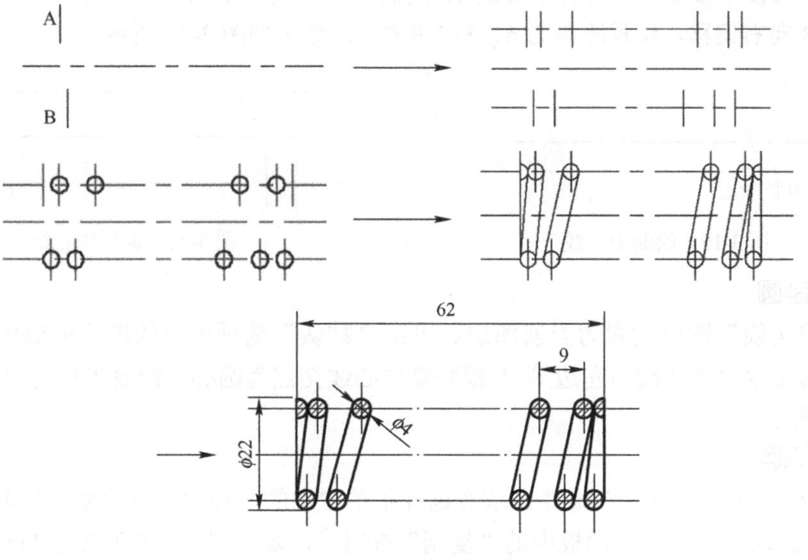

图 3-9　绘制弹簧流程图

【操作步骤】

1. 创建图层

单击“默认”选项卡“图层”面板中的“图层特性”按钮，打开“图层特性管理器”选项板，设置 3 个图层。

（1）“中心线”图层。颜色为红色，线型为 CENTER，线宽为 0.15mm。

（2）“粗实线”图层。颜色为白色，线型为 Continuous，线宽为 0.30mm。

（3）“细实线”图层。颜色为白色，线型为 Continuous，线宽为 0.15mm。

2. 绘制中心线

将“中心线”图层设置为当前图层。单击“默认”选项卡“绘图”面板中的“直线”按钮，以坐标点{(150,150)，(230,150)}、{(160,164)，(160,154)}和{(162,146)，(162,136)}绘制中心线，修改线型比例为 0.5，结果如图 3-10 所示。

3. 偏移中心线

在命令行中输入 OFFSET 命令，或者选择菜单栏中的“修改”→“偏移”命令，或者单击“默认”选项卡“修改”面板中的“偏移”按钮，分别将图 3-10 中绘制的水平中心线向上、下两侧偏移，偏移距离为 9，命令行提示与操作如下：

```
命令: _offset
当前设置: 删除源=否  图层=源  OFFSETGAPTYPE=0
指定偏移距离或 [通过(T)/删除(E)/图层(L)] <通过>: 9
选择要偏移的对象，或 [退出(E)/放弃(U)] <退出>:选取水平中心线
指定要偏移的那一侧上的点，或 [退出(E)/多个(M)/放弃(U)] <退出>:在水平中心线的上方单击
选择要偏移的对象，或 [退出(E)/放弃(U)] <退出>:选取水平中心线
指定要偏移的那一侧上的点，或 [退出(E)/多个(M)/放弃(U)] <退出>:在水平中心线的下方单击
选择要偏移的对象，或 [退出(E)/放弃(U)] <退出>:
```

重复“偏移”命令，将竖直中心线 A 向右偏移，偏移距离为 4、9、36、9 和 4；将竖直中心线 B 向右偏移，偏移距离为 6、37、9 和 6，结果如图 3-11 所示。

图 3-10　绘制中心线

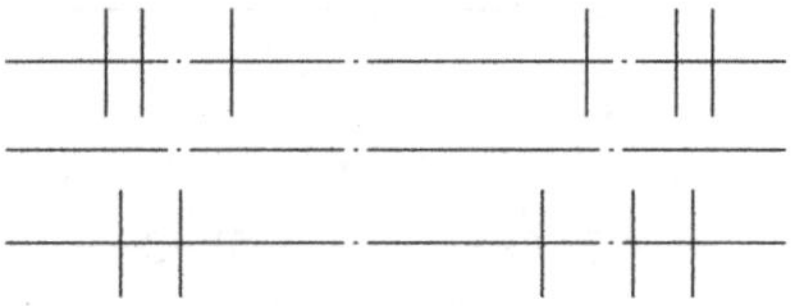
图 3-11　偏移中心线

4. **绘制圆**

将“粗实线”图层设置为当前图层。单击“默认”选项卡“绘图”面板中的“圆”按钮，以最上水平中心线与左边第 2 根竖直中心线交点为圆心，绘制半径为 2 的圆，结果如图 3-12 所示。

5. **复制圆**

在命令行中输入 COPY 命令，或者选择菜单栏中的“修改”→“复制”命令，或者单击“默认”选项卡“修改”面板中的“复制”按钮，复制圆，命令行提示与操作如下：

```
命令: _copy
选择对象:选择刚绘制的圆。
指定基点或[位移(D)/模式(O)] <位移>:选择圆心。
指定第二个点或[阵列(A)]<使用第一个点作为位移>:分别选择竖直中心线与水平中心线的交点。
```

同理，复制其他圆，结果如图 3-13 所示。

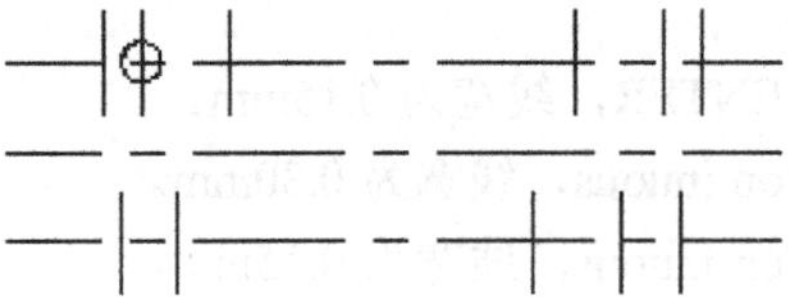
图 3-12　绘制圆

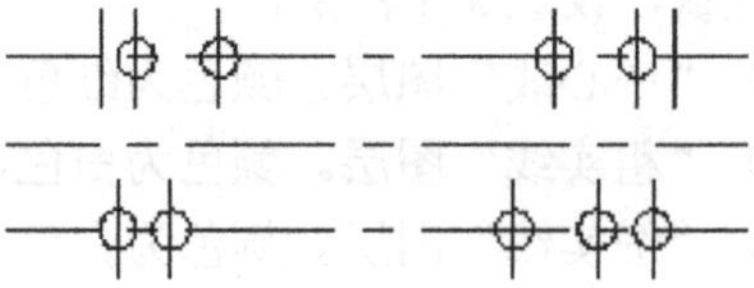
图 3-13　复制圆

6. **绘制圆弧**

单击“默认”选项卡“绘图”面板中的“圆弧”按钮，绘制圆弧，命令行提示与操作如下：

```
命令: _arc
指定圆弧的起点或[圆心(C)]: C
```

```
指定圆弧的圆心:指定最左边竖直中心线与最上水平中心线交点。
指定圆弧的起点: @0,-2
指定圆弧的端点(按住 Ctrl 键以切换方向)或[角度(A)/弦长(L)]: @0,4
命令: _arc
指定圆弧的起点或[圆心(C)]: C
指定圆弧的圆心:指定最右边竖直中心线与最上水平中心线交点。
指定圆弧的起点: @0,2
指定圆弧的端点(按住 Ctrl 键以切换方向)或[角度(A)/弦长(L)]: @0,-4
```

结果如图 3-14 所示。

7. 绘制连接线

单击“默认”选项卡“绘图”面板中的“直线”按钮，绘制连接线，结果如图 3-15 所示。

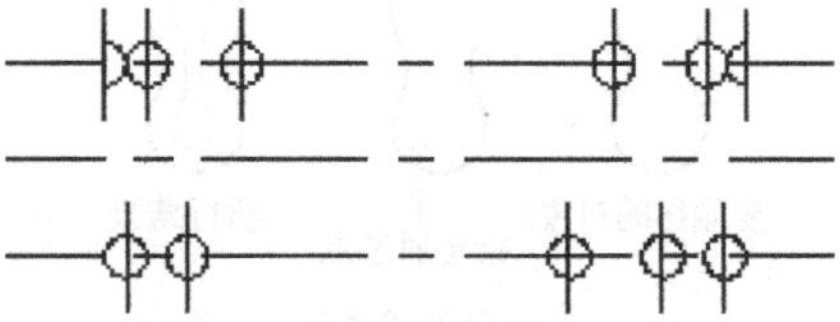

图 3-14　绘制圆弧

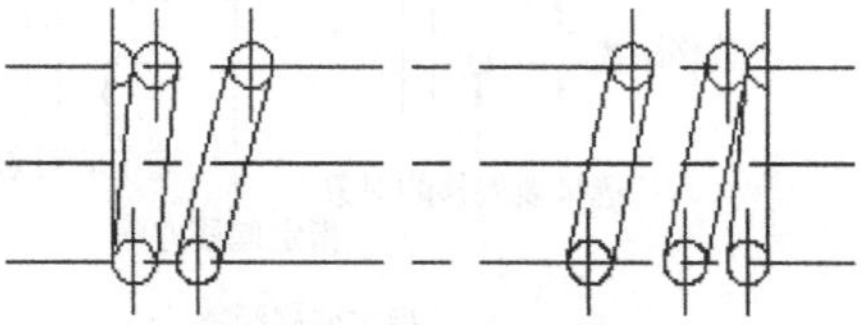

图 3-15　绘制连接线

8. 绘制剖面线

将“细实线”图层设置为当前图层。在命令行中输入 HATCH 命令，或者选择菜单栏中的“绘图”→“图案填充”命令，或者单击“默认”选项卡“绘图”面板中的“图案填充”按钮，打开“图案填充创建”选项卡，设置填充图案为“ANSI31”，角度为 0°，比例为 0.2，如图 3-16 所示，选取图中的圆形截面填充图案，打开状态栏上的“线宽”按钮，结果如图 3-17 所示。

图 3-16　“图案填充创建”选项卡

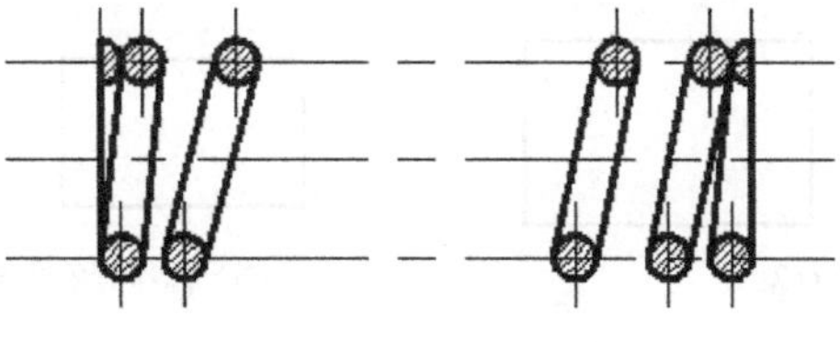

图 3-17　弹簧图案填充

【知识点详解】

1. 单个弹簧的画法

（1）在平行螺旋弹簧轴线的视图上，各圈的轮廓线画成直线。

（2）有效圈数在四圈以上的弹簧，可只画出两端的 1～2 个圈（不含支承圈），中间用通过弹簧钢丝中心的点划线连起来。

（3）在图样上当弹簧的旋向不作规定时，螺旋弹簧一律画成右旋。左旋弹簧应加注“左”字。

2. “偏移”命令

在上面任务中“偏移”命令的命令行提示中，各个选项含义如下：

（1）指定偏移距离。输入一个距离值，或直接按【Enter】键使用当前的距离值，系统把该距离值作为偏移距离，如图 3-18（a）所示。

（2）通过（T）。指定偏移的通过点。选择该选项后，系统出现如下提示：

```
选择要偏移的对象或 <退出>：（选择要偏移的对象。按 Enter 键会结束操作）
指定通过点：（指定偏移对象的一个通过点）
```

操作完毕后，系统根据指定的通过点绘出偏移对象，如图 3-18（b）所示。

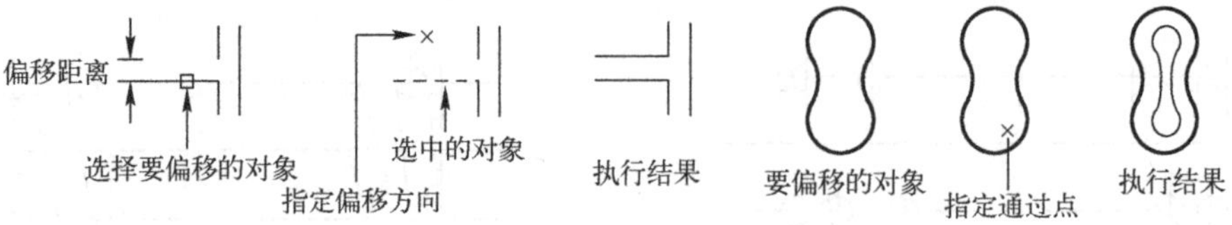

（a）指定偏移距离　　（b）通过点

图 3-18　偏移选项说明（一）

（3）删除（E）。偏移源对象后将其删除，如图 3-19（a）所示。选择该选项后，系统出现如下提示：

```
要在偏移后删除源对象吗？ [是(Y)/否(N)] <当前>：（输入 Y 或 N）
```

（4）图层（L）。确定将偏移对象创建在当前图层上还是源对象所在的图层上，这样就可以在不同图层上偏移对象。选择该项后，系统出现如下提示：

```
输入偏移对象的图层选项 [当前(C)/源(S)] <当前>：（输入选项）
```

如果偏移对象的图层选择为当前层，则偏移对象的图层特性与当前图层相同，如图 3-19（b）所示。

（a）删除源对象　　（b）偏移对象的图层为当前层

图 3-19　偏移选项说明（二）

（5）多个（M）。使用当前偏移距离重复进行偏移操作，并接受附加的通过点，如图 3-20 所示。

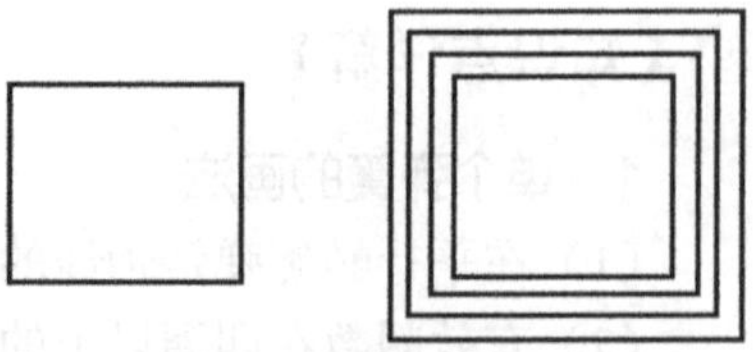

图 3-20　偏移选项说明（三）

注意

可以使用“偏移”命令对指定的直线、圆弧、圆等对象作定距离偏移复制。在实际应用中，常利用“偏移”

命令的特性创建平行线或等距离分布图形，效果与“阵列”命令相同。默认情况下，需要指定偏移距离，再选择要偏移复制的对象，然后指定偏移方向，以复制出对象。

3. “复制”命令

在上面任务中“复制”命令的命令行提示中，各个选项含义如下：

（1）指定基点。指定一个坐标点后，AutoCAD 把该点作为复制对象的基点，系统出现如下提示：

```
指定第二个点或 [阵列(A)] <使用第一个点作为位移>:
```

指定第二个点后，系统将根据这两点确定的位移矢量，把选择的对象复制到第二点处。如果此时直接回车，即选择默认的“用第一点作位移”，则第一个点被当作相对于 X、Y、Z 的位移。例如，如果指定基点为（2，3）并在下一个提示下按【Enter】键，则该对象从它当前的位置开始在 X 方向上移动 2 个单位，在 Y 方向上移动 3 个单位。复制完成后，系统会继续提示：

```
指定第二个点或 [阵列(A)/退出(E)/放弃(U)] <退出>:
```

这时，可以不断指定新的第二点，从而实现多重复制。

（2）位移（D）。直接输入位移值，表示以选择对象时的拾取点为基准，以拾取点坐标为移动方向纵横比移动指定位移后确定的点为基点。例如，选择对象时拾取点坐标为（2，3），输入位移为 5，则表示以（2，3）点为基准，沿纵横比为 3：2 的方向移动 5 个单位所确定的点为基点。

（3）模式（O）。控制是否自动重复该命令。该设置由 COPYMODE 系统变量控制。

4. 图案填充

在上面任务中选择“图案填充”命令打开“图案填充创建”选项卡，各个选项含义如下：

（1）“边界”面板。

① 拾取点。通过选择由一个或多个对象形成的封闭区域内的点，确定图案填充边界，如图 3-21 所示。指定内部点时，可以随时在绘图区域中右击鼠标以显示包含多个选项的快捷菜单。

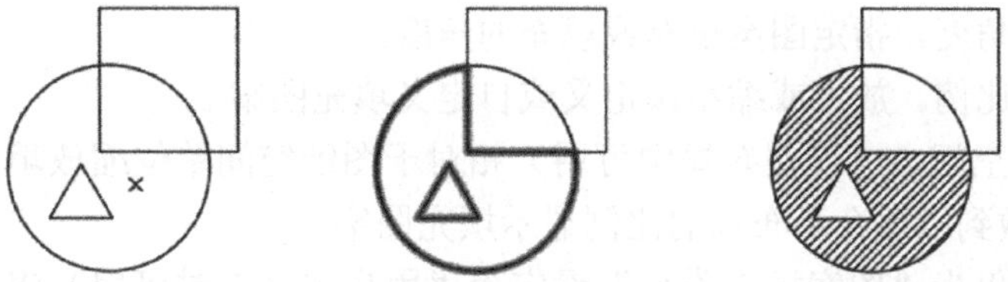

（a）选择一点　（b）填充区域　（c）填充结果

图 3-21　边界确定

② 选择边界对象。指定基于选定对象的图案填充边界。使用该选项时，不会自动检测内部对象，必须选择选定边界内的对象，以按照当前孤岛检测样式填充这些对象，如图 3-22 所示。

③ 删除边界对象。从边界定义中删除之前添加的任何对象，如图 3-23 所示。

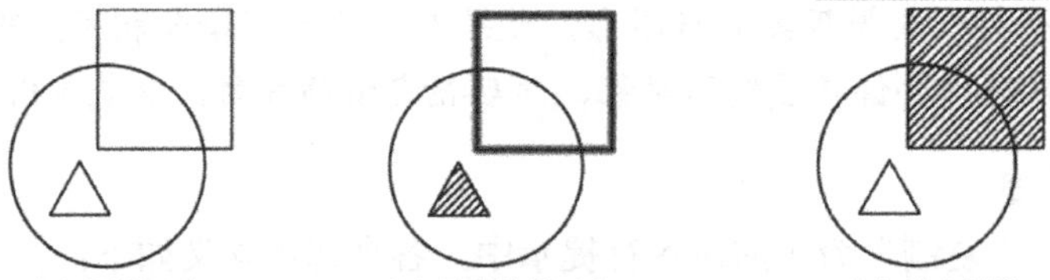

图 3-22 选择边界对象

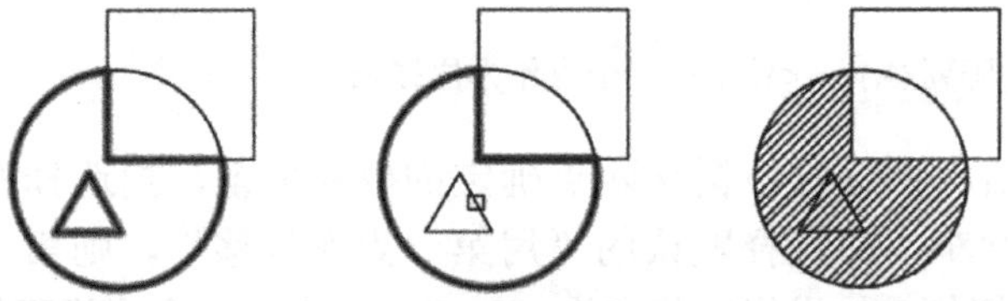

图 3-23 删除"岛"后的边界

④ 重新创建边界。围绕选定的图案填充或填充对象创建多段线或面域，并使其与图案填充对象相关联（可选）。

⑤ 显示边界对象。选择构成选定关联图案填充对象的边界的对象，使用显示的夹点可修改图案填充边界。

⑥ 保留边界对象。指定如何处理图案填充边界对象。包括如下选项。

☑ 不保留边界。不创建独立的图案填充边界对象。

☑ 保留边界 - 多段线。创建封闭图案填充对象的多段线。

☑ 保留边界 - 面域。创建封闭图案填充对象的面域对象。

☑ 选择新边界集。指定对象的有限集（称为边界集），以便通过创建图案填充时的拾取点进行计算。

（2）"图案"面板。显示所有预定义和自定义图案的预览图像。

（3）"特性"面板。

① 图案填充类型。指定是使用纯色、渐变色、图案还是用户定义的填充。

② 图案填充颜色。替代实体填充和填充图案的当前颜色。

③ 背景色：指定填充图案背景的颜色。

④ 图案填充透明度。设定新图案填充或填充的透明度，替代当前对象的透明度。

⑤ 图案填充角度。指定图案填充或填充的角度。

⑥ 填充图案比例。放大或缩小预定义或自定义填充图案 。

⑦ 相对图纸空间。（仅在布局中可用）相对于图纸空间单位缩放填充图案。使用此选项，可很容易地做到以适合于布局的比例显示填充图案。

⑧ 双向。（仅当"图案填充类型"设定为"用户定义"时可用）将绘制第二组直线，与原始直线成 90°角，从而构成交叉线。

⑨ ISO 笔宽。（仅对于预定义的 ISO 图案可用）基于选定的笔宽缩放 ISO 图案。

（4）"原点"面板。

① 设定原点。直接指定新的图案填充原点。

② 左下。将图案填充原点设定在图案填充边界矩形范围的左下角。

③ 右下。将图案填充原点设定在图案填充边界矩形范围的右下角。

④ 左上。将图案填充原点设定在图案填充边界矩形范围的左上角。

⑤ 右上。将图案填充原点设定在图案填充边界矩形范围的右上角。

⑥ 中心。将图案填充原点设定在图案填充边界矩形范围的中心。

⑦ 使用当前原点。将图案填充原点设定在 HPORIGIN 系统变量中存储的默认位置。

⑧ 存储为默认原点。将新图案填充原点的值存储在 HPORIGIN 系统变量中。

5. “选项”面板

（1）关联。指定图案填充或填充为关联图案填充。关联的图案填充或填充在用户修改其边界对象时将会更新。

（2）注释性。指定图案填充为注释性。此特性会自动完成缩放注释过程，从而使注释能够以正确的大小在图纸上打印或显示。

（3）特性匹配。

使用当前原点：使用选定图案填充对象（除图案填充原点外）设定图案填充的特性。

使用源图案填充的原点：使用选定图案填充对象（包括图案填充原点）设定图案填充的特性。

（4）允许的间隙。设定将对象用作图案填充边界时可以忽略的最大间隙。默认值为 0，此值指定对象必须封闭区域而没有间隙。

（5）创建独立的图案填充。控制当指定了几个单独的闭合边界时，是创建单个图案填充对象，还是创建多个图案填充对象。

（6）孤岛检测。

☑ 普通孤岛检测。从外部边界向内填充。如果遇到内部孤岛，填充将关闭，直到遇到孤岛中的另一个孤岛。

☑ 外部孤岛检测。从外部边界向内填充。此选项仅填充指定的区域，不会影响内部孤岛。

☑ 忽略孤岛检测。忽略所有内部的对象，填充图案时将通过这些对象。

（7）绘图次序。为图案填充或填充指定绘图次序。选项包括不更改、后置、前置、置于边界之后和置于边界之前。

任务三　绘制轴承端盖

【任务背景】

轴承端盖用以固定轴承、调整轴承间隙并承受轴向力。轴承端盖的结构有嵌入式和凸缘两种。每种又有闷盖和透盖之分。

本任务主要利用“圆”和“环形阵列”命令绘制轴承端盖，绘制流程图如图 3-24 所示。

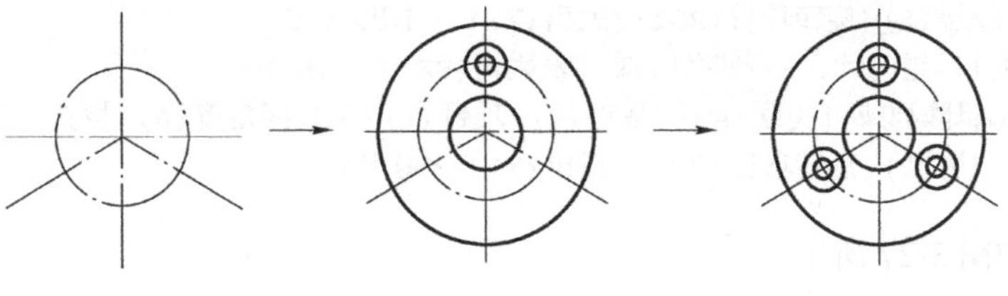

图 3-24　轴承端盖绘制流程图

【操作步骤】

1. 图层设定

单击“默认”选项卡“图层”面板中的“图层特性”按钮，新建三个图层：粗实线层，线宽：0.50mm，其余属性默认。细实线层，线宽：0.30mm，其余属性默认。中心线层，线宽：0.30mm，颜色：红色，线型：CENTER，其余属性默认。

2. 绘制左视图中心线

将线宽显示打开。将当前图层设置为中心线图层。单击“默认”选项卡“绘图”面板中的“直线”按钮和“圆”下拉菜单中的“圆心，半径”按钮，并结合“正交”“对象捕捉”和“对象捕捉追踪”等工具选取适当尺寸，绘制如图 3-25 所示的中心线。

3. 左视图的轮廓线

将当前图层设置为粗实线图层。单击“默认”选项卡“绘图”面板上的“圆”下拉菜单中的“圆心，半径”按钮，并结合“对象捕捉”工具选取适当尺寸，绘制如图 3-26 所示的圆。

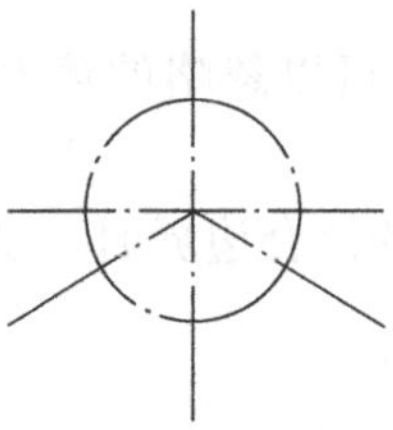

图 3-25　轴承端盖左视图中心线

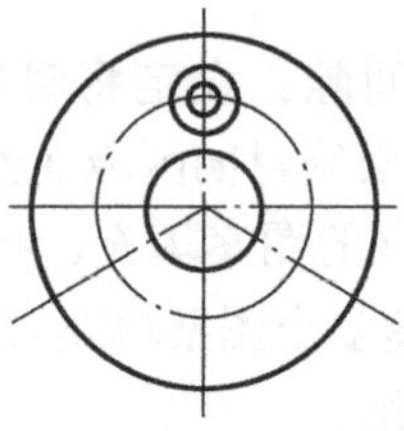

图 3-26　绘制左视图轮廓线

4. 阵列圆

在命令行中输入 ARRAYPOLAR 命令，或者选择菜单栏中的“修改”→“阵列”→“环形阵列”命令，或者单击“默认”选项卡“修改”面板中的“环形阵列”按钮，项目数设置为 3，填充角度设置为 360，选择两个同心的小圆为阵列对象，捕捉中心线圆的圆心的阵列中心。命令行提示如下：

```
命令: _arraypolar
选择对象: (选择两个同心小圆)
选择对象:
类型 = 极轴  关联 = 是
指定阵列的中心点或 [基点(B)/旋转轴(A)]: (捕捉中心线圆的圆心)
选择夹点以编辑阵列或 [关联(AS)/基点(B)/项目(I)/项目间角度(A)/填充角度(F)/行(ROW)/层(L)/旋转项目(ROT)/退出(X)] <退出>:I
输入阵列中的项目数或 [表达式(E)] <6>: 3
选择夹点以编辑阵列或 [关联(AS)/基点(B)/项目(I)/项目间角度(A)/填充角度(F)/行(ROW)/层(L)/旋转项目(ROT)/退出(X)] <退出>: F
指定填充角度(+=逆时针、-=顺时针)或 [表达式(EX)] <360>:
选择夹点以编辑阵列或 [关联(AS)/基点(B)/项目(I)/项目间角度(A)/填充角度(F)/行(ROW)/层(L)/旋转项目(ROT)/退出(X)] <退出>:
```

阵列结果如图 3-27 所示。

图 3-27　轴承端盖

【知识点详解】

在上面任务中“阵列”命令的命令行提示中，各个选项含义如下：

（1）矩形（R）。选择矩形阵列的方式。

（2）路径（PA）。选择路径阵列的方式。

（3）极轴（PO）。选择环形阵列的方式。

（4）基点（B）。指定阵列的基点。

（5）旋转轴（A）。指定阵列的旋转轴进行三维空间的阵列。

（6）关联（AS）。指定是否在阵列中创建项目作为关联阵列对象，或作为独立对象。

（7）项目（I）。指定阵列的数目。

（8）项目间角度（A）。指定阵列对象间的间隔角度。

（9）填充角度（F）。指定所有阵列对象总的间隔角度。

（10）行（ROW）。指定阵列中的行数和行间距。

（11）层（L）。指定阵列中的层数和层间距。

（12）旋转项目（ROT）。指定是否在阵列的同时旋转对象。

（13）表达式（E）。使用数学公式或方程式获取值。

（14）退出（X）。退出命令。

任务四　绘 制 凸 轮

【任务背景】

凸轮是一种典型的机械零件，是机械的回转或滑动件，它把运动传递给紧靠其边缘移动的滚轮或在槽面上自由运动的针杆，或者它从这样的滚轮和针杆中承受力。凸轮是一个具有曲线轮廓或凹槽的构件，如图 3-28 所示。

图 3-28　凸轮

真实的凸轮曲线绘制要按照从动件运动规律，利用反转法或解析计算法确定其准确的轮廓曲线。

本任务绘制的凸轮轮廓由不规则的曲线组成。为了准确地绘制凸轮轮廓曲线，需要用到样条曲线，并且要利用点的等分来控制样条曲线的范围。在绘制的过程中，也要用到剪切、删除等编辑功能，绘制流程如图 3-29 所示。

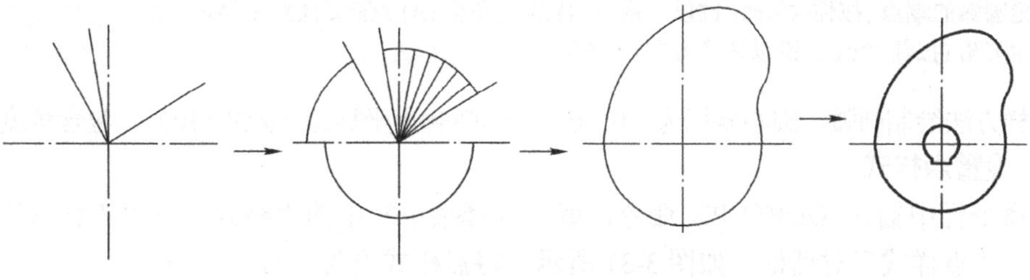

图 3-29　凸轮绘制流程图

【操作步骤】

1. 图层设置

单击“默认”选项卡“图层”面板中的“图层特性”按钮，新建三个图层：

（1）第一层命名为“粗实线”，线宽设为 0.3mm，其余属性默认。

（2）第二层命名为“细实线”，所有属性默认。

（3）第三层命名为“中心线”，颜色为红色，线型为 CENTER，其余属性默认。

2. 绘制中心线

将“中心线”图层设置为当前图层。单击“默认”选项卡“绘图”面板中的“直线”按钮，绘制中心线，命令行提示与操作如下：

```
命令：LINE↙
指定第一点：-40,0↙
指定下一点或 [放弃(U)]：40,0↙
指定下一点或 [放弃(U)]：↙
```

同样方法绘制线段，两个端点坐标为（0，40）和（0，-40）。

3. 绘制辅助直线

将“细实线”图层设置为当前图层。单击“默认”选项卡“绘图”面板中的“直线”按钮，绘制辅助直线，命令行提示与操作如下：

```
命令：LINE↙
指定第一点：0,0↙
指定下一点或 [放弃(U)]：@40<30↙
指定下一点或 [放弃(U)]：↙
```

同样方法绘制两条线段，端点坐标分别为{(0,0)，(@40<100)}和{(0,0)，(@40<120)}。所绘制的图形如图 3-30 所示。

4. 绘制辅助线圆弧

单击“默认”选项卡“绘图”面板中的“圆弧”按钮，绘制圆弧，命令行提示与操作如下：

```
命令:ARC↙
指定圆弧的起点或 [圆心(C)]：C↙
指定圆弧的圆心：0,0↙
指定圆弧的起点：30<120↙
指定圆弧的端点(按住 Ctrl 键以切换方向)或 [角度(A)/弦长(L)]：A↙
指定夹角(按住 Ctrl 键以切换方向)：60↙
```

同样方法绘制圆弧，圆心坐标为（0，0），圆弧起点坐标为（@30<30），包含角度为 70。

5. 设置点样式

在命令行中输入 DDPTYPE 命令，或者选择菜单栏中的“格式”→“点样式”命令，系统打开“点样式”对话框，如图 3-31 所示。将点样式设为⊞。

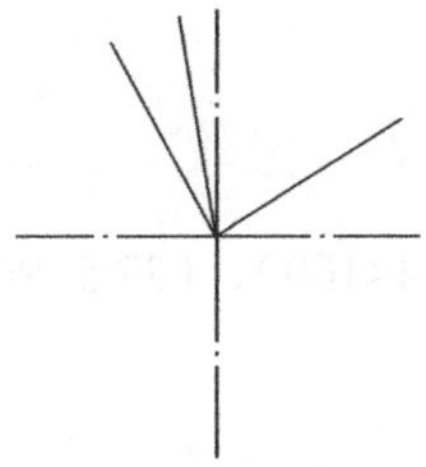

图 3-30　中心线及其辅助线

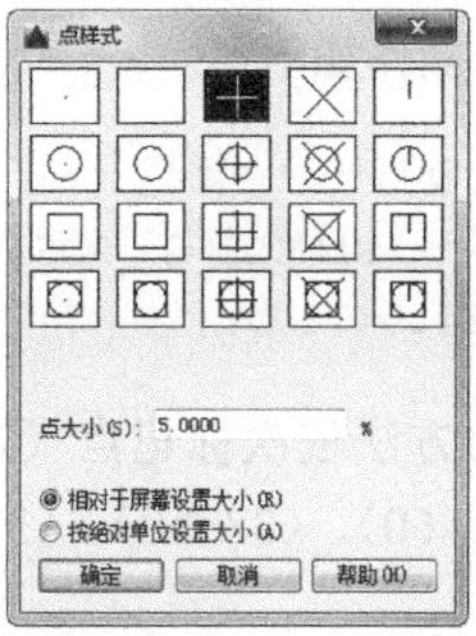

图 3-31　“点样式”对话框

6. 等分圆弧

在命令行中输入 DIVIDE 命令，或者选择菜单栏中的“绘图”→“点”→“定数等分”命令，或者单击“默认”选项卡“绘图”面板中的“定数等分”按钮，将圆弧等分，命令行提示与操作如下：

```
命令: DIVIDE↙
选择要定数等分的对象:(选择左边的弧线)
输入线段数目或 [块(B)]: 3↙
```

同样方法将另一条圆弧 7 等分，绘制结果如图 3-32 所示。将中心点与第二段弧线的等分点连上直线，如图 3-33 所示。

7. 绘制凸轮下半部分圆弧

将“粗实线”图层设置为当前图层。单击“默认”选项卡“绘图”面板中的“圆弧”按钮，绘制凸轮下半部分圆弧，命令行提示与操作如下：

```
命令:ARC↙
指定圆弧的起点或 [圆心(C)]:C↙
指定圆弧的圆心:0,0↙
指定圆弧的起点:24,0↙
指定圆弧的端点(按住 Ctrl 键以切换方向)或[角度(A)/弦长(L)]:A↙
指定夹角(按住 Ctrl 键以切换方向):-180↙
```

绘制结果如图 3-34 所示。

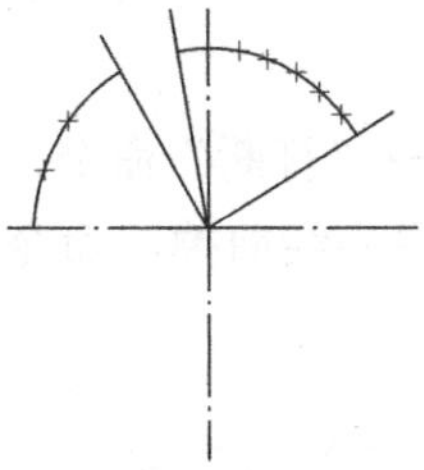

图 3-32　绘制辅助线并等分

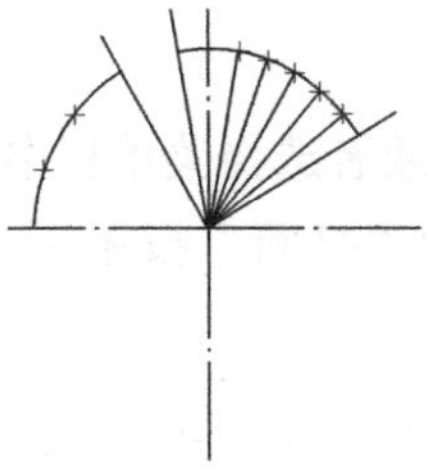

图 3-33　连接等分点与中心点

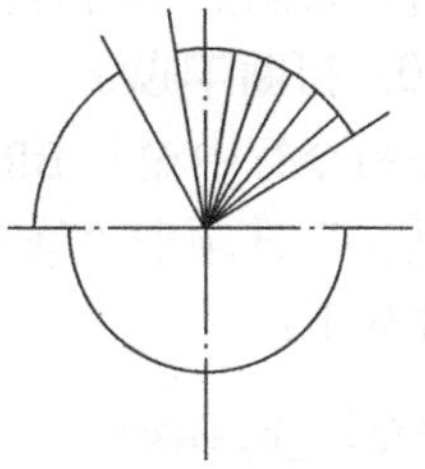

图 3-34　绘制凸轮下轮廓线

8. 绘制凸轮上半部分样条曲线

（1）标记样条曲线的端点，在命令行中输入 POINT 命令，或者选择菜单栏中的“绘图”→“点”→“多点”命令，或者单击“默认”选项卡“绘图”面板中的“多点”按钮，命令行提示与操作如下：

```
命令：POINT↙
当前点模式： PDMODE=2  PDSIZE=-2.0000
指定点：24.5<160↙
```

用相同的方法依次标记点（26.5<140）、（30<120）、（34<100）、（37.5<90）、（40<80）、（42<70）、（41<60）、（38<50）、（33.5<40）、（26<30）。

注意

这些点刚好在等分点与圆心连线延长线上，可以通过“对象捕捉”功能中的“捕捉到延长线”功能选项确定这些点的位置。

（2）绘制样条曲线，在命令行输入 SPLINE 命令，或者单击“默认”选项卡“绘图”面板中的“样条曲线拟合”按钮，命令行提示与操作如下：

```
命令:SPLINE↙
当前设置：方式=拟合    节点=弦
指定第一个点或 [方式(M)/节点(K)/对象(O)]:（选择下边圆弧的右端点）
输入下一个点或 [起点切向(T)/公差(L)]: （选择 26<30 点）
输入下一个点或 [端点相切(T)/公差(L)/放弃(U)]:（选择 33.5<40 点）
输入下一个点或 [端点相切(T)/公差(L)/放弃(U)/闭合(C)]:（选择 38<50 点）
……(依次选择上面绘制的各点，最后一点为下边圆弧的左端点)
输入下一个点或 [端点相切(T)/公差(L)/放弃(U)/闭合(C)]:↙
```

绘制结果如图 3-35 所示。

9. 删除图形

在命令行中输入 ERASE 命令，或者选择菜单栏中的“修改”→“删除”命令，或单击“默认”选项卡“修改”面板中的“删除”按钮，删除辅助线和点，命令行提示与操作如下：

```
命令：ERASE ↙
选择对象：（选择绘制的辅助线和点）
选择对象:↙
```

将多余的点和辅助线删除掉。

10. 打断中心线

在命令行中输入 BREAK 命令，或者选择菜单栏中的“修改”→“打断”命令，或者单击“默认”选项卡“修改”面板中的“打断”按钮，将过长的中心线剪掉，命令行提示与操作如下：

```
命令： _break
选择对象:选择中心线
指定第二个打断点 或 [第一点(F)]:调整中心线的长度
```

结果如图 3-36 所示。

11. 绘制凸轮轴孔

单击“默认”选项卡“绘图”面板中的“圆”按钮，命令行提示与操作如下：

```
命令: CIRCLE↙
指定圆的圆心或 [三点(3P)/两点(2P)/切点、切点、半径(T)]: 0, 0↙
指定圆的半径或 [直径(D)]: 6↙
命令: LINE↙
指定第一点: -3,0↙
指定下一点或 [放弃(U)]: @0,-6↙
指定下一点或 [放弃(U)]: @6,0↙
指定下一点或 [闭合(C)/放弃(U)]: @0,6↙
指定下一点或 [闭合(C)/放弃(U)]: C↙
```

绘制的图形如图 3-37 所示。单击“默认”选项卡“修改”面板中的“修剪”按钮，剪掉键槽位置的圆弧，单击状态栏上的“线宽”按钮，打开线宽属性。绘制的凸轮如图 3-38 所示。

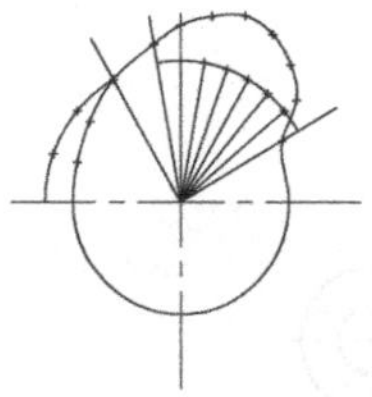

图 3-35　绘制样条曲线

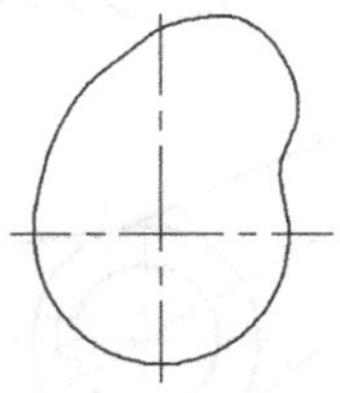

图 3-36　删除辅助线

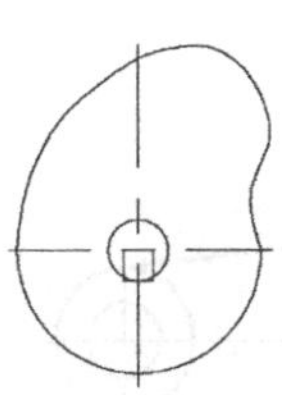

图 3-37　绘制轴孔

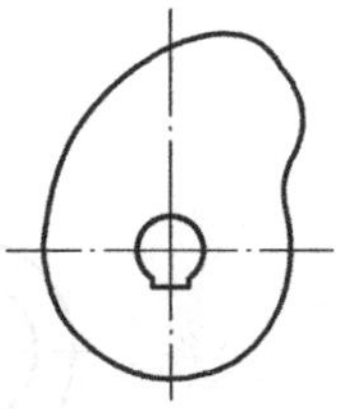

图 3-38　凸轮

【知识点详解】

1. 点

通常认为，点是最简单的图形单元。在工程图形中，点通常用来标定某个特殊的坐标位置，或者作为某个绘制步骤的起点和基础。

在上面任务中“点”命令的命令行提示中，各个选项含义如下：

（1）通过菜单方法操作，“单点”命令表示只输入一个点，“多点”命令表示可输入多个点。

（2）可以单击状态栏中的“对象捕捉”按钮，设置点捕捉模式，帮助用户选择点。

2. 定数等分

有时需要把某个线段或曲线按一定的份数进行等分。这一点在手工绘图中很难实现，但在 AutoCAD 中可以通过相关命令轻松完成。

在上面任务中“定数等分”命令的命令行提示中，各个选项含义如下：

（1）等分数目范围为 2～32767。

（2）在等分点处，按当前点样式设置画出等分点。

（3）在第二提示行选择“块（B）”选项时，表示在等分点处插入指定的块。

3. 打断

在上面任务中“打断”命令的命令行提示中，各个选项含义如下：

如果选择“第一点（F）”，AutoCAD 2016 将丢弃前面的第一个选择点，重新提示用户指定两个断开点。

任务五　绘 制 曲 柄

【任务背景】

曲柄是与机架用转动副相连并能绕该转动副轴线整圈旋转的构件。

本任务主要是利用“直线”“偏移”和“圆”等命令绘制曲柄的一部分，然后进行旋转复制绘制另一半。绘制流程如图 3-39 所示。

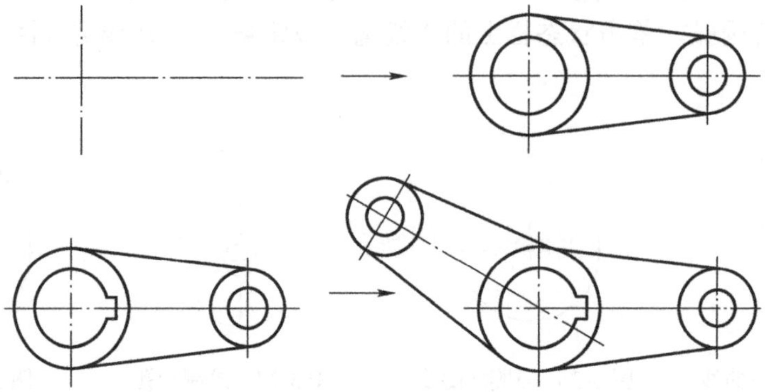

图 3-39　曲柄绘制流程图

【操作步骤】

1. 设置图层

单击“默认”选项卡“图层”面板中的“图层特性”按钮，打开“图层特性管理器”选项板，新建 3 个图层。

（1）第 1 个图层命名为“中心线”，颜色设为红色，线型加载为 CENTER，其余属性默认。

（2）第 2 个图层命名为“粗实线”，线宽属性为 0.3mm，其余属性默认。

（3）第 3 个图层命名为“细实线”，颜色设为蓝色，其余属性默认。

2. 绘制对称中心线

将“中心线”图层设置为当前图层。单击“默认”选项卡“绘图”面板中的“直线”按钮，以坐标点{(100,100)，(180,100)}和{(120,120)，(120,80)}绘制中心线，结果如图 3-40 所示。

3. 绘制另一条中心线

单击“默认”选项卡“修改”面板中的“偏移”按钮，将竖直中心线向右偏移，偏移距离为 48，结果如图 3-41 所示。

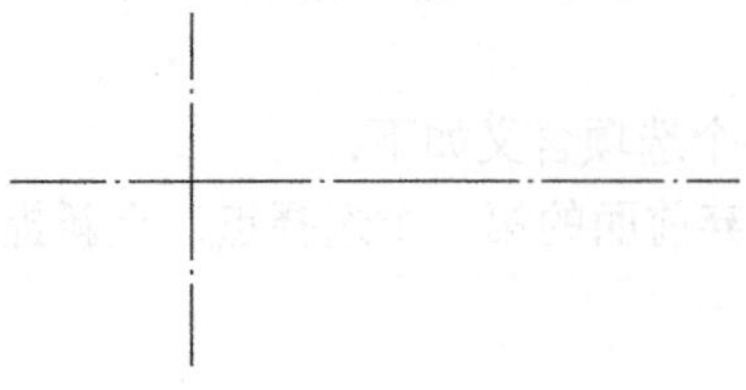

图 3-40　绘制中心线

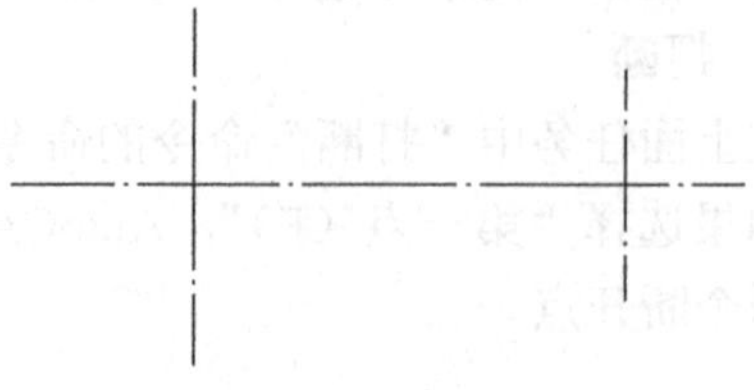

图 3-41　偏移中心线

4. 绘制轴孔部分

将“粗实线”图层设置为当前图层。单击“默认”选项卡“绘图”面板中的“圆”按钮，以左端中心线交点为圆心，分别绘制直径为 32 和 20 的同心圆，重复“圆”命令，以右端中心线交点为圆心，绘制直径为 20 和 10 的同心圆，结果如图 3-42 所示。

5. 绘制公切线

单击“默认”选项卡“绘图”面板中的“直线”按钮，利用对象捕捉功能，绘制公切线，结果如图 3-43 所示。

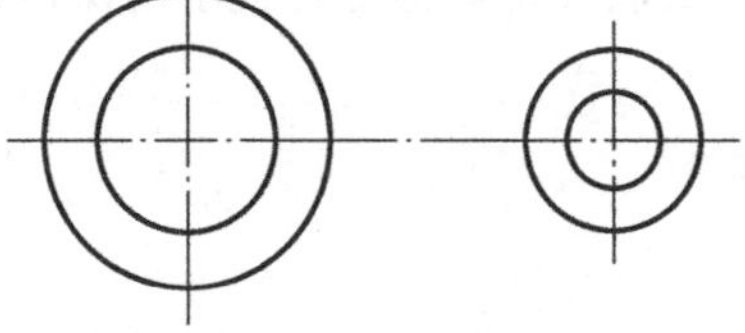

图 3-42　绘制轴孔

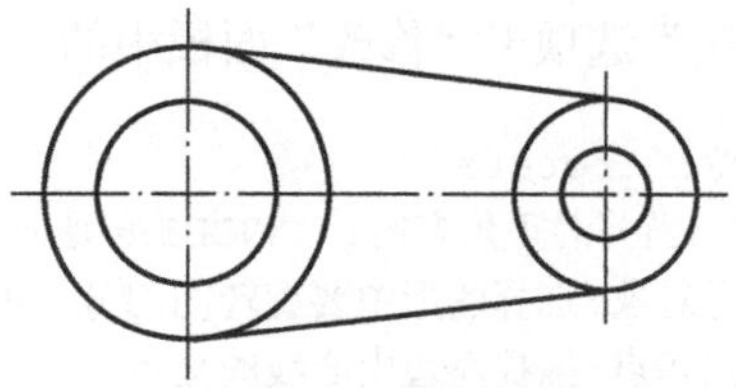

图 3-43　绘制公切线

6. 绘制辅助线

单击“默认”选项卡“修改”面板中的“偏移”按钮，将水平对称中心线向上下各偏移 3，重复“偏移”命令，将竖直对称中心线向右偏移，偏移距离为 12.8，结果如图 3-44 所示。

7. 绘制键槽

单击“默认”选项卡“绘图”面板中的“直线”按钮，绘制键槽。命令行提示与操作如下：

```
命令：_line
指定第一点:捕捉上部水平对称中心线与小圆的交点。
指定下一点或[放弃(U)]:捕捉上部水平对称中心线与竖直对称中心线的交点。
指定下一点或[放弃(U)]:捕捉下部水平对称中心线与竖直对称中心线的交点。
指定下一点或[闭合(C)/放弃(U)]:捕捉下部水平对称中心线与小圆的交点。
```

结果如图 3-45 所示。

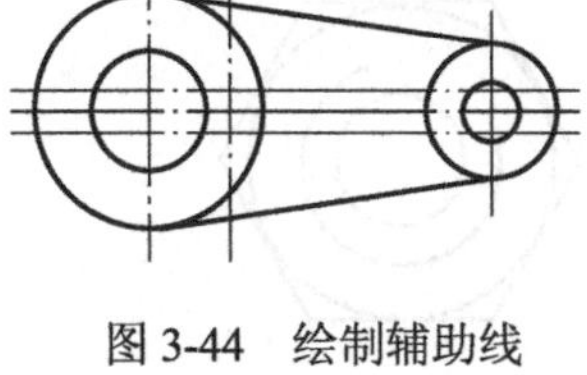

图 3-44　绘制辅助线

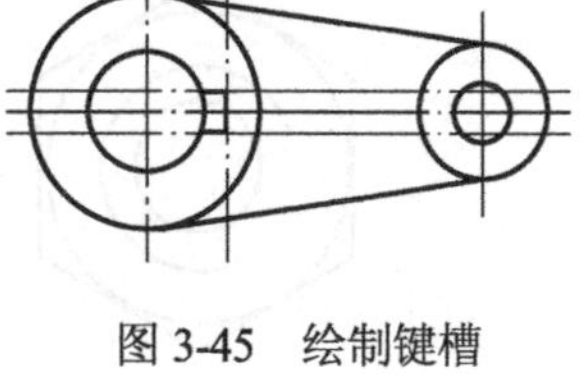

图 3-45　绘制键槽

8. 剪掉圆弧上键槽开口部分

单击“默认”选项卡“修改”面板中的“修剪”按钮，将键槽中间的圆弧进行修剪，结果如图 3-46 所示。

9. 删除线段

单击“默认”选项卡“修改”面板中的“删除”按钮，删除多余的辅助线，结果如图 3-47 所示。

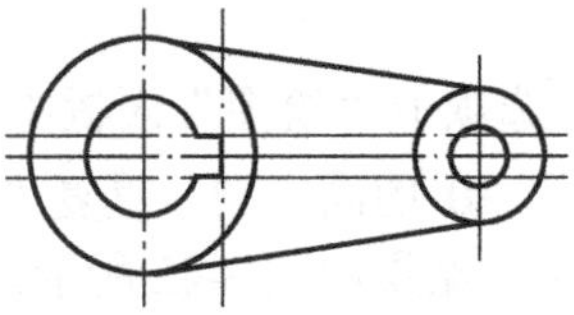

图 3-46　修建键槽

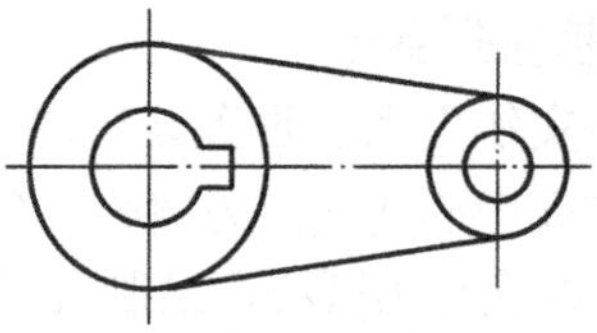

图 3-47　删除辅助线

10. 复制旋转

在命令行中输入 ROTATE 命令，或者选择菜单栏中的“修改”→“旋转”命令，或者单击“默认”选项卡“修改”面板中的“旋转”按钮，旋转图形。命令行提示与操作如下：

```
命令: _rotate
UCS 当前的正角方向: ANGDIR=逆时针 ANGBASE=0
选择对象:选择图形中要旋转的部分，如图 3-48 所示。
指定基点:捕捉左边中心线的交点。
指定旋转角度，或[复制(C)/参照(R)] <0>:C
指定旋转角度，或[复制(C)/参照(R)] <0>:150
```

此时，曲柄主视图绘制完成，结果如图 3-49 所示。

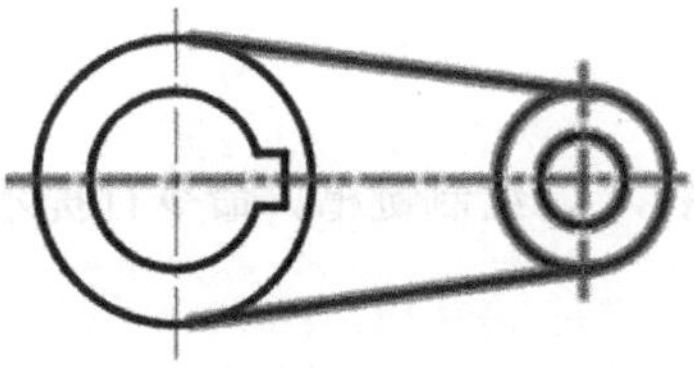

图 3-48　选择对象

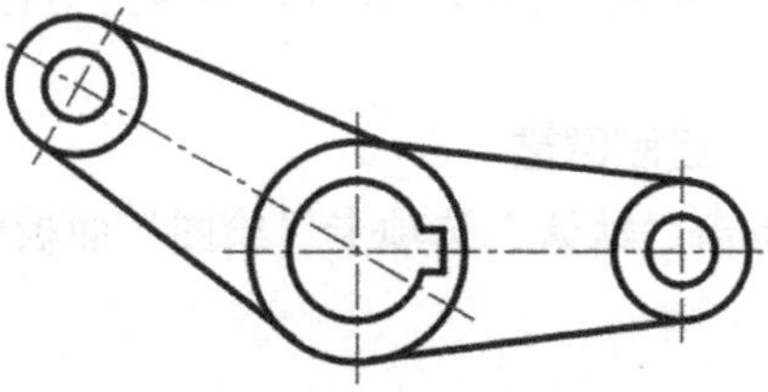

图 3-49　复制并旋转曲柄

【知识点详解】

在上面任务中“旋转”命令的命令行提示中，各个选项含义如下：

（1）复制（C）。选择该选项，旋转对象的同时保留原对象，如图 3-50 所示。

（a）旋转前

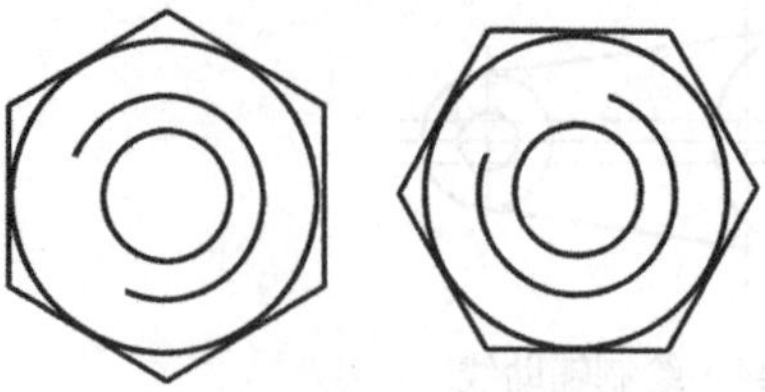

（b）旋转后

图 3-50　复制旋转

（2）参照（R）。采用“参照”方式旋转对象时，系统提示：

```
指定参照角 <0>:（指定要参考的角度，默认值为 0）
指定新角度:（输入旋转后的角度值）
```

操作完毕后，对象被旋转至指定的角度位置。

注意

可以用拖动鼠标的方法旋转对象。选择对象并指定基点后，从基点到当前光标位置会出现一条连线，移动鼠标选择的对象会动态地随着该连线与水平方向的夹角的变化而旋转，按【Enter】键可确认旋转操作，如图 3-51 所示。

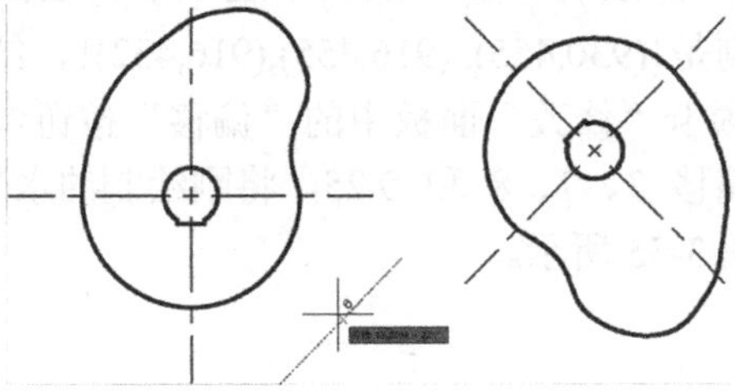

图 3-51　拖动鼠标旋转对象

任务六　绘 制 螺 钉

【任务背景】

螺钉是机械中常见的标准件，一般材质为金属或塑料，呈圆筒形，表面刻有凹凸的沟称为螺纹。螺钉主要用来结合两个物体，或者是固定一物体的位置。

本任务先绘制中心线，然后利用“直线”“倒角”“延伸”等命令绘制左侧图形，通过“镜像”命令得到右侧图形，绘制流程图如图 3-52 所示。

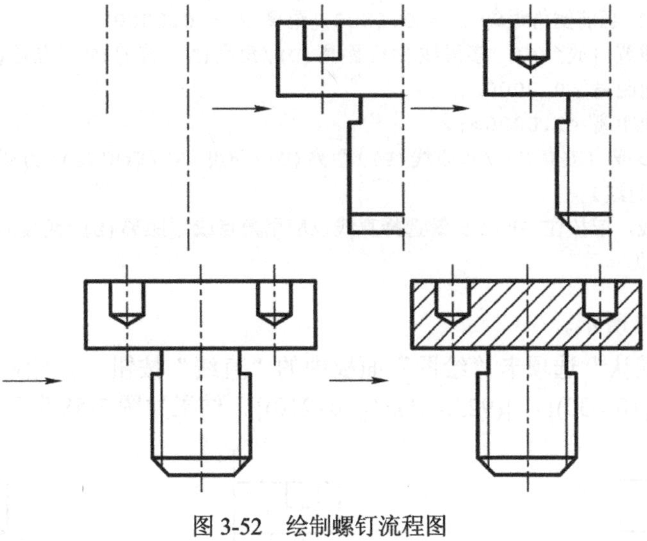

图 3-52　绘制螺钉流程图

【操作步骤】

（1）单击“默认”选项卡“图层”面板中的“图层特性”按钮，设置 3 个新图层：“粗实线”图层，线宽为 0.3mm，其余属性默认；“细实线”图层，线宽为 0.09mm，所有属性默认；“中心线”图层，颜色红色，线型 CENTER，其余属性默认。

（2）设置“中心线”图层为当前层，单击“默认”选项卡“绘图”面板中的“直线”按钮，绘制中心线。坐标分别是{(930,460),(930,430)}和{(921,445),(921,457)}，结果如图 3-53 所示。

（3）转换到“粗实线”图层，单击“默认”选项卡“绘图”面板中的“直线”按钮，绘制轮廓线。坐标分别是{(930,455), (916,455),(916,432)}，结果如图 3-54 所示。

（4）单击“默认”选项卡“修改”面板中的“偏移”按钮，绘制初步轮廓，将刚绘制的竖直轮廓线分别向右偏移 3、7、8 和 9.25，将刚绘制的水平轮廓线分别向下偏移 4、8、11、21 和 23，结果如图 3-55 所示。

图 3-53　绘制中心线

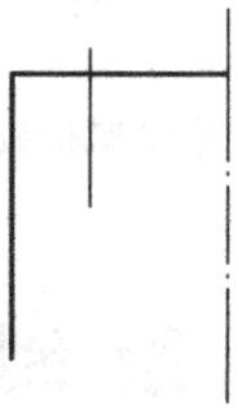

图 3-54　绘制轮廓线

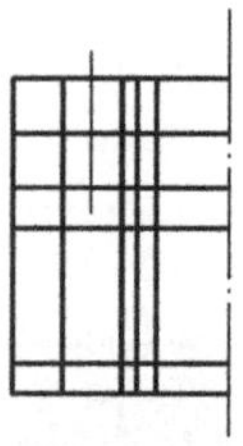

图 3-55　偏移轮廓线

（5）分别选取适当的界线和对象，单击“默认”选项卡“修改”面板中的“修剪”按钮，修剪偏移产生的轮廓线，结果如图 3-56 所示。

（6）在命令行中输入 CHAMFER 命令，或者选择菜单栏中的“修改”→“倒角”命令，或者单击“默认”选项卡“修改”面板中的“倒角”按钮，对螺钉端部进行倒角，命令行提示与操作如下：

```
命令：_chamfer↙
（“修剪”模式）当前倒角距离 1 = 0.0000，距离 2 = 0.0000
选择第一条直线或 [放弃(U)/多段线(P)/距离(D)/角度(A)/修剪(T)/方式(E)/多个(M)]:d↙
指定第一个倒角距离 <0.0000>: 2↙
指定第二个倒角距离 <2.0000>:↙
选择第一条直线或 [放弃(U)/多段线(P)/距离(D)/角度(A)/修剪(T)/方式(E)/多个(M)]:（选择图 3-56 最下边的直线）
选择第二条直线，或按住 Shift 键选择直线以应用角点或 [距离(D)/角度(A)/方法(M)]:（选择与其相交的侧面直线）
```

结果如图 3-57 所示。

（7）单击“默认”选项卡“绘图”面板中的“直线”按钮，绘制螺孔底部。坐标分别是{(919,451),(@10<-30)}，{(923,451),(@10<210)}，结果如图 3-58 所示。

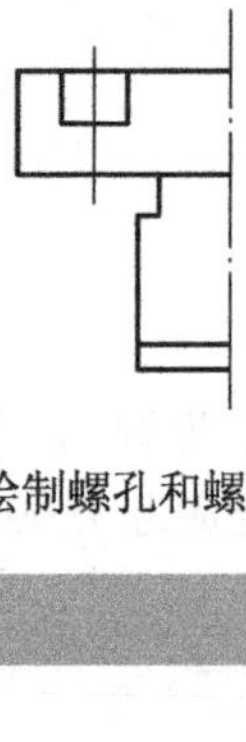

图 3-56　绘制螺孔和螺柱初步轮廓

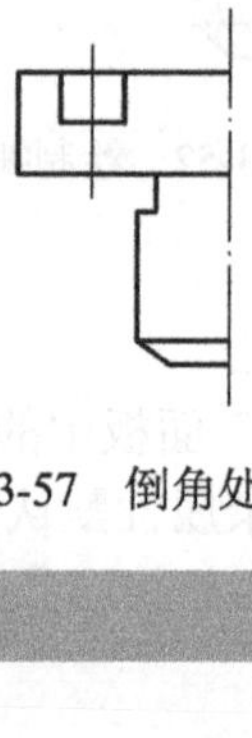

图 3-57　倒角处理

图 3-58　绘制螺孔底部

（8）单击“默认”选项卡“修改”面板中的“修剪”按钮，将刚绘制的两条斜线多余部分剪掉，修剪结果如图 3-59 所示。

（9）转换到“细实线”图层，单击“默认”选项卡“绘图”面板中的“直线”按钮，绘制两条螺纹牙底线，如图 3-60 所示。

（10）在命令行输入 EXTEND 命令，或者选择菜单栏中的“修改”→“延伸”命令，或者单击“默认”选项卡“修改”面板中的“延伸”按钮，将牙底线延伸至倒角处，命令行提示与操作如下：

```
命令： _extend
当前设置:投影=UCS，边=无
选择边界的边...
选择对象或 <全部选择>:（选择倒角生成的斜线）
找到 1 个
选择对象：↙
选择要延伸的对象，或按住 Shift 键选择要修剪的对象，或[栏选(F)/窗交(C)/投影(P)/边(E)/放弃(U)]:（选择刚绘制的细实线）
选择要延伸的对象，或按住 Shift 键选择要修剪的对象，或[栏选(F)/窗交(C)/投影(P)/边(E)/放弃(U)]: ↙
```

结果如图 3-61 所示。

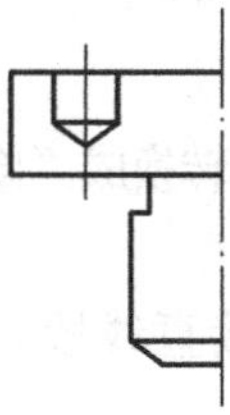

图 3-59　修剪螺孔底部图线

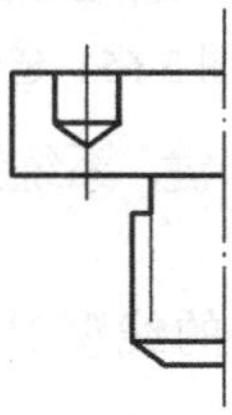

图 3-60　绘制螺纹牙底线

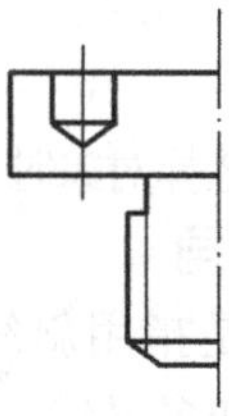

图 3-61　延伸螺纹牙底线

（11）单击“默认”选项卡“修改”面板中的“镜像”按钮，对图形进行镜像处理，以长中心线为轴，将该中心线左边所有的图线为对象进行镜像，结果如图 3-62 所示。

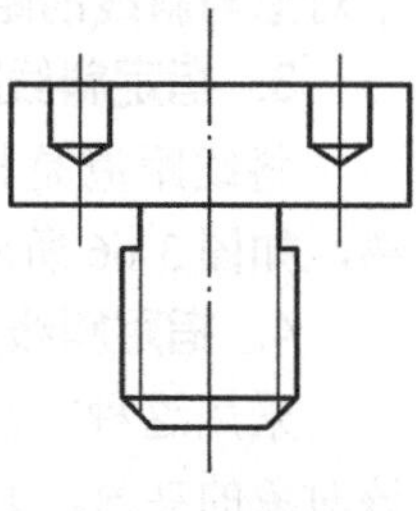

图 3-62　镜像对象

（12）单击“默认”选项卡“绘图”面板中的“图案填充”按钮，绘制剖面，打开“图案填充创建”选项卡，如图 3-63 所示。设置“图案填充类型”为“用户定义”，“角度”为 45，“间距”为 1.5，单击“拾取点”按钮，在图形中选择要填充的区域拾取点，回车后最终结果如图 3-64 所示。

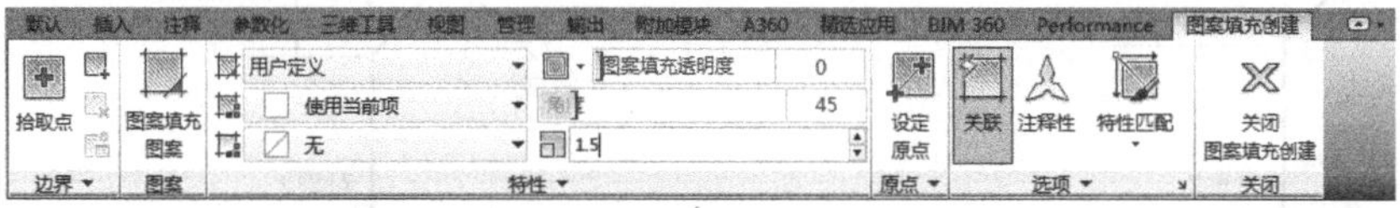

图 3-63　“图案填充创建”选项卡

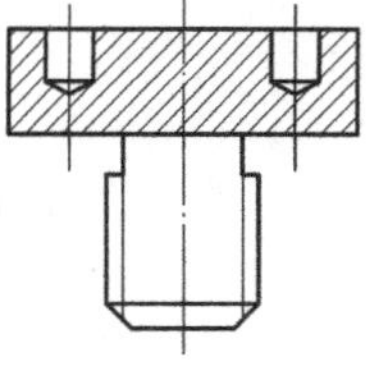

图 3-64　填充图案

【知识点详解】

1. 延伸

在上面任务中“延伸”命令的命令行提示中，各个选项含义如下：

（1）选择对象。此时可以选择对象来定义边界。若直接按【Enter】键，则选择所有对象作为可能的边界对象。

系统规定可以用作边界对象的对象有：直线段、射线、双向无限长线、圆弧、圆、椭圆、二维和三维多段线、样条曲线、文本、浮动的视口和区域。如果选择二维多段线作边界对象，系统会忽略其宽度而把对象延伸至多段线的中心线。

（2）选择要延伸的对象。如果要延伸的对象是适配样条多段线，则延伸后会在多段线的控制框上增加新节点；如果要延伸的对象是锥形的多段线，系统会修正延伸端的宽度，使多段线从起始端平滑地延伸至新终止端。如果延伸操作导致终止端宽度可能为负值，则取宽度值为 0，如图 3-65 所示。

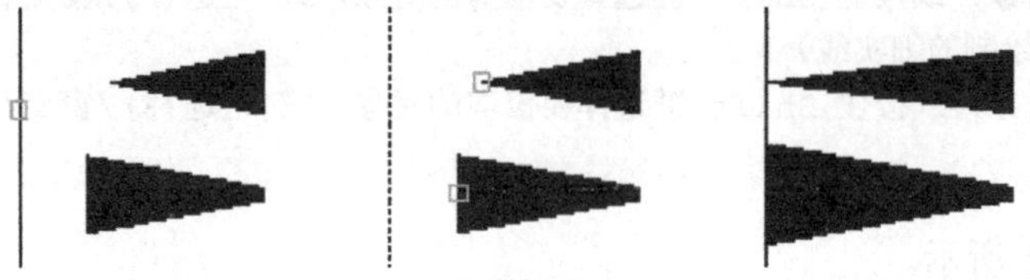

（a）选择边界对象　（b）选择要延伸的多段线　（c）延伸后的结果

图 3-65　延伸对象

（3）选择对象时，如果按住【Shift】键，系统就自动将“延伸”命令转换成“修剪”命令。

2. 倒角

倒角是指用斜线连接两个不平行的线型对象。可以用斜线连接直线段、双向无限长线、射线和多义线。

系统采用两种方法确定连接两个线型对象的斜线：指定斜线距离；指定斜线角度、一个对象与斜线的距离。下面分别介绍这两种方法。

3. 指定斜线距离

斜线距离是指从被连接的对象与斜线的交点到被连接的两对象可能的交点之间的距离，如图 3-66 所示。

4. 指定斜线角度、一个对象与斜线的距离

采用这种方法连接对象时，需要输入两个参数：斜线与一个对象的斜线距离、斜线与该对象的夹角，如图 3-67 所示。

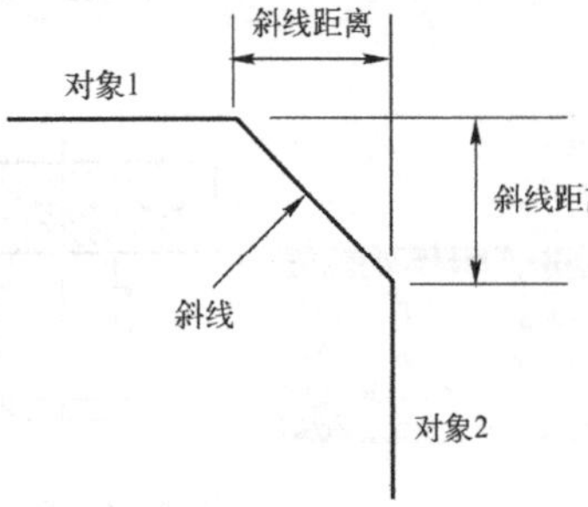

图 3-66　斜线距离

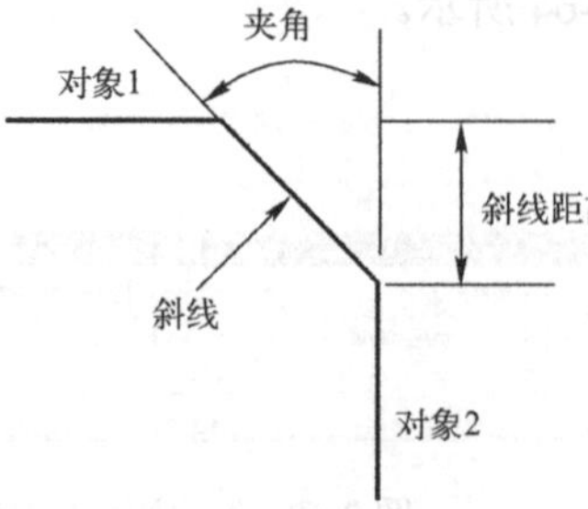

图 3-67　斜线距离与夹角

在上面任务中“倒角”命令的命令行提示中，各个选项含义如下：

（1）多段线（P）。对多段线的各个交叉点进行倒角。为了得到最好的连接效果，一般设置斜线是相等的值。系统根据指定的斜线距离把多段线的每个交叉点都作斜线连接，连接的斜线成为多段线新添加的构成部分，如图 3-68 所示。

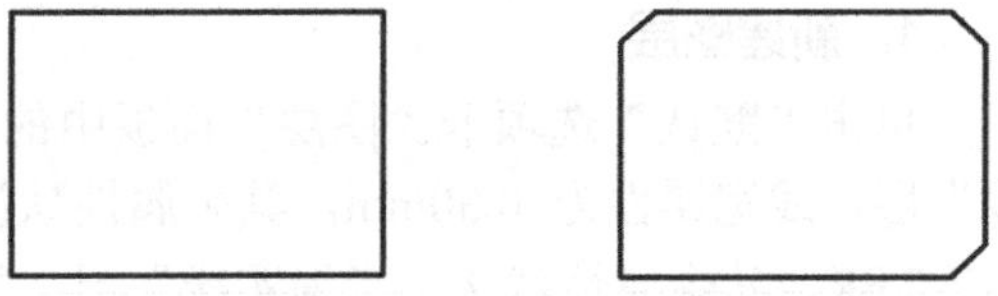

（a）选择多段线　　（b）倒角结果

图 3-68　斜线连接多段线

（2）距离（D）。选择倒角的两个斜线距离。这两个斜线距离可以相同，也可以不相同；若二者均为 0，则系统不绘制连接的斜线，而是把两个对象延伸至相交并修剪超出的部分。

（3）角度（A）。选择第一条直线的斜线距离和第一条直线的倒角角度。

（4）修剪（T）。该选项决定连接对象后是否剪切原对象。

（5）方式（E）。决定采用“距离”方式还是“角度”方式来进行倒角。

（6）多个（M）。同时对多个对象进行倒角编辑。

任务七　绘制齿轮轴套

【任务背景】

本任务应用修剪、倒圆、移动及图案填充命令，利用对象捕捉功能及一些二维绘图和编辑命令，绘制齿轮轴套局部视图，借助对象捕捉追踪功能，绘制齿轮轴套主视图。其绘制流程图如图 3-69 所示。

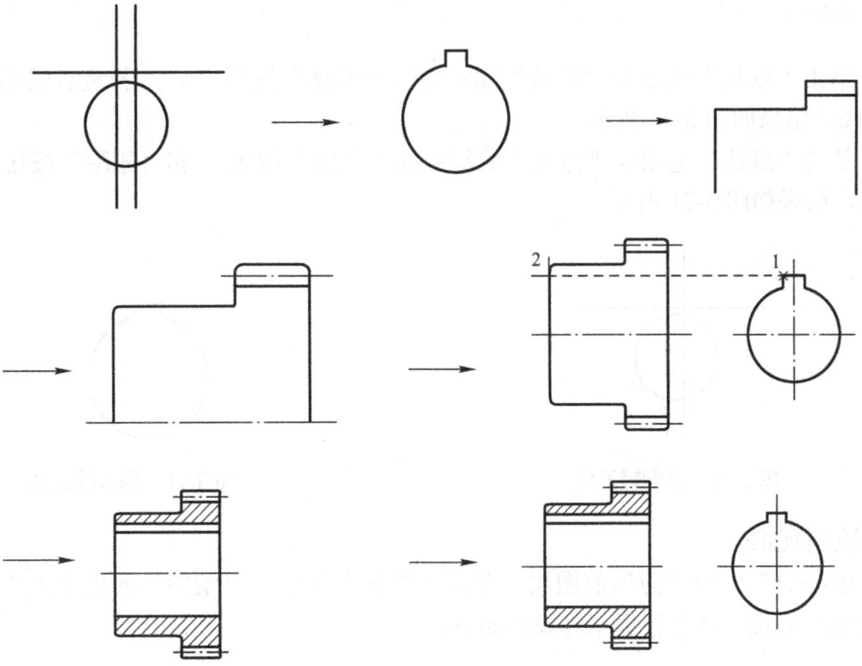

图 3-69　绘制齿轮轴套流程图

【操作步骤】

1. 新建图层

单击“默认”选项卡“图层”面板中的“图层特性”按钮，新建 3 个图层：“轮廓线”层，线宽属性为 0.30mm，其余属性默认；“中心线”层，颜色设为红色，线型加载为 CENTER，其余属性默认；“细实线”层，颜色设为蓝色，其余属性默认。

2. 绘制齿轮轴套局部视图轮廓线

（1）将“轮廓线”层设置为当前图层，单击状态栏中的“显示/隐藏线宽”按钮，显示线宽。单击“默认”选项卡“绘图”面板中的“圆”按钮，绘制ϕ28 圆。

（2）在命令行中输入 XLINE 命令，或者选择菜单栏中的“绘图”→“构造线”命令，或者单击“默认”选项卡“绘图”面板中的“构造线”按钮，命令行提示与操作如下：

```
命令：_xline
指定点或 [水平(h)/垂直(v)/角度(a)/二等分(b)/偏移(o)]：h↙
指定通过点：_from↙
基点：<对象捕捉开>：打开对象捕捉功能，捕捉φ28 圆的下象限点
<偏移>：@0,30.6↙
指定通过点：↙
命令：↙，绘制竖直辅助线
指定点或 [水平(h)/垂直(v)/角度(a)/二等分(b)/偏移(o)]：v↙
指定通过点：_from↙
基点：捕捉φ28 圆的圆心
<偏移>：@3,0↙
指定通过点：↙
```

（3）单击“默认”选项卡“修改”面板中的“偏移”按钮，选择竖直辅助线，将其向左偏移 6，结果如图 3-70 所示。

（4）单击“默认”选项卡“修改”面板中的“修剪”按钮和“删除”按钮，修剪多余直线，结果如图 3-71 所示。

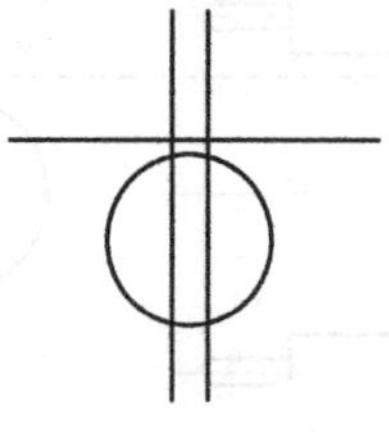

图 3-70 绘制辅助线

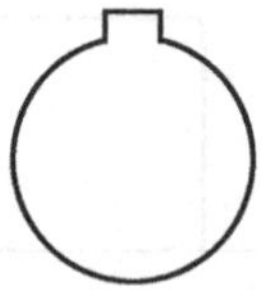

图 3-71 修剪辅助线

3. 绘制中心线

将“中心线”层设置为当前图层，单击“默认”选项卡“绘图”面板中的“直线”按钮，绘制中心线，命令行提示与操作如下：

```
命令：line↙
指定第一点：_from↙
```

```
基点：捕捉φ28 圆的圆心
<偏移>:@18,0↙
指定下一点或 [放弃(u)]: @36,0↙
指定下一点或 [放弃(u)]: ↙
```

采用同样的方法绘制竖直中心线，结果如图 3-72 所示。

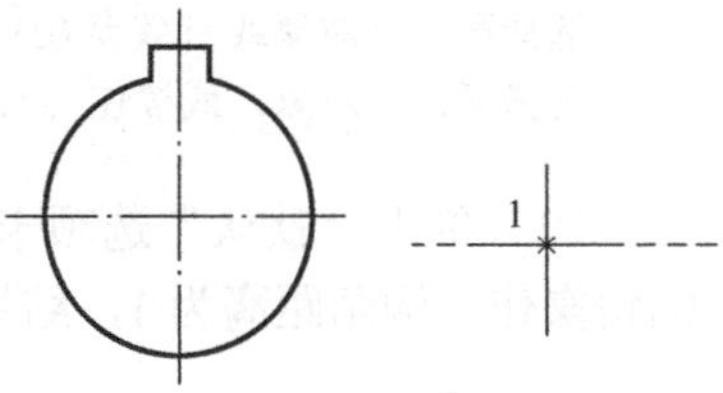

图 3-72 齿轮轴套局部视图

4. 绘制齿轮轴套主视图轮廓线

（1）将“轮廓线”层设置为当前图层，单击“默认”选项卡“绘图”面板中的“直线”按钮，打开对象捕捉追踪功能，捕捉φ28 圆的圆心。

（2）向左拖动鼠标，确定直线起始点，从起始点→（@0,20）→（@22,0）→（@0,7）→（@13,0）→（@0,-27），绘制直线，结果如图 3-73 所示。

（3）单击“默认”选项卡“修改”面板中的“偏移”按钮，选择最上端水平线，将其向下偏移 3.373，结果如图 3-74 所示。

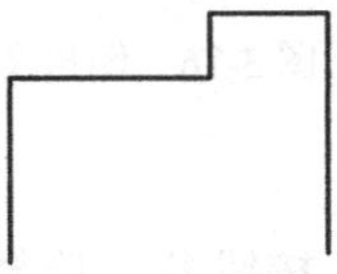

图 3-73 绘制直线

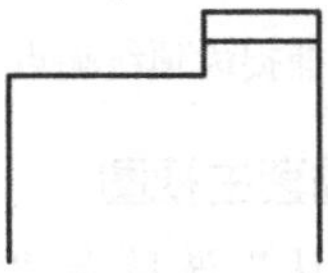

图 3-74 偏移直线

5. 绘制齿轮轴套主视图中心线

（1）将“中心线”层设置为当前图层，单击“默认”选项卡“绘图”面板中的“直线”按钮，命令行提示与操作如下：

```
命令: line↙
指定第一点: _from↙
基点：捕捉主视图左边线端点
<偏移>:@5,0↙
指定下一点或 [放弃(u)]: @45,0↙
指定下一点或 [闭合(c)/放弃(u)]: ↙
```

（2）单击“默认”选项卡“绘图”面板中的“直线”按钮，命令行提示与操作如下：

```
命令: _line
指定第一点: _from↙
基点：如图 3-75 所示，捕捉主视图齿顶线端点 1
<偏移>:@3,1.5↙
指定下一点或 [放弃(u)]: @19,0↙
指定下一点或 [闭合(c)/放弃(u)]: ↙
```

6. 倒圆角操作

（1）在命令行中输入 FILLET 命令，或者选择菜单栏中的“修改”→“圆角”命令，或者单击“默认”选项卡“修改”面板中的“圆角”按钮，对齿轮轴套主视图进行倒圆角操作，圆角半径为 1。命令行提示与操作如下：

```
命令：_fillet
当前设置：模式 = 修剪，半径 = 2.0000
选择第一个对象或 [放弃(U)/多段线(P)/半径(R)/修剪(T)/多个(M)]：R
指定圆角半径 <2.0000>：1
选择第一个对象或 [放弃(U)/多段线(P)/半径(R)/修剪(T)/多个(M)]：
选择第二个对象，或按住 Shift 键选择对象以应用角点或 [半径(R)]：
```

（2）单击“默认”选项卡“修改”面板中的“倒角”按钮，对齿轮轴套主视图进行倒角操作，倒角距离为 1，结果如图 3-76 所示。

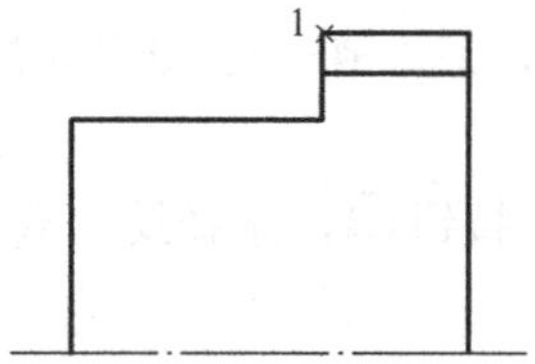

图 3-75　捕捉齿顶线端点 1

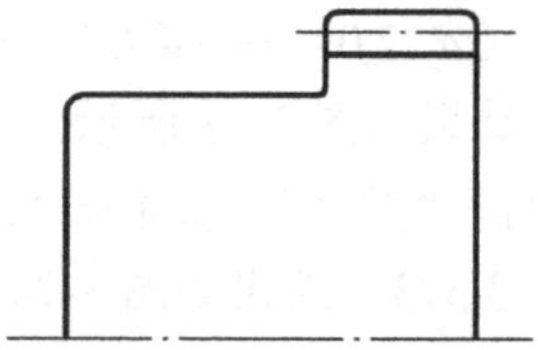

图 3-76　倒角及倒圆角操作

7. 完成齿轮轴套主视图

（1）单击“默认”选项卡“修改”面板中的“镜像”按钮，选择主视图中除对称中心线以外的所有图形，以对称中心线为镜像轴线，进行镜像操作。将“轮廓线”层设置为当前图层，单击“默认”选项卡“绘图”面板中的“直线”按钮，打开正交功能，如图 3-77 所示，捕捉局部视图端点 1，按住鼠标左键向左拖动，捕捉主视图左边线最近点 2，从该点到主视图右边线垂足点之间绘制直线。

（2）采用同样的方法，如图 3-78 所示，捕捉局部视图端点 3，按住鼠标左键向左拖动，捕捉主视图左边线最近点 4，从该点到主视图右边线垂足点之间绘制直线。

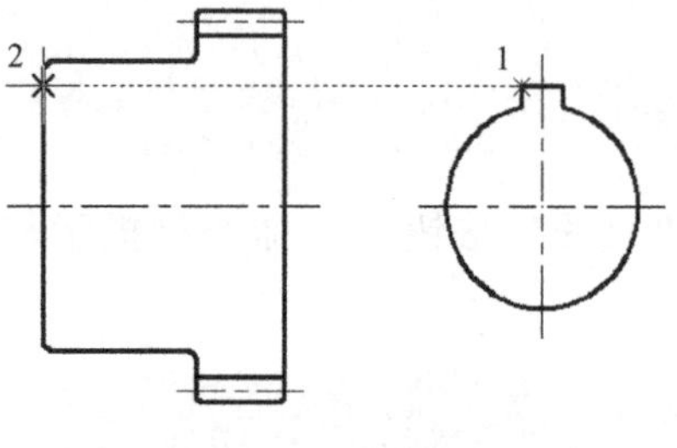

图 3-77　确定点 2

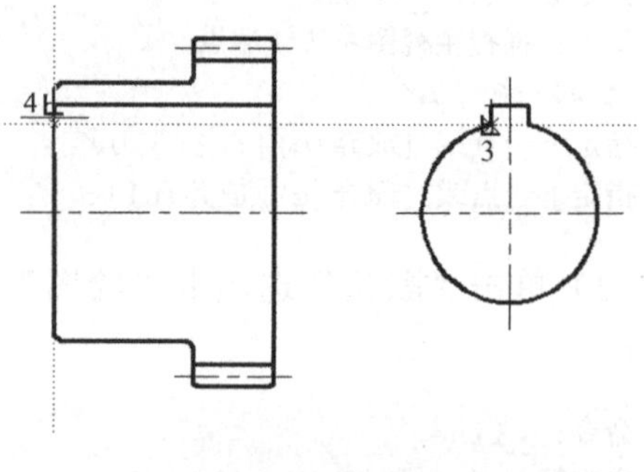

图 3-78　确定点 4

（3）采用同样的方法，捕捉局部视图 $\phi 28$ 圆的下象限点，按住鼠标左键向左拖动，捕捉主视图左边线最近点，从该点到主视图右边线垂足点之间绘制直线，结果如图 3-79 所示。

8. 绘制剖面线

将“细实线”层设置为当前图层，单击“默认”选项卡“绘图”面板中的“图案填充”按钮，选择填充区域进行图案填充，结果如图 3-80 所示。

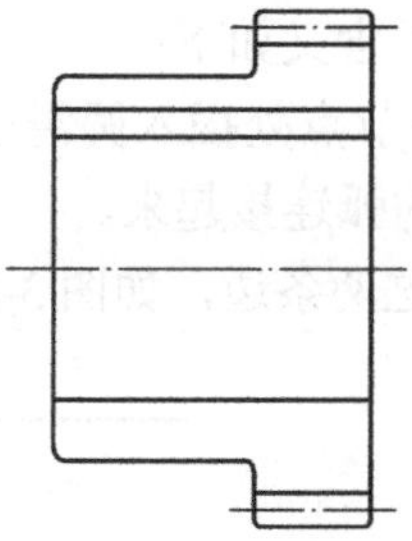

图 3-79　绘制直线

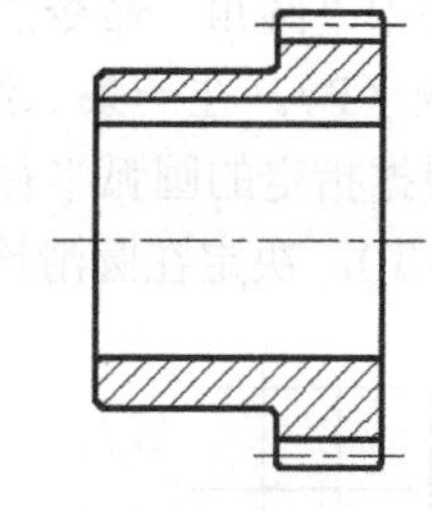

图 3-80　齿轮轴套主视图

【知识点详解】

1. 轴套类零件

（1）结构分析。轴套类零件的基本形状是同轴回转体。在轴上通常有键槽、销孔、螺纹退刀槽、倒圆等结构。此类零件主要是在车床或磨床上加工。

（2）主视图选择。轴套类零件的主视图按其加工位置选择，一般按水平位置放置。这样既可把各段形体的相对位置表示清楚，同时又能反映出轴上的轴肩、退刀槽等结构。

（3）其他视图的选择。轴套类零件主要结构形状是回转体，一般只绘制一个主视图即可。确定了主视图后，由于轴上各段形体的直径尺寸在其数字前加注符号“ϕ”表示，因此不必绘制其左（或右）视图。对于零件上的键槽、孔等结构，一般可采用局部视图、局部剖视图、移出断面和局部放大图表示。

2. 构造线

（1）执行选项中有“指定点”“水平”“垂直”“角度”“二等分”和“偏移”6 种方式绘制构造线，如图 3-81 所示。

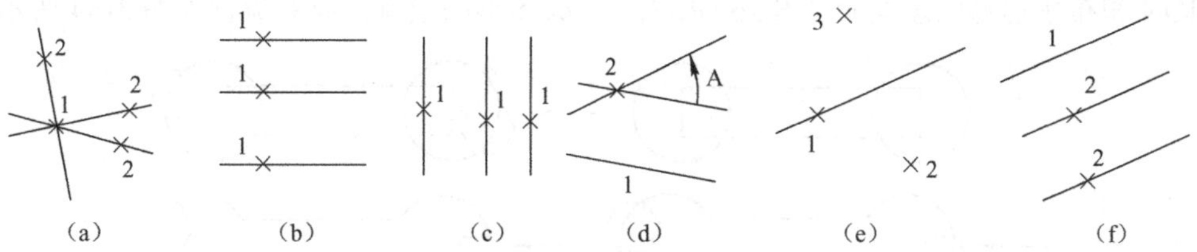

图 3-81　构造线

（2）这种线模拟手工作图中的辅助作图线。用特殊的线型显示，在绘图输出时可不作输出。常用于辅助作图。

应用构造线作为辅助线来绘制机械图中三视图的绘图是构造线的最主要用途，构造线的应用保证了三视图之间“主俯视图长对正、主左视图高平齐、俯左视图宽相等”的对应关系。如图 3-82 所示为应用构造线作为辅助线绘制机械图中三视图的绘图示例，图中细线为构造线，粗线为三视图轮廓线。

3. 圆角

圆角是指用指定半径决定的一段平滑的圆弧连接两个对象。系统规定可以圆滑连接一对直线段、非圆弧的多义线段、样条曲线、双向无限长线、射线、圆、圆弧和真椭圆。可以在任何时刻圆滑连接多义线的每个节点。

在上面任务中“圆角”命令的命令行提示中，各个选项含义如下：

（1）多段线（P）。在一条二维多段线的两段直线段的节点处插入圆滑的弧。选择多段线后，系统会根据指定的圆弧半径把多段线各顶点用圆滑的弧连接起来。

（2）修剪（T）。决定在圆滑连接两条边时，是否修剪这两条边，如图 3-83 所示。

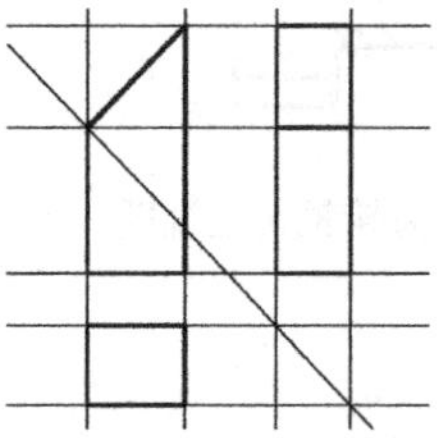

图 3-82　构造线辅助绘制三视图

（a）修剪方式　　（b）不修剪方式

图 3-83　圆角连接

（3）多个（M）：同时对多个对象进行圆角编辑，而不必重新调用命令。

（4）按住【Shift】键并选择两条直线，可以快速创建零距离倒角或零半径圆角。

任务八　绘制扳手

【任务背景】

在绘制机械图形时，有时可以巧妙地运用布尔运算工具来进行绘图。布尔运算是数学中的一种逻辑运算，用在 AutoCAD 绘图中，能够极大地提高绘图效率。

本任务绘制的扳手，首先利用二维基本绘图命令绘制各子图部分，然后利用面域命令 REGION 和布尔运算的差集命令 SUBTRACT 完成图形的绘制，绘制流程如图 3-84 所示。

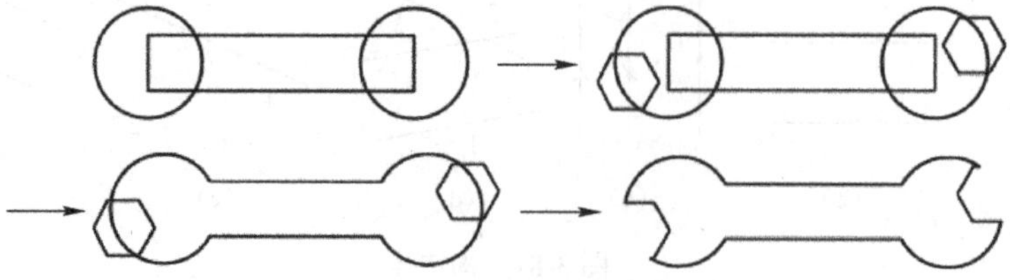

图 3-84　扳手绘制流程图

【操作步骤】

（1）单击“默认”选项卡“绘图”面板中的“矩形”按钮，绘制矩形。两个角点的坐标分别为（50,50）、（100,40），结果如图 3-85 所示。

（2）单击“默认”选项卡“绘图”面板上的“圆”下拉菜单中的“圆心，半径”按钮，圆心坐标为（50,45），半径为 10。同样以（100,45）为圆心，以 10 为半径绘制另一个圆，结果如图 3-86 所示。

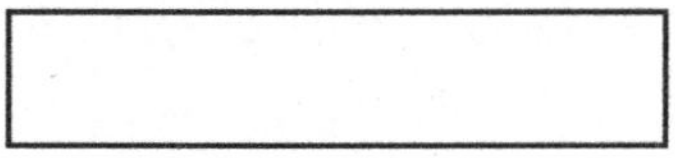

图 3-85　绘制矩形

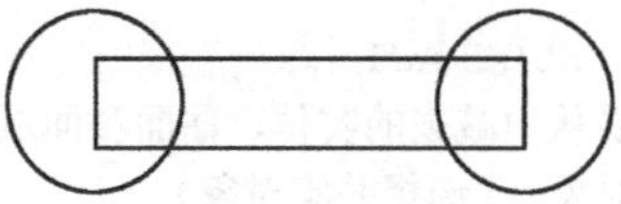

图 3-86　绘制圆

（3）单击“默认”选项卡“绘图”面板中的“多边形”按钮，绘制正六边形。命令行提示与操作如下：

```
命令：polygon↙
输入侧面数 <6>:↙
指定正多边形的中心点或 [边(E)]:42.5,41.5↙
输入选项 [内接于圆(I)/外切于圆(C)] <I>:↙
指定圆的半径:5.8↙
```

同样以（107.4,48.2）为多边形中心，以 5.8 为半径绘制另一个正六边形，结果如图 3-87 所示。

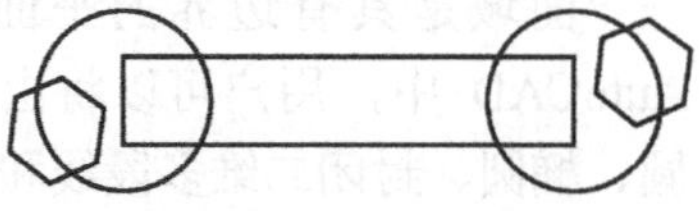

图 3-87　绘制正多边形

（4）在命令行中输入 REGION 命令，或者选择菜单栏中的“绘图”→“面域”命令，或者单击“默认”选项卡“绘图”面板中的“面域”按钮，将所有图形转换成面域。命令行提示与操作如下：

```
命令：_region↙
选择对象：(依次选择矩形、多边形和圆)
……
找到 5 个
选择对象:↙
已提取 5 个环。
已创建 5 个面域。
```

（5）在命令行中输入 UNION 命令，或者选择菜单栏中的“修改”→“实体编辑”→“并集”命令，或者单击“三维工具”选项卡“实体编辑”面板中的“并集”按钮，将矩形分别与两个圆进行并集处理。命令行提示与操作如下：

```
命令：UNION↙
选择对象：(选择矩形)
选择对象：(选择一个圆)
选择对象：(选择另一个圆)
选择对象：↙
```

并集处理结果如图 3-88 所示。

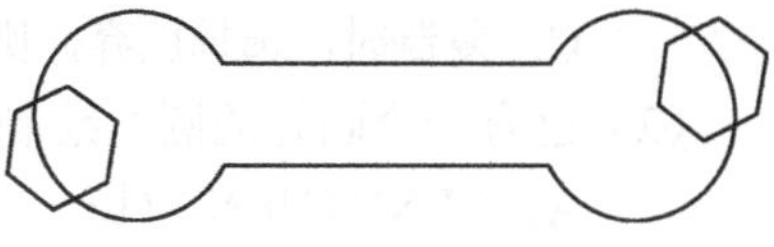

图 3-88　并集处理

（6）在命令行中输入 SUBTRACT 命令，或者选择菜单栏中的“修改”→“实体编辑”→“差集”命令，或者单击“三维工具”选项卡“实体编辑”面板中的“差集”按钮，以并集对象为主体对象，正多边形为参照体，进行差集处理。命令行提示与操作如下：

```
命令：SUBTRACT
选择要从中减去的实体、曲面和面域...
选择对象：(选择并集对象)
找到 1 个
选择对象：↙
选择要从中减去的实体、曲面和面域..
选择对象：(选择一个正多边形)
选择对象：(选择另一个正多边形)
选择对象：↙
```

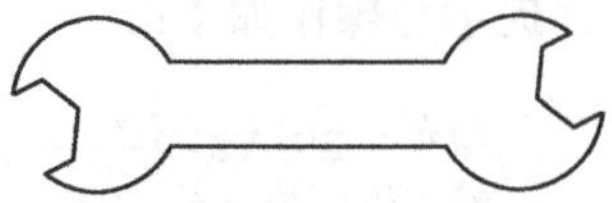

图 3-89　差集处理

结果如图 3-89 所示。

【知识点详解】

1. 面域

面域是具有边界的平面区域，内部可以包含孔。面域是一个整体图形单元。在 AutoCAD 中，用户可以将由某些对象围成的封闭区域转变为面域，这些封闭区域可以是圆、椭圆、封闭二维多段线和封闭的样条曲线等对象，也可以是由圆弧、直线、二维多段线和样条曲线等对象构成的封闭区域。

2. 布尔运算

布尔运算的对象只包括实体和共面的面域，对于普通的线条图形对象无法使用布尔运算。通常的布尔运算包括并集、交集和差集 3 种，操作方法类似，布尔运算的结果如图 3-90 所示。

（a）面域原图　（b）并集　（c）交集　（d）差集

图 3-90　布尔运算的结果

任务九　模拟试题与上机实验

1. 模拟试题

（1）使用复制命令时，正确的情况是（　　）。

A．复制一个就退出命令　B．最多可复制三个

C．复制时，选择放弃，则退出命令　D．可复制多个，直到选择退出，才结束复制

（2）已有一个画好的圆，绘制一组同心圆可以用（　　）命令来实现。

A．LENGTHEN 拉长　B．OFFSET 偏移

C．EXTEND 延伸　D．MOVE 移动

（3）下面图形不能偏移的是（　　）。

A．构造线　B．多线　C．多段线　D．样条曲线

（4）如果对图 3-91 中的正方形沿两个点打断，打断之后的长度为（　　）。

A．150　　B．100　　C．150 或 50　　D．随机

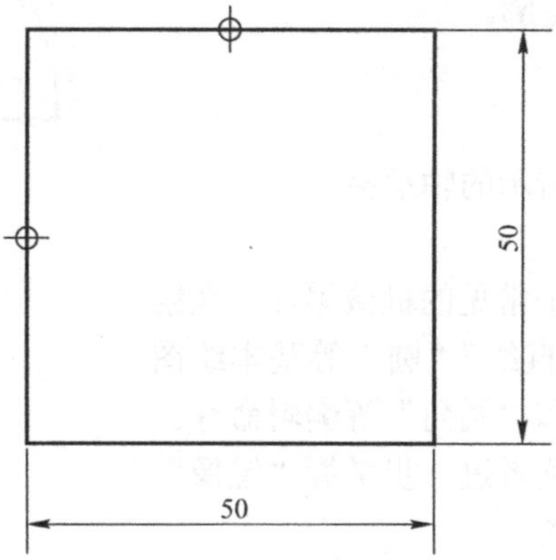

图 3-91　正方形

（5）关于分解命令（Explode）的描述正确的是（　　）。

A．对象分解后颜色、线型和线宽不会改变

B．图案分解后图案与边界的关联性仍然存在

C．多行文字分解后将变为单行文字

D．构造线分解后可得到两条射线

（6）对两条平行的直线倒圆角（Fillet），圆角半径设置为 20，其结果是（　　）。

A．不能倒圆角　　B．按半径 20 倒圆角

C．系统提示错误　　D．倒出半圆，其直径等于直线间的距离

（7）使用偏移命令时，下列说法正确的是（　　）。

A．偏移值可以小于 0，这是向反向偏移

B．可以框选对象进行一次偏移多个对象

C．一次只能偏移一个对象

D．偏移命令执行时不能删除原对象

（8）使用 COPY 复制一个圆，指定基点为（0,0），再提示指定第二个点时回车，以第一个点作为位移，则下列说法中正确的是（　　）。

A．没有复制图形　　B．复制的图形圆心与“0,0”重合

C．复制的图形与原图形重合　　D．操作无效

（9）对于一个多段线对象中的所有角点进行圆角，可以使用圆角命令中的（　　）命令选项。

A．多段线（P）　B．修剪（T）　C．多个（U）　D．半径（R）

2. 上机实验题

实验 1　绘制如图 3-92 所示的垫片图形

◆ 目的要求

本实验设计的图形是一个常见的机械零件，在绘制的过程中，除了要用到“直线”“圆”等基本绘图命令外，还要用到“修剪”和“环形阵列”等编辑命令。通过本例的练习，可以帮助读者进一步掌握“修剪”和“环形阵列”等编辑命令的用法。

◆ 操作提示

（1）设置新图层。

（2）绘制中心线和基本轮廓。

（3）进行阵列编辑。

（4）进行剪切编辑。

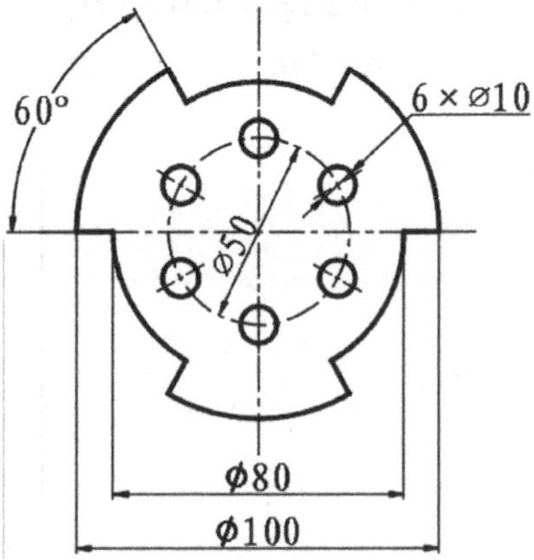

图 3-92 垫片

实验 2 绘制如图 3-93 所示的轴承座

◆ 目的要求

本实验设计的图形是一个常见的机械零件，在绘制的过程中，除了要用到“直线”“圆”等基本绘图命令外，还要用到“镜像”和“圆角”等编辑命令。通过本例的练习，可以帮助读者进一步掌握“镜像”和“圆角”等编辑命令的用法。

◆ 操作提示

（1）利用“图层”命令设置 3 个图层。

（2）利用“直线”命令绘制中心线。

（3）利用“直线”命令和“圆”命令绘制部分轮廓线。

（4）利用“圆角”命令进行圆角处理。

（5）利用“直线”命令绘制螺孔线。

（6）利用“镜像”命令对左端局部结构进行镜像。

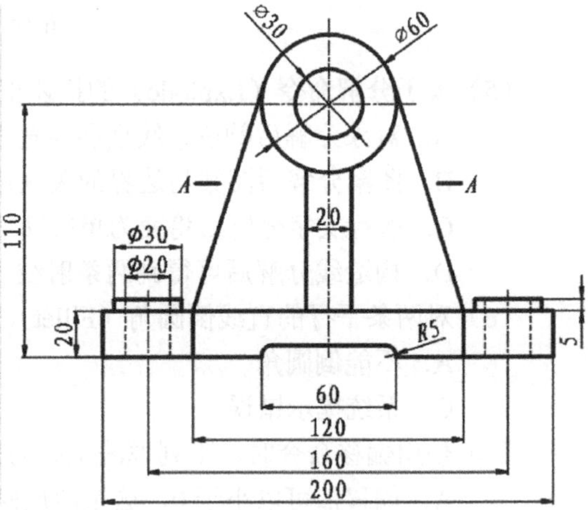

图 3-93 轴承座

实验 3 绘制如图 3-94 所示的挂轮架

◆ 目的要求

该挂轮架主要由直线、相切的圆及圆弧组成，因此，利用直线命令、圆命令及圆弧命令，并配合修剪命令来绘制图形；挂轮架的上部是对称的结构，可以利用镜像命令对其进行操作；对于其中的圆角均采用圆角命令绘出。通过对本例图形的绘制，使读者进一步熟悉常见编辑命令的使用。

◆ 操作提示

（1）利用“图层”命令设置图层。

（2）利用“直线”“圆”“偏移”以及“修剪”命令绘制中心线。

（3）利用“直线”“圆”以及“偏移”命令绘制挂轮架的中间部分。

（4）利用“圆弧”“圆角”以及“修剪”命令继续绘制挂轮架中部图形。

（5）利用“圆弧”“圆”命令绘制挂轮架右部。

（6）利用“修剪”“圆角”命令修剪与倒圆角。

（7）利用“偏移”“圆”命令绘制 *R*30 圆弧。在这里为了找到 *R*30 圆弧圆心，需要以 23 为距离向右偏移竖直对称中心线，并捕捉如图 3-95 所示的上边第二条水平中心线与竖直中心线的交点为圆心，绘制 *R*26 辅助圆，以所偏移中心线与辅助圆交点为 *R*30 圆弧圆心。

之所以偏移距离为 23，是因为半径为 30 的圆弧的圆心在中心线左右各 30×*ϕ*14/2 处的平行线上。而绘制辅助圆的目的是找到 *R*30 圆弧的具体圆心位置点，因为 *R*30 圆弧与 *R*4 圆弧内切，根据相切的几何关系，*R*30 圆弧的圆心应以 *R*4 圆弧的圆心为圆心，该辅助圆与上面偏移复制平行线的交点即为 *R*30 圆弧的圆心。

（8）利用“删除”“修剪”“镜像”“圆角”等命令绘制把手图形部分。

（9）利用“打断”“拉长”和“删除”命令对图形中的中心线进行整理。

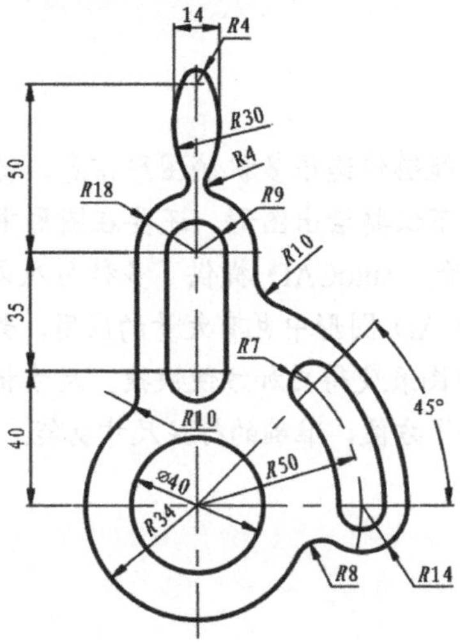

图 3-94　挂轮架

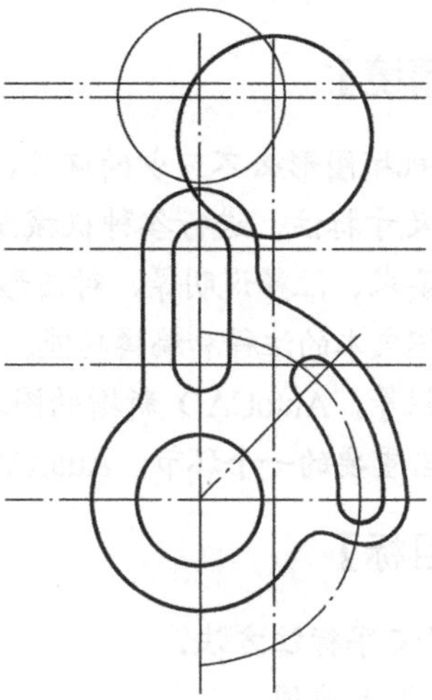

图 3-95　绘制圆

实验 4　绘制如图 3-96 所示的三角铁

◆ 目的要求

本实验所绘制的图形如果仅利用简单的二维绘制命令进行绘制，将非常复杂，利用面域相关命令绘制则可以变得简单。本例要求读者掌握面域相关命令。

◆ 操作提示

（1）利用“正多边形”和“圆”命令绘制初步轮廓。

（2）利用“面域”命令将三角形以及其边上的 6 个圆转换成面域。

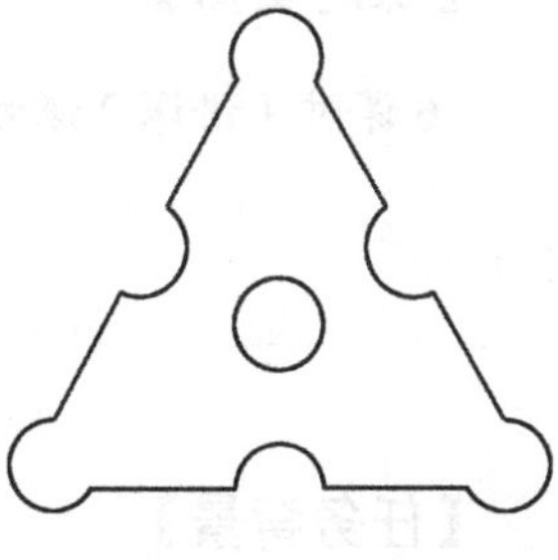

图 3-96　三角铁

（3）利用“并集”命令将正三角形分别与 3 个角上的圆进行并集处理。

（4）利用“差集”命令以三角形为主体对象，3 个边中间位置的圆为参照体，进行差集处理。

项目四　标注机械图形

【学习情境】

标注是机械图形必不可少的环节，必要的标注能够传递很多机械图形信息，标注一般包括文字标注和尺寸标注。进行各种机械设计时，通常不仅要绘出图形，还要在图形中标注一些文字，如技术要求、注释说明等，对图形对象加以解释。AutoCAD 提供了多种写入文字的方法，本项目将介绍文本的注释和编辑功能。图表在 AutoCAD 图形中也有大量的应用，如明细表、参数表和标题栏等，AutoCAD 新增的图表功能使绘制图表变得更加方便快捷。尺寸标注是绘图设计过程中相当重要的一个环节，AutoCAD 2016 提供了方便、准确的标注尺寸功能。

【能力目标】

- 掌握文字标注方法。
- 熟悉图表应用。
- 掌握尺寸标注方法。

【课时安排】

6 课时（讲课 2 课时，练习 4 课时）

任务一　标注技术要求

【任务背景】

技术要求是机械图形的重要组成部分，包含一些图形本身无法反映的重要信息，比如表面粗糙度、尺寸公差、形状和位置公差、材料热处理和表面处理、细节尺寸等。本任务通过技术要求的标注讲述 AutoCAD 文字标注相关功能。

本任务将通过机械制图中常见的技术要求的标注过程来熟练掌握文字相关功能，包括文字样式设置、文字标注、特殊字符输入等。标注流程如图 4-1 所示。

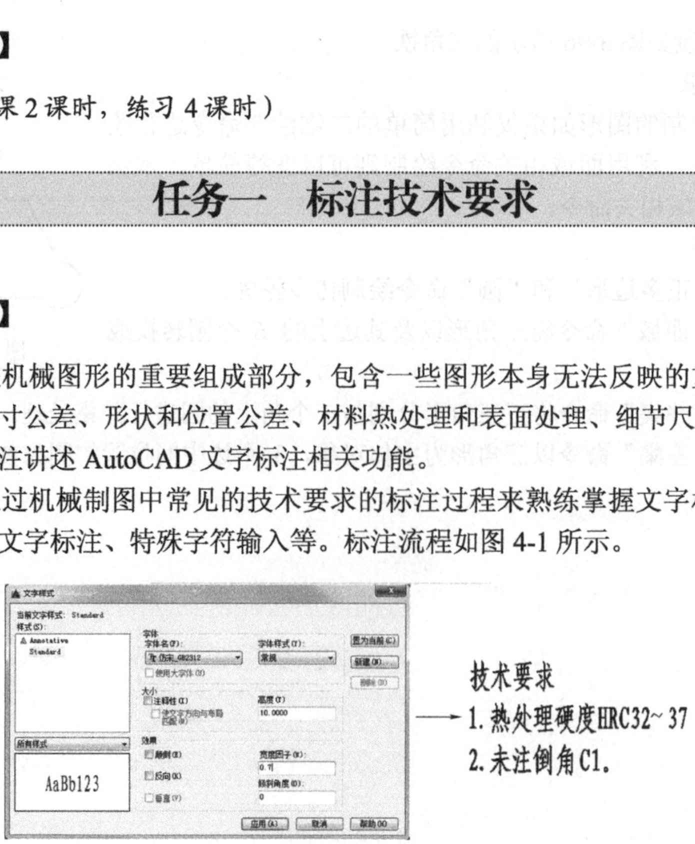

图 4-1　技术要求标注流程图

【操作步骤】

（1）设置文字样式。在命令行输入 STYLE 或 DDSTYLE 命令，或者选择菜单栏中的“格式”→“文字样式”命令，或者单击“默认”选项卡“注释”面板中的“文字样式”按钮，打开“文字样式”对话框，如图 4-2 所示，设置字体名为“T 仿宋_GB2312”，高度为 10，宽度因子为 0.7，单击“置为当前”按钮，打开系统提示框，如图 4-3 所示，选择“是”按钮，单击“关闭”按钮，完成文字样式设置。

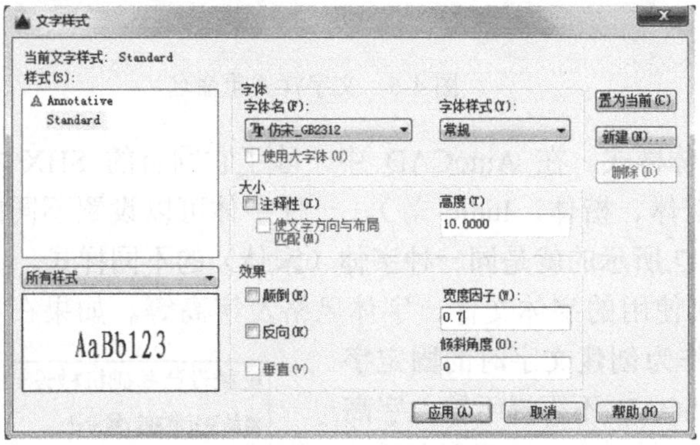

图 4-2　“文字样式”对话框

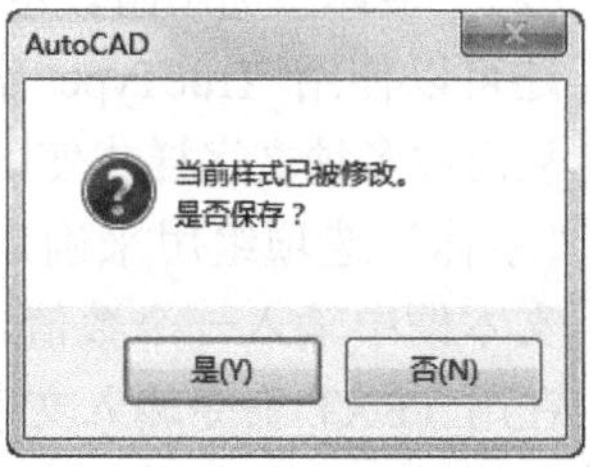

图 4-3　提示框

提示

机械制图标准规定文字的高宽比为 0.7，所以这里设置宽度因子为 0.7。

（2）在命令行输入 MTEXT 命令，或者选择菜单栏中的“绘图”→“文字”→“多行文字”命令，或者单击“默认”选项卡“注释”面板中的“多行文字”按钮A，在空白处单击，指定第一角点，向右下角拖动出适当距离，单击鼠标左键，指定第二点，打开“文字编辑器”选项卡，输入技术要求文字，如图 4-4 所示。

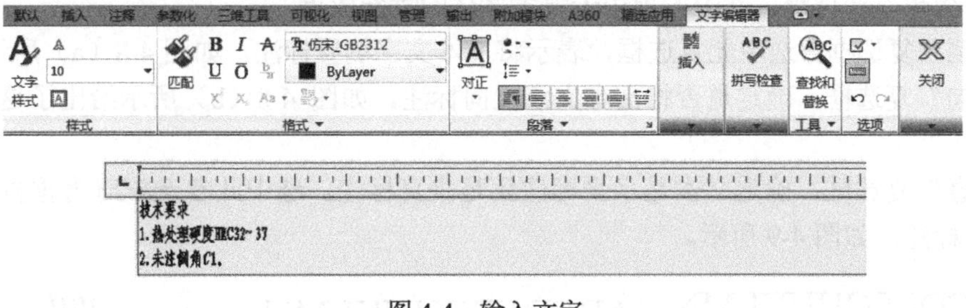

图 4-4　输入文字

【知识点详解】

1. 文字样式

在如图 4-5 所示的“文字样式”对话框中，各选项含义如下：

（1）“样式名”选项组。该选项组主要用于命名新样式名或对已有样式名进行相关操作。单击“新建”按钮，AutoCAD 打开如图 4-5 所示的“新建文字样式”对话框。右击选中的文字样式，在打开的快捷菜单中选择“重命名”选项，然后修改为所需名称，如图 4-6 所示。

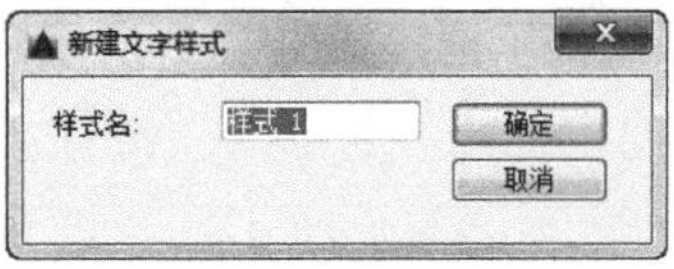

图 4-5 “新建文字样式”对话框

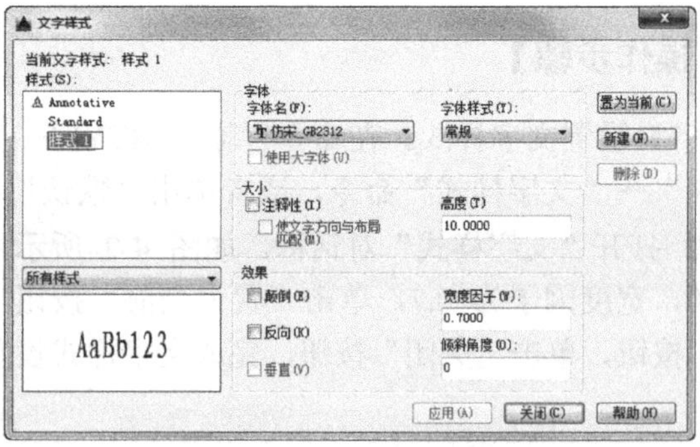

图 4-6 文字样式重命名

（2）“字体”选项组。用于确定字体样式。在 AutoCAD 中，除了它固有的 SHX 字体外，还可以使用 TrueType 字体（如宋体、楷体、Italic 等）。一种字体可以设置不同的效果，从而被多种文字样式使用，如图 4-7 所示的就是同一种字体（宋体）的不同样式。

“字体”选项组用来确定文字样式使用的字体文件、字体风格及字高等。如果在“高度”文本框中输入一个数值，则它将作为创建文字时的固定字高，在用 TEXT 命令输入文字时，AutoCAD 不再提示输入字高参数；如果在此文本框中设置字高为 0，AutoCAD 则会在每一次创建文字时提示输入字高。所以，如果不想固定字高，就可以将其设置为 0。

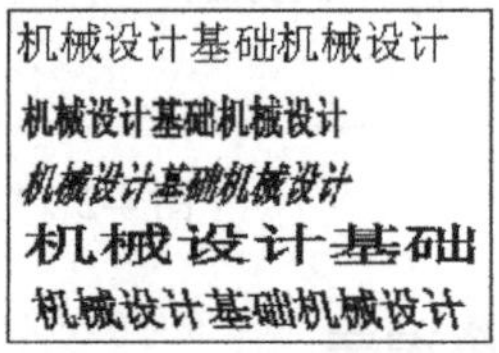

图 4-7 同一种字体的不同样式

（3）“大小”选项组。

①“注释性”复选框。指定文字为注释性文字。

②“使文字方向与布局匹配”复选框。指定图纸空间视口中的文字方向与布局方向匹配。如果清除“注释性”选项，则该选项不可用。

③“高度”复选框。设置文字高度。如果输入 0.2，则每次用该样式输入文字时，文字默认值为 0.2 高度。

④“效果”选项组。其中各项用于设置字体的特殊效果。

“颠倒”复选框。选中此复选框，表示将文本文字倒置标注，如图 4-8（a）所示。

“反向”复选框。确定是否将文本文字反向标注。如图 4-8（b）所示给出了这种标注的效果。

“垂直”复选框。确定文本是水平标注还是垂直标注。选中此复选框时为垂直标注，否则为水平标注，如图 4-9 所示。

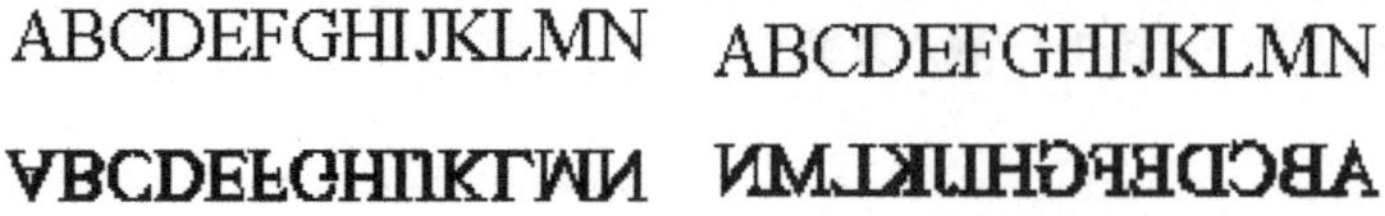

（a）倒置标注　　（b）反向标注

图 4-8 文字倒置标注与反向标注

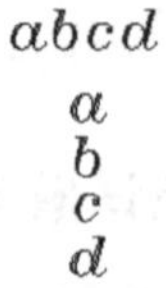

图 4-9 垂直标注文字

“宽度比例”。设置宽度系数，确定文本字符的宽高比。当比例系数为 1 时，表示将按字体文件中定义的宽高比标注文字。当此系数小于 1 时字会变窄，反之变宽。

“倾斜角度”。用于确定文字的倾斜角度。角度为 0 时不倾斜，为正时向右倾斜，为负时向左倾斜。

2. **单行文本输入**

在命令行输入 TEXT 或 DTEXT 命令，或者选择菜单栏中的“绘图”→“文字”→“单行文字”命令，或者单击“默认”选项卡“注释”面板中的“单行文字”按钮A，命令行提示与操作如下：

```
命令: _text
当前文字样式: "Standard" 文字高度: 10.0000 注释性: 否 对正: 左
指定文字的起点 或 [对正(J)/样式(S)]:(适当指定一点，此点为输入文字的左下角点)
指定文字的旋转角度 <0>:
```

在绘制单行文本的命令行提示中，各选项含义如下：

（1）指定文字的起点。在此提示下，直接在作图屏幕上拾取一点作为文本的起始点，AutoCAD 提示如下：

```
指定高度 <0.2000>:(确定字符的高度)
指定文字的旋转角度 <0>:(确定文本行的倾斜角度)
```

在此提示下，输入一行文本后回车，可继续输入文本，待全部输入完成后，在此提示下直接回车，则退出 TEXT 命令。可见，由 TEXT 命令也可创建多行文本，只是这种多行文本每一行是一个对象，因此不能对多行文本同时进行操作，但可以单独修改每一单行的文字样式、字高、旋转角度和对正方式等。

（2）对正（J）。在上面的提示下键入 J，用来确定文本的对正方式，对正方式决定文本的哪一部分与所选的插入点对正。执行此选项，AutoCAD 提示如下：

```
输入选项 [对正(A)/布满(F)/居中(C)/中间(M)/右对正(R)/左上(TL)/中上(TC)/右上(TR)/左中(ML)/正中(MC)/右中(MR)/左下(BL)/中下(BC)/右下(BR)]:
```

在此提示下，选择一个选项作为文本的对正方式。当文本串水平排列时，AutoCAD 为标注文本串定义了如图 4-10 所示的顶线、中线、基线和底线，各种对正方式如图 4-11 所示，图中大写字母对应上述提示中的各命令。

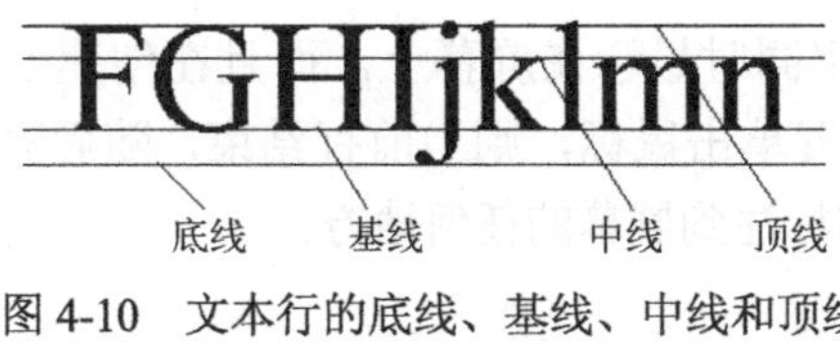

图 4-10 文本行的底线、基线、中线和顶线

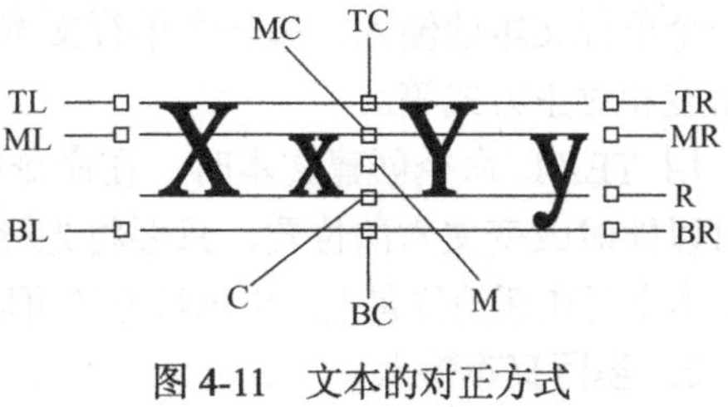

图 4-11 文本的对正方式

下面以“对正”为例进行简要说明。

选择此选项，要求用户指定文本行基线的起始点与终止点的位置，AutoCAD 提示如下：

```
指定文字基线的第一个端点:(指定文本行基线的起点位置)
指定文字基线的第二个端点:(指定文本行基线的终点位置)
```

执行结果：所输入的文本字符均匀地分布于指定的两点之间，如果两点间的连线不水平，则文本行倾斜放置，倾斜角度由两点间的连线与 X 轴夹角确定；字高、字宽根据两点间的距离、字符的多少及文字样式中设置的宽度系数自动确定。指定了两点之后，每行输入的字符越多，字宽和字高越小。

其他选项与“对正”类似，不再赘述。

实际绘图时，有时需要标注一些特殊字符，例如直径符号、上划线或下划线、温度符号等，由于这些符号不能直接从键盘上输入，AutoCAD 提供了一些控制码，用来实现这些要求。控制码用两个百分号（%%）加一个字符构成，常用的控制码见表 4-1。

表 4-1　AutoCAD 常用控制码

符　号	功　能	符　号	功　能
%%O	上划线	\u+0278	电相位
%%U	下划线	\u+E101	流线
%%D	“度”符号	\u+2261	标识
%%P	正负符号	\u+E102	界碑线
%%C	直径符号	\u+2260	不相等
%%%	百分号%	\u+2126	欧姆
\u+2248	几乎相等	\u+03A9	欧米加
\u+2220	角度	\u+214A	低界线
\u+E100	边界线	\u+2082	下标 2
\u+2104	中心线	\u+00B2	上标 2
\u+0394	差值		

其中，%%O 和%%U 分别是上划线和下划线的开关，第一次出现此符号时开始画上划线和下划线，第二次出现此符号时上划线和下划线终止。例如在“输入文字:”提示下输入“I want to %%U go to Beijing%%U”，则得到如图 4-12（a）所示的文本行，输入“50%%D+%%C75%%P12”，则得到如图 4-12（b）所示的文本行。

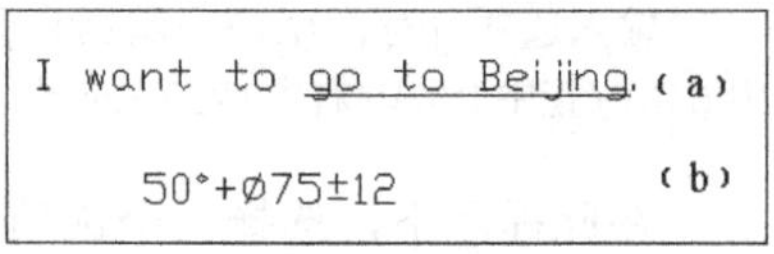

图 4-12　文本行

用 TEXT 命令可以创建一个或若干个单行文本，也就是说用此命令可以标注多行文本。在“输入文字:”提示下输入一行文本后回车，用户可输入第二行文本，依此类推，直到文本全部输完，再在此提示下直接回车，结束文本输入命令。每一次回车就结束一个单行文本的输入，每一个单行文本是一个对象，可以单独修改其文本样式、字高、旋转角度和对正方式等。

用 TEXT 命令创建文本时，在命令行输入的文字同时显示在屏幕上，而且在创建过程中可以随时改变文本的位置，只要将光标移到新的位置单击鼠标，则当前行结束，随后输入的文本出现在新的位置上。用这种方法可以把多行文本标注到屏幕的任何地方。

3. 多行文本输入

在上面任务绘制多行文本的命令行提示中，各选项含义如下：

（1）指定对角点。直接在屏幕上拾取一个点作为矩形框的第二个角点，AutoCAD 以这两个点为对角点形成一个矩形区域，其宽度作为将来要标注的多行文本的宽度，而且第一个点作为第一行文本顶线的起点。响应后 AutoCAD 打开如图 4-13 所示的多行文字编辑器，可利用此编辑器输入多行文本，并对其格式进行设置。关于对话框中各项的含义与编辑器功能，后面再详细介绍。

（2）对正（J）。确定所标注文本的对正方式。选取此选项，AutoCAD 提示如下：

输入对正方式 [左上(TL)/中上(TC)/右上(TR)/左中(ML)/正中(MC)/右中(MR)/左下(BL)/中下(BC)/右下(BR)] <左上(TL)>：

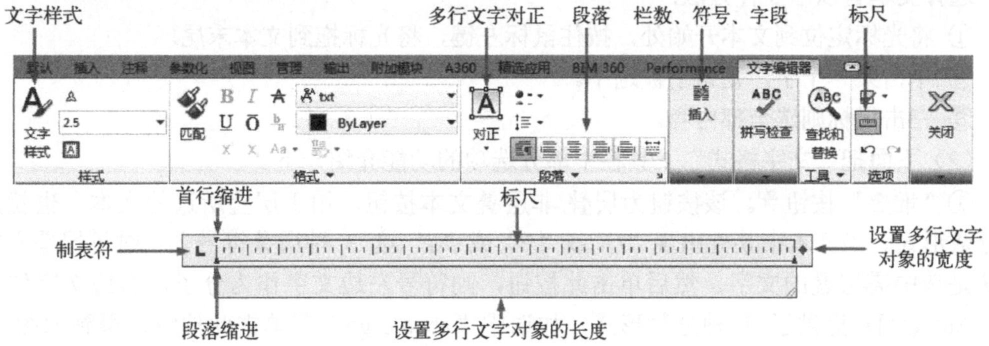

图 4-13　多行文字编辑器

这些对正方式与 TEXT 命令中的各对正方式相同，不再重复。选取一种对正方式后回车，AutoCAD 回到上一级提示。

（3）行距（L）。确定多行文本的行间距，这里所说的行间距是指相邻两文本行的基线之间的垂直距离。选择此选项，AutoCAD 提示如下：

输入行距类型 [至少(A)/精确(E)] <至少(A)>：

在此提示下有两种方式确定行间距，“至少”方式和“精确”方式。“至少”方式下，AutoCAD 根据每行文本中最大的字符自动调整行间距。“精确”方式下，AutoCAD 给多行文本赋予一个固定的行间距。可以直接输入一个确切的间距值，也可以输入“nx”的形式，其中 n 是一个具体数，表示行间距设置为单行文本高度的 n 倍，而单行文本高度是本行文本字符高度的 1.66 倍。

（4）旋转（R）。确定文本行的倾斜角度。执行此选项，AutoCAD 提示如下：

指定旋转角度 <0>：(输入倾斜角度)

输入角度值后回车，AutoCAD 返回到“指定对角点或 [高度(H)/对正(J)/行距(L)/旋转(R)/样式(S)/宽度(W)/栏(C)]”提示。

（5）样式（S）。确定当前的文字样式。

（6）宽度（W）。指定多行文本的宽度。可在屏幕上选取一点，将其与前面确定的第一个角点组成的矩形框的宽度作为多行文本的宽度，也可以输入一个数值，精确设置多行文本的宽度。

在创建多行文本时，只要给定了文本行的起始点和宽度后，AutoCAD 就会打开如图 4-16 所示的多行文字编辑器，该编辑器包含一个“文字格式”工具栏和一个右键快捷菜单。用户可以在编辑器中输入和编辑多行文本，包括设置字高、文字样式及倾斜角度等。

该编辑器与 Microsoft 的 Word 编辑器界面类似，事实上该编辑器与 Word 编辑器在某些功能上趋于一致。这样既增强了多行文字编辑功能，又使用户更熟悉和方便，效果很好。

（7）栏（C）。指定多行文字对象的栏选项。

4. “文字编辑器”选项卡

（1）“文字格式”工具栏用来控制文本的显示特性。可以在输入文本之前设置文本的特性，也可以改变已输入文本的特性。要改变已有文本的显示特性，首先应选中要修改的文本，选择文本有以下 3 种方法：

① 将光标定位到文本开始处，按住鼠标左键，将光标拖到文本末尾。

② 单击某一个字，则该字被选中。

③ 三击鼠标则选全部内容。

（2）下面把“文字格式”工具栏中部分选项的功能介绍一下。

①“堆叠”按钮。该按钮为层叠/非层叠文本按钮，用于层叠所选的文本，也就是创建分数形式。当文本中某处出现“/”或“^”或“#”这 3 种层叠符号之一时可层叠文本，方法是选中需层叠的文字，然后单击此按钮，则符号左边文字作为分子，右边文字作为分母。AutoCAD 提供了 3 种分数形式，如选中“abcd/efgh”后单击此按钮，得到如图 4-14（a）所示的分数形式。如果选中“abcd^efgh”后单击此按钮，则得到如图 4-14（b）所示的形式，此形式多用于标注极限偏差。如果选中“abcd # efgh”后单击此按钮，则创建斜排的分数形式，如图 4-14（c）所示。如果选中已经层叠的文本对象后单击此按钮，则文本恢复到非层叠形式。

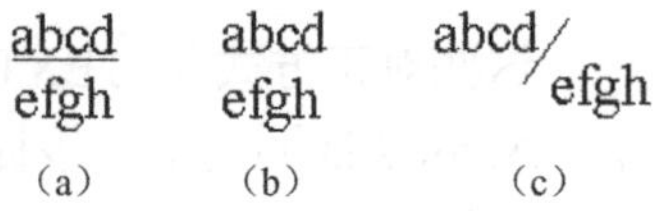

图 4-14　文本层叠

②“符号”按钮@。用于输入各种符号。单击该按钮，系统打开符号列表，如图 4-15 所示。用户可以从中选择符号输入到文本中。

③“插入字段”按钮。插入一些常用或预设字段。单击该命令，系统打开“字段”对话框，如图 4-16 所示。用户可以从中选择字段插入到标注文本中。

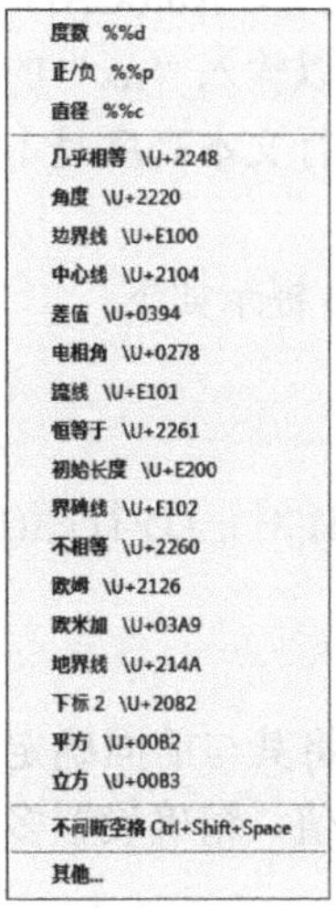

图 4-15　符号列表

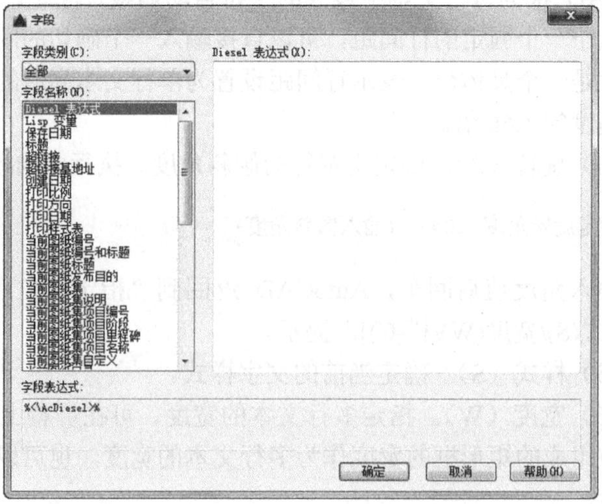

图 4-16　“字段”对话框

④“追踪”微调框 a•b。增大或减小选定字符之间的距离。1.0 设置是常规间距。设置为大于 1.0 可增大间距，设置为小于 1.0 可减小间距。

⑤“宽度比例”微调框。扩展或收缩选定字符。1.0 设置代表此字体中字母的常规宽度。可以增大该宽度或减小该宽度。

⑥“栏”下拉列表。显示栏弹出菜单，该菜单提供 5 个栏选项：“不分栏”“静态

栏”“插入分栏符【Alt+Enter】”“分栏设置”和“动态栏”。

⑦“多行文字对正”下拉列表A。显示“多行文字对正”菜单，并且有 9 个对正选项可用。“左上”为默认。

⑧右键快捷菜单。

（3）在多行文字输入区域，右击鼠标，系统打开右键快捷菜单，如图 4-17 所示。

① 符号。在光标位置插入列出的符号或不间断空格。也可以手动插入符号。

② 输入文字。显示“选择文件”对话框，如图 4-18 所示。选择任意 ASCII 或 RTF 格式的文件。输入的文字保留原始字符格式和样式特性，但可以在多行文字编辑器中编辑和格式化输入的文字。选择要输入的文本文件后，可以在文字编辑框中替换选定的文字或全部文字，或在文字边界内将插入的文字附加到选定的文字中。输入文字的文件必须小于 32K。

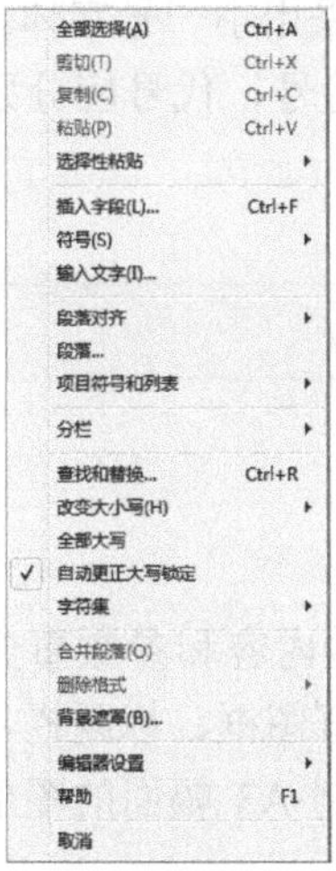

图 4-17 “选项”菜单

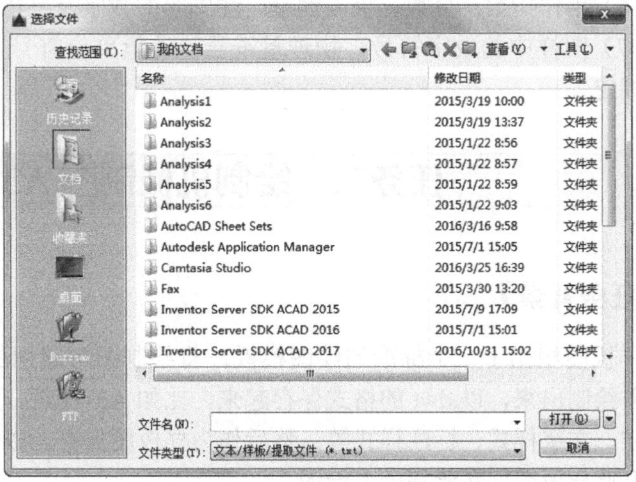

图 4-18 “选择文件”对话框

③ 改变大小写。改变选定文字的大小写。可以选择“大写”或“小写”。

④ 全部大写。将所有新输入的文字转换成大写。自动大写不影响已有的文字。要改变已有文字的大小写，请选择文字，右击鼠标，然后在快捷菜单上单击“改变大小写”。

⑤ 删除格式。清除选定文字的粗体、斜体或下划线格式。

⑥ 合并段落。将选定的段落合并为一段，并用空格替换每段的回车。

⑦ 背景遮罩。用设定的背景对标注的文字进行遮罩。选择该命令，系统打开“背景遮罩”对话框，如图 4-19 所示。

⑧ 查找和替换。显示“查找和替换”对话框，如图 4-20 所示。在该对话框中可以进行替换操作，操作方式与 Word 编辑器中替换操作类似，这里不再赘述。

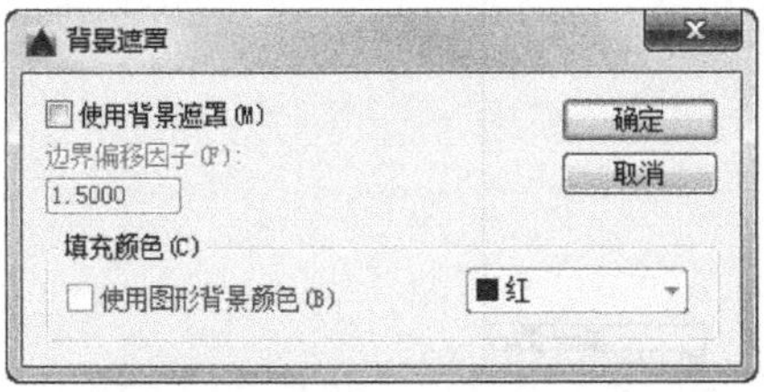

图 4-19 “背景遮罩”对话框

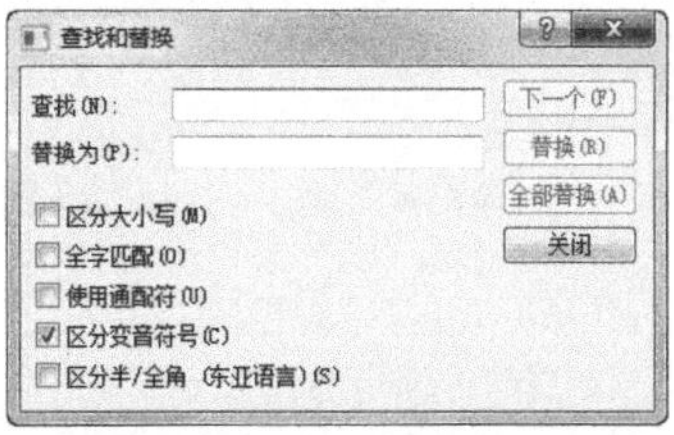

图 4-20 “查找和替换”对话框

⑨ 字符集。显示代码页菜单。选择一个代码页并将其应用到选定的文字。

5. 国家标准 GB/T14691—2008、GB/T14665—2008 中对文字的规定

（1）图样中书写字体必须做到：字体工整、笔划清楚、间隔均匀、排列整齐。

（2）汉字应写成长仿宋体，并应采用国家正式公布推行的简化字。汉字的高度不应小于 3.5mm，其字宽一般为 $h/\sqrt{2}$（表示字高）。

（3）字号即字体的高度，其公称尺寸系列为：1.8mm、2.5mm、3.5mm、5mm、7mm、10mm、14mm、20mm。如需书写更大的字，其字高应按 $\sqrt{2}$ 的比例递增。

（4）字母和数字分为 A 型和 B 型。A 型字体的笔划宽度 d 为字高 h 的 1/14；B 型字体对应为 1/10。同一图样上，只允许使用一种型式。

（5）字母和数字可写成斜体或直体。斜体字字头向右倾斜，与水平基准线呈 75° 角。

（6）用作指数、分数、极限偏差、注脚等的数字及字母，一般应采用小一号字体。

（7）图样中的数字符号、物理量符号、计量单位符号以及其他符号、代号应分别符合有关规定。

任务二　绘制机械制图 A3 样板图

【任务背景】

样板图相当于一个标准的绘图模板，将绘制图形通用的一些基本内容和参数事先设置好，并绘制出来，以.dwt 的格式保存起来。比如 A3 图纸，可以绘制好图框、标题栏，设置好图层、文字样式、标注样式等，然后作为样板图保存。以后需要绘制 A3 幅面的图形时，可打开此样板图，在此基础上绘图。

本任务将通过机械制图 A3 样板图的绘制过程，来熟练掌握表格相关命令的操作方法，也进一步了解样板图的绘制方法。绘制流程如图 4-21 所示。

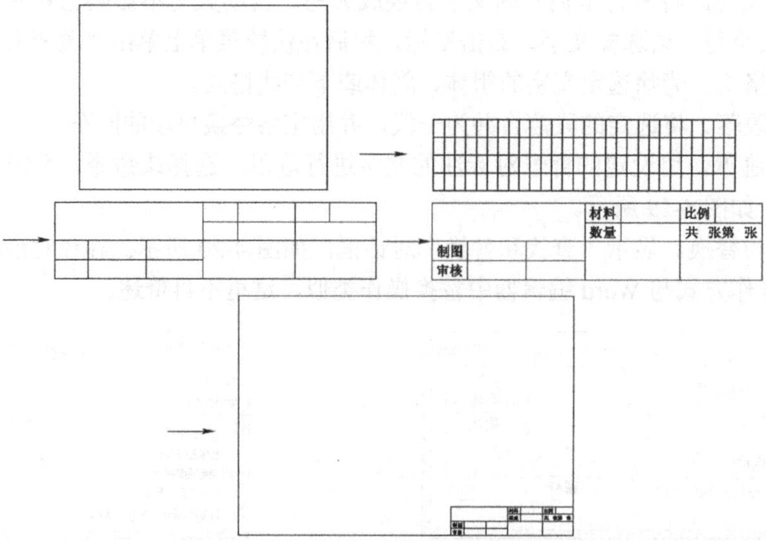

图 4-21　机械制图 A3 样板图绘制流程

【操作步骤】

1. 绘制图框

单击“默认”选项卡“绘图”面板中的“矩形”按钮，绘制一个矩形，指定矩形两个角点的坐标分别为（25,10）和（410,287），如图 4-22 所示。命令行提示与操作如下：

```
命令: _rectang
指定第一个角点或 [倒角(C)/标高(E)/圆角(F)/厚度(T)/宽度(W)]: 25,10↙
指定另一个角点或 [面积(A)/尺寸(D)/旋转(R)]: 410,287↙
```

2. 绘制标题栏

标题栏结构由于分隔线并不整齐，所以可以先绘制一个 28×4（每个单元格的尺寸是 5×8）的标准表格，然后在此基础上编辑合并单元格形成如图 4-23 所示的形式。

（1）在命令行中输入 TABLESTYLE 命令，或选择菜单栏中“格式”→“表格样式”命令，或者单击“默认”选项卡“注释”面板中的“表格样式”按钮，打开“表格样式”对话框，如图 4-24 所示。

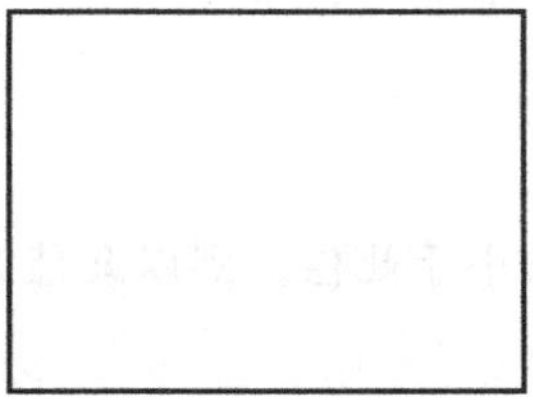

图 4-22　绘制矩形

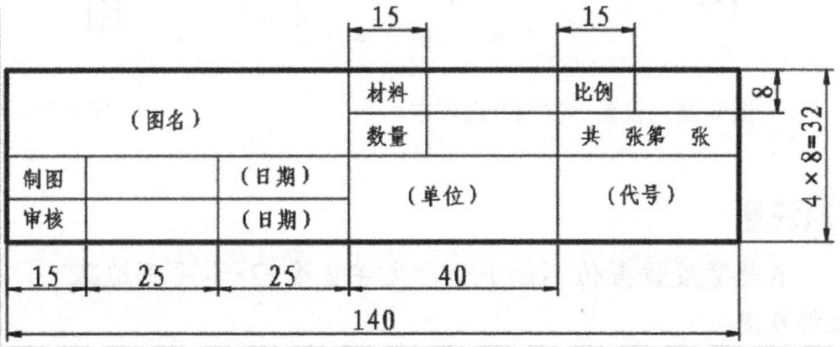

图 4-23　标题栏示意图

（2）单击“修改”按钮，系统打开“修改表格样式”对话框，在“单元样式”下拉列表框中选择“数据”选项，在下面的“文字”选项卡中将“文字高度”设置为 4.5，如图 4-25 所示。再打开“常规”选项卡，将“页边距”选项组中的“水平”和“垂直”都设置成 1，如图 4-26 所示。

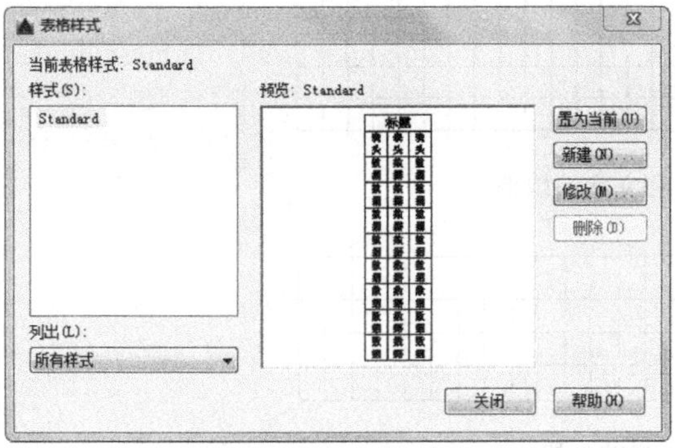

图 4-24　“表格样式”对话框

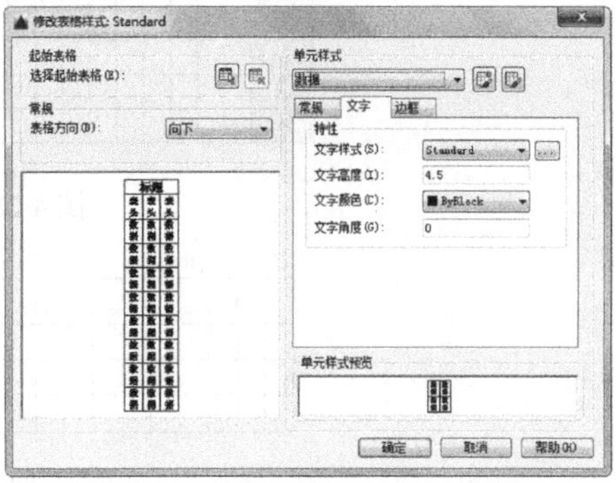

图 4-25　“修改表格样式”对话框

（3）系统回到“表格样式”对话框，单击“关闭”按钮退出。

（4）在命令行中输入 TABLE 命令，或者选择菜单栏中的“绘图”→“表格”命令，或者单击“默认”选项卡“注释”面板中的“表格”按钮，系统打开“插入表格”对话框，在“列和行设置”选项组中将“列数”设置为 28，将“列宽”设置为 5，将“数据行数”设置为 2（加上标题行和表头行共 4 行），将“行高”设置为 1 行（即为 8）；在“设置单元样式”选项组中将“第一行单元样式”、“第二行单元样式”和“所有其他行单元样式”都设置为“数据”，如图 4-27 所示。

图 4-26　设置“常规”选项卡

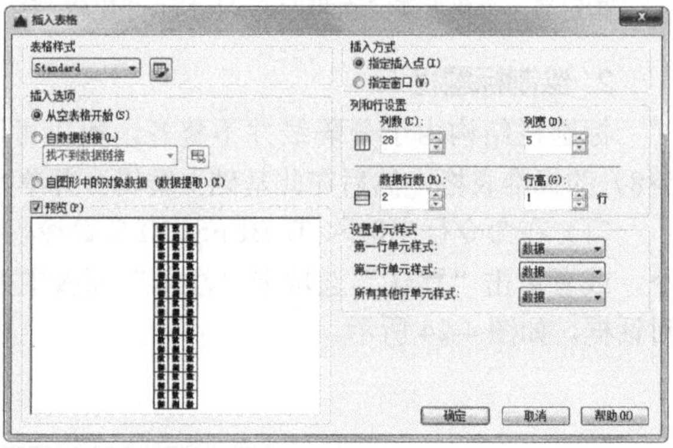

图 4-27　“插入表格”对话框

注意

表格宽度设置值不能小于“文字宽度+2×水平页边距”，如果小于此值，则以此值为表格宽度。

（5）在图框线右下角附近指定表格位置，系统生成表格，同时打开多行文字编辑器，如图 4-28 所示，直接按【Enter】键，不输入文字，生成的表格如图 4-29 所示。

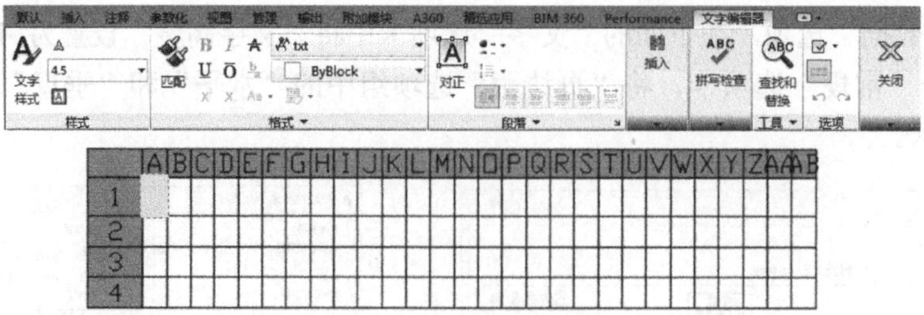

图 4-28　表格和文字编辑器

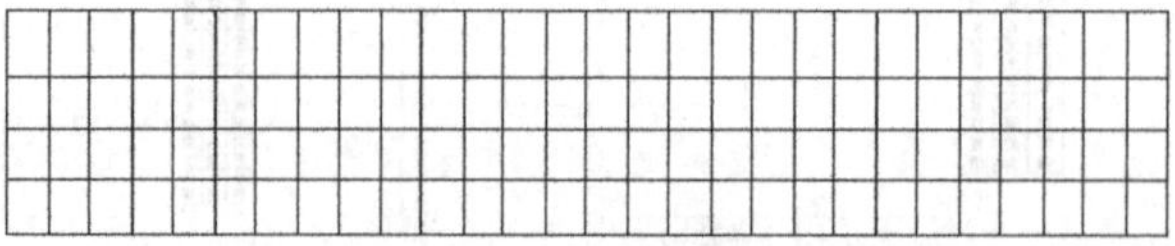

图 4-29　生成的表格

（6）单击表格中的一个单元格，系统显示其编辑夹点，右击鼠标，在弹出的快捷菜单中选择“特性”命令，如图 4-30 所示，系统打开“特性”选项板，将“单元高度”改为 8，如图 4-31 所示，这样该单元格所在行的高度就统一改为 8。用同样的方法将其他行的高度改为 8，如图 4-32 所示。

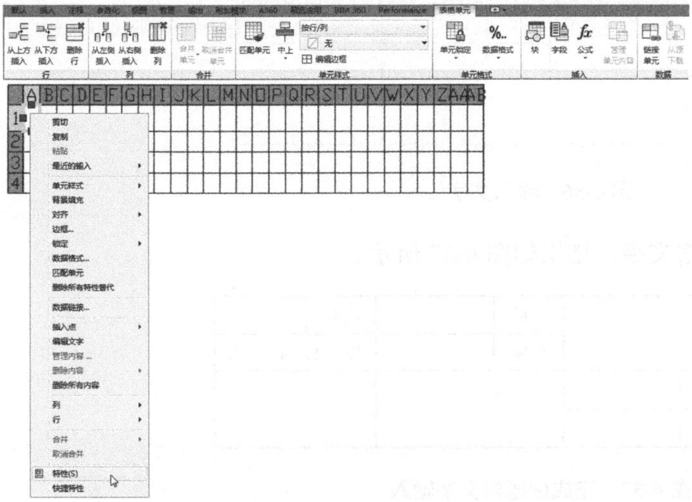

图 4-30 快捷菜单

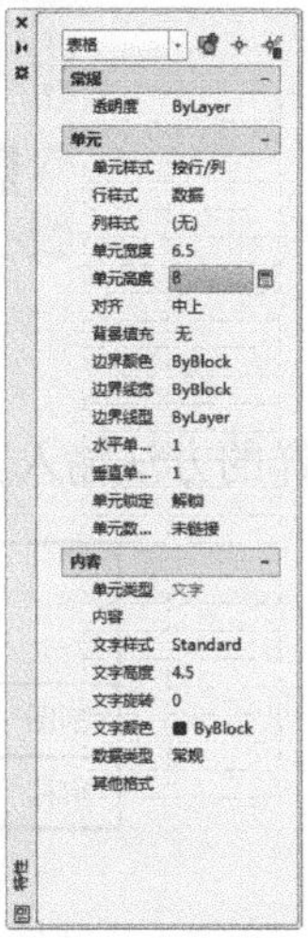

图 4-31 “特性”选项板

（7）选择 A1 单元格，按住【Shift】键，同时选择右边的 12 个单元格以及下面的 13 个单元格，右击鼠标，在打开的快捷菜单中选择“合并”→“全部”命令，如图 4-33 所示。这些单元格完成合并，如图 4-34 所示。

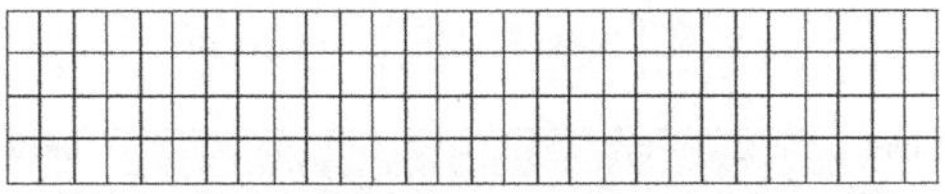

图 4-32 修改表格高度

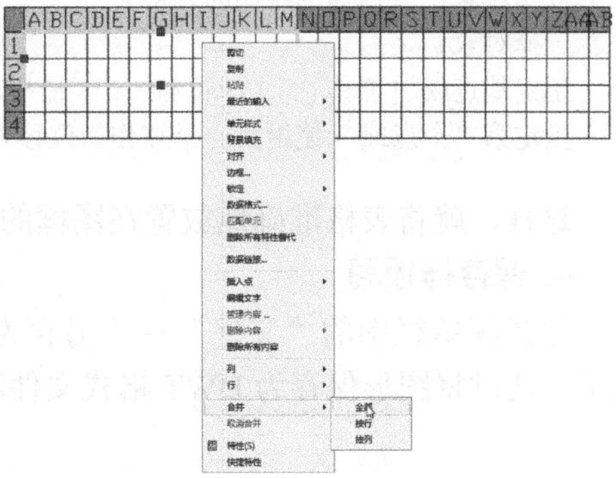

图 4-33 快捷菜单

用同样的方法合并其他单元格，结果如图 4-35 所示。

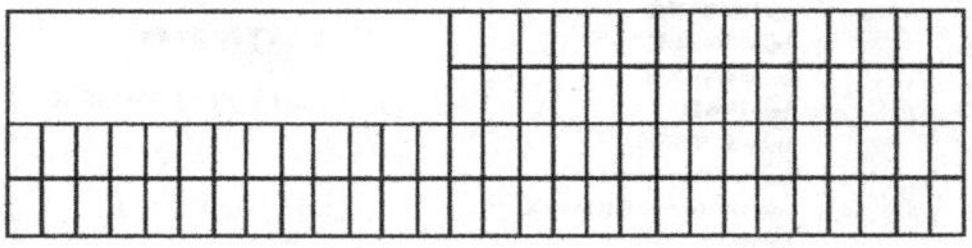

图 4-34 合并单元格

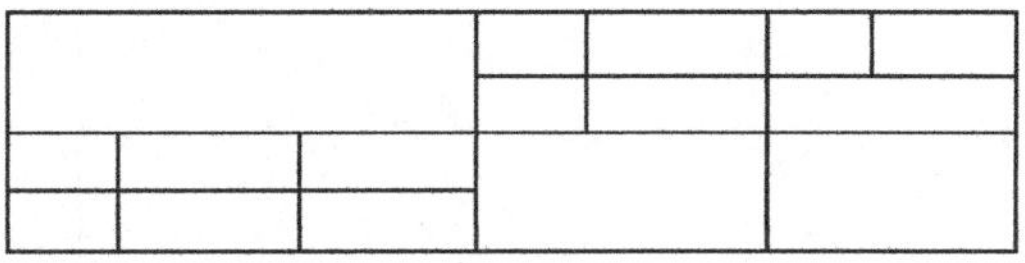

图 4-35 完成表格绘制

（8）在单元格中三击鼠标左键，打开“文字编辑器”选项卡，在单元格中输入文字，将文字大小改为 4，如图 4-36 所示。

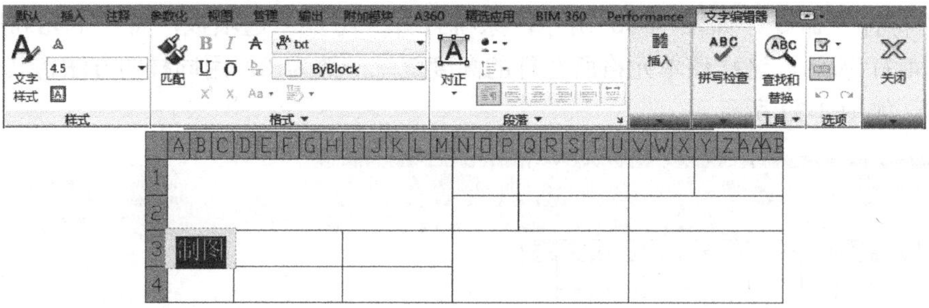

图 4-36　输入文字

用同样的方法输入其他单元格文字，结果如图 4-37 所示。

<table>
<tr><td colspan="3" rowspan="2"></td><td>材料</td><td></td><td>比例</td><td></td></tr>
<tr><td>数量</td><td></td><td colspan="2">共　张 第　张</td></tr>
<tr><td>制图</td><td></td><td></td><td colspan="2" rowspan="2"></td><td colspan="2" rowspan="2"></td></tr>
<tr><td>审核</td><td></td><td></td></tr>
</table>

图 4-37　完成标题栏文字输入

3. 移动标题栏

单击“默认”选项卡“修改”面板中的“移动”按钮，将刚生成的标题栏移动到图框右下角，命令行提示与操作如下：

```
命令：move↙
选择对象：（选择刚绘制的表格）
选择对象：↙
指定基点或 [位移(D)] <位移>：（捕捉表格的右下角点）
指定第二个点或 <使用第一个点作为位移>：（捕捉图框的右下角点）
```

这样，就将表格准确地放置在图框的右下角了，如图 4-38 所示。

4. 保存样板图

选择菜单栏中的“文件”→“另存为”命令，打开“图形另存为”对话框，如图 4-39 所示。此时将图形保存为 DWT 格式文件即可。

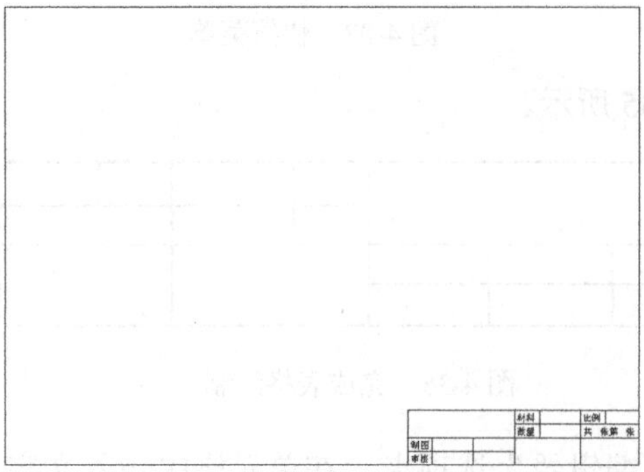

图 4-38　移动表格

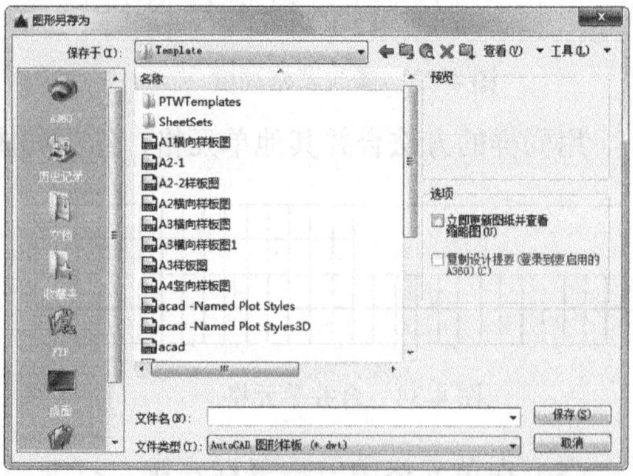

图 4-39　“图形另存为”对话框

【知识点详解】

1. 表格样式

“表格样式”对话框中，各选项含义如下：

（1）新建。单击该按钮，系统打开“创建新的表格样式”对话框，如图 4-40 所示。输入新的表格样式名后，单击“继续”按钮，系统打开“新建表格样式”对话框，如图 4-41 所示，从中可以定义新的表格样式。

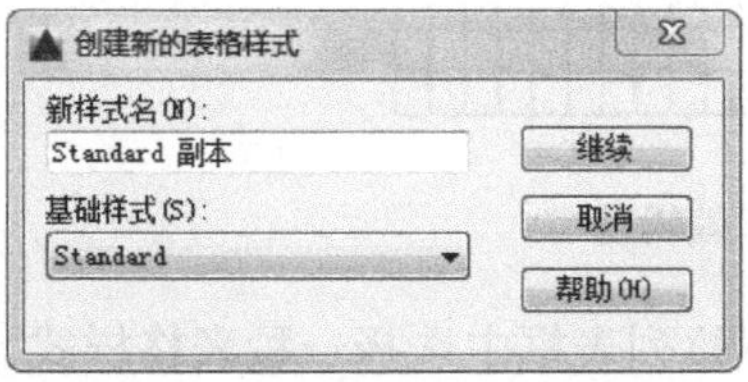

图 4-40 “创建新的表格样式”对话框

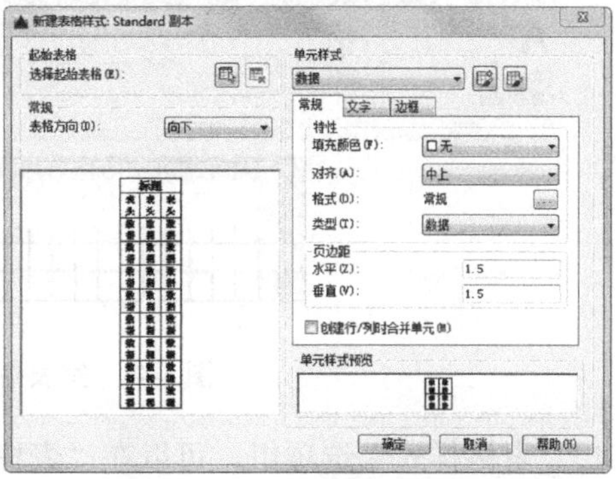

图 4-41 “新建表格样式”对话框

“新建表格样式”对话框中有 3 个选项卡。“常规”“文字”和“边框”，如图 4-41 所示。分别控制表格中数据、表头和标题的有关参数，如图 4-42 所示。

（2）“基本”选项卡。

①“特性”选项组。

填充颜色：指定填充颜色。

对齐：为单元内容指定一种对齐方式。

格式：设置表格中各行的数据类型和格式。

类型：将单元样式指定为标签或数据，在包含起始表格的表格样式中插入默认文字时使用。也用于在工具选项板上创建表格工具的情况。

②“页边距”选项组。

水平：设置单元中的文字或块与左右单元边界之间的距离。

垂直：设置单元中的文字或块与上下单元边界之间的距离。

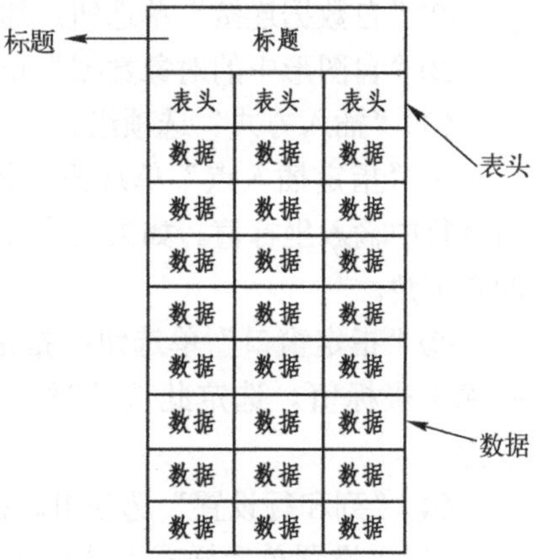

图 4-42 表格样式

③ 创建行/列时合并单元：将使用当前单元样式创建的所有新行或列合并到一个单元中。

（3）“文字”选项卡。

① 文字样式：指定文字样式。

② 文字高度：指定文字高度。

③ 文字颜色：指定文字颜色。

④ 文字角度：设置文字角度。

（4）“边框”选项卡。

① 线宽：设置用于显示边界的线宽。

② 线型：通过单击边框按钮，设置线型以应用于指定边框。

③ 颜色：指定颜色以应用于显示的边界。

④ 双线：指定选定的边框为双线型。

（5）修改。对当前表格样式进行修改，方法与新建表格样式相同。

2. 创建表格

在如图 4-43 所示的“插入表格”对话框中，各选项含义如下：

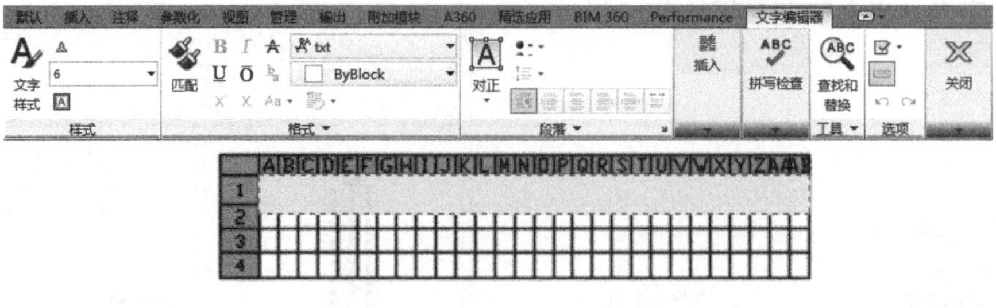

图 4-43　空表格和多行文字编辑器

（1）“表格样式”选项组。可以在“表格样式”下拉列表框中选择一种表格样式，也可以通过单击后面的“启动‘表格样式’对话框”按钮来新建或修改表格样式。

（2）“插入选项”选项组。

①“从空表格开始”单选钮：创建可以手动填充数据的空表格。

②“自数据连接”单选钮：通过启动数据连接管理器来创建表格。

③“自图形中的对象数据”单选钮：通过启动“数据提取”向导来创建表格。

（3）“插入方式”选项组。

①“指定插入点”单选钮：指定表格的左上角的位置。可以使用定点设备，也可以在命令行中输入坐标值。如果表格样式将表格的方向设置为由下而上读取，则插入点位于表格的左下角。

②“指定窗口”单选钮：指定表的大小和位置。可以使用定点设备，也可以在命令行中输入坐标值。选定此选项时，行数、列数、列宽和行高取决于窗口的大小以及列和行设置。

（4）“列和行设置”选项组。指定列和数据行的数目以及列宽与行高。

（5）“设置单元样式”选项组。指定“第一行单元样式”“第二行单元样式”和“所有其他行单元样式”分别为标题、表头或者数据样式。

注意

一个单位行高的高度为文字高度与垂直边距的和。列宽设置必须不小于文字宽度与水平边距的和，如果列宽小于此值，则实际列宽以文字宽度与水平边距的和为准。

在“插入表格”对话框中进行相应的设置后，单击“确定”按钮，系统在指定的插入点或窗口自动插入一个空表格，并显示多行文字编辑器，用户可以逐行逐列输入相应的文字或数据。

3. 国家标准中对图纸格式的规定

（1）幅面。为了加强我国与世界各国的技术交流，依据国际标准化组织 ISO 制定的国际标准，制定了我国国家标准《机械制图》，并在 1993 年以来相继发布了“图纸幅面和格式”“比例”“字体”“投影法”“表面粗糙度符号”“代号及其注法”等项新标准，从 1994 年 7 月 1 日开始实施，陆续进行了修订更新，最新一次修订是在 2008 年。

国家标准，简称国标，代号为“GB”，斜杠后的字母为标准类型，其后的数字为标准号，由顺序号和发布的年代号组成，如表示比例的标准代号为 GB/T14690—2008。

图纸幅面及其格式在 GB/T14689—2008 中进行了详细的规定，现进行简要介绍。

图幅代号为 A0、A1、A2、A3、A4 五种，必要时可按规定加长幅面，如图 4-44 所示。

（2）图框。绘图时应优先采用表 4-2 规定的基本幅面。在图纸上必须用粗实线画出图框，其格式分不留装订边（如图 4-45 所示）和留装订边（如图 4-46 所示）两种，尺寸见表 4-2。注意，同一产品的图样只能采用同一种格式。

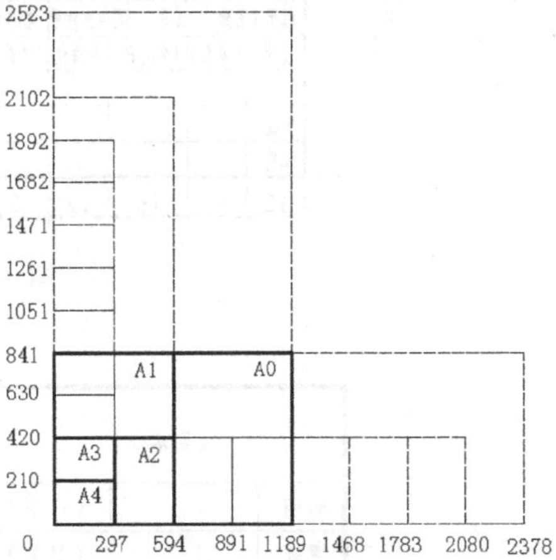

图 4-44　幅面尺寸

表 4-2　图纸幅面

幅面代号	A0	A1	A2	A3	A4
幅面尺寸 $B \times L$	841×1189	594×841	420×594	297×420	210×297
e	20		10		
c	10		5		
a	25				

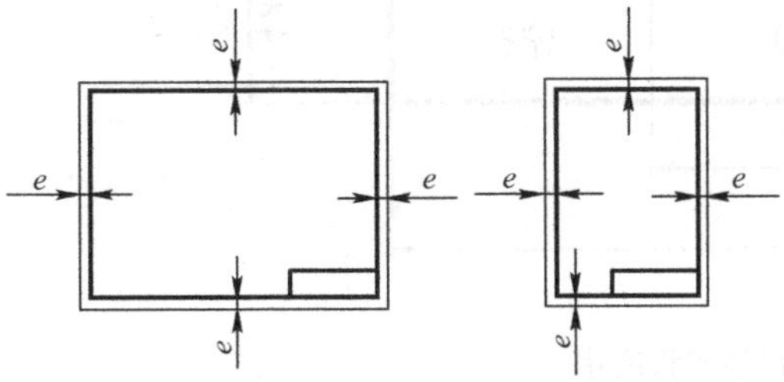

图 4-45　不留装订边图框

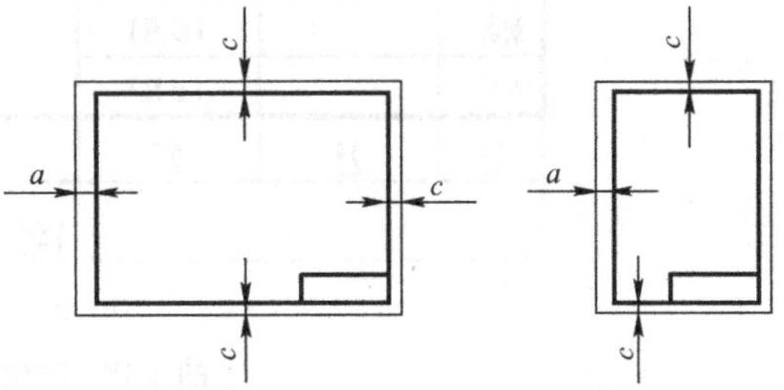

图 4-46　留装订边图框

（3）标题栏。国标《技术制图–标题栏》规定，每张图纸上都必须画出标题栏，标题栏的位置位于图纸的右下角，与看图方向一致。

标题栏的格式和尺寸由 GB/Tl0609.1—2008 规定，装配图中明细栏由 GB/Tl0609.2—2009 规定，如图 4-47 所示。

在学习过程中，有时为了方便，对零件图标题栏和装配图标题栏、明细栏内容进行简化，使用如图 4-48 所示的格式。

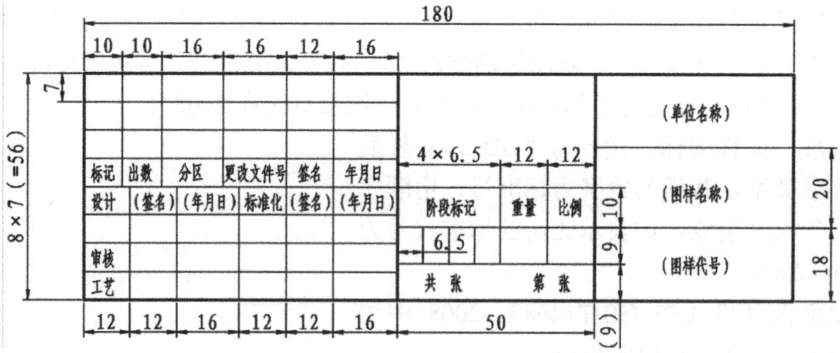

图 4-47　标题栏格式和尺寸

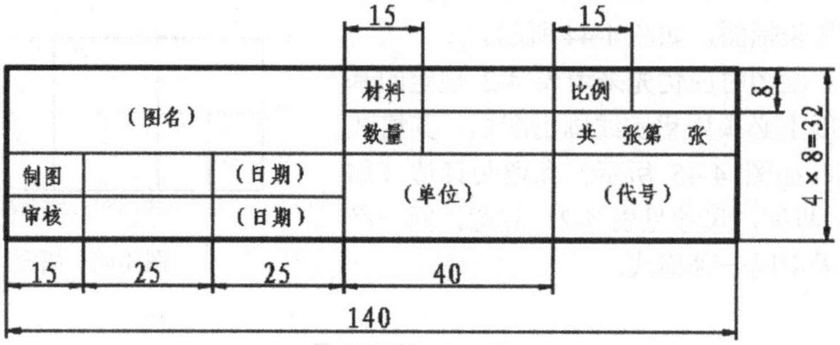

（a）零件图标题栏

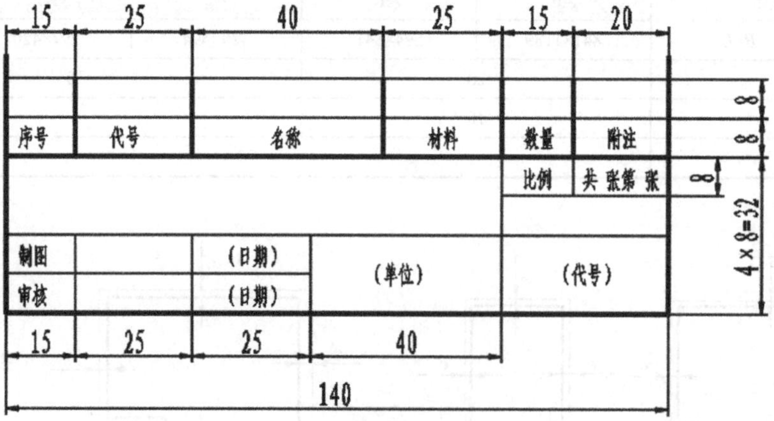

（b）装配图标题栏

图 4-48　简化标题栏格式和尺寸

任务三　标注曲柄尺寸

【任务背景】

尺寸标注是机械制图设计过程中相当重要的一个环节。由于图形的主要作用是表达物体的形状，而物体各部分的真实大小和各部分之间的确切位置只能通过尺寸标注来表达，因此，没有正确的尺寸标注，绘制出的图纸对于加工制造和设计安装就没什么意义。

本任务对曲柄进行尺寸标注。曲柄图形中共有 4 种尺寸标注类型：线性尺寸、对齐尺寸、直径尺寸和角度尺寸，我们可以逐步标注，绘制流程图如图 4-49 所示。

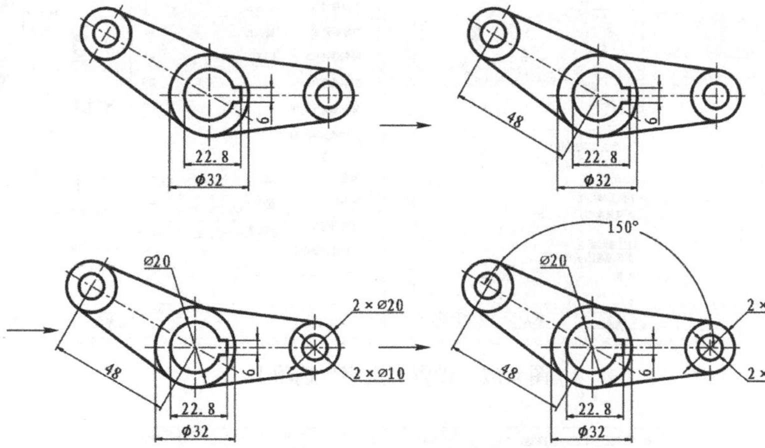

图 4-49　曲柄尺寸标注流程图

【操作步骤】

1. 打开文件

打开图形文件“曲柄.dwg”。选择菜单栏中的“文件”→“打开”命令，弹出“选择文件”对话框，从中选择保存的“曲柄.dwg”文件，单击“打开”按钮，或双击该文件名，即可将该文件打开，如图 4-50 所示。

2. 设置绘图环境

（1）单击“默认”选项卡“图层”面板中的“图层特性”按钮，创建一个新图层“BZ”，并将其设置为当前层。

（2）在命令行输入 DIMSTYLE 命令，或者单击菜单栏中的“格式”→“标注样式”命令，或者单击“默认”选项卡“注释”面板中的“标注样式”按钮，弹出“标注样式管理器”对话框，分别进行线性、角度、直径标注样式的设置。单击“新建”按钮，在弹出的“创建新标注样式”对话框中的“新样式名”中输入“机械制图”，单击“继续”按钮，弹出“新建标注样式”对话框，分别按如图 4-51～图 4-53 所示进行设置，设置完成后，单击“置为当前”按钮，将“机械制图”标注样式设置为当前标注样式。

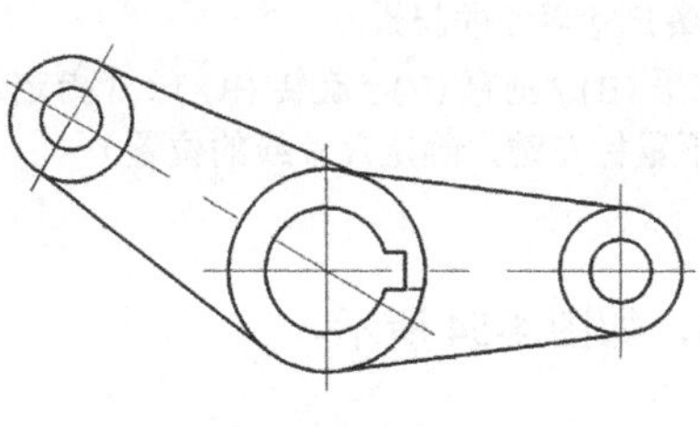

图 4-50　曲柄文件

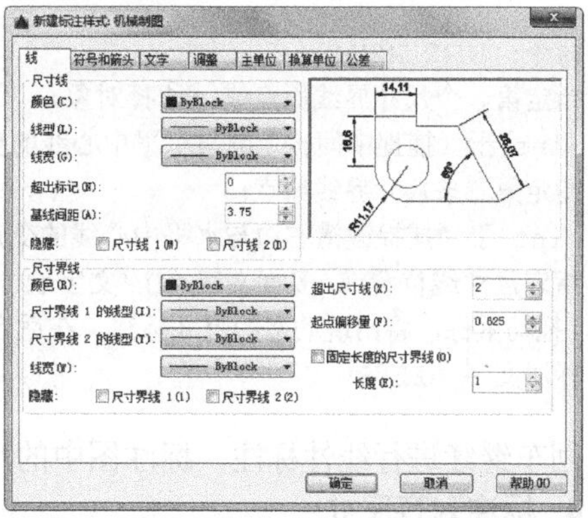

图 4-51　设置“直线”选项卡

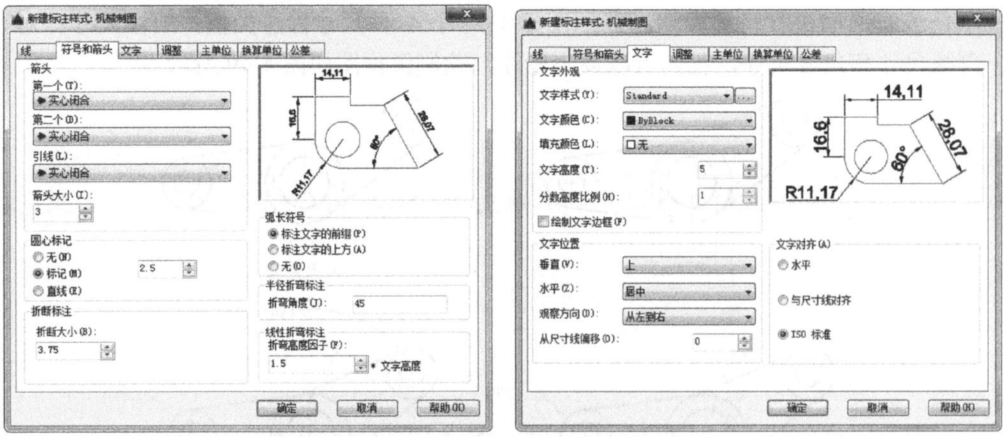

图 4-52　设置“文字”选项卡

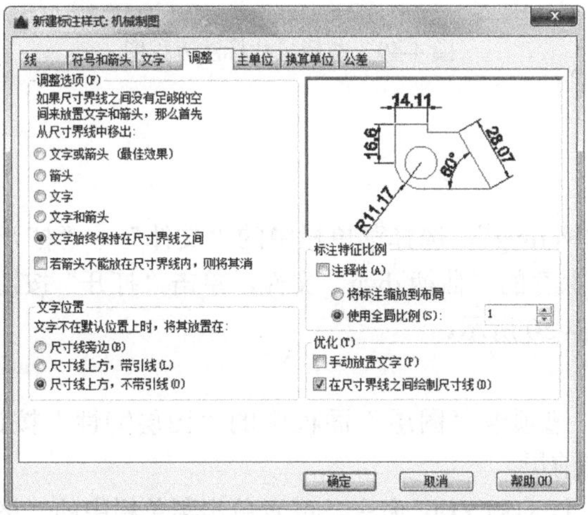

图 4-53　设置“调整”选项卡

3. 标注线性尺寸

在命令行输入 DIMLINEAR 命令，或者选择菜单栏中的“标注”→“线性标注”命令，或者单击“默认”选项卡“注释”面板中的“线性”按钮⊢⊣，标注图中的线性尺寸“22.8”，命令行提示与操作如下：

命令：DIMLINEAR↙
指定第一个尺寸界线原点或 <选择对象>:
_int 于（捕捉中间ϕ20 圆与水平中心线的交点，作为第一条尺寸界线的起点）
指定第二条尺寸界线原点:
_int 于（捕捉键槽右边与水平中心线的交点，作为第二条尺寸界线的起点）
指定尺寸线位置或[多行文字(M)/文字(T)/角度(A)/水平(H)/垂直(V)/旋转(R)]：（指定尺寸线位置。拖动鼠标，将出现动态的尺寸标注，在适当的位置处按下鼠标左键，确定尺寸线的位置）
标注文字 =22.8

回车继续进行线性标注，标注图中的尺寸ϕ32 和 6，如图 4-54 所示。

4. 标注对齐尺寸

在命令行输入 DIMALIGNED 命令，或者选择菜单栏中的“标注”→“对齐标注”命令，或者单击“默认”选项卡“注释”面板中的“对齐”按钮，标注图中的对齐尺寸“48”，命令行提示与操作如下：

```
命令：DIMALIGNED↙
指定第一个尺寸界线原点或 <选择对象>:
_int 于（捕捉倾斜部分中心线的交点，作为第二条尺寸界线的起点）
指定第二条尺寸界线原点：
_int 于（捕捉中间中心线的交点，作为第二条尺寸界线的起点）
指定尺寸线位置或[多行文字(M)/文字(T)/角度(A)]：（指定尺寸线位置）
标注文字 =48
```

结果如图 4-55 所示。

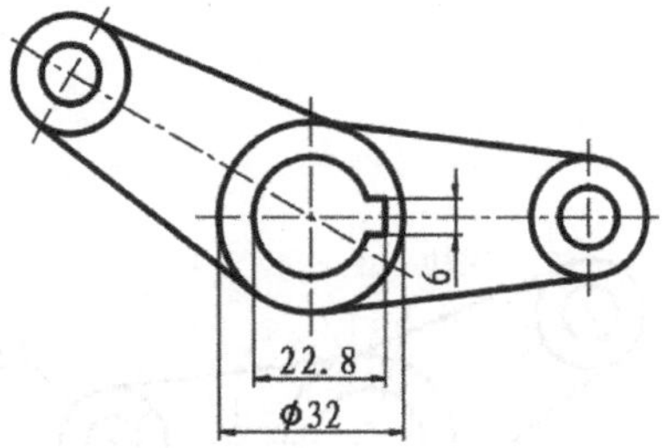

图 4-54 标注线性尺寸

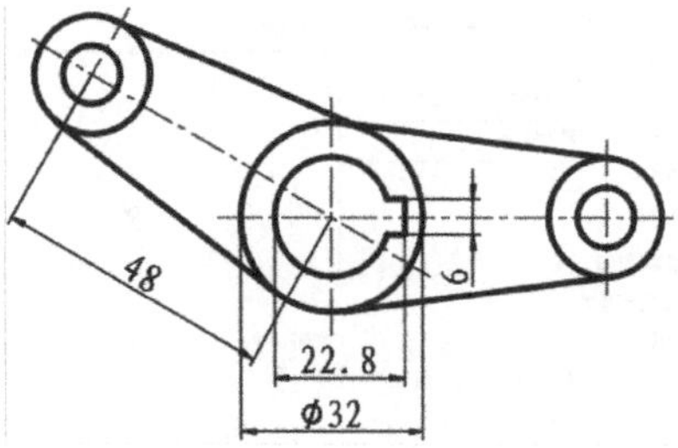

图 4-55 标注对齐尺寸

5. 设置标注样式

单击“默认”选项卡“注释”面板中的“标注样式”按钮，在“标注样式管理器”对话框中，单击“新建”按钮，弹出的“创建新标注样式”对话框，在“用于”下拉列表中选择“直径标注”，单击“继续”按钮，弹出“新建标注样式”对话框，按图 4-56 和图 4-57 所示进行设置，其他选项卡的设置保持不变。方法同前，设置“角度”标注样式，用于角度标注，如图 4-58 所示。

图 4-56 “直径”标注样式的“文字”选项卡

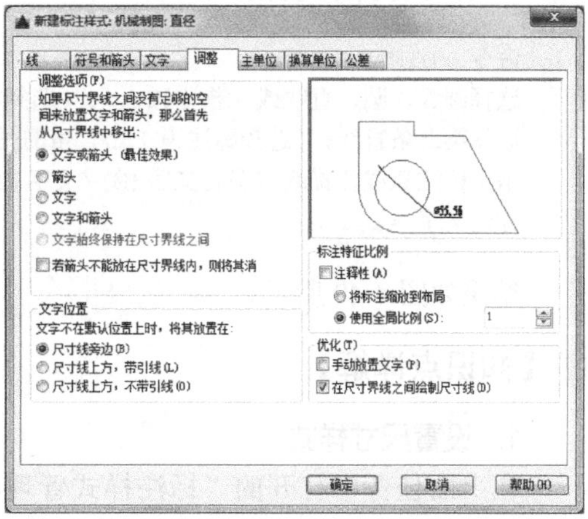

图 4-57 “直径”标注样式的“调整”选项卡

6. 标注直径尺寸

在命令行输入 DIMDIAMETER 命令，或者选择菜单栏中的“标注”→“直径标注”命令，或者单击“默认”选项卡“注释”面板中的“直径”按钮⊘，标注图中的直径尺寸 2×ϕ10，命令行提示与操作如下：

命令：DIMDIAMETER↙
选择圆弧或圆：（选择右边ϕ10 小圆）
标注文字 =10
指定尺寸线位置或 [多行文字(M)/文字(T)/角度(A)]:M↙　（回车后弹出“多行文字”编辑器，其中“<>”表示测量值，即ϕ10，在前面输入 2×，即为“2×<>”）
指定尺寸线位置或 [多行文字(M)/文字(T)/角度(A)]：（指定尺寸线位置）

回车继续进行直径标注。标注图中的直径尺寸 2×ϕ20 和ϕ20，如图 4-59 所示。

图 4-58 “角度”标注样式的“文字”选项卡

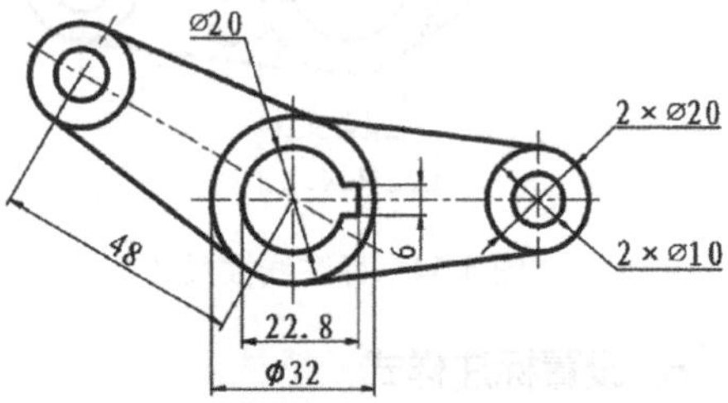

图 4-59 标注直径尺寸

7. 标注角度尺寸

在命令行输入 DIMANGULAR 命令，或者选择菜单栏中的“标注”→“角度标注”命令,或者单击“默认”选项卡“注释”面板中的“角度”按钮△，标注图中的角度尺寸 150°，命令行提示与操作如下:

命令：DIMANGULAR↙
选择圆弧、圆、直线或 <指定顶点>：（选择标注为 150° 角的一条边）
选择第二条直线：（选择标注为 150° 角的另一条边）
指定标注弧线位置或 [多行文字(M)/文字(T)/角度(A)/象限点(Q)]：（指定尺寸线位置）
标注文字 =150

结果如图 4-49 所示。

【知识点详解】

1. 设置尺寸样式

在上面任务中打开的“标注样式管理器”对话框中，如图 4-60 所示，各个选项含义如下：

（1）“置为当前”按钮。点取此按钮，把在“样式”列表框中选中的样式设置为当前样式。

（2）“新建”按钮。定义一个新的尺寸标注样式。单击此按钮，AutoCAD 打开“创建新标注样式”对话框，如图 4-61 所示，利用此对话框可以创建一个新的尺寸标注样式，单击“继续”按钮，系统打开“新建标注样式”对话框，如图 4-62 所示，利用此对话框可以对新样式的各项特性进行设置。该对话框中各部分的含义和功能将在后面介绍。

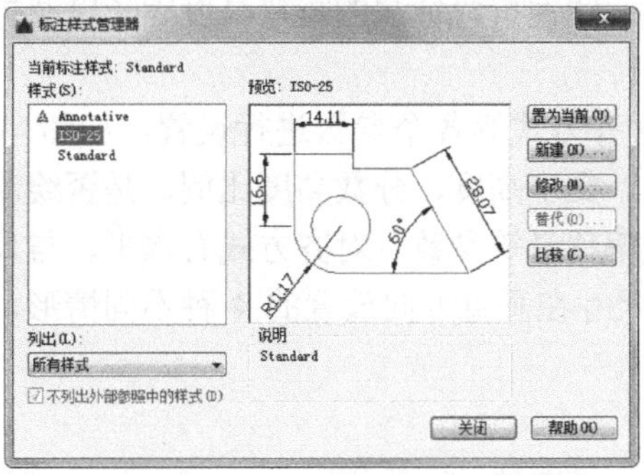

图 4-60　“标注样式管理器”对话框

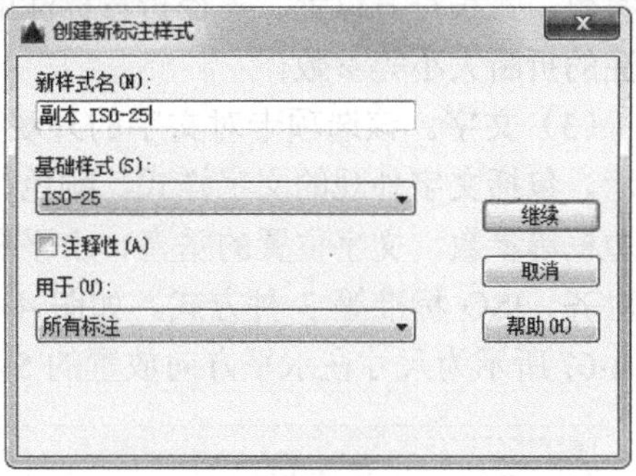

图 4-61　“创建新标注样式”对话框

（3）“修改”按钮。修改一个已存在的尺寸标注样式。单击此按钮，AutoCAD 弹出“修改标注样式”对话框，该对话框中的各选项与“新建标注样式”对话框中完全相同，可以对已有标注样式进行修改。

（4）“替代”按钮。设置临时覆盖尺寸标注样式。单击此按钮，AutoCAD 打开“替代当前样式”对话框，该对话框中各选项与“新建标注样式”对话框完全相同，用户可改变选项的设置覆盖原来的设置，但这种修改只对指定的尺寸标注起作用，而不影响当前尺寸变量的设置。

（5）“比较”按钮。比较两个尺寸标注样式在参数上的区别或浏览一个尺寸标注样式的参数设置。单击此按钮，AutoCAD 打开“比较标注样式”对话框，如图 4-63 所示。可以把比较结果复制到剪切板上，然后再粘贴到其他的 Windows 应用软件上。

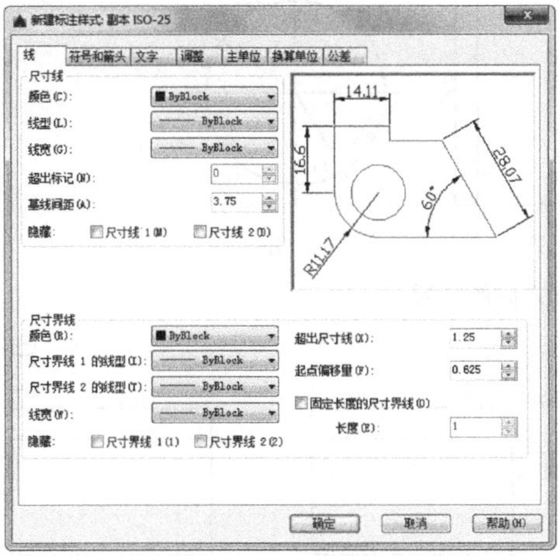

图 4-62　“新建标注样式”对话框

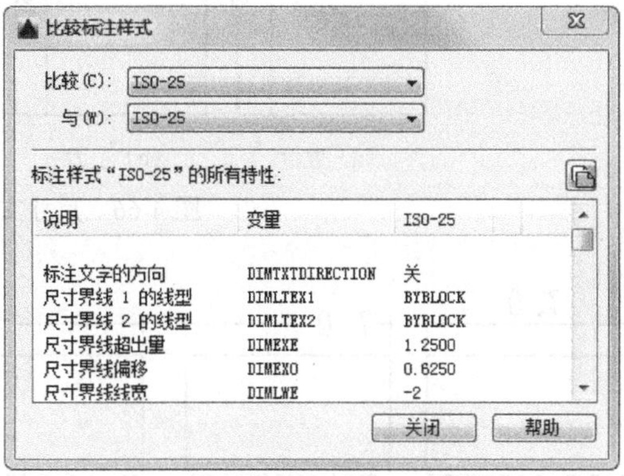

图 4-63　“比较标注样式”对话框

在“新建标注样式”对话框中，有 7 个选项卡，分别说明如下：

（1）线。该选项卡对尺寸的尺寸线和尺寸界线的各个参数进行设置。包括尺寸线的颜色、线型、线宽、超出标记、基线间距、隐藏等参数，尺寸界线的颜色、线宽、超出尺寸线、起点偏移量、隐藏等参数。

（2）箭头和符号。该选项卡对箭头、圆心标记、弧长符号和半径标注折弯的各个参数进行设置，如图 4-64 所示。包括箭头的大小、引线、形状等参数，圆心标记的类型、大小等参数，弧长符号位置、半径折弯标注的折弯角度、线性折弯标注的折弯高度因子以及折断标注的折断大小等参数。

（3）文字。该选项卡对文字的外观、位置、对齐方式等各个参数进行设置，如图 4-65 所示。包括文字外观的文字样式、颜色、填充颜色、文字高度、分数高度比例、是否绘制文字边框等参数，文字位置的垂直、水平和从尺寸线偏移量等参数。对齐方式有水平、与尺寸线对齐、ISO 标准等 3 种方式。如图 4-66 所示为尺寸在垂直方向放置的 4 种不同情形，如图 4-67 所示为尺寸在水平方向放置的 5 种不同情形。

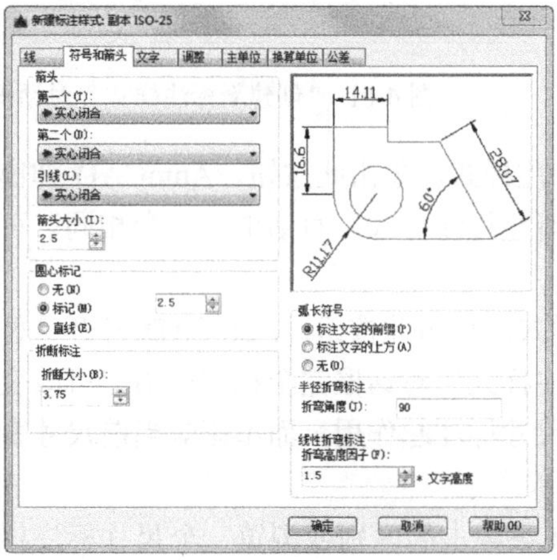

图 4-64 “符号和箭头”选项卡

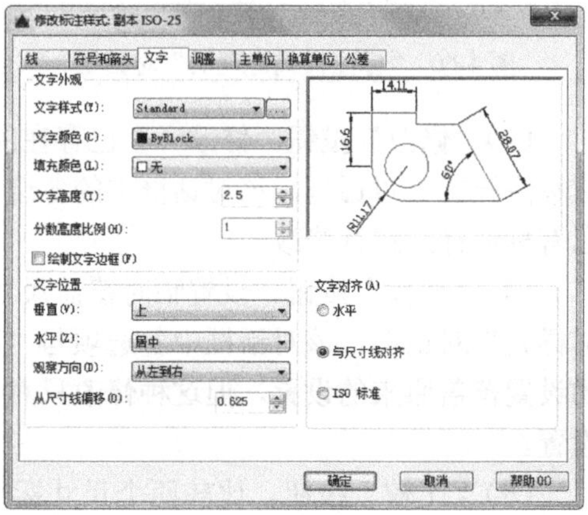

图 4-65 “文字”选项卡

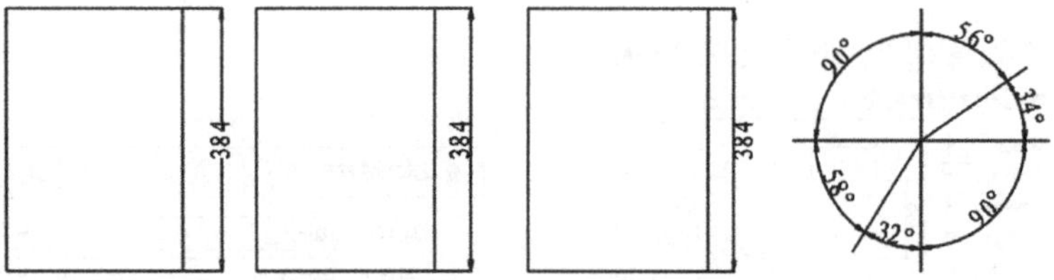

（a）置中 （b）上方 （c）外部 （d）JIS

图 4-66 尺寸文本在垂直方向的放置

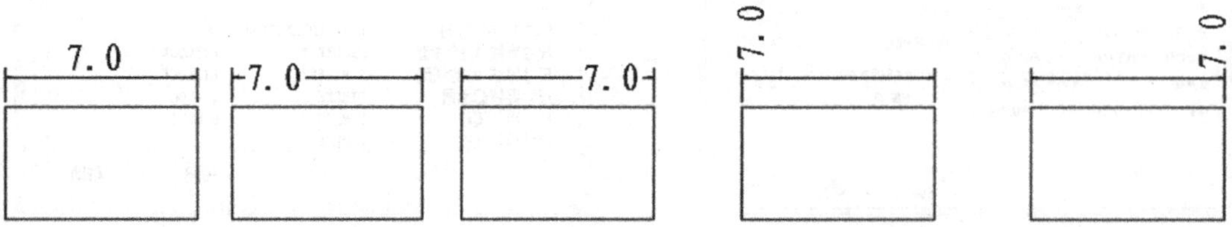

（a）置中 （b）第一条尺寸界线 （c）第二条尺寸界线 （d）第一条尺寸界线上方 （e）第二条尺寸界线上方

图 4-67 尺寸文本在水平方向的放置

（4）调整。该选项卡对调整选项、文字位置、标注特征比例、调整等各个参数进行设置，如图 4-68 所示。包括调整选项选择、文字不在默认位置时的放置位置、标注特征比例选择以及调整尺寸要素位置等参数。如图 4-69 所示为文字不在默认位置时放置的 3 种不同情形。

图 4-68　“调整”选项卡

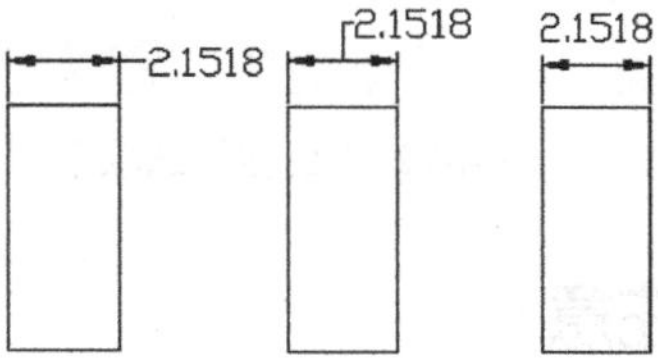

图 4-69　尺寸文本的位置

（5）主单位。该选项卡用来设置尺寸标注的主单位和精度，以及给尺寸文本添加固定的前缀或后缀。本选项卡含两个选项组，分别对长度型标注和角度型标注进行设置，如图 4-70 所示。

（6）换算单位。该选项卡用于对换算单位进行设置，如图 4-71 所示。

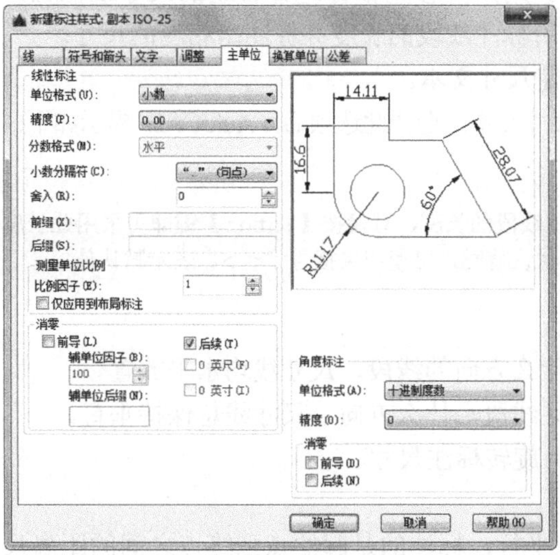

图 4-70　“主单位”选项卡

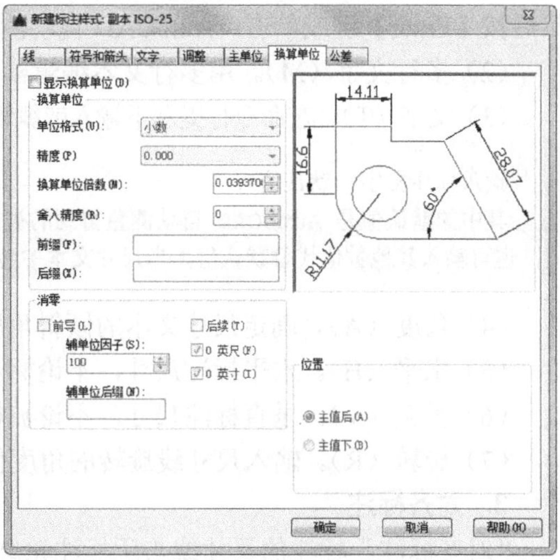

图 4-71　“换算单位”选项卡

（7）公差。该选项卡用于对尺寸公差进行设置，如图 4-72 所示。其中“方式”下拉列表框列出了 AutoCAD 提供的 5 种标注公差的形式，用户可从中选择。这 5 种形式分别是“无”“对称”“极限偏差”“极限尺寸”和“基本尺寸”，其中“无”表示不标注公差，即我们上面的通常标注情形，其余 4 种标注情况如图 4-73 所示。在“精度”“上偏差”“下偏差”“高度比例”“垂直位置”等文本框中输入或选择相应的参数值。

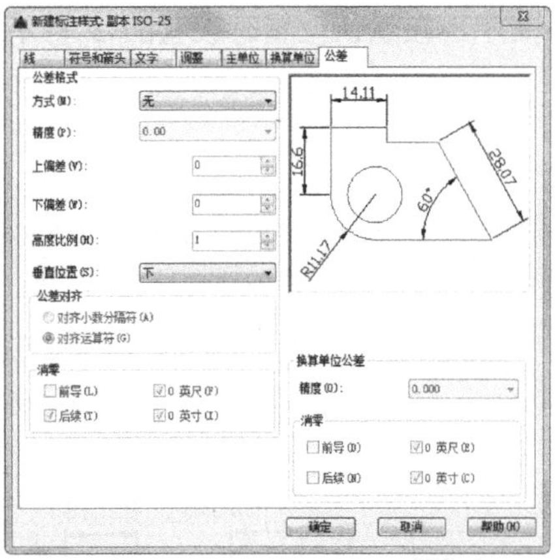

图 4-72 “公差”选项卡

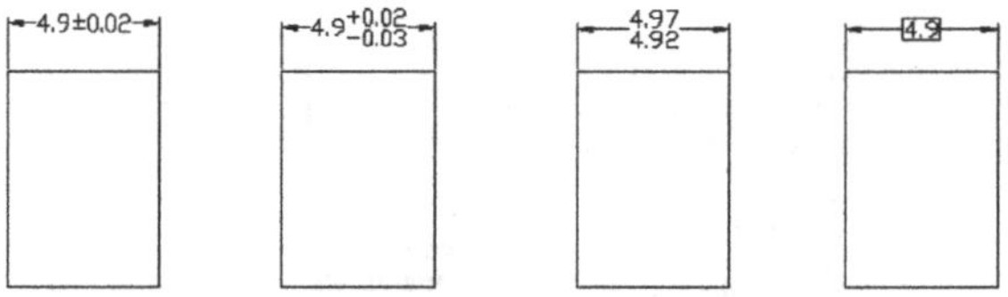

（a）对称　（b）极限偏差　（c）极限尺寸　（d）基本尺寸

图 4-73 公差标注的形式

注意

系统自动在上偏差数值前加一“+”号，在下偏差数值前加一“–”号。如果上偏差是负值或下偏差是正值，都需要在输入的偏差值前加负号。如下偏差是+0.005，则需要在“下偏差”微调框中输入–0.005。

2. 线性标注

在上面任务中“线性标注”命令的命令行提示中，各个选项含义如下：

（1）指定尺寸线位置。确定尺寸线的位置。用户可移动鼠标选择合适的尺寸线位置，然后按【Enter】键或单击，AutoCAD 自动测量所标注线段的长度并标注出相应的尺寸。

（2）多行文字（M）。用多行文本编辑器确定尺寸文本。

（3）文字（T）。在命令行提示下输入或编辑尺寸文本。选择此选项后，AutoCAD 提示如下：

输入标注文字 <默认值>:

其中的默认值是 AutoCAD 自动测量得到的被标注线段的长度，直接按【Enter】键即可采用此长度值，也可输入其他数值代替默认值。当尺寸文本中包含默认值时，可使用尖括号“< >”表示默认值。

（4）角度（A）。确定尺寸文本的倾斜角度。

（5）水平（H）。水平标注尺寸，不论标注什么方向的线段，尺寸线均水平放置。

（6）垂直（V）。垂直标注尺寸，不论被标注线段沿什么方向，尺寸线总保持垂直。

（7）旋转（R）。输入尺寸线旋转的角度值，旋转标注尺寸。

3. 对齐标注

“对齐标注”标注的尺寸线与所标注轮廓线平行，标注的是起始点到终点之间的距离尺寸。其命令行中的选项同“线性标注”命令，读者可以参考“线性标注”选项说明，在这里就不一一介绍了。

4. 角度标注

在上面任务中“线性标注”命令的命令行提示中，各个选项含义如下：

（1）选择圆弧（标注圆弧的中心角）。当用户选取一段圆弧后，AutoCAD 提示如下：

指定标注弧线位置或 [多行文字(M)/文字(T)/角度(A) /象限点(Q)]: （确定尺寸线的位置或选取某一项）

在此提示下确定尺寸线的位置，AutoCAD 按自动测量得到的值标注出相应的角度，在此之前用户可以选择“多行文字（M）”项、“文字（T）”项、“角度（A）”项或“象限点（Q）”项通过多行文本编辑器或命令行来输入或定制尺寸文本以及指定尺寸文本的倾斜角度。

（2）选择一个圆（标注圆上某段弧的中心角）。当用户点取圆上一点选择该圆后，AutoCAD 提示选取第二点：

```
指定角的第二个端点：(选取另一点，该点可在圆上，也可不在圆上)
指定标注弧线位置或 [多行文字(M)/文字(T)/角度(A) /象限点(Q)]:
```

在此提示下确定尺寸线的位置，AutoCAD 标出一个角度值，该角度以圆心为顶点，两条尺寸界线通过所选取的两点，第二点可以不必在圆周上。用户还可以选择“多行文字（M）”项、“文字（T）”项、“角度（A）”或“象限点（Q）”项编辑尺寸文本和指定尺寸文本的倾斜角度，如图 4-74 所示。

（3）选择一条直线（标注两条直线间的夹角）。当用户选取一条直线后，AutoCAD 提示选取另一条直线：

```
选择第二条直线：(选取另外一条直线)
指定标注弧线位置或 [多行文字(M)/文字(T)/角度(A) /象限点(Q)]:
```

在此提示下确定尺寸线的位置，AutoCAD 标出这两条直线之间的夹角。该角以两条直线的交点为顶点，以两条直线为尺寸界线，所标注角度取决于尺寸线的位置，如图 4-75 所示。用户还可以利用“多行文字（M）”项、“文字（T）”项、“角度（A）”或“象限点（Q）”项编辑尺寸文本和指定尺寸文本的倾斜角度。

（4）<指定顶点>。直接回车，AutoCAD 提示如下：

```
指定角的顶点：(指定顶点)
指定角的第一个端点：(输入角的第一个端点)
指定角的第二个端点：(输入角的第二个端点)
创建了无关联的标注。
指定标注弧线位置或 [多行文字(M)/文字(T)/角度(A) /象限点(Q)]: (输入一点作为角的顶点)
```

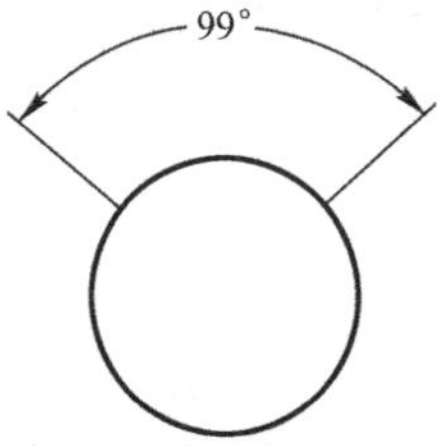

图 4-74　标注角度

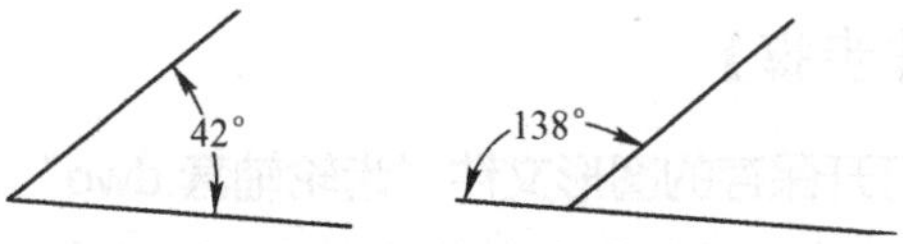

图 4-75　用 DIMANGULAR 命令标注两直线的夹角

在此提示下给定尺寸线的位置，AutoCAD 根据给定的三点标注出角度，如图 4-76 所示。另外，用户还可以用“多行文字（M）”项、“文字（T）”项、“角度（A）”或“象限点（Q）”选项编辑尺寸文本和指定尺寸文本的倾斜 角度。

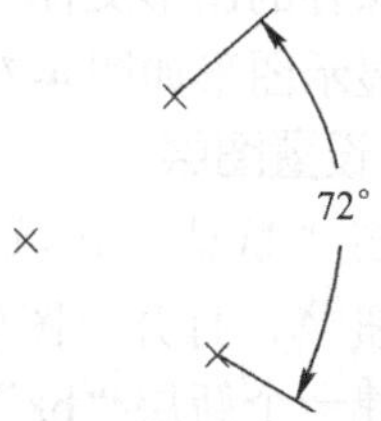

图 4-76　用 DIMANGULAR 命令标注三点确定的角度

任务四　标注齿轮轴套尺寸

【任务背景】

AutoCAD 提供了引线标注功能，利用该功能不仅可以标注特定的尺寸，如圆角、倒角等，还可以在图中添加多行旁注、说明。在引线标注中指引线可以是折线，也可以是曲线，指引线端部可以有箭头，也可以没有箭头。

本任务对效果图所示的齿轮轴套进行尺寸标注。在此任务中我们着重讲解带引线的尺寸标注，标注流程图如图 4-77 所示。

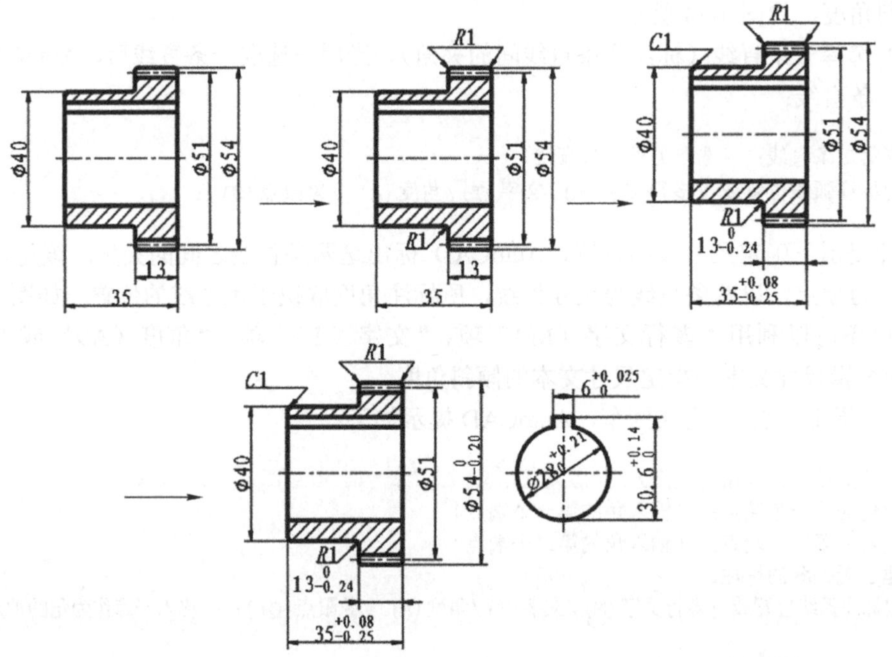

图 4-77　齿轮轴套尺寸标注流程图

【操作步骤】

1. 打开保存的图形文件“齿轮轴套.dwg”

单击“快速访问”工具栏中的“打开”按钮，在打开的“选择文件”对话框中，选取前面保存的图形文件“齿轮轴套.dwg”，单击“确定”按钮，显示图形如图 4-78 所示。

图 4-78　齿轮轴套

2. 设置图层

单击“默认”选项卡“图层”面板中的“图层特性”按钮，打开“图层特性管理器”选项板。方法同前，创建一个新层“bz”，线宽为 0.15mm，其他设置不变，用于标注尺寸，并将其设置为当前图层。

3. 设置文字样式

单击“默认”选项卡“注释”面板中的“文字样式”按钮，打开“文字样式”对话框，设置字体为仿宋体，创建一个新的文字样式“SZ”，并置为当前层。

4. 设置尺寸标注样式

（1）单击“默认”选项卡“注释”面板中的“标注样式”按钮，设置标注样式。方法同前，在弹出的“标注样式管理器”对话框中，单击“新建”按钮，创建新的标注样式“机械制图”，用于标注机械图样中的线性尺寸。

（2）单击“继续”按钮，对打开的“新建标注样式：机械制图”对话框中的各个选项卡进行设置，设置均与前例相同。

（3）方法同前，选取“机械制图”样式，单击“新建”按钮，基于“机械制图”创建分别用于“半径标注”及“直径标注”的标注样式。其中，“直径”标注样式的“调整”选项卡如图 4-79 所示，“半径”标注样式的“调整”选项卡如图 4-80 所示，其他选项卡均不变。

图 4-79　直径标注的“调整”选项卡

图 4-80　半径标注的“调整”选项卡

在“标注样式管理器”对话框中选取“机械制图”标注样式，单击“置为当前”按钮，将其设置为当前标注样式。

5. 标注齿轮轴套主视图中的线性及基线尺寸

（1）单击“注释”选项卡“标注”面板中的“线性”按钮，标注齿轮轴套主视图中的线性尺寸“ϕ40”“ϕ51”及“ϕ54”。

（2）单击“注释”选项卡“标注”面板中的“线性”按钮，标注齿轮轴套主视图中的线性尺寸“13”，单击“注释”选项卡“标注”面板中的“基线”按钮，标注基线尺寸“35”，结果如图 4-81 所示。

6. 标注齿轮轴套主视图中的半径尺寸

单击“注释”选项卡“标注”面板中的“半径”按钮，标注齿轮轴套主视图中的圆角，结果如图 4-82 所示。

7. 标注圆角尺寸

（1）在命令行中输入 LEADER 命令，用引线标注齿轮轴套主视图上部的圆角半径，命令行提示与操作如下：

命令：LEADER

指定引线起点：捕捉齿轮轴套主视图上部圆角上一点。

指定下一点：拖动鼠标，在适当位置处单击。

指定下一点或[注释(A)/格式(F)/放弃(U)] <注释>：打开正交功能，向右拖动鼠标，在适当位置处单击。

指定下一点或[注释(A)/格式(F)/放弃(U)] <注释>：按 Enter 键。

输入注释文字的第一行或<选项>：R1

输入注释文字的下一行：按 Enter 键

结果如图 4-83 所示。

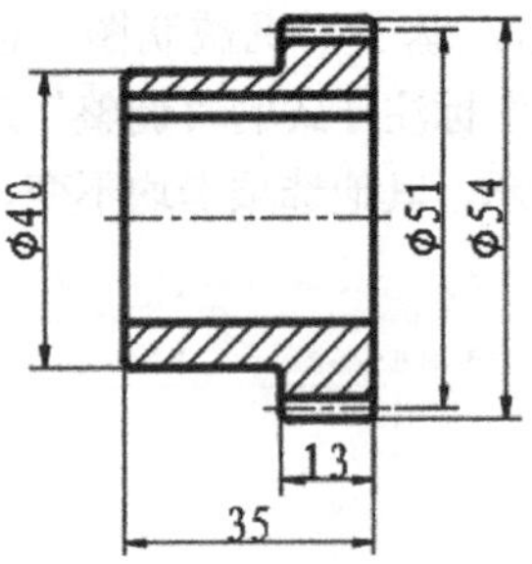

图 4-81 标注线性及基线尺寸

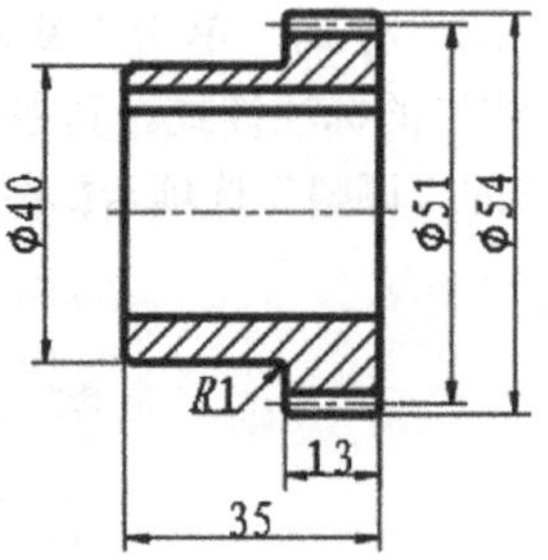

图 4-82 标注半径尺寸“R1”

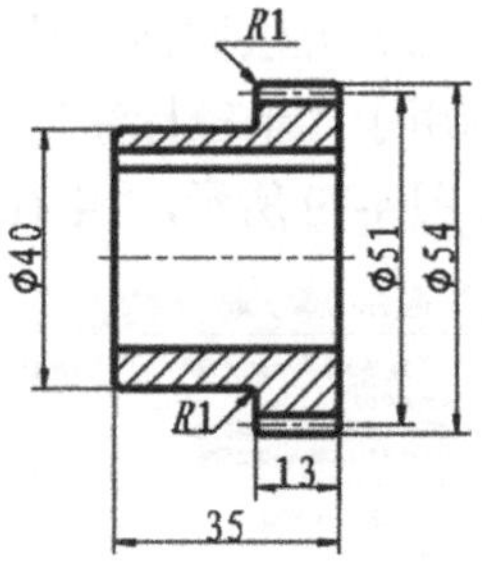

图 4-83 引线标注“R1”

（2）重复引线标注。命令行提示与操作如下：

命令：LEADER

指定引线起点：捕捉齿轮轴套主视图上部右端圆角上一点。

指定下一点：利用对象追踪功能，捕捉上一个引线标注的端点，拖动鼠标，在适当位置处单击鼠标。

指定下一点或[注释(A)/格式(F)/放弃(U)] <注释>：捕捉上一个引线标注的端点。

指定下一点或[注释(A)/格式(F)/放弃(U)]<注释>：按 Enter 键。

输入注释文字的第一行或<选项>：按 Enter 键。

输入注释选项[公差(T)/副本(C)/块(B)/无(N)/多行文字(M)] <多行文字>：N

无注释的引线标注结果如图 4-84 所示。

8. 标注倒角尺寸

在命令行中输入 QLEADER 命令，标注齿轮轴套主视图的倒角尺寸，命令行提示与操作如下：

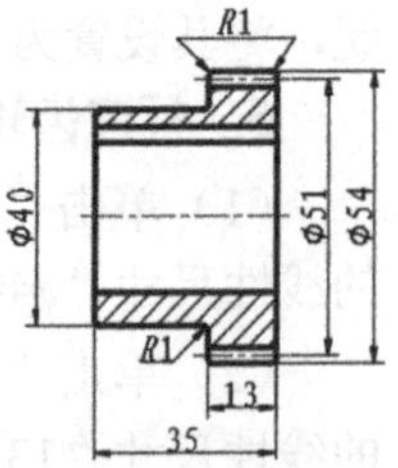

图 4-84 引线标注

命令：QLEADER

指定第一个引线点或[设置(S)] <设置>：按 Enter 键，打开“引线设置”对话框，如图 4-85 和图 4-86 所示，分别设置其选项卡，设置完成后，单击“确定”按钮。

指定第一个引线点或[设置(S)] <设置>：捕捉齿轮轴套主视图中上端倒角的端点。

指定下一点：拖动鼠标，在适当位置处单击。

指定下一点：拖动鼠标，在适当位置处单击。

指定文字宽度<0>：按 Enter 键。

输入注释文字的第一行<多行文字(M)>： C1

输入注释文字的下一行：按 Enter 键

结果如图 4-87 所示。

图 4-85　“引线和箭头”选项卡

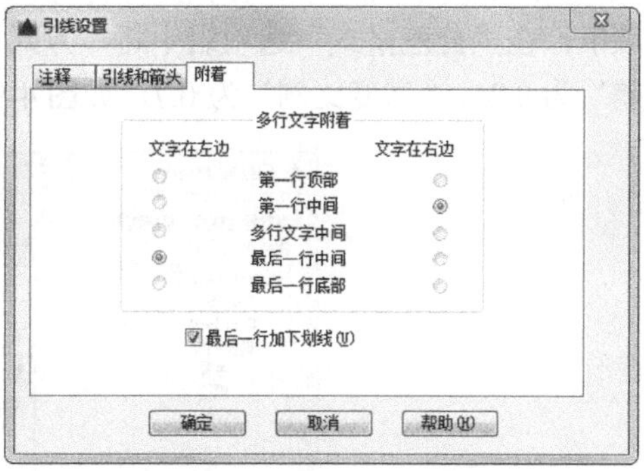

图 4-86　“附着”选项卡

9. 标注齿轮轴套局部视图中的尺寸

（1）单击“注释”选项卡“标注”面板中的“线性”按钮，标注线性尺寸“6”，命令行提示与操作如下：

```
命令: _dimlinear
指定第一个尺寸界线原点或<选择对象>:按 Enter 键。
选择标注对象:选取齿轮轴套局部视图上端水平线。
指定尺寸线位置或[多行文字(M)/文字(T)/角度(A)/水平(H)/垂直(V)/旋转(R)]: T
输入标注文字 <6>:6\H0.7X;\S+0.025^ 0
指定尺寸线位置或[多行文字(M)/文字(T)/角度(A)/水平(H)/垂直(V)/旋转(R)]:拖动鼠标，在适当位置处单击
```

结果如图 4-88 所示。

（2）方法同前，标注线性尺寸 30.6，上偏差为“+0.14”，下偏差为“0”。

（3）方法同前，单击“注释”选项卡“标注”面板中的“直径”按钮，输入标注文字为“%%c28\H0.7X;\S+0.21^ 0”，结果如图 4-89 所示。

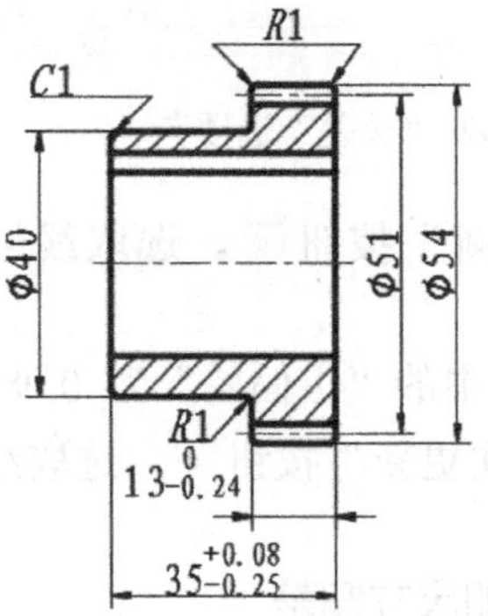

图 4-87　引线标注倒角尺寸

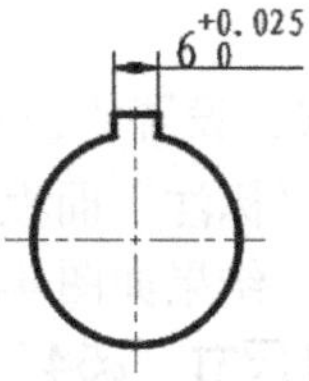

图 4-88　标注尺寸偏差

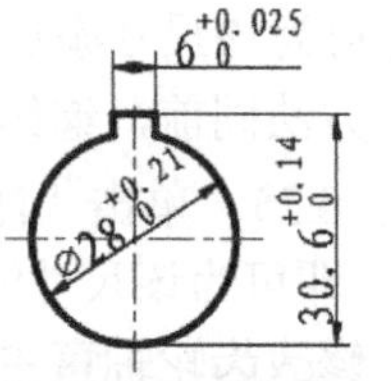

图 4-89　局部视图中的尺寸

10. 修改齿轮轴套主视图中的线性尺寸，为其添加尺寸偏差

（1）单击“默认”选项卡“注释”面板中的“标注样式”按钮，用于修改线性尺寸“13”及“35”，在打开的“标注样式管理器”的样式列表中选择“机械制图”样式，如图 4-90 所示，单击“替代”按钮。系统打开“替代当前样式”对话框，选择“主单位”选项卡，将“线性标注”选项组中的“精度”值设置为“0.00”，如图 4-91 所示。选择“公差”

选项卡，在“公差格式”选项组中将“方式”设置为“极限偏差”，设置“上偏差”为 0，“下偏差”为 0.24，“高度比例”为 0.7，如图 4-92 所示，设置完成后单击“确定”按钮。

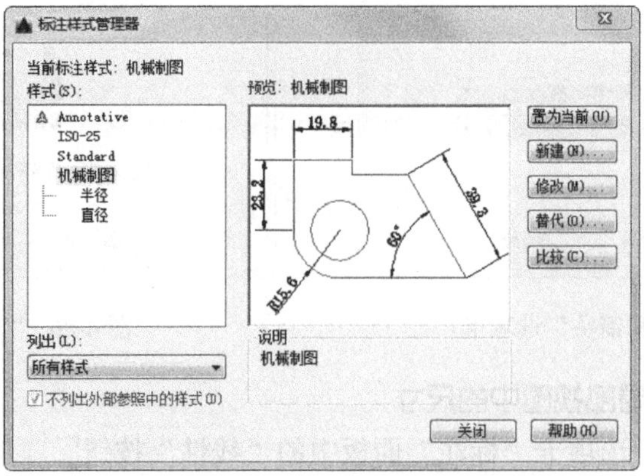

图 4-90　替代“机械图样”标注样式

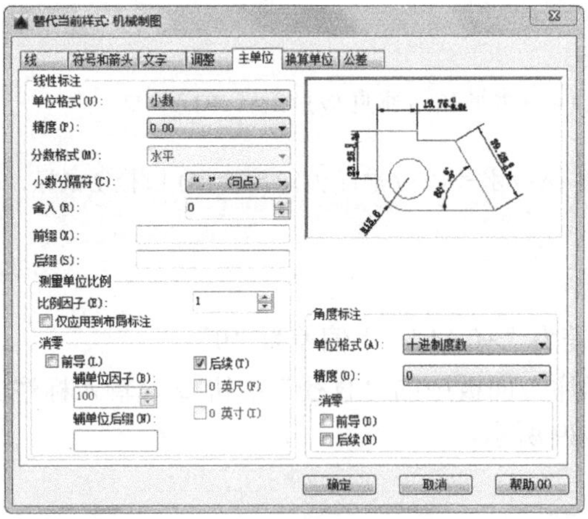

图 4-91　“主单位”选项卡

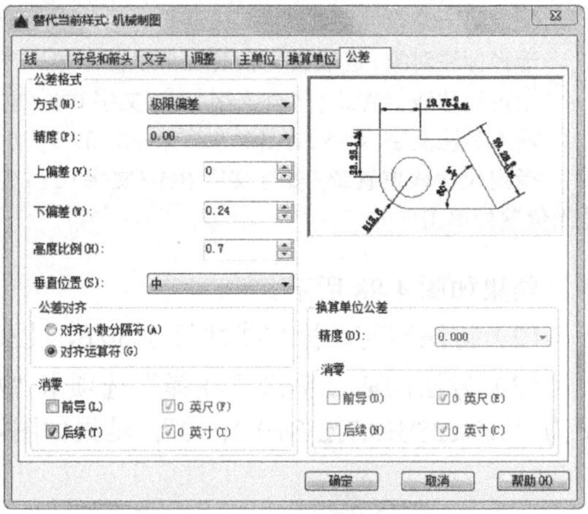

图 4-92　“公差”选项卡

（2）单击“注释”选项卡“标注”面板中的“标注更新”按钮。选取线性尺寸“13”，即可为该尺寸添加尺寸偏差。

（3）方法同前，继续设置替代样式。设置“公差”选项卡中的“上偏差”为 0.08，“下偏差”为 0.25。单击“注释”选项卡“标注”面板中的“标注更新”按钮，选取线性尺寸“35”，即可为该尺寸添加尺寸偏差，结果如图 4-93 所示。

11．修改齿轮轴套主视图中的线性尺寸“ϕ54”并为其添加尺寸偏差

如图 4-94 所示，单击“标注”工具栏中的“编辑标注”按钮，对“ϕ54”的尺寸进行编辑，命令行提示与操作如下：

```
命令：_dimedit
输入标注编辑类型[默认(H)/新建(N)/旋转(R)/倾斜(O)] <默认>:N
```

打开“文字编辑器”功能区，设置如图 4-95 所示。

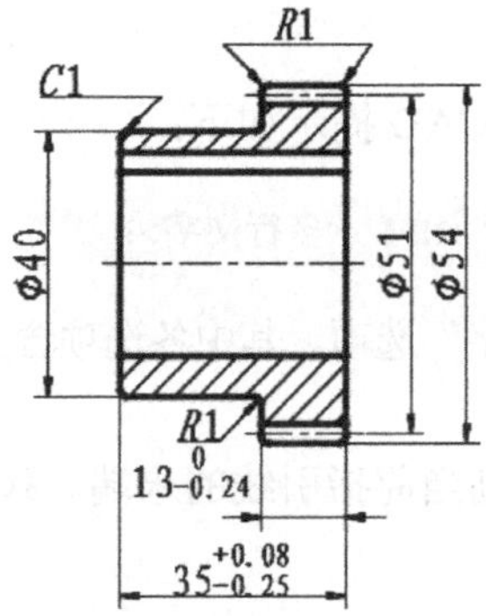

图 4-93　修改线性尺寸“13”及“35”

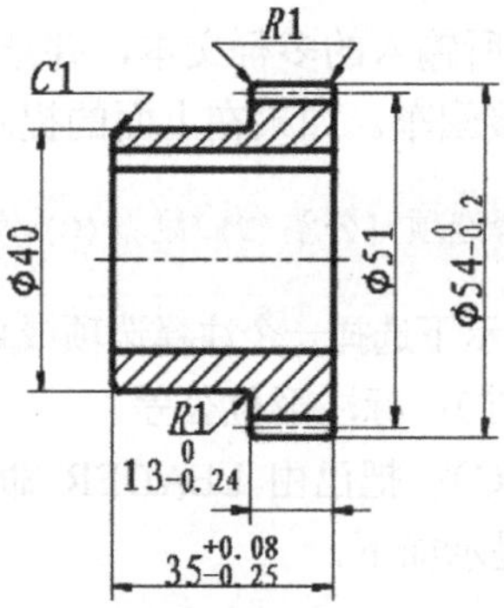

图 4-94　修改尺寸“ϕ54”

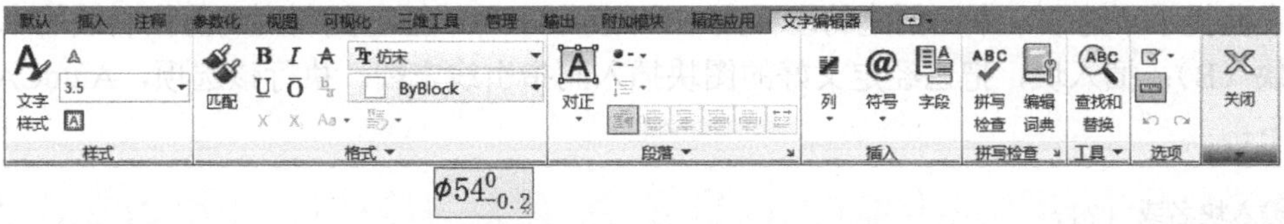

图 4-95　编辑标注

修改后的标注ϕ54，结果如图 4-96 所示。

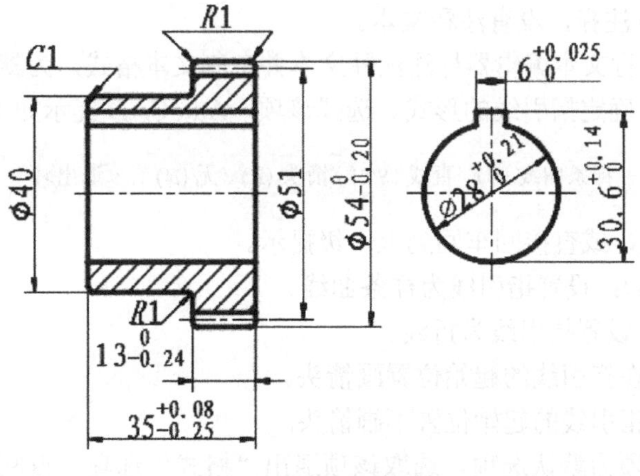

图 4-96　修改尺寸

【知识点详解】

1. 引线标注

在上面任务中“引线标注”命令的命令行提示中，各个选项含义如下：

（1）指定下一点。直接输入一点，AutoCAD 根据前面的点画出折线作为指引线。

（2）<注释>。输入注释文本，为默认项。在上面提示下直接回车，AutoCAD 提示如下：

```
输入注释文字的第一行或 <选项>:
```

① 输入注释文本。在此提示下输入第一行文本后回车，用户可继续输入第二行文本，如此反复执行，直到输入全部注释文本，然后在此提示下直接回车，AutoCAD 会在指引线

终端标注出所输入的多行文本，并结束 LEADER 命令。

② 直接回车。如果在上面的提示下直接回车，AutoCAD 提示如下：

```
输入注释选项 [公差(T)/副本(C)/块(B)/无(N)/多行文字(M)] <多行文字>:
```

在此提示下选择一个注释选项或直接回车选“多行文字”选项。其中各选项含义如下：

公差（T）：标注形位公差。

副本（C）：把已由 LEADER 命令创建的注释复制到当前指引线的末端。执行该选项，AutoCAD 提示如下：

```
选择要复制的对象:
```

在此提示下选取一个已创建的注释文本，则 AutoCAD 把它复制到当前指引线的末端。

块（B）：插入块，把已经定义好的图块插入到指引线末端。执行该选项，AutoCAD 提示如下：

```
输入块名或 [?]:
```

在此提示下输入一个已定义好的图块名，AutoCAD 把该图块插入到指引线的末端。或键入“？”列出当前已有图块，用户可从中选择。

无（N）：不进行注释，没有注释文本。

多行文字：用多行文本编辑器标注注释文本并定制文本格式，为默认选项。

（3）格式（F）。确定指引线的形式。选择该项，AutoCAD 提示如下：

```
输入引线格式选项 [样条曲线(S)/直线(ST)/箭头(A)/无(N)] <退出>:
```

选择指引线形式，或直接回车回到上一级提示。

① 样条曲线（S）：设置指引线为样条曲线。

② 直线（ST）：设置指引线为折线。

③ 箭头（A）：在指引线的起始位置画箭头。

④ 无（N）：在指引线的起始位置不画箭头。

⑤ <退出>：此项为默认选项，选取该项退出“格式”选项，返回“指定下一点或 [注释(A)/格式(F)/放弃(U)] <注释>:”提示，并且指引线形式按默认方式设置。

2. 快速引线标注

在上面任务中“快速引线标注”命令的命令行提示中，各个选项含义如下：

（1）指定第一个引线点。在上面的提示下确定一点作为指引线的第一点，AutoCAD 提示如下：

```
指定下一点：（输入指引线的第二点）
指定下一点：（输入指引线的第三点）
```

AutoCAD 提示用户输入的点的数目由“引线设置”对话框确定。输入完指引线的点后，AutoCAD 提示如下：

```
指定文字宽度 <0.0000>：（输入多行文本的宽度）
输入注释文字的第一行 <多行文字(M)>:
```

此时，有两种命令输入选择，含义如下：

① 输入注释文字的第一行。在命令行输入第一行文本。系统继续提示：

输入注释文字的下一行：（输入另一行文本）
输入注释文字的下一行：（输入另一行文本或回车）

② <多行文字（M）>。打开多行文字编辑器，输入编辑多行文字。

输入全部注释文本后，在此提示下直接回车，AutoCAD 结束 QLEADER 命令，并把多行文本标注在指引线的末端附近。

（2）<设置>。在上面提示下直接回车或键入 S，AutoCAD 打开“引线设置”对话框，允许对引线标注进行设置。该对话框包含“注释”“引线和箭头”“附着”3 个选项卡，下面分别进行介绍。

①“注释”选项卡（如图 4-97 所示）。用于设置引线标注中注释文本的类型、多行文本的格式，并确定注释文本是否多次使用。

②“引线和箭头”选项卡（如图 4-98 所示）。用来设置引线标注中指引线和箭头的形式。其中“点数”选项组设置执行 QLEADER 命令时 AutoCAD 提示用户输入的点的数目。例如，设置点数为 3，执行 QLEADER 命令时当用户在提示下指定 3 个点后，AutoCAD 自动提示用户输入注释文本。注意，设置的点数要比用户希望的指引线的段数多 1。可利用微调框进行设置，如果选择“无限制”复选框，AutoCAD 会一直提示用户输入点直到连续回车两次为止。“角度约束”选项组设置第一段和第二段指引线的角度约束。

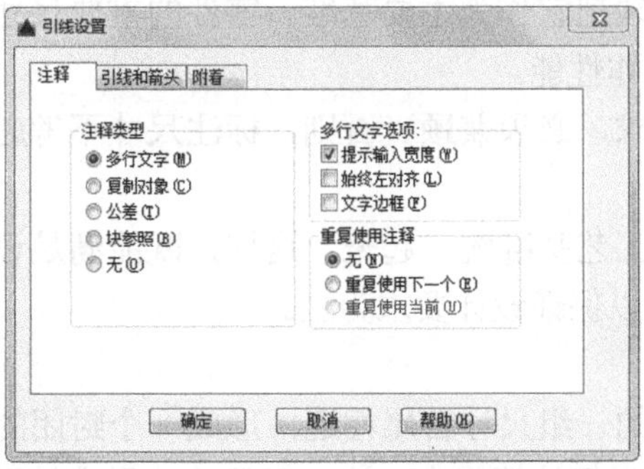

图 4-97　“引线设置”对话框的“注释”选项卡

图 4-98　“引线设置”对话框的“引线和箭头”选项卡

③“附着”选项卡（如图 4-99 所示）。设置注释文本和指引线的相对位置。如果最后一段指引线指向右边，AutoCAD 自动把注释文本放在右侧；如果最后一段指引线指向左边，AutoCAD 自动把注释文本放在左侧。利用本页左侧和右侧的单选按钮分别设置位于左侧和右侧的注释文本与最后一段指引线的相对位置，二者可相同也可不相同。

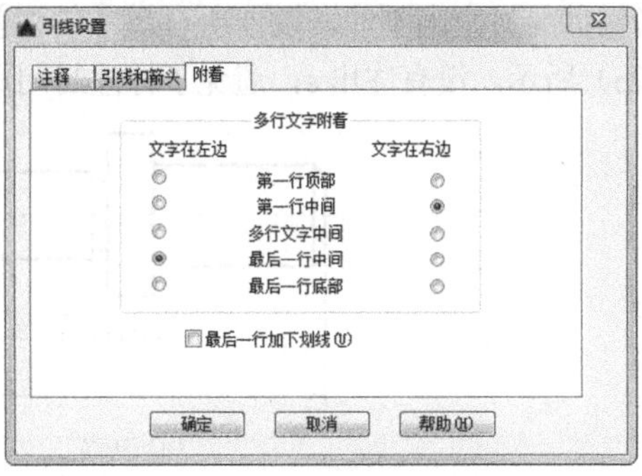

图 4-99　“引线设置”对话框的“附着”选项卡

3. 零件图的尺寸标注

（1）零件图上标注尺寸的要求。零件图上标注的尺寸是加工和检验零件的重要依据，标注尺寸要做到正确、完整、清晰和合理。要使尺寸标注正确就是要按照国家标准规定的尺寸标注法标注尺寸；完整是指标注尺寸不能多也不能少；清晰是指标注尺寸要便于看图；合理就是指标注的尺寸既能保证设计要求，又要便于加工和测量。要把零件尺寸标注得符合生产实际，需要有较多的生产经验和有关专业知识，这里仅就尺寸标注的合理性作初步介绍。

（2）尺寸基准。尺寸基准是指零件在机器中，或在加工或测量时，用以确定其位置的一些面、线或点。零件常用的尺寸基准形式有：回转面的轴线、重要的加工面、底面、端面、对称平面等。根据基准的作用不同，可分为两类：

① 设计基准。用来确定零件在部件中准确位置的基准称为设计基准。设计尺寸是根据设计要求直接标注出的尺寸。

② 工艺基准。工艺基准是在加工或测量时，确定零件相对机床、工装或量具位置的面、线或点。

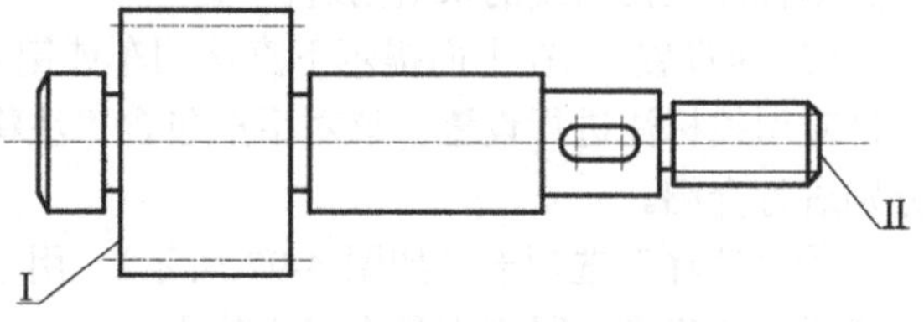

图 4-100　基准

如图 4-100 所示的齿轮轴，端面 I 是确定齿轮轴位置的面，是设计基准；端面 II 是在加工右端螺纹轴时使用的基准，是工艺基准。

零件都有长、宽、高三个方向的尺寸，每个方向至少应有一个基准，其中决定每个方向主要尺寸的设计基准称为主要基准，为了加工和测量方便，附加的基准称为辅助基准。如图 4-100 所示，齿轮的左端面 I 是确定齿轮轴在泵体中轴向位置的重要结合面，所以它是轴向尺寸的主要基准，端面 II 是轴向辅助基准。齿轮轴为回转体，所以轴线是径向尺寸的基准。

基准选择的一般原则如下。

① 设计基准反映了零件设计的要求，一般必须把它作为主要基准。零件的重要尺寸应由设计基准注出，这样才能保证零件在机器中的工作性能。

② 工艺基准反映了零件加工、测量方面的要求，必须兼顾。否则，标注尺寸不考虑加工方便，零件设计的形状和尺寸精度就无法保证。

③ 在选择尺寸基准时，最好能把设计基准和工艺基准统一起来。这样，既能满足设计要求，又能满足工艺要求。如果两者不能统一，应以保证设计要求为主。

（3）标注尺寸的注意事项。

① 不要注成封闭的尺寸链。如果同一方向上的一组尺寸首尾相连，形成一个封闭的回路，其中每一个尺寸都可以由其他的尺寸通过算术运算计算出来，这一组尺寸就形成封闭的尺寸链，如图 4-101（a）所示，b 是 c、e 和 d 之和，而每个尺寸在加工后都有误差，则 b 的误差为 c、e 和 d 三个尺寸误差的综合，可能达不到设计要求，所以，应选一个次要尺寸（例如 e）空出不注，以便所有尺寸的误差都积累到这一段，保证主要尺寸的精度，如图 4-101（b）所示，没有注出 e，避免了标注封闭尺寸链的情况。

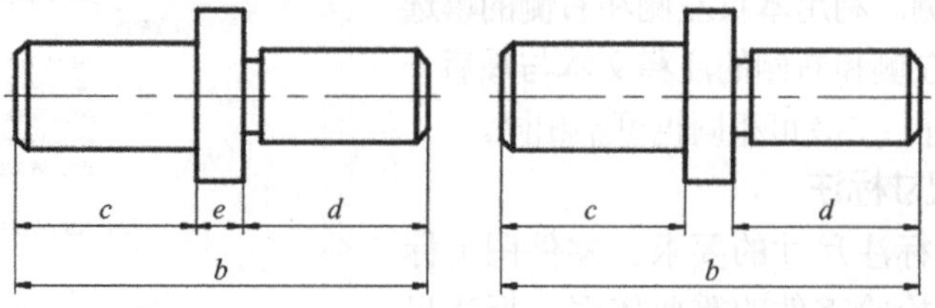

（a）错误　（b）正确

图 4-101　不要注成封闭的尺寸链

② 主要尺寸应直接注出。主要尺寸是指直接影响零件在机器或部件中的工作性能和准确位置的尺寸，如零件间的配合尺寸、重要的安装定位尺寸等。如图 4-102 所示的轴承座，设计要求安装在两个轴承座孔中的轴的高度相等，因此轴承孔的中心高应从设计基准底面直接标注尺寸 *b*，如图 4-102（a）所示，而不应如图 4-102（b）所示，主要尺寸通过 *c* 和 *b* 间接计算得到，造成尺寸误差的积累，不能满足设计要求。直接注出主要尺寸，还能够直接提出尺寸公差、形状和位置公差的要求，以保证设计要求。

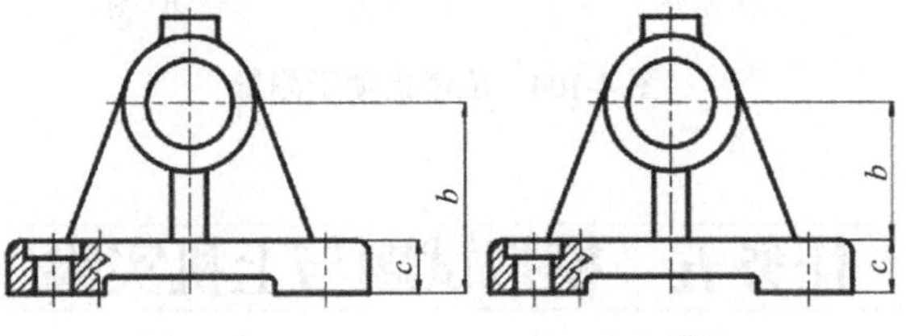

（a）正确　　　　（b）错误

图 4-102　主要尺寸直接注出

③ 尽量符合加工顺序。如图 4-103（a）所示的轴，长度方向的尺寸标注符合加工顺序。从图 4-103（b）所示的轴在车床上的加工顺序可以看出，从下料到每一加工工序①～④，都在图中直接注出所需尺寸（图中尺寸 51 为设计要求的主要尺寸）

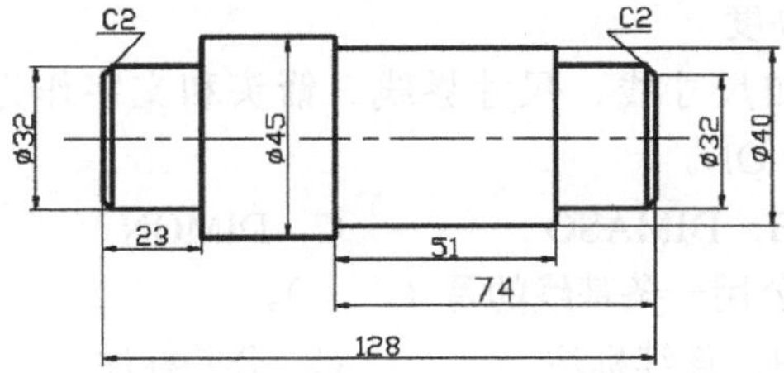

（a）

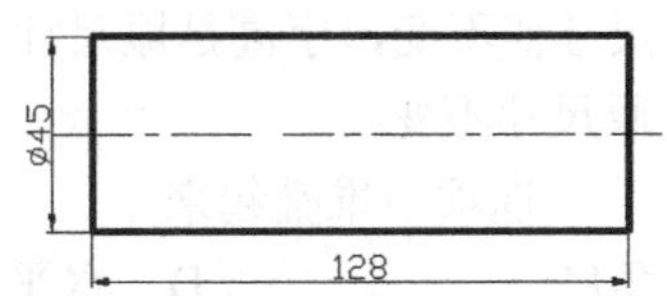

①下料，长128，ϕ45

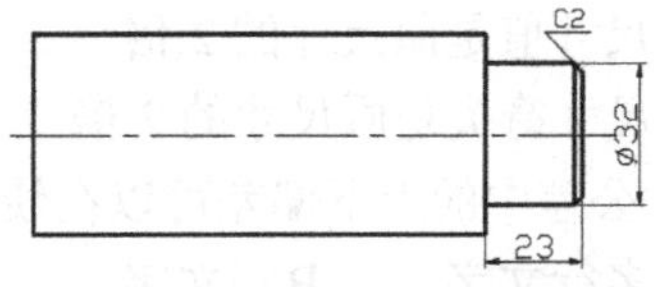

②车ϕ32圆柱，长23，倒角C2

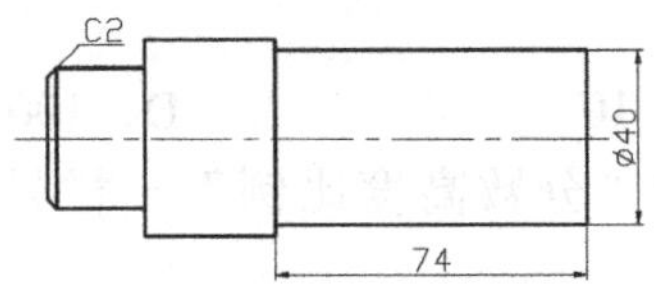

③工件调头，车ϕ40圆柱，长74

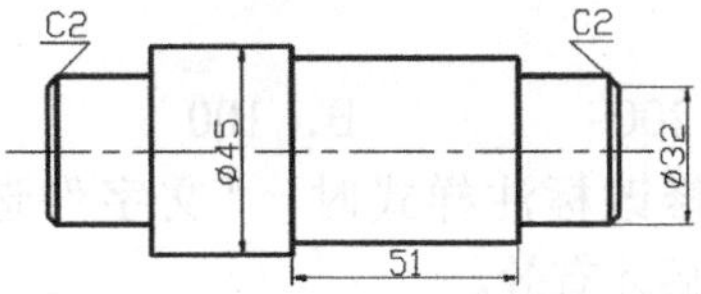

④车ϕ32圆柱，保证设计要求的长52，倒角C2

（b）

图 4-103　标注尺寸应符合加工顺序

④ 应考虑便于测量。如图 4-104 所示的套筒阶梯孔，如各段无特殊要求，应按图 4-104（b）所示标注，这样便于测量和检验。

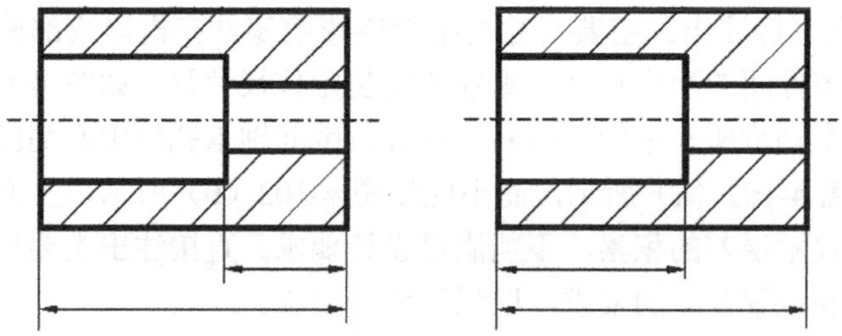

（a）不好　　（b）好

图 4-104　应考虑便于测量

任务五　模拟试题与上机实验

1. 选择题

（1）在设置文字样式时，设置了文字的高度，其效果是（　　）。

A. 在输入单行文字时，可以改变文字高度

B. 输入单行文字时，不可以改变文字高度

C. 在输入多行文字时，不能改变文字高度

D. 都能改变文字高度

（2）将尺寸标注对象如尺寸线、尺寸界线、箭头和文字作为单一的对象，必须将（　　）尺寸标注变量设置为 ON。

A. DIMASZ　　B. DIMASO　　C. DIMON　　D. DIMEXO

（3）下列尺寸标注中，公用一条基线的是（　　）。

A. 基线标注　　B. 连续标注　　C. 公差标注　　D. 引线标注

（4）将图和已标注的尺寸同时放大 2 倍，其结果是（　　）。

A. 尺寸值是原尺寸的 2 倍　　B. 尺寸值不变，字高是原尺寸 2 倍

C. 尺寸箭头是原尺寸的 2 倍　　D. 原尺寸不变

（5）尺寸公差中的上下偏差可以在线性标注的（　　）选项中堆叠起来。

A. 多行文字　　B. 文字　　C. 角度　　D. 水平

（6）标注样式比例因子设置为 2，绘制长度为 100 的直线，标注后显示尺寸为（　　）。

A. 200　　B. 100　　C. 10　　D. 1000

（7）在修改标注样式时，“文字”选项卡中的“分数高度比例”一栏只有在设置（　　）选项后才有效。

A. 绘制文字边框　　B. 使用全局比例

C. 选用公差标注　　D. 显示换算单位

（8）（　　）不是表格的单元格式数据类型。

A. 百分比　　B. 时间　　C. 货币　　D. 点

（9）用公制样板文件创建文件，在“文字样式”中将“高度”设为 0，然后用该样式输入文字，系统将会（　　）。

A．使用的默认字体高度为 2.5，可以重新给定新的字高

B．使用的默认字体高度为 25，可以重新给定新的字高

C．使用的默认字体高度为 2，可以重新给定新的字高

D．不能重新给定新的字高

2. 上机实验题

实验 1　标注如图 4-105 所示的技术要求

◆ 目的要求

文字标注在零件图或装配图的技术要求中经常用到，正确进行文字标注是 AutoCAD 绘图中必不可少的一项工作。通过本例的练习，读者应掌握文字标注的一般方法，尤其是特殊字体的标注方法。

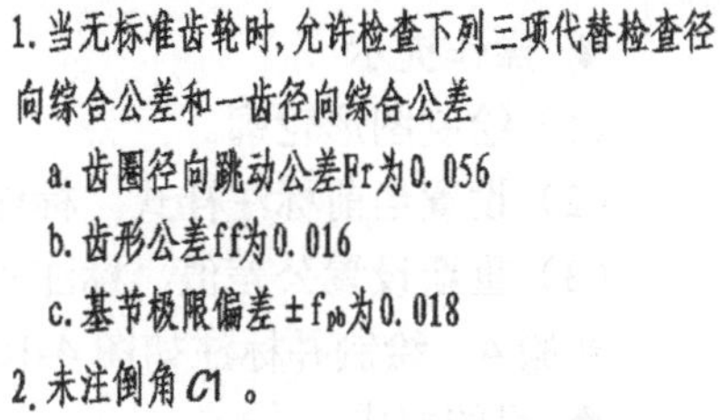

图 4-105　技术要求

◆ 操作提示

（1）设置文字标注的样式。

（2）利用“多行文字”命令进行标注。

（3）利用快捷菜单，输入特殊字符。

实验 2　绘制变速箱组装图明细表（表 4-3）

◆ 目的要求

明细表是工程制图中常用的表格。本例通过绘制明细表，要求读者掌握表格相关命令的用法，体会表格功能的便捷性。

◆ 操作提示

（1）设置表格样式。

（2）插入空表格，并调整列宽。

（3）重新输入文字和数据。

表 4-3　变速箱组装图明细表

序　号	名　称	数　量	材　料	备　注
13	端盖	1	HT150	
12	定距环	1	Q235A	
11	大齿轮	1	40	
10	键 16×70	1	Q275	GB 1095-79
9	轴	1	45	
8	轴承	2		30208
7	端盖	1	HT200	
6	轴承	2		30211
5	轴	1	45	
4	键 8×50	1	Q275	GB 1095-79
3	端盖	1	HT200	
2	调整垫片	2 组	D8F	
1	减速器箱体	1	HT200	
14	端盖	1	HT150	

实验 3　标注如图 4-106 所示的尺寸公差

◆ 目的要求

如图 4-106 所示的尺寸为带公差线性尺寸。通过本实验，要求读者掌握带公差线性尺寸的标注方法。

◆ 操作提示

（1）绘制图形轮廓。

（2）设置当前标注样式，标注带公差的线性尺寸。

（3）重新设置公差值，标注另一个带公差的线性尺寸。

实验 4　绘制并标注如图 4-107 所示的连接盘

◆ 目的要求

如图 4-107 所示的连接盘尺寸分为普通线性尺寸、直径尺寸和带引线尺寸。通过本实验，要求读者掌握图形标注的一般方法与需要注意的事项。

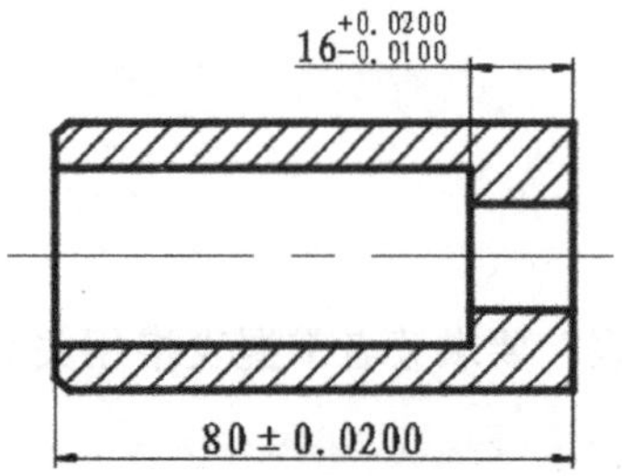

图 4-106　尺寸公差标注

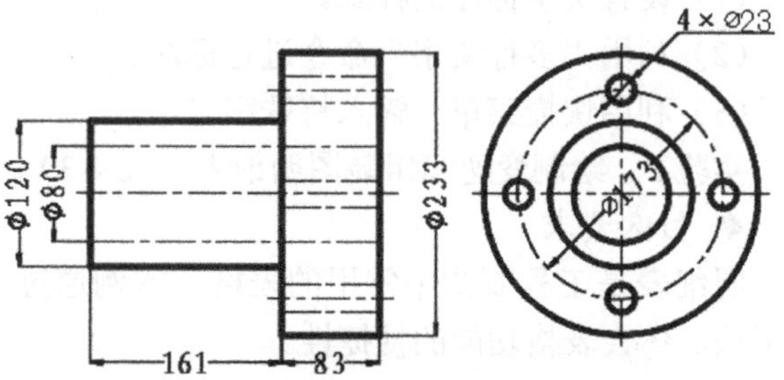

图 4-107　连接盘

◆ 操作提示

（1）绘制图形轮廓。

（2）转换图层，设置当前标注样式，标注普通线性尺寸和直径尺寸。

（3）转换当前标注样式，标注带引线尺寸。

（4）输入说明文本。

实验 5　标注如图 4-108 所示的挂轮架

◆ 目的要求

如图 4-108 所示的挂轮架尺寸分为普通线性尺寸、直径尺寸、半径尺寸和角度尺寸。通过本实验，要求读者掌握图形标注的一般方法与需要注意的事项。

◆ 操作提示

（1）设置当前标注样式，标注普通线性尺寸、直径尺寸和半径尺寸。

（2）转换当前标注样式，标注角度尺寸。

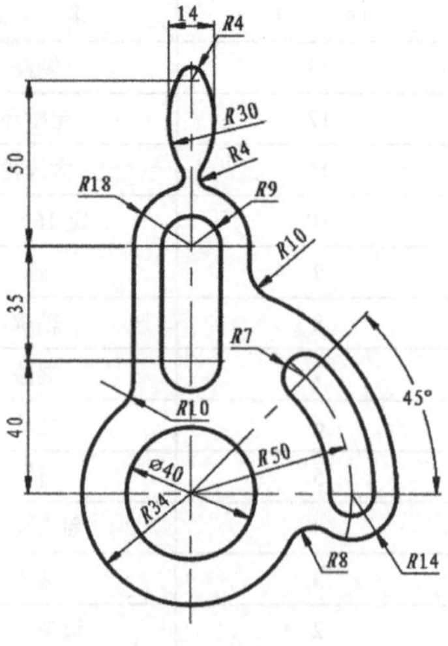

图 4-108　标注挂轮架

项目五　灵活运用辅助绘图工具

【学习情境】

在机械设计绘图过程中，经常遇到一些重复出现的图形，如果每次都重新绘制这些图形，不仅造成大量的重复工作，而且存储这些图形及其信息要占据相当大的磁盘空间。图块、设计中心和工具选项板，提出了模块化作图的方法。这样不仅避免了大量的重复工作，提高绘图速度和工作效率，而且可大大节省磁盘空间。本项目将学习这些知识。

【能力目标】

- 熟悉图块相关操作。
- 灵活应用设计中心。
- 了解工具选项板。

【课时安排】

6 课时（讲课 3 课时，练习 3 课时）

任务一　标注花键轴表面粗糙度

【任务背景】

在机械制图的过程中，如果遇到需要重复绘制的单元，尤其是在不同的图形中都要重复用到的单元，为了提高绘图效率，避免重复劳动，AutoCAD 提供了图块功能。

图块也叫块，它是由一组图形对象组成的集合，一组对象一旦被定义为图块，它们将成为一个整体，拾取图块中任意一个图形对象即可选中构成图块的所有对象。AutoCAD 把一个图块作为一个对象进行编辑、修改等操作，用户可根据绘图需要把图块插入到图中任意指定的位置，在插入时还可以指定不同的缩放比例和旋转角度。如果需要对组成图块的单个图形对象进行修改，还可以利用“分解”命令把图块拆开分解成若干个对象。图块还可以重新定义，一旦被重新定义，整个图中基于该块的对象都将随之改变。

在本任务中，利用直线命令绘制粗糙度符号，并利用写块命令创建图块，最后利用插入块命令以及多行文字命令添加表面粗糙度，结果如图 5-1 所示。

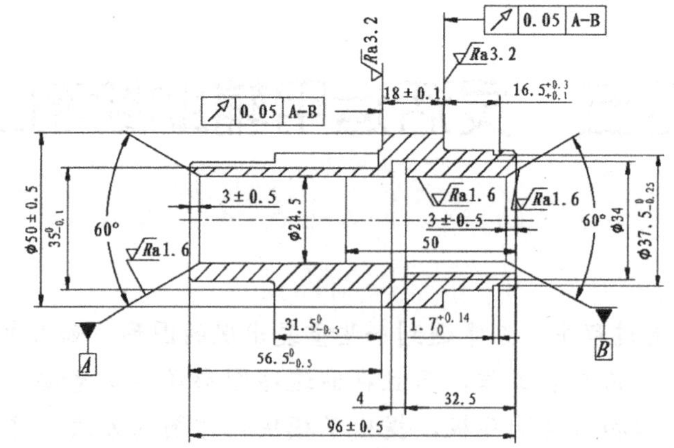

图 5-1 花键轴表面粗糙度标注

【操作步骤】

（1）打开教学资料包中的“源文件\项目五\花键轴”图形，如图 5-2 所示。

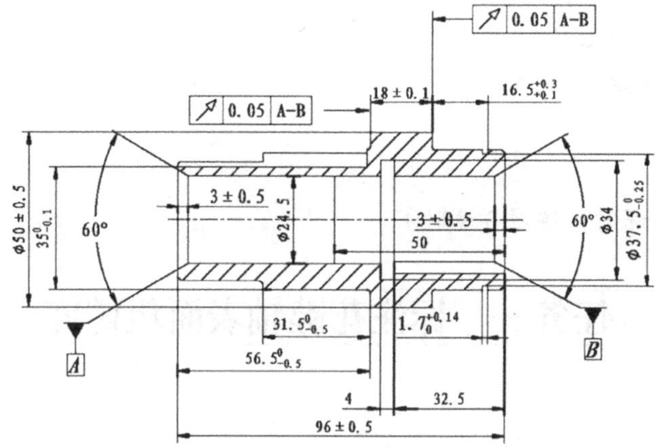

图 5-2 打开花键轴

（2）单击“默认”选项卡“绘图”面板中的“直线”按钮，绘制粗糙度符号，如图 5-3 所示。

（3）单击“默认”选项卡“注释”面板中的“多行文字”按钮，在粗糙度符号下方输入文字 *Ra*，如图 5-4 所示。

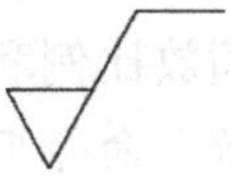

图 5-3 绘制粗糙度符号

图 5-4 输入文字

（4）在命令行中输入 ATTDEF 命令，或选择菜单栏中的“绘图”→“块”→“定义属性”命令，或者单击“默认”选项卡“块”面板中的“定义属性”按钮，系统打开“属性定义”对话框，进行如图 5-5 所示的设置，放置到水平直线的下方，单击“确定”按钮退出。

（5）在命令行中输入 WBLOCK 命令，或者单击“插入”选项卡“块定义”面板中的

"保存块"按钮，打开"写块"对话框。单击"拾取点"按钮，选择图形的下尖点为基点，单击"选择对象"按钮，选择上面的图形为对象，输入图块名称并指定路径保存图块，如图 5-6 所示，单击"确定"按钮退出。

图 5-5　"属性定义"对话框

图 5-6　"写块"对话框

（6）单击"默认"选项卡"绘图"面板中的"插入块"按钮，打开"插入"对话框。单击"浏览"按钮，找到保存的粗糙度图块，在绘图区指定插入点、比例和旋转角度，如图 5-7 所示，将该图块插入到绘图区的任意位置，这时，命令行会提示输入属性，并要求验证属性值，此时输入粗糙度数值 3.2，然后对数值倾斜度进行修改，完成一个粗糙度的标注，如图 5-8 所示。

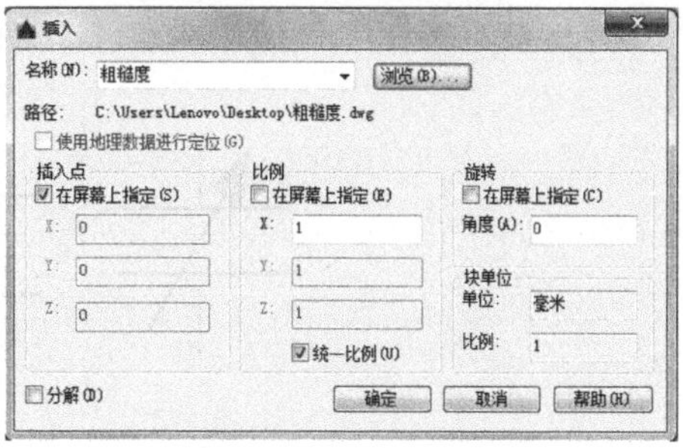

图 5-7　"插入"对话框

（7）继续插入粗糙度图块，输入不同属性值作为粗糙度数值，直到完成所有粗糙度标注，结果如图 5-9 所示。

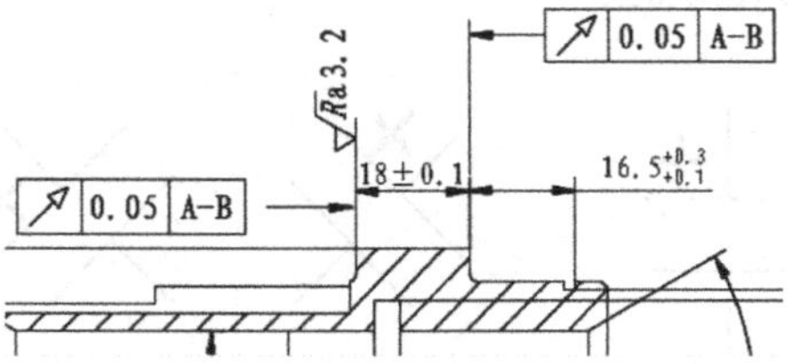

图 5-8　插入粗糙度

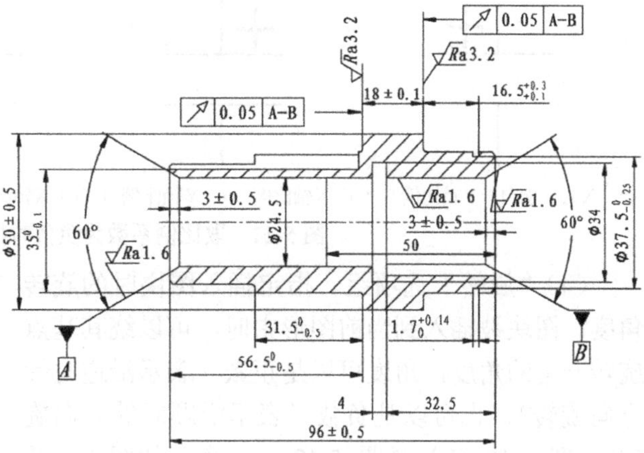

图 5-9　插入所有粗糙度

【知识点详解】

1. 图块存盘

在图 5-6 所示的"写块"对话框中，各选项含义如下：

（1）“源”选项组。确定要保存为图形文件的图块或图形对象。其中，选中“块”单选按钮，单击右侧的向下箭头，在下拉列表框中选择一个图块，将其保存为图形文件。选中“整个图形”单选按钮，则把当前的整个图形保存为图形文件。选中“对象”单选按钮，则把不属于图块的图形对象保存为图形文件。对象的选取通过“对象”选项组来完成。

（2）“目标”选项组。用于指定图形文件的名字、保存路径和插入单位等。

2. 图块的插入

在图 5-7 所示的“插入”对话框中，各选项含义如下：

（1）“路径”文本框。指定图块的保存路径。

（2）“插入点”选项组。指定插入点，插入图块时该点与图块的基点重合。可以在屏幕上指定该点，也可以通过下面的文本框输入该点坐标值。

（3）“比例”选项组。确定插入图块时的缩放比例。图块被插入当前图形中时，可以以任意比例放大或缩小，如图 5-10（a）所示是被插入的图块，如图 5-10（b）所示为取比例系数为 1.5 插入该图块的结果，如图 5-10（c）所示是取比例系数为 0.5 的结果。X 轴方向和 Y 轴方向的比例系数也可以取不同值，如图 5-10（d）所示，X 轴方向的比例系数为 1，Y 轴方向的比例系数为 1.5。另外，比例系数还可以是一个负数，当为负数时表示插入图块的镜像，其效果如图 5-11 所示。

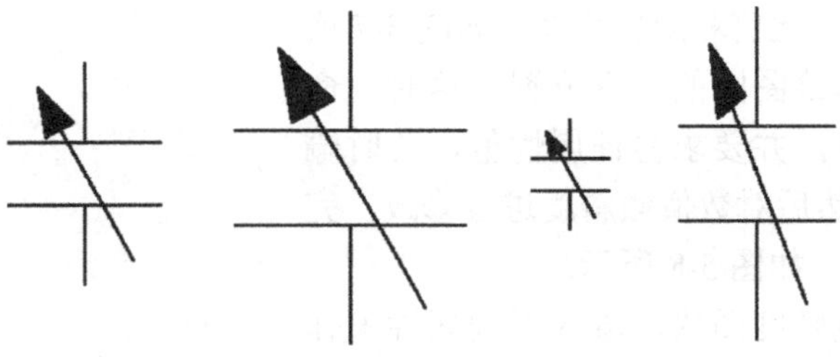

（a）（b）（c）（d）

图 5-10　取不同比例系数插入图块的效果

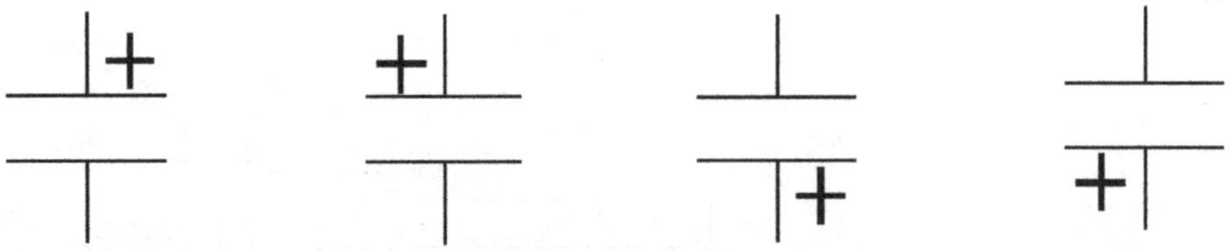

（a）X轴比例=1，Y轴比例=1 （b）X轴比例=−1，Y轴比例=1 （c）X轴比例=1，Y轴比例=−1 （d）X轴比例=−1，Y轴比例=−1

图 5-11　取比例系数为负值时插入图块的效果

（4）“旋转”选项组。指定插入图块时的旋转角度。图块被插入到当前图形中时，可以绕其基点旋转一定的角度，角度可以是正数（表示沿逆时针方向旋转），也可以是负数（表示沿顺时针方向旋转）。图 5-12（b）是图 5-12（a）所示的图块旋转 30° 插入的效果，图 5-12（c）所示是旋转-30° 插入的效果。

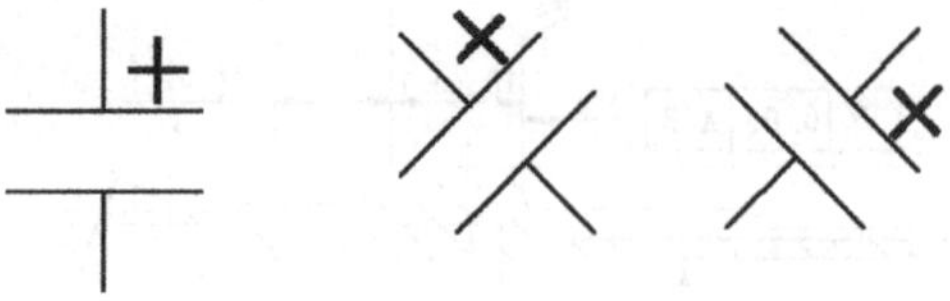

（a）（b）（c）

图 5-12　以不同旋转角度插入图块的效果

如果选中“在屏幕上指定”复选框，系统切换到作图屏幕，在屏幕上拾取一点，AutoCAD 自动测量插入点与该点连线和 X 轴正方向之间的夹角，并把它作为块的旋转角。也可以在“角度”文本框中直接输入插入图块时的旋转角度。

（5）“分解”复选框。选中此复选框，则在插入块的同时把其拆开，插入到图形中的组成块的对象不再是一个整体，可对每个对象单独进行编辑操作。

3. 属性定义

在如图 5-5 所示的“属性定义”对话框中，各选项含义如下：

（1）“模式”选项组。确定属性的模式。

①“不可见”复选框。选中此复选框则属性为不可见显示方式，即插入图块并输入属性值后，属性值在图中并不显示出来。

②“固定”复选框。选中此复选框则属性值为常量，即属性值在属性定义时给定，在插入图块时系统不再提示输入属性值。

③“验证”复选框。选中此复选框，当插入图块时系统重新显示属性值，让用户验证该值是否正确。

④“预设”复选框。选中此复选框，当插入图块时系统自动把事先设置好的默认值赋予属性，而不再提示输入属性值。

⑤“锁定位置”复选框。选中此复选框，当插入图块时系统锁定块参照中属性的位置。解锁后，属性可以相对于使用夹点编辑的块的其他部分移动，并且可以调整多行属性的大小。

⑥“多行”复选框。指定属性值可以包含多行文字。

（2）“属性”选项组。用于设置属性值。在每个文本框中系统允许输入不超过 256 个字符。

①“标记”文本框。输入属性标签。属性标签可由除空格和感叹号以外的所有字符组成，系统自动把小写字母改为大写字母。

②“提示”文本框。输入属性提示。属性提示是插入图块时系统要求输入属性值的提示，如果不在此文本框内输入文本，则以属性标签作为提示。如果在“模式”选项组选中“固定”复选框，即设置属性为常量，则不需要设置属性提示。

③“默认”文本框。设置默认的属性值，可把使用次数较多的属性值作为默认值，也可不设置默认值。

（3）“插入点”选项组。确定属性文本的位置。可以在插入时由用户在图形中确定属性文本的位置，也可在 X、Y、Z 文本框中直接输入属性文本的位置坐标。

（4）“文字设置”选项组。设置属性文本的对齐方式、文本样式、字高和旋转角度。

（5）“在上一个属性定义下对齐”复选框。选中此复选框，表示把属性标签直接放在前一个属性的下面，而且该属性继承前一个属性的文本样式、字高和旋转角度等特性。

4. 粗糙度符号

表面粗糙度表示加工表面上具有较小间距的峰谷所组成的微观几何形状，如图 5-13 所示。

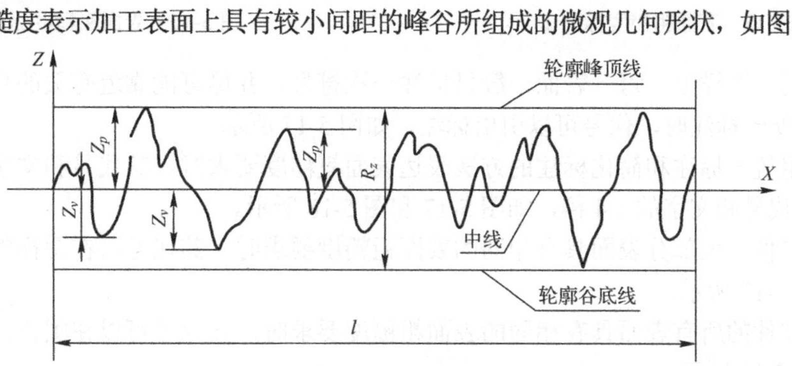

图 5-13　微观几何形状

（1）评定参数。

① 轮廓算术平均偏差 *Ra*。

② 轮廓最大高度 *Ry*。

既然“表面粗糙度符号”是用来表明材料或工件的表面情况、表面加工方法及粗糙程度等属性的，那么就应该有一套标示规定。表面粗糙度数值及有关的规定在符号中注写的位置归纳如图 5-14 所示。

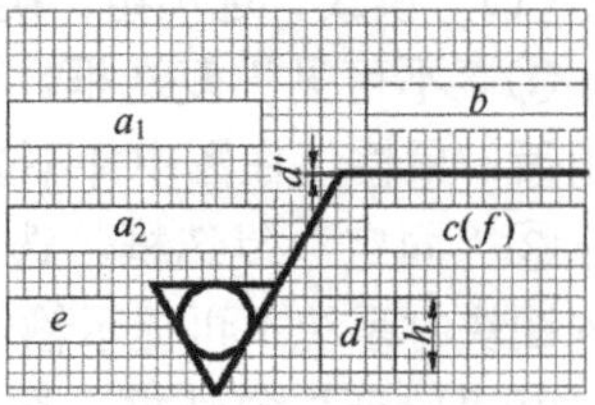

图 5-14　表面粗糙度的有关规定

其中，*h* 为字体高度，$d'=1/10h$；

a_1、a_2 为表面粗糙度高度参数的允许值，单位为 mm；

b 为加工方法、镀涂或其他表面处理；

d 为加工纹理方向符号；

e 为加工余量，单位为 mm；

f 为表面粗糙度间距参数值或轮廓支撑长度率。

零件的表面粗糙度是评定零件表面质量的一项技术指标，零件表面粗糙度要求越高（即表面粗糙度参数值越小），则其加工成本就越高。因此，应在满足零件表面功能的前提下，合理选用表面粗糙度参数。

（2）表面粗糙度符号的标注方法。

① 表面粗糙度符号应标注在可见的轮廓线、尺寸线、尺寸界线或其延长线上；对于镀涂表面，可标注在标示线上。符号的尖端必须从材料外指向表面，如图 5-15 和图 5-16 所示。表面粗糙度代号中数字及符号的方向必须按图 5-15 和图 5-16 所示的规定标注。

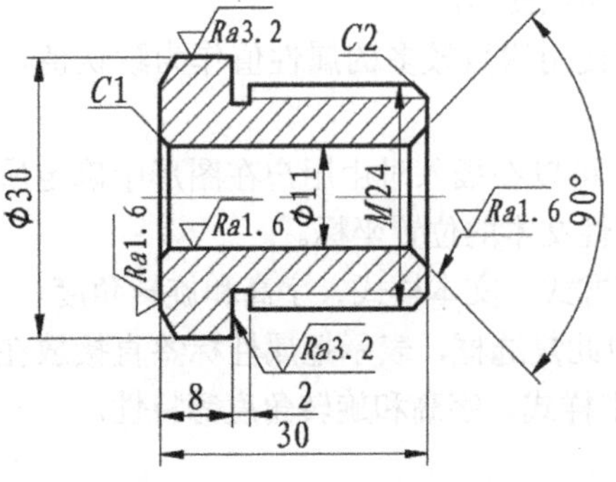

图 5-15　表面粗糙度标注 1

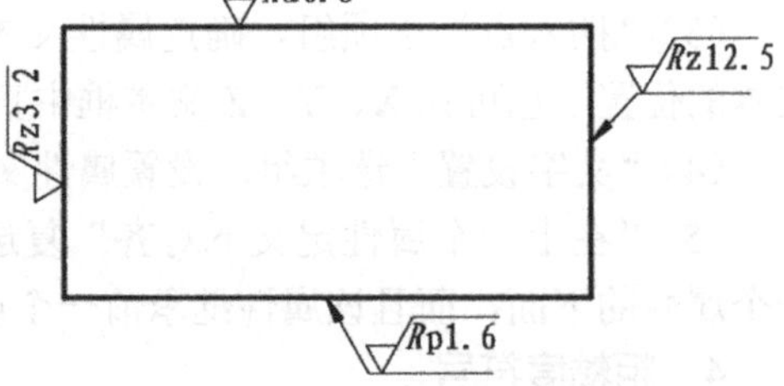

图 5-16　表面粗糙度标注 2

② 在同一图样上，每一表面一般只标注一次符号，并尽可能靠近有关的尺寸线。当空间狭小或不便于标注时，代号可以引出标注，如图 5-17 所示。

③ 当用统一标注和简化标注的方法表达表面粗糙度要求时，其代号和文字说明均应是图形上所注代号和文字的 1.4 倍，如图 5-17 和图 5-18 所示。

④ 当零件的大部分表面具有相同的表面粗糙度要求时，其代号可在图样的右下角统一标注，如图 5-17 所示。

⑤ 当零件的所有表面具有相同的表面粗糙度要求时，其代号可以在图样的右下角统一标注，如图 5-18 所示。

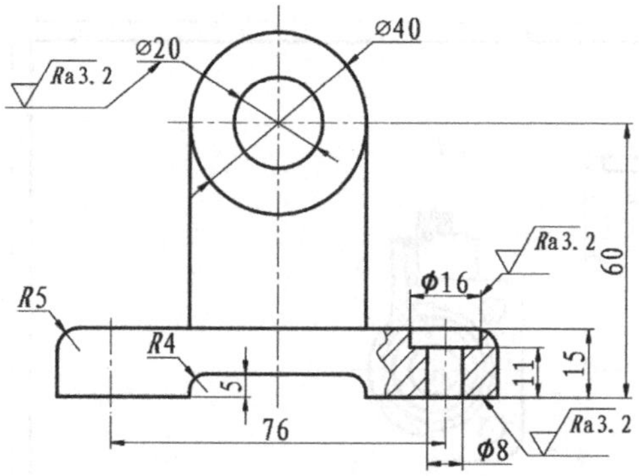

图 5-17　表面粗糙度标注 3

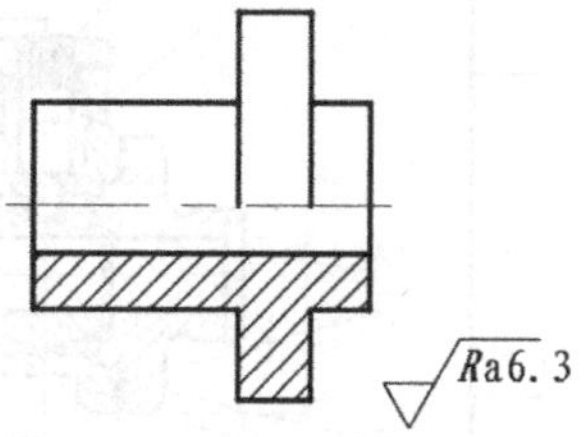

图 5-18　表面粗糙度标注 4

任务二　绘制球阀装配图

【任务背景】

在机械制图的过程中，为了进一步提高绘图效率，对绘图过程进行智能化管理和控制，AutoCAD 提供了设计中心辅助绘图工具。

利用 AutoCAD 提供的设计中心，可以很容易地组织设计内容，并把它们拖动到自己的图形中。在如图 5-19 所示的“设计中心”窗口中，左侧为资源管理器，右侧为内容显示区，其中上方为文件显示框，中间窗口为图形预览显示框，下面窗口为说明文本显示框。

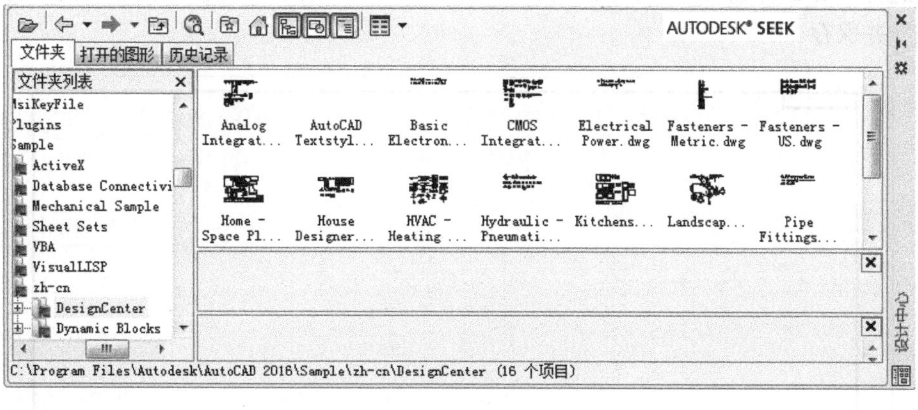

图 5-19　“设计中心”窗口

球阀装配图由阀体、阀盖、密封圈、阀芯、压紧套、阀杆和扳手等零件图组成。

装配图是零部件加工和装配过程中重要的技术文件。在设计过程中要用到剖视以及放大等表达方式，还要标注装配尺寸、绘制和填写明细表等。因此，通过球阀装配图的绘制，可以提高我们的综合设计能力。将零件图的视图进行修改，制作成块，然后将这些块插入装配图中，制作块的步骤本节不再介绍，用户可以参考相应的介绍。结果如图 5-20 所示。

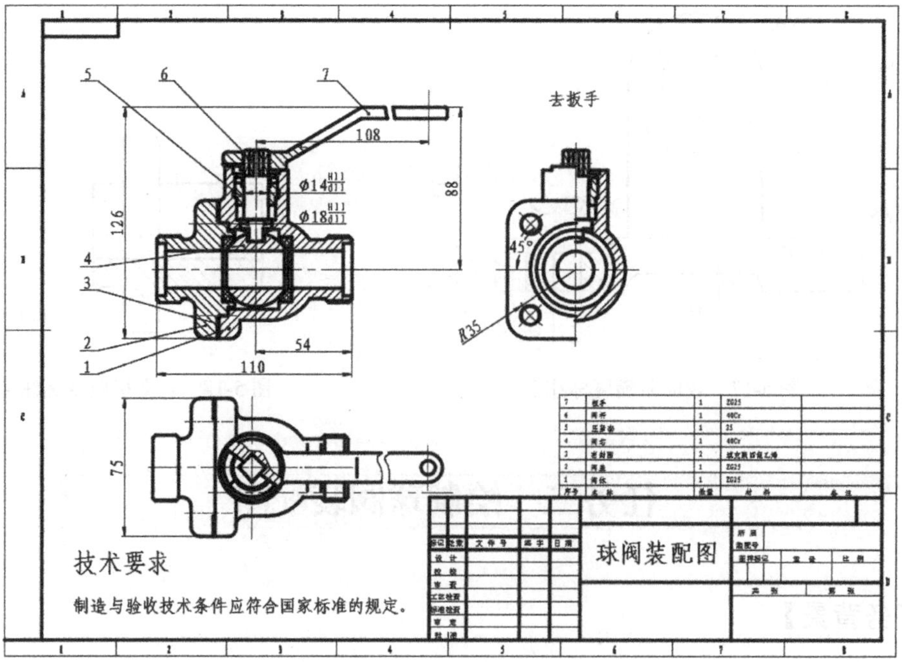

图 5-20　球阀装配图

【操作步骤】

1. 设置绘图环境

（1）新建文件。单击“快速访问”工具栏中的“新建”按钮，打开“选择样板”对话框，选择 A2-2 样板图文件作为模板，模板如图 5-21 所示，将新文件命名为“球阀装配图.dwg”并保存。

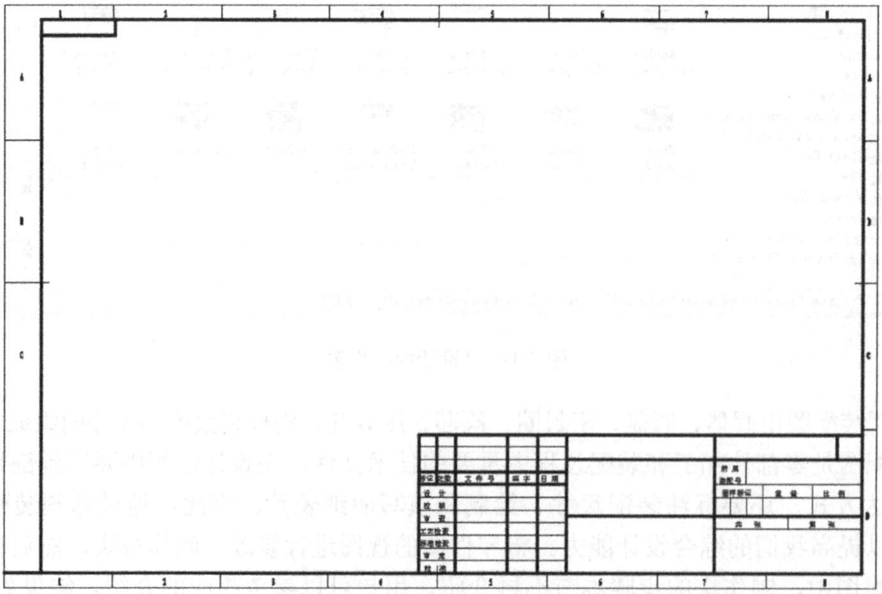

图 5-21　球阀平面装配图模板

（2）新建图层。单击“默认”功能区“图层”组中的“图层特性”按钮，新建并设置每一个图层，如图 5-22 所示。

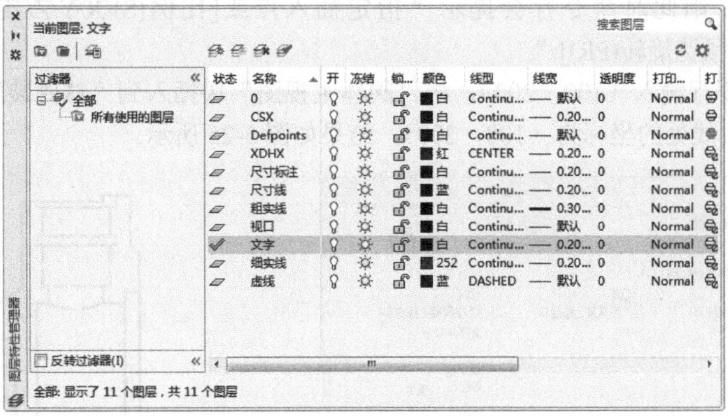

图 5-22 “图层特性管理器”对话框

2. 组装装配图

球阀装配平面图主要由阀体、阀盖、密封圈、阀芯、压紧套、阀杆和扳手等零件图组成。在绘制零件图时，用户可以为了装配的需要，将零件的主视图以及其他视图分别定义成图块，但是在定义的图块中不包括零件的尺寸标注和定位中心线，块的基点应选择在与其零件有装配关系或定位关系的关键点上。

（1）插入阀体平面图。在命令行中输入 ADCENTER 命令，或者选择菜单栏中的“工具”→“选项板”→“设计中心”命令，或者单击“视图”选项卡“选项板”面板中的“设计中心”按钮，打开“设计中心”对话框，如图 5-23 所示。在 AutoCAD 设计中心中有“文件夹”“打开的图形”和“历史记录”3 个选项卡，用户可以根据需要选择相应的选项卡。

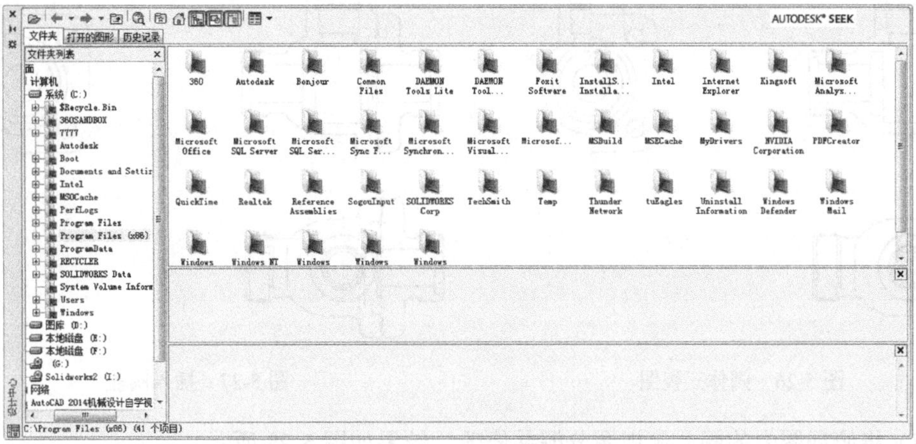

图 5-23 “设计中心”对话框

（2）选择“文件夹”选项卡，则计算机中所有的文件都会显示在其中，找到要插入的阀体零件图文件双击，然后双击该文件中的“块”选项，则图形中所有的块都会显示在右边的图框中，如图 5-23 所示。在其中选择“阀体主视图”块双击，系统打开“插入”对话框，如图 5-24 所示。

（3）按照如图 5-24 所示进行设置，插入的图形比例为 1，旋转角度为 0°，然后单击“确定”按钮，则此时命令行会提示“指定插入点或[比例(S)/X/Y/Z/旋转®/预览比例(PS)/PX/PY/PZ/预览旋转(PR)]:”。

（4）在命令行输入（100，200），将“阀体主视图”块插入到“球阀装配图”中，且插入后轴右端中心线处的坐标为（100，200），结果如图 5-25 所示。

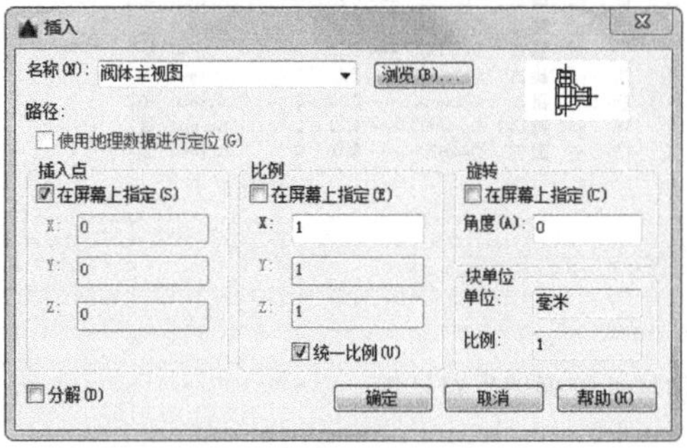

图 5-24 “插入”对话框

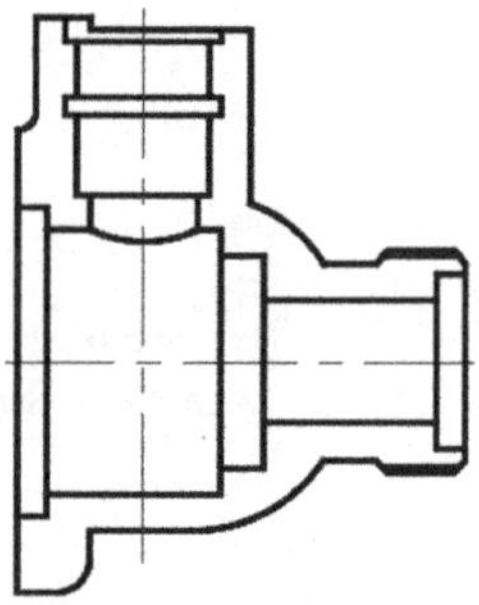

图 5-25 阀体主视图

（5）继续插入“阀体俯视图”块。插入的图形比例为 1，旋转角度为 0°，插入点坐标为（100，100）；继续插入“阀体左视图”块，插入的图形比例为 1，旋转角度为 0°，插入点坐标为（300，200），结果如图 5-26 所示。

（6）继续插入“阀盖主视图”的图块。比例为 1，旋转角度为 0°，插入点坐标为（84，200）。由于阀盖的外形轮廓与阀体左视图的外形轮廓相同，故“阀盖左视图”块不需要插入。因为阀盖是一个对称结构，其主视图与俯视图相同，所以把“阀盖主视图”块插入到“阀体装配图”的俯视图中即可，结果如图 5-27 所示。

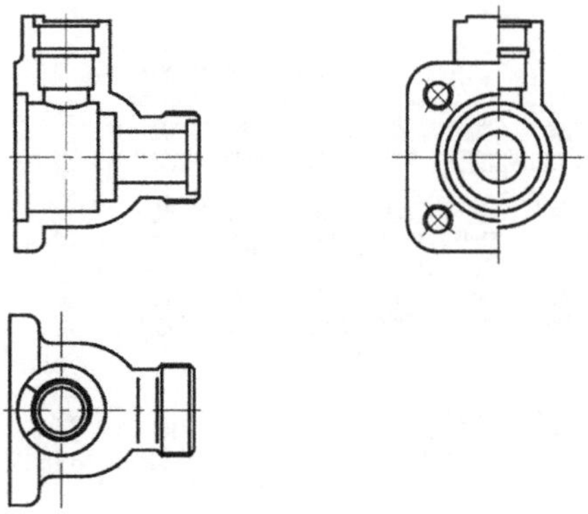

图 5-26 阀体三视图

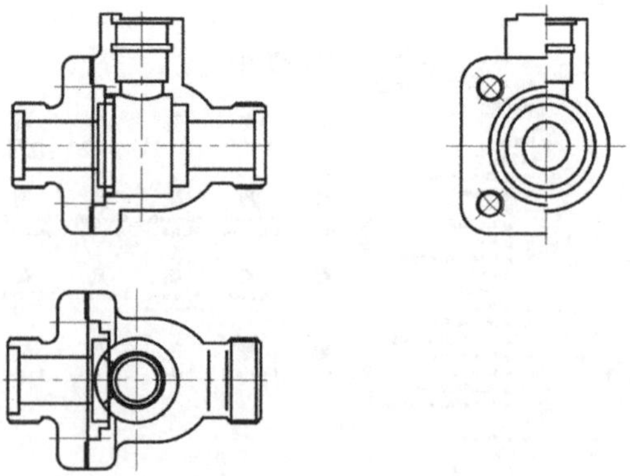

图 5-27 插入阀盖

（7）将俯视图中的阀盖俯视图分解并修改，结果如图 5-28 所示。

（8）继续插入“密封圈主视图”图块，设置比例为 1，旋转角度为 90°，插入点坐标为（120，200）。由于该装配图中有两个密封圈，所以再插入一个，插入的图形比例为 1，旋转角度为-90°，插入点坐标为（77，200），结果如图 5-29 所示。

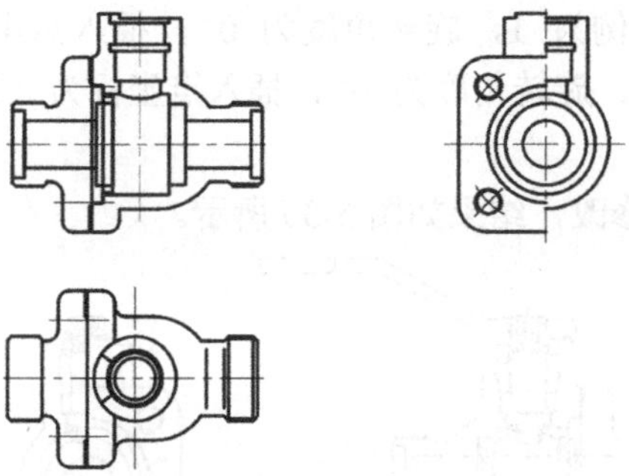

图 5-28　修改阀盖俯视图

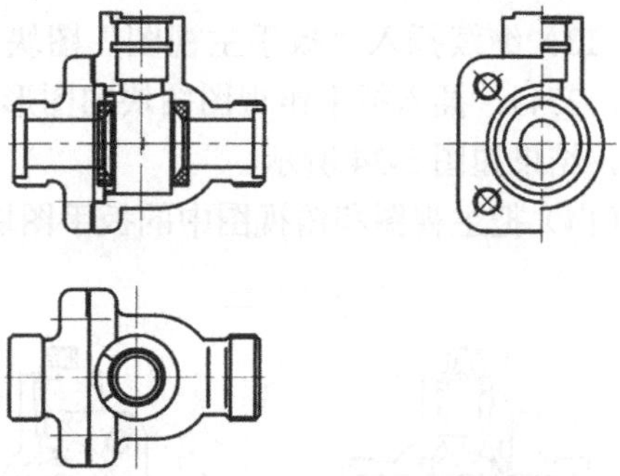

图 5-29　插入密封圈主视图

（9）继续插入“阀芯主视图”图块，设置比例为 1，旋转角度为 0°，插入点坐标为（100，200），结果如图 5-30 所示。

（10）继续插入“阀杆主视图”图块，设置比例为 1，旋转角度为-90°，插入点坐标为（100，227）；插入阀杆俯视图图块的图形比例为 1，旋转角度为 0°，插入点坐标为（100，100）；阀杆左视图图块与主视图相同，所以插入“阀杆主视图”图块的左视图，图形比例为 1，旋转角度为-90°，插入点坐标为（300，227），并对左视图图块进行分解删除，结果如图 5-31 所示。

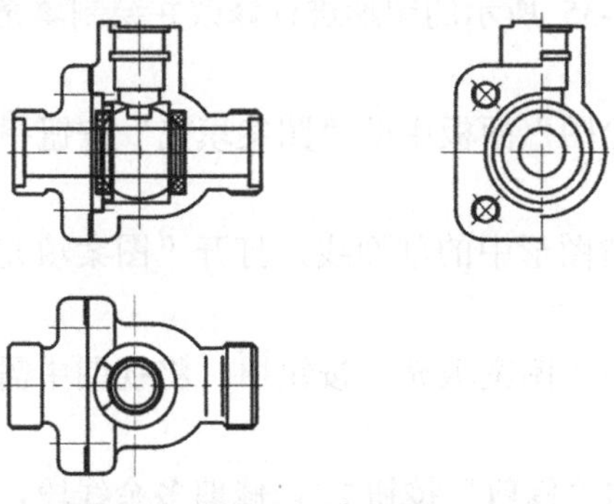

图 5-30　插入阀芯主视图

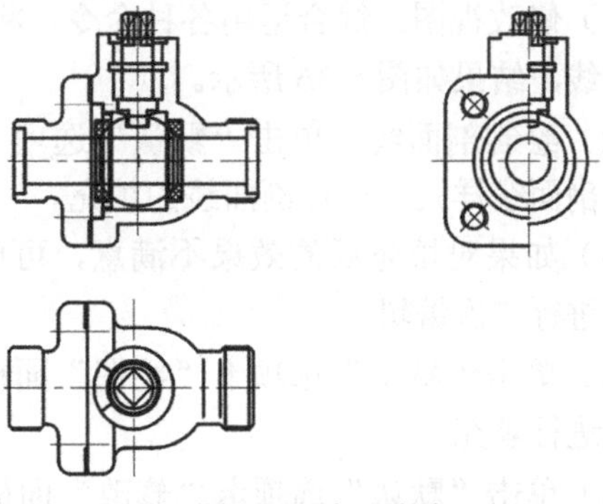

图 5-31　插入阀杆

（11）继续插入“压紧套主视图”图块，设置比例为 1，旋转角度为 0°，插入点坐标为（100，235）；由于压紧套左视图与主视图相同，故可在阀体左视图中继续插入压紧套主视图图块，插入的图形比例为 1，旋转角度为 0°，插入点坐标为（300，235），结果如图 5-32 所示。

（12）把主视图和左视图中的压紧套图块分解并修改，结果如图 5-33 所示。

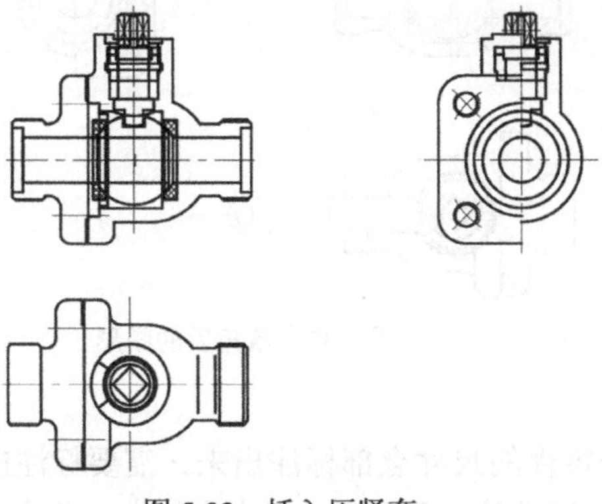

图 5-32　插入压紧套

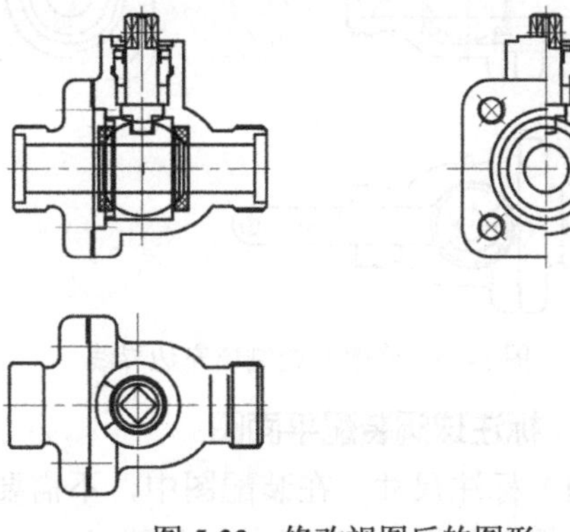

图 5-33　修改视图后的图形

（13）继续插入“扳手主视图”图块，设置比例为 1，旋转角度为 0°，插入点坐标为（100，254）；插入扳手俯视图图块的图形比例为 1，旋转角度为 0°，插入点坐标为（100，100），结果如图 5-34 所示。

（14）把主视图和俯视图中的扳手图块分解并修改，结果如图 5-35 所示。

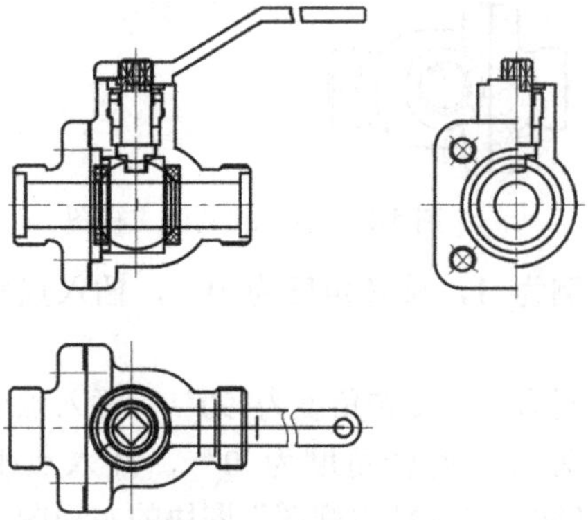

图 5-34　插入扳手

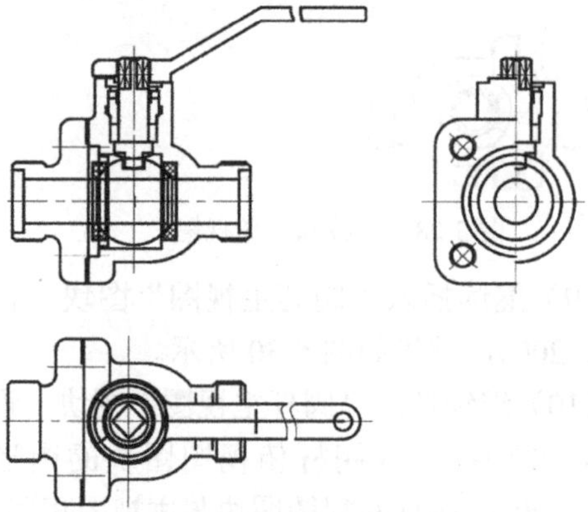

图 5-35　修改视图后的图形

3. 填充剖面线

（1）修改视图。综合运用各种命令，将图 5-35 所示的图形进行修改并绘制填充剖面线的边界线，结果如图 5-36 所示。

（2）绘制剖面线。单击“默认”选项卡“绘图”面板中的“图案填充”按钮，选择需要的剖面线样式，进行剖面线的填充。

（3）如果对填充后的效果不满意，可以双击图形中的剖面线，打开“图案填充编辑”对话框进行二次编辑。

（4）单击“默认”选项卡“绘图”面板中的“图案填充”按钮，将视图中需要填充的区域进行填充。

（5）单击“默认”选项卡“修改”面板中的“修剪”按钮，修剪多余线段，结果如图 5-37 所示。

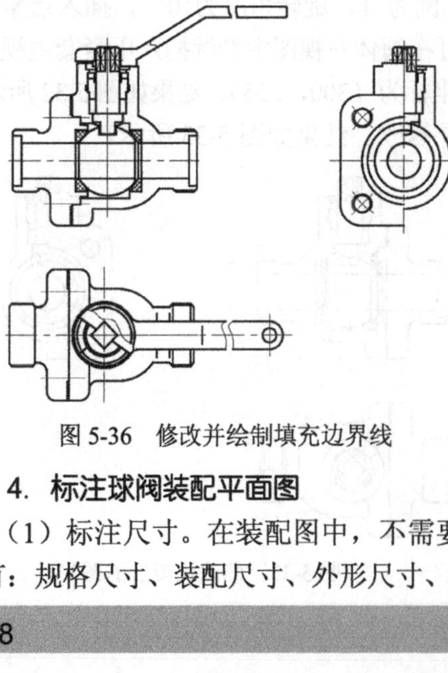

图 5-36　修改并绘制填充边界线

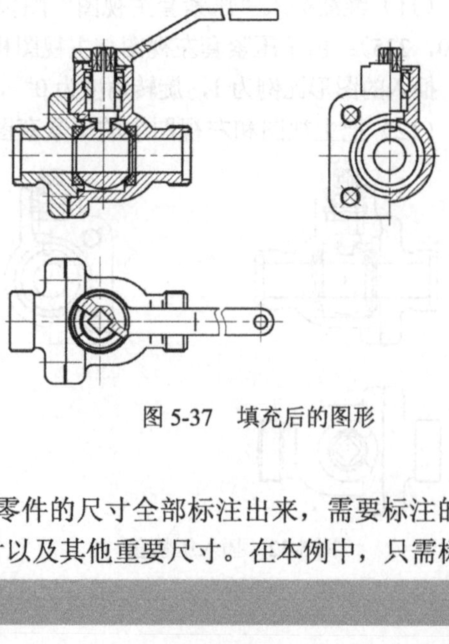

图 5-37　填充后的图形

4. 标注球阀装配平面图

（1）标注尺寸。在装配图中，不需要将每个零件的尺寸全部标注出来，需要标注的尺寸有：规格尺寸、装配尺寸、外形尺寸、安装尺寸以及其他重要尺寸。在本例中，只需标注一些装配尺寸，而且都为线性标注，比较简单，所以此处不再赘述，如图 5-38 所示为标注尺寸后的装配图。

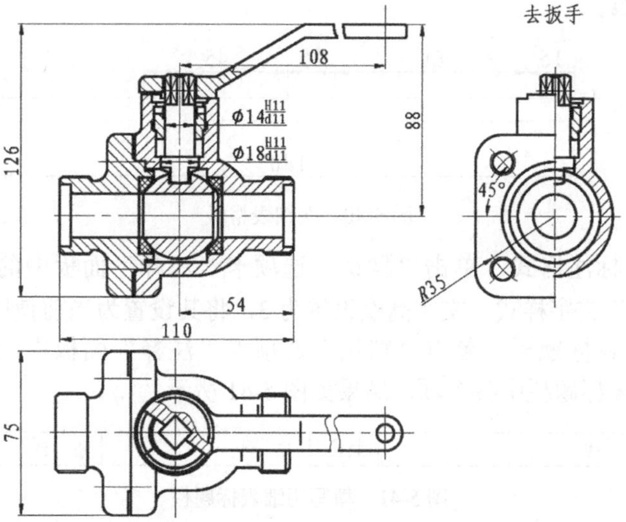

图 5-38　标注尺寸后的装配图

（2）标注零件序号。标注零件序号采用引线标注方式（QLEADER 命令），在标注引线时，为了保证引线中的文字在同一水平线上，可以在合适的位置绘制一条辅助线。

（3）单击“默认”选项卡“注释”面板中的“多行文字”按钮A，在左视图上方标注“去扳手”3 个字，表示左视图上省略了扳手零件部分轮廓线。

（4）标注完成后，将绘图区所有的图形移动到图框中合适的位置，如图 5-39 所示为标注零件序号后的装配图。

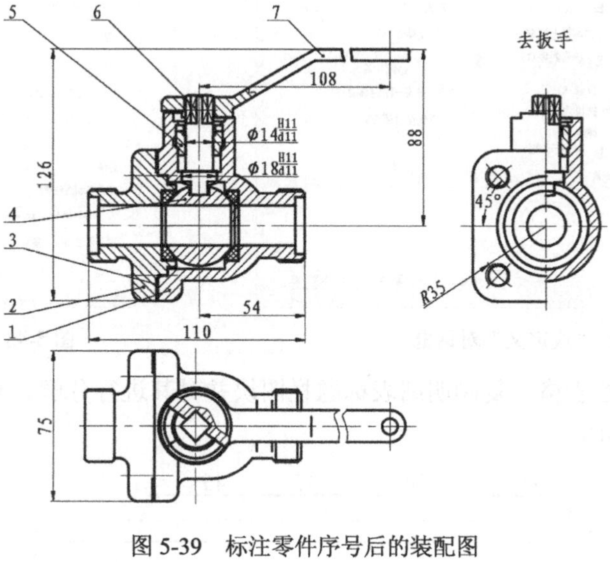

图 5-39　标注零件序号后的装配图

5. 绘制和填写明细表

（1）绘制表格线。单击“默认”选项卡“绘图”面板中的“矩形”按钮，绘制矩形

{(40,10)，(220,17)}；单击“默认”选项卡“修改”面板中的“分解”按钮，分解刚绘制的矩形；单击“默认”选项卡“修改”面板中的“偏移”按钮，如图 5-40 所示，将左边的竖直直线进行偏移。

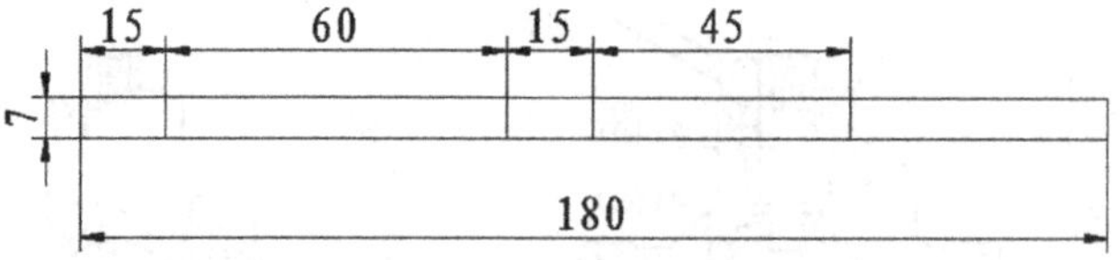

图 5-40　明细表格线

（2）设置文字标注格式。单击“默认”选项卡“注释”面板中的“文字样式”按钮，新建“明细表”文字样式，文字高度设置为 3，将其设置为当前使用的文字样式。

（3）填写明细表标题栏。单击“默认”选项卡“注释”面板中的“多行文字”按钮，依次填写明细表标题栏中各个项，结果如图 5-41 所示。

序号	名　称	数量	材　料	备　注

图 5-41　填写明细表标题栏

（4）创建明细表标题栏图块。单击“默认”选项卡“块”面板中的“创建”按钮，打开“块定义”对话框，如图 5-42 所示，创建“明细表标题栏”图块。

（5）保存明细表标题栏图块。在命令行中输入 WBLOCK 命令后按【Enter】键，打开“写块”对话框，在“源”选项组中选中“块”单选按钮，从其下拉列表中选择“明细表标题栏”图块选项，在“目标”选项组中选择文件名和路径，如图 5-43 所示，完成图块的保存。

图 5-42　“块定义”对话框

图 5-43　“写块”对话框

（6）绘制内容栏表格。复制明细表标题栏图块并对其进行分解、删除，绘制其内容栏表格，如图 5-44 所示。

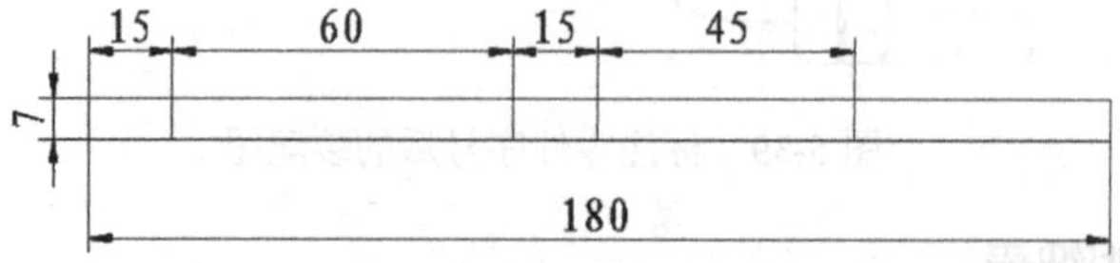

图 5-44　绘制明细表内容栏表格

（7）创建明细表内容栏。单击“默认”选项卡“块”面板中“创建”按钮，打开“块定义”对话框，创建“明细表内容栏”图块，基点选择为表格右下角点。

（8）保存明细表内容栏图块。在命令行中输入 WBLOCK 命令后按【Enter】键，打开“写块”对话框，在“源”选项组中选中“块”单选按钮，从其下拉列表框中选择“明细表内容栏图块”选项，在“目标”选项组中选择文件名和路径，完成图块的保存。

（9）打开“属性定义”对话框。在命令行中输入 ATIDEF 命令，或者单击“默认”选项卡“块”面板中“定义属性”按钮，打开“属性定义”对话框，如图 5-45 所示。

图 5-45 “属性定义”对话框

（10）定义“序号”属性。在“属性”选项组的“标记”文本框中输入“N”，在“提示”文本框中输入“输入序号:”，在“插入点”选项组中选中“在屏幕上指定”复选框，选择在明细表内容栏的第一栏中插入，单击“确定”按钮，完成“序号”属性的定义。

（11）定义其他 4 个属性。采用同样的方法，打开“属性定义”对话框，依次定义明细表内容栏的后 4 个属性：① 标记“NAME”，提示“输入名称:”；② 标记 Q，提示“输入数量:”；③ 标记“MATERIAL”，提示“输入材料:”；④ 标记“NOTE”，提示“输入备注:”。插入点均选中“在屏幕上指定”复选框。

定义好 5 个文字属性的明细表内容栏，如图 5-46 所示。

N	NAME	Q	MATERAL	NOTE

图 5-46 定义好 5 个文字属性的明细表内容栏

（12）创建并保存带文字属性的图块。单击“默认”选项卡“块”面板中“创建”按钮，打开“块定义”对话框，选择明细表内容栏以及 5 个文字属性，创建“明细表内容栏图块”，基点选择为表格右下角点。利用 WBLOCK 命令，打开“写块”对话框，保存“明细表内容栏图块”，结果如图 5-47 所示。

7	扳手	1	ZG25	
6	阀杆	1	40Cr	
5	压紧套	1	35	
4	阀芯	1	40Cr	
3	密封圈	2	填充聚四氟乙烯	
2	阀盖	1	ZG25	
1	阀体	1	ZG25	
序号	名　称	数量	材　料	备　注

图 5-47 装配图明细表

6. 填写技术要求

将“文字”图层设置为当前图层，单击“默认”选项卡“注释”面板中的“多行文字”按钮，填写技术要求。

7. 填写标题栏

将“文字”图层设置为当前图层，单击“默认”选项卡“注释”组中的“多行文字”按钮，填写标题栏中相应的内容，结果如图 5-48 所示。

<table>
<tr><td rowspan="3">球阀装配平面图</td><td colspan="3">所属装配号</td><td colspan="2"></td></tr>
<tr><td colspan="3">图样标记</td><td>重 量</td><td>比 例</td></tr>
<tr><td>S</td><td></td><td></td><td></td><td>1:1</td></tr>
</table>

图 5-48 填写标题栏结果

【知识点详解】

1. 在设计中心中插入图块

AutoCAD 设计中心提供了插入图块的两种方法："利用鼠标指定比例和旋转方式"和"精确指定坐标、比例和旋转角度方式"。

（1）利用鼠标指定比例和旋转方式插入图块。系统根据鼠标拉出的线段的长度与角度确定比例与旋转角度。插入图块的步骤如下：

① 从文件夹列表或查找结果列表中选择要插入的图块，按住鼠标左键，将其拖动到打开的图形中。

② 松开鼠标左键，此时选择的对象被插入到当前打开的图形当中。利用当前设置的捕捉方式，可以将对象插入到任何存在的图形当中。

③ 按下鼠标左键，指定一点作为插入点，移动鼠标，鼠标位置点与插入点之间距离为缩放比例。按下鼠标左键确定比例。用同样的方法移动鼠标，鼠标指定位置与插入点连线与水平线角度为旋转角度。被选择的对象就根据鼠标指定的比例和角度插入到图形当中了。

（2）精确指定坐标、比例和旋转角度插入图块。利用该方法可以设置插入图块的参数，具体方法如下：

① 从文件夹列表或查找结果列表中选择要插入的对象，拖动对象到打开的图形中。

② 右击鼠标，从快捷菜单中选择"比例""旋转"等命令。

③ 在相应的命令行提示下输入比例和旋转角度等数值。被选择的对象将根据指定的参数插入到图形当中。

2. 利用设计中心复制图形

（1）在图形之间复制图块。利用 AutoCAD 设计中心可以浏览和装载需要复制的图块，然后将图块复制到剪贴板，利用剪贴板将图块粘贴到图形当中。具体方法如下：

① 在控制板选择需要复制的图块，右击打开快捷菜单，选择"复制"命令。

② 将图块复制到剪贴板上，然后通过"粘贴"命令粘贴到当前图形中。

（2）在图形之间复制图层。利用 AutoCAD 设计中心可以从任何一个图形复制图层到其他图形。例如，如果已经绘制了一个包括设计所需的所有图层的图形，在绘制新的图形时，可以新建一个图形，并通过 AutoCAD 设计中心将已有的图层复制到新的图形当中，这样可以节省时间，并保证图形间的一致性。

① 拖动图层到已打开的图形。确认要复制图层的目标图形文件被打开，并且是当前的图形文件。在控制板或查找结果列表中选择要复制的一个或多个图层。拖动图层到打开的图形文件。松开鼠标后将选择的图层复制到打开的图形当中。

② 复制或粘贴图层到打开的图形。确认要复制图层的图形文件已打开，并且是当前的图形文件。在控制板或查找结果列表中选择要复制的一个或多个图层。右击打开快捷菜单，

在快捷菜单中选择“复制到粘贴板”命令。如果要粘贴图层，确认粘贴的目标图形文件被打开，并为当前文件。右击打开快捷菜单，在快捷菜单中选择“粘贴”命令。

任务三　建立紧固件工具选项板

【任务背景】

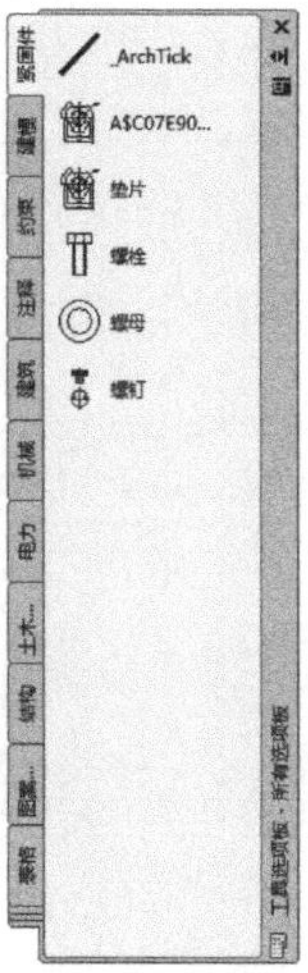

图 5-49　紧固件工具选项板

利用工具选项板可以将常用的图块、几何图形、外部参照、填充图案及命令等以选项卡的形式组织到一起，以后可以直接调用，从而方便、快捷地应用到当前图形中。此外，工具选项板还可以包含由第三方开发人员提供的自定义工具。

紧固件包括螺母、螺栓、螺钉等，这些零件在绘图中应用广泛，对于这些图形可以建立紧固件选项板，需要时直接调用它们，从而可以提高绘图效率。本任务通过定义块来实现紧固件选项板的建立，最终结果如图 5-49 所示。

【操作步骤】

（1）单击“视图”选项卡“选项板”面板中的“设计中心”按钮，打开教学资源文件“源文件\项目五\紧固件”，如图 5-50 所示。在设计中心右击文件名，从弹出的快捷菜单中选择“创建工具选项板”命令，AutoCAD 即可在工具选项板中创建新选项板，该选项板的名称为图形文件名，且选项板中已经定义了各个块的图标，如图 5-51 所示。

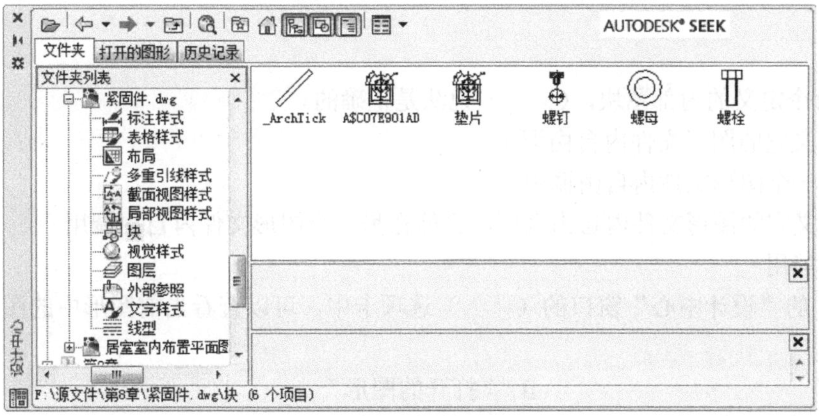

图 5-50　打开图形文件

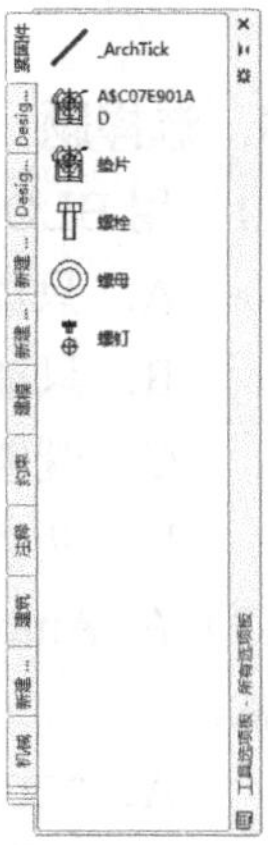

图 5-51　工具选项板

（2）如果在绘制图形时，需要插入如图 5-51 所示的工具选项板中某一图标表示的图形，只要打开该选项板，将对应的图标拖到图形中，即可将图标表示的图形插入到当前图形中。

【知识点详解】

向工具选项板添加内容有两种方法。

（1）将图形、块和图案填充从设计中心拖动到工具选项板上。

例如，在 Designcenter 文件夹上右击鼠标，系统打开右键快捷菜单，从中选择“创建工具选项板”命令，如图 5-52（a）所示。设计中心中储存的图元就出现在工具选项板中新建的 Designcenter 选项卡上，如图 5-52（b）所示。这样就可以将设计中心与工具选项板结合起来，建立一个快捷方便的工具选项板。将工具选项板中的图形拖动到另一个图形中时，图形将作为块插入。

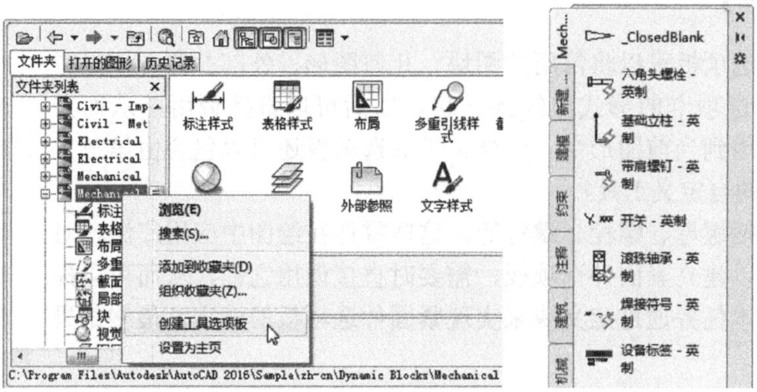

（a）　　　　　　　　（b）

图 5-52　将储存图元创建成“设计中心”工具选项板

（2）使用“剪切”“复制”和“粘贴”命令将一个工具选项板中的工具移动或复制到另一个工具选项板中。

任务四　模拟试题与上机实验

1. 选择题

（1）用 BLOCK 命令定义的内部图块，（　　）说法是正确的。

A. 只能在定义它的图形文件内自由调用

B. 只能在另一个图形文件内自由调用

C. 既能在定义它的图形文件内自由调用，又能在另一个图形文件内自由调用

D. 两者都不能用

（2）在 AutoCAD 的“设计中心”窗口的（　　）选项卡中，可以查看当前图形中的图形信息。

A.“文件夹”　　B.“打开的图形”

C.“历史记录”　　D.“联机设计中心”

（3）利用设计中心不可能完成的操作是（　　）。

A. 根据特定的条件快速查找图形文件

B. 打开所选的图形文件

C. 将某一图形中的块通过鼠标拖放添加到当前图形中

D. 删除图形文件中未使用的命名对象，如块定义、标注样式、图层、线型和文字样式等

（4）下列（　　）方法能插入创建好的块。

A．从 Windows 资源管理器中将图形文件图标拖放到 AutoCAD 绘图区域插入块

B．从设计中心插入块

C．用粘贴命令“Pasteclip”插入块

D．用插入命令“Insert”插入块

（5）下列关于块的说法正确的是（　　）。

A．块只能在当前文档中使用

B．只有用 Wblock 命令写到盘上的块才可以插入另一图形文件中

C．任何一个图形文件都可以作为块插入另一幅图中

D．用 Block 命令定义的块可以直接通过 Insert 命令插入到任何图形文件中

2. 上机实验题

实验 1　绘制如图 5-53 所示的图形

◆ 操作提示

（1）打开工具选项板，在工具选项板的“机械”选项卡中选择“滚珠轴承”图块，插入到新建空白图形中，通过右键快捷菜单进行缩放。

（2）利用“图案填充”命令对图形剖面进行填充。

实验 2　绘制如图 5-54 所示的盘盖组装图

◆ 操作提示

（1）建立一个新的工具选项板标签。

（2）在设计中心中查找已经绘制好的常用机械零件图。

（3）将这些零件图拖入到新建立的工具选项板标签中。

（4）打开一个新图形文件界面。

（5）将需要的图形文件模块从工具选项板上拖入到当前图形中，并进行适当的缩放、移动、旋转等操作。

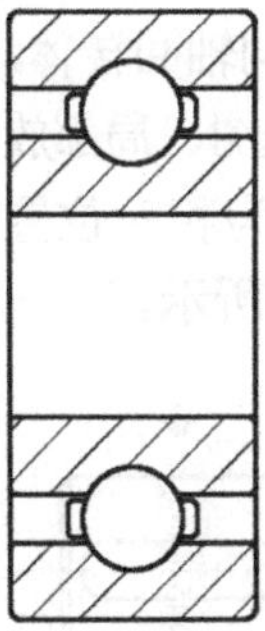

图 5-53　绘制图形

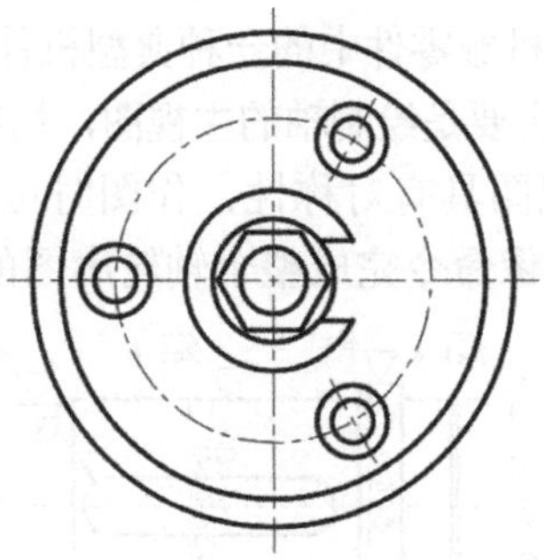

图 5-54　盘盖组装图

项目六　轴系类零件设计

【学习情境】

在前面的项目中，我们已经系统地学习了使用 AutoCAD 绘制机械图形时用到的各种命令的使用技巧。掌握这些绘图命令后，就需要利用这些知识来绘制具体的机械零件图了。轴系类零件是机械中比较常见也比较经典的零件，本项目通过几个任务来具体学习轴系类零件图的绘制方法。

【能力目标】

- 掌握轴系类零件图的具体绘制方法。
- 灵活应用各种 AutoCAD 命令。
- 提高机械绘图的速度和效率。

【课时安排】

6 课时（讲课 2 课时，练习 4 课时）

任务一　传动轴设计

【任务背景】

轴系类零件是机械零件中的一种典型机件，其上有一系列同轴回转体，分布着各种键槽。在机械零件图中，主要是绘制轴的主视图，局部细节用局部剖视图、局部放大视图等来表现。

传动轴的主视图具有对称性，作图时可以以轴的中心线为相对位置，在绘制完轴的上半部分后，应用镜像命令完成整个轴轮廓图的绘制，如图 6-1 所示。

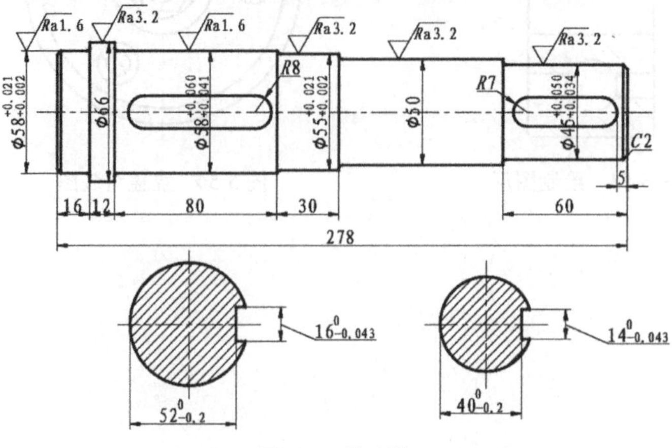

图 6-1　传动轴

【操作步骤】

1. 配置绘图环境

（1）建立新文件。打开 AutoCAD 2016 应用程序，以“A3.dwt”样板文件为模板建立新文件，将新文件命名为“传动轴.dwg”并保存。

（2）新建图层。单击“默认”选项卡“图层”面板中的“图层特性”按钮，打开“图层特性管理器”对话框，新建图层，如图 6-2 所示。

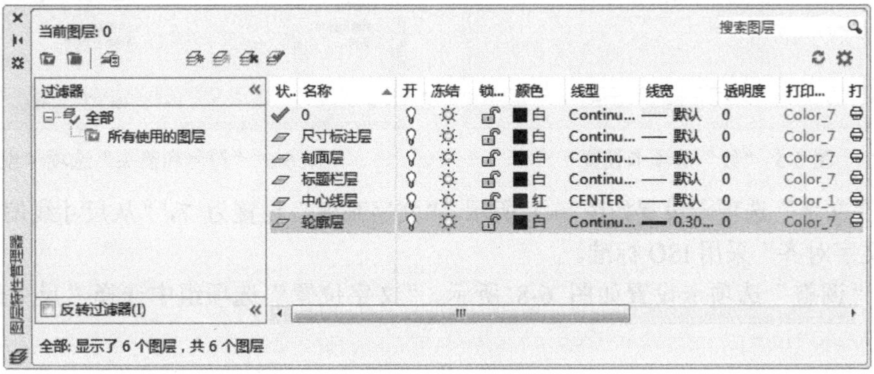

图 6-2　新建图层

（3）设置尺寸标注风格。

① 单击“默认”选项卡“注释”面板中的“标注样式”按钮，弹出“标注样式管理器”对话框，如图 6-3 所示。单击“新建”按钮，弹出“创建新标注样式”对话框，如图 6-4 所示。新样式名为“机械制图标注”，基础样式为“ISO-25”，用于“所有标注”。

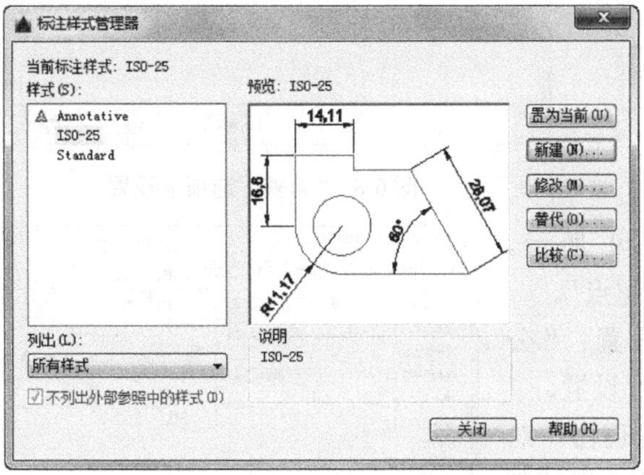

图 6-3　“标注样式管理器”对话框

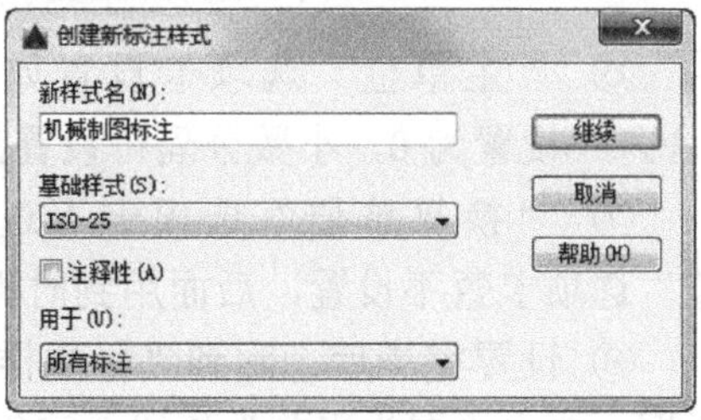

图 6-4　“创建新标注样式”对话框

② 单击“继续”按钮，打开“新建标注样式”对话框。其中有 7 个选项卡，可对新建的“机械制图标注”样式的风格进行设置。“线”选项卡设置如图 6-5 所示，“基线间距”设置为 13，“超出尺寸线”设置为 2.5。

③ 在“符号和箭头”选项卡中将“箭头大小”设置为 5，如图 6-6 所示。

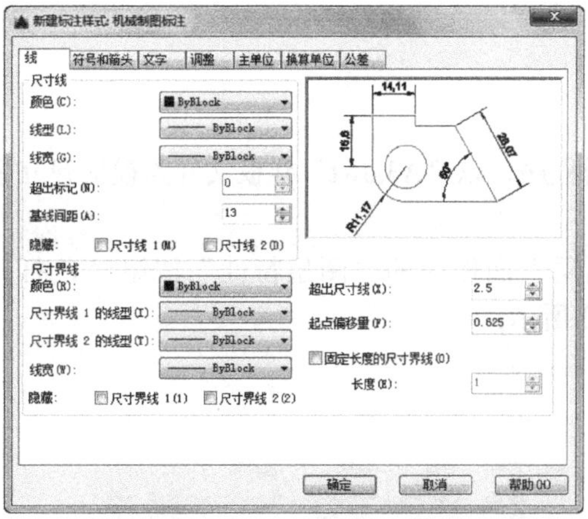

图 6-5 “线”选项卡设置

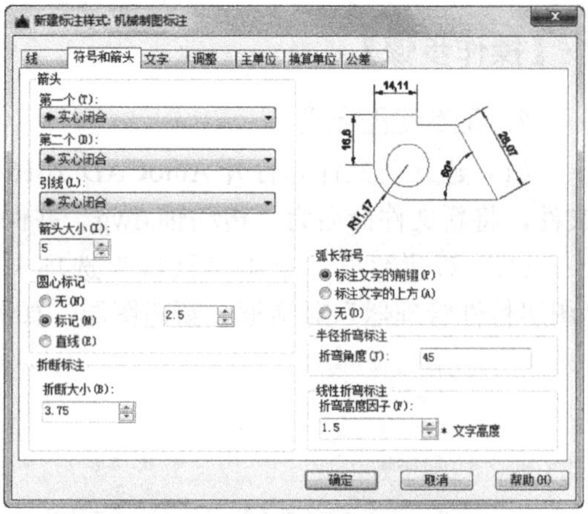

图 6-6 “符号和箭头”选项卡设置

④ “文字”选项卡设置如图 6-7 所示。“文字高度”设置为 7，“从尺寸线偏移”设置为 2，“文字对齐”采用 ISO 标准。

⑤ “调整”选项卡设置如图 6-8 所示。“文字位置”选项组中选择“尺寸线上方，带引线”。

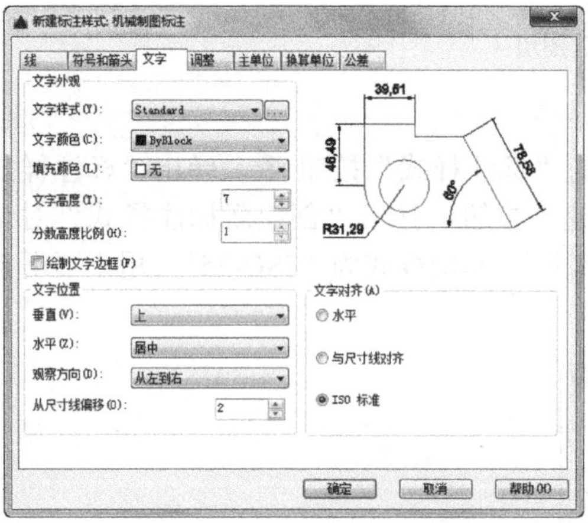

图 6-7 “文字”选项卡设置

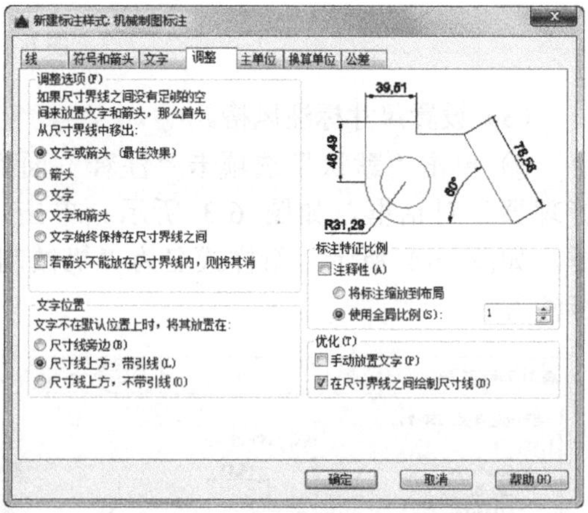

图 6-8 “调整”选项卡设置

⑥ “主单位”选项卡设置如图 6-9 所示。“舍入”设置为 0，小数分隔符设置为“句点”。

⑦ “换算单位”选项卡不进行设置；“公差”选项卡暂不设置，后面用到时再进行设置。

⑧ 设置完毕后，回到“标注样式管理器”对话框，单击“置为当前”按钮，将新建的“机械制图标注”样式设置为当前使用的标注样式。

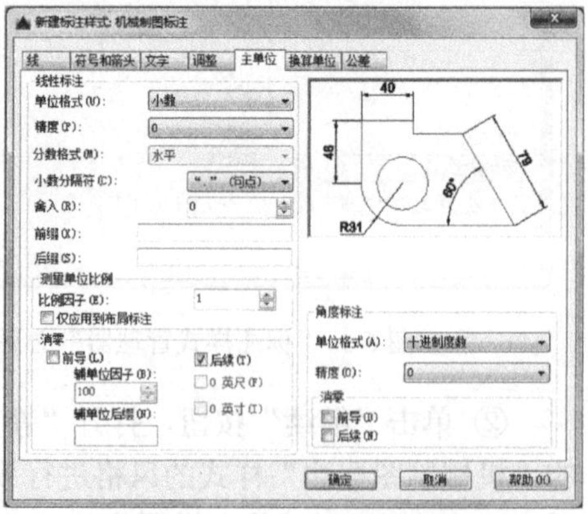

图 6-9 “主单位”选项卡设置

注意

普通尺寸标注中不需要标注公差，也就不需要设置公差；只有在需要标注尺寸公差时才进行设置；若一开始就设置了公差，则所有尺寸标注都将带有公差。在后面需要使用公差标注时，再设置公差选项。

2. 绘制主视图

（1）绘制主视图中心线。将“中心线层”设定为当前图层。单击“默认”选项卡“绘图”面板中的“直线”按钮，绘制中心线{(60,200), (360,200)}，如图 6-10 所示。

（2）绘制边界线。将“轮廓层”设置为当前图层。单击“默认”选项卡“绘图”面板中的“直线”按钮，绘制直线 1{(70,200), (70,240)}，如图 6-11 所示。

图 6-10　绘制中心线

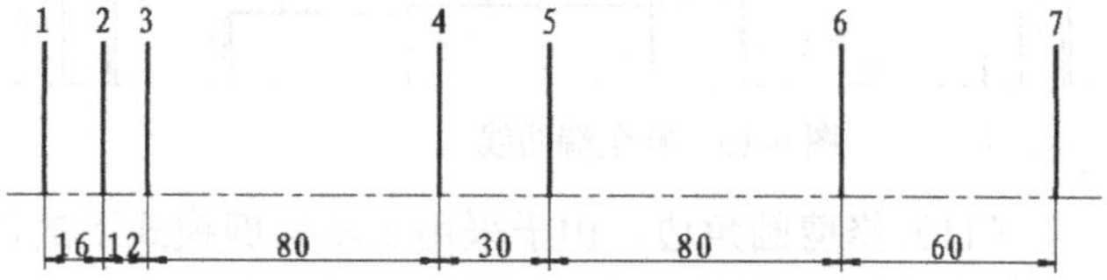

图 6-11　偏移边界线

（3）偏移边界线。单击“默认”选项卡“修改”面板中的“偏移”按钮，以直线 1 为起始，以前一次偏移线为基准依次向右绘制直线 2～7，偏移量依次为 16mm、12mm、80mm、30mm、80mm 和 60mm，如图 6-11 所示。

（4）偏移中心线。单击“默认”选项卡“修改”面板中的“偏移”按钮，偏移中心线，均以中心线为基准，向上偏移量分别是 22.5mm、25mm、27.5mm、29mm 和 33mm，如图 6-12 所示。

（5）更改图形对象的图层属性。选中 5 条偏移中心线，单击“图层”面板中的“图层”按钮，在下拉菜单中选择“轮廓层”，将其图层属性设置为“轮廓层”，更改后的效果如图 6-13 所示。

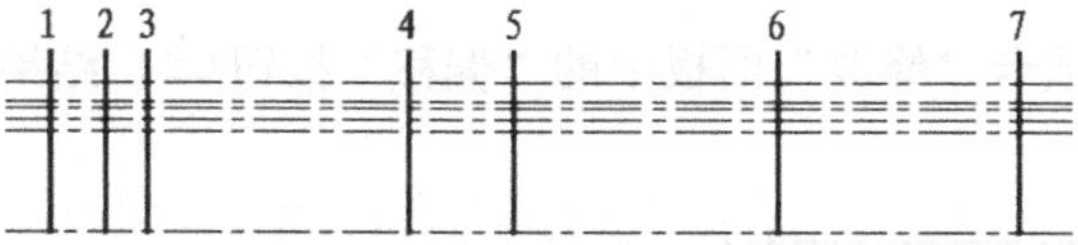

图 6-12　偏移中心线

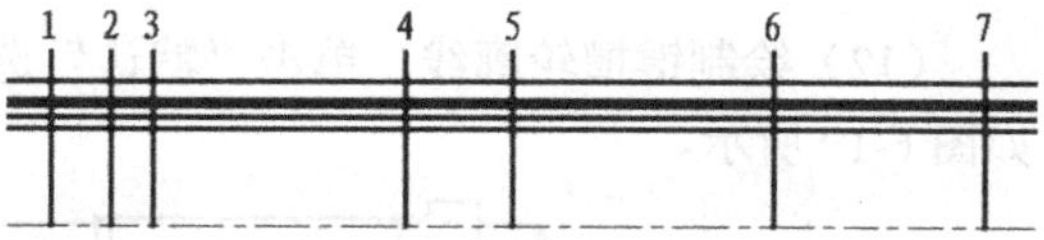

图 6-13　更改图层属性

注意

在 AutoCAD 2016 中，更改图层属性的另一种方法是在图形对象上右击鼠标，弹出快捷菜单，选择“特性”命令，弹出“特性”对话框，更改其图层属性。

（6）修剪纵向直线。单击“默认”选项卡“修改”面板中的“修剪”按钮，以 5 条横向直线作为剪切边，对 7 条纵向直线进行修剪，结果如图 6-14 所示。

（7）修剪横向直线。用同样的方法，单击“默认”选项卡“修改”面板中的“修剪”按钮，以 7 条纵向直线作为剪切边，对 5 条横向直线进行修剪，结果如图 6-15 所示。

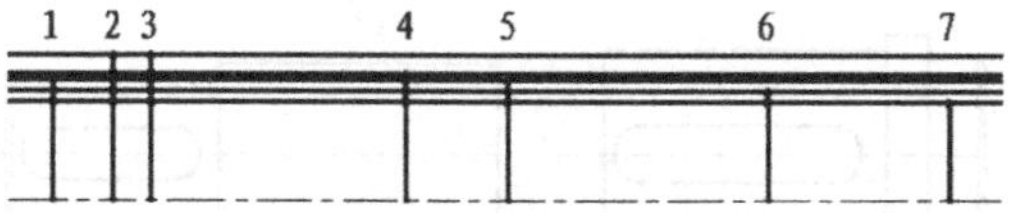

图 6-14　修剪纵向直线

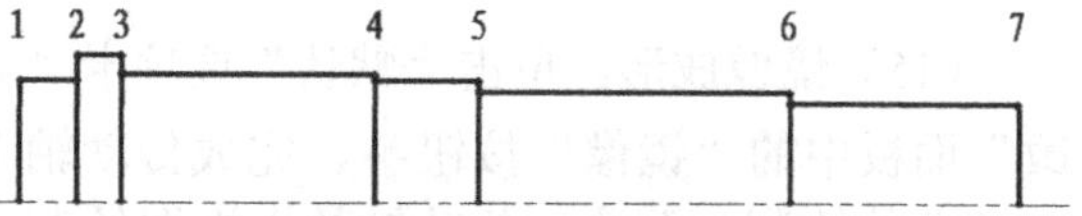

图 6-15　修剪横向直线

（8）端面倒直角。单击“默认”选项卡“修改”面板中的“倒角”按钮，采用修剪、角度、距离模式，倒角大小为 C2，对左右端面的两条直线倒直角。

（9）补全端面线。单击“默认”选项卡“绘图”面板中的“直线”按钮，利用“对象捕捉”补全左右端面线，如图 6-16 所示。

（10）台阶面倒圆角。单击“默认”选项卡“修改”面板中的“圆角”按钮，采用不修剪、半径模式，圆角半径为 1.5，依次选择传动轴中的 5 个台阶面进行倒圆角，如图 6-17 所示。

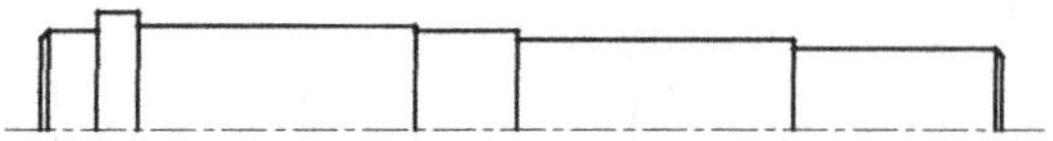

图 6-16　补全端面线

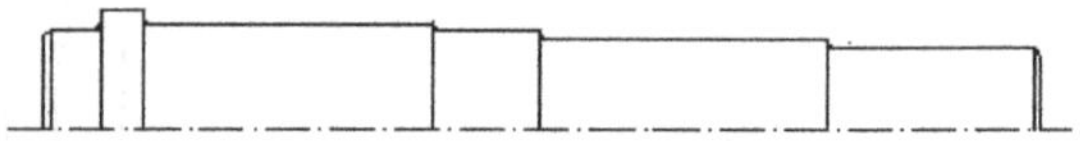

图 6-17　台阶面倒圆角

（11）修剪圆角边。由于采用了不修剪模式下的倒圆角操作，在每处圆角边都存在多余的边，如图 6-18（a）所示。单击“默认”选项卡“修改”面板中的“修剪”按钮，将其删除，结果如图 6-18（b）所示。

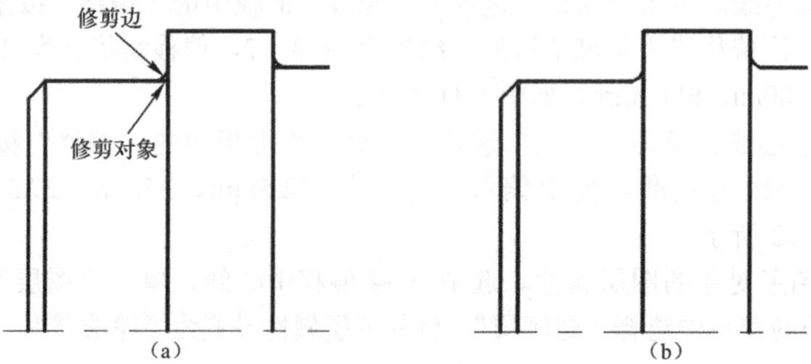

图 6-18　修剪圆角边

（12）绘制键槽轮廓线。单击“默认”选项卡“修改”面板中的“偏移”按钮，结果如图 6-19 所示。

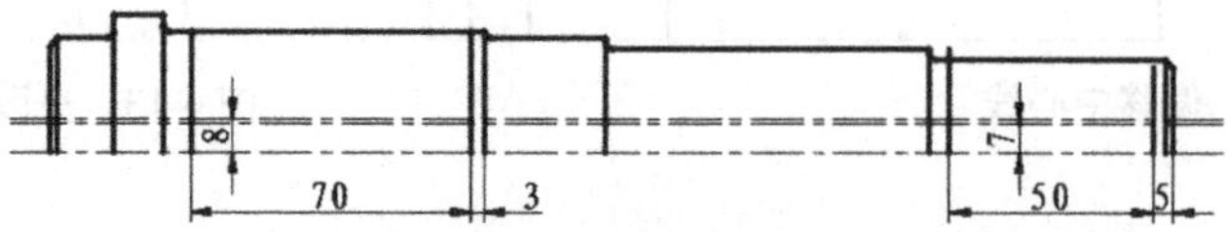

图 6-19　绘制键槽轮廓线

（13）更改偏移中心线的图层属性。将两条中心线从“中心线层”转为“轮廓层”。

（14）键槽倒圆角。单击“默认”选项卡“修改”面板中的“圆角”按钮，采用修剪、半径模式，左侧键槽圆角半径为 8mm，右侧键槽圆角半径为 7mm，如图 6-20 所示。

图 6-20　倒圆角后的键槽

（15）镜像成形。单击“默认”选项卡“修改”面板中的“镜像”按钮，完成传动轴下半部分的绘制。至此，传动轴的主视图绘制完毕，如图 6-21 所示。

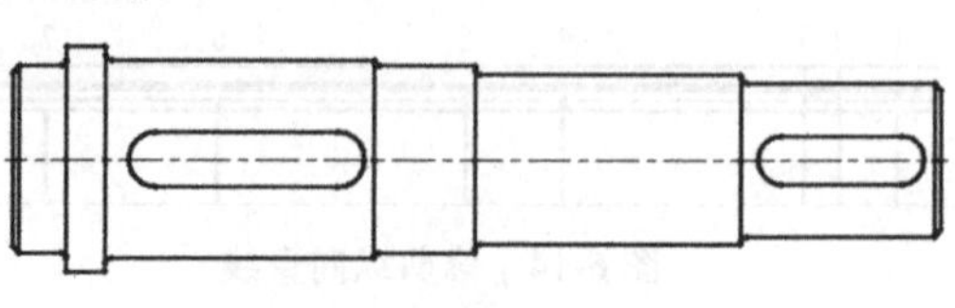

图 6-21　传动轴主视图

3. 绘制键槽剖面图

（1）绘制剖面图中心线。将“中心线层”设定为当前图层。单击“默认”选项卡“绘图”面板中的“直线”按钮，绘制两组十字交叉直线，直线{(100,100), (170,100)}和直线{(135,65),(135,135)}，直线{(250,100),(310,100)}和直线{(280,70), (280,130)}，如图 6-22 所示。

（2）绘制剖面圆。先切换图层，将当前图层设置为“轮廓层”，单击“默认”选项卡“绘图”面板中的“圆”按钮，绘制两个圆，其中一圆心为(135,100)，半径为 29mm，另一圆心为(280,100)，半径为 22.5mm。结果如图 6-23 所示。

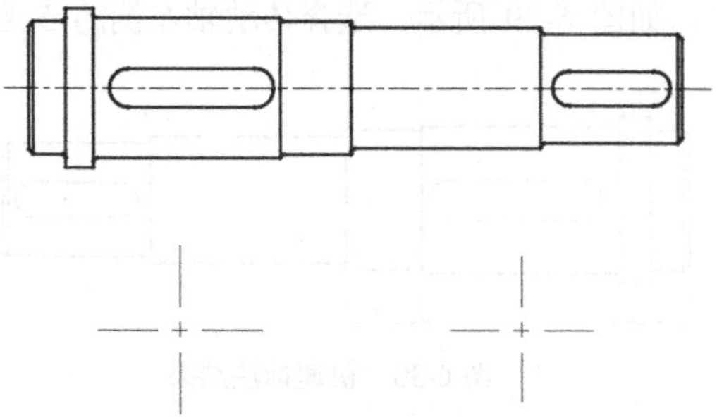

图 6-22　绘制剖面图中心线

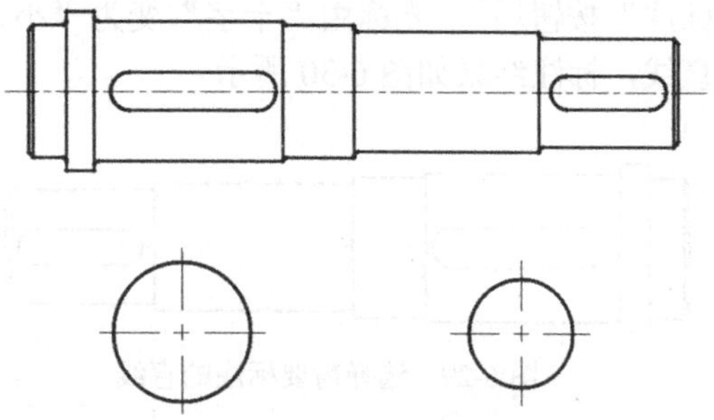

图 6-23　绘制剖面圆

（3）绘制键槽轮廓线。单击“默认”选项卡“修改”面板中的“偏移”按钮，在左右两个圆各自绘制 3 条直线，左侧圆上下偏移量为 8mm，水平偏移量为 6mm；右侧圆上下偏移量为 7mm，水平偏移量为 7.5mm，如图 6-24 所示。注意，中心线的偏移线同样需要更改其图层属性。

（4）绘制键槽。单击“默认”选项卡“修改”面板中的“修剪”按钮，通过剪切 3 条偏移直线形成键槽，如图 6-25 所示。

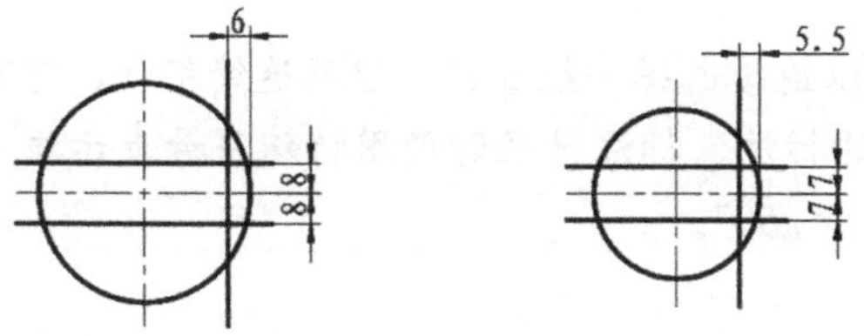

图 6-24　绘制键槽轮廓线

图 6-25　剪切形成键槽

（5）绘制剖面线。将“当前图层”设置为“剖面层”。单击“默认”选项卡“绘图”面板中的“图案填充”按钮，弹出“图案填充创建”选项卡，选择“ANSI31”图案，将“角度”设置为 0，“比例”设置为 1，如图 6-26 所示。选择键槽剖面轮廓线为填充区域，如图 6-27 所示。完成剖面线的绘制，如图 6-28 所示。

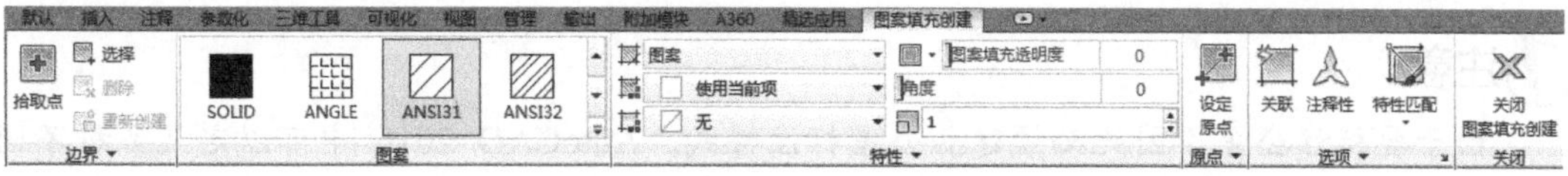

图 6-26　“图案填充创建”选项卡

图 6-27　选择填充轮廓线

图 6-28　绘制剖面线

4. 无公差尺寸标注

（1）快速标注。将“尺寸标注层”设定为当前图层。单击“标注”工具栏中的“快速标注”按钮，光标由“十字”变为“小方块”，如图 6-29 所示。选择传动轴左侧的 5 条直线，标注结果如图 6-30 所示。

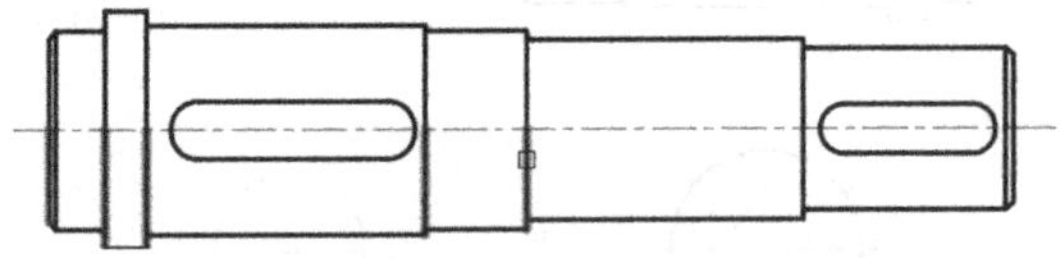

图 6-29　选择需要标注的直线

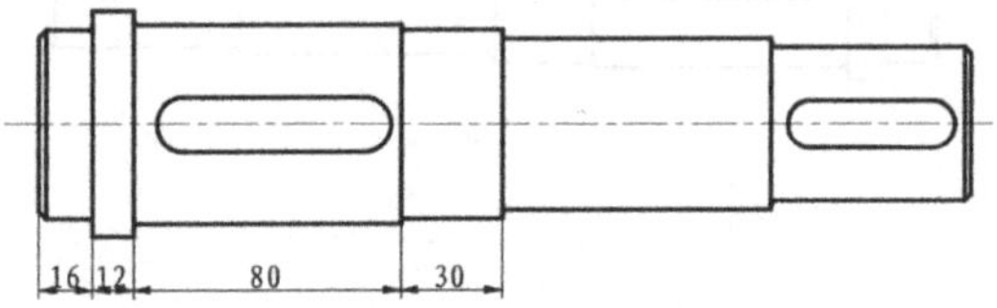

图 6-30　快速标注结果

（2）线性标注。单击“默认”选项卡“注释”面板中的“线性”按钮，标注出传动轴主视图的其他无公差尺寸 3、5、60、278、ϕ50、ϕ66，单击“默认”选项卡“注释”面板中的“半径”按钮，标注半径 R7、R8。在命令行中输入 QLEADER 命令，标注倒角尺寸为 C2，如图 6-31 所示。

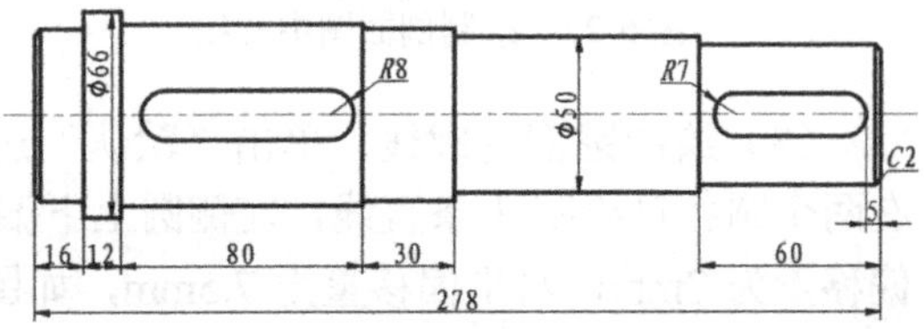

图 6-31　绘制主视图的其他尺寸标注

注意

“快速标注”是比较常用的标注命令，它可以连续选择一组直线，进而连续标注，它比一般的线性标注更方便地用于类似传动轴零件的标注。标注轴径时使用特殊符号表示法，用“%%C”表示“ϕ”，例如，“%%C50”表示“ϕ50”。

5. 带公差尺寸标注

（1）设置带公差标注样式。单击“默认”选项卡“注释”面板中的“标注样式”按钮，打开“标注样式管理器”对话框，单击“新建”按钮，建立一个名为“机械制图标注（带公差）”的样式，“基础样式”为“机械制图标注”，如图 6-32 所示。单击“继续”按钮，在弹出的“新建标注样式”对话框中，选择“公差”选项卡，设置如图 6-33 所示，并把“机械制图标注（带公差）”的样式设置为当前使用的标注样式。

注意

由于要标注公差，因此必须建立公差标注样式。AutoCAD 2016 中可以定义多种不同的标注样式，每一种形式的标注都有与它相关联的标注样式。当标注样式修改存储后，所有利用此样式标注的尺寸都会发生变化。

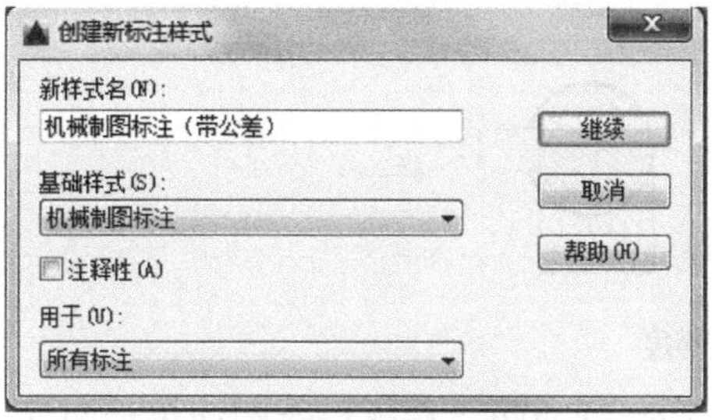

图 6-32 新建标注样式

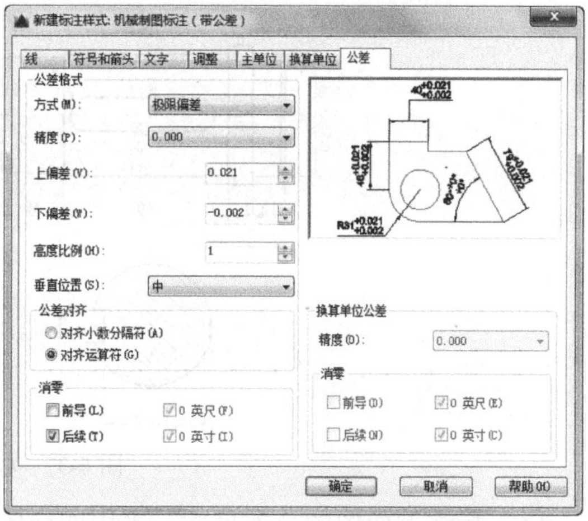

图 6-33 “公差”选项卡设置

在填写下偏差数值时，系统默认为负值，如果下偏差的值为正，则必须在数值前加负号。

（2）线性标注。单击“默认”选项卡“注释”面板中的“线性”按钮，标注轴径带公差的尺寸，如图 6-34 所示。

（3）替代标注样式。单击“默认”选项卡“注释”面板中的“标注样式”按钮，打开“标注样式管理器”对话框，单击“替代”按钮，打开“替代当前样式”对话框，如图 6-35 所示。在“公差”选项卡中重新设置公差值，单击“确定”按钮退出。再单击“标注样式管理器”对话框中的“关闭”按钮。

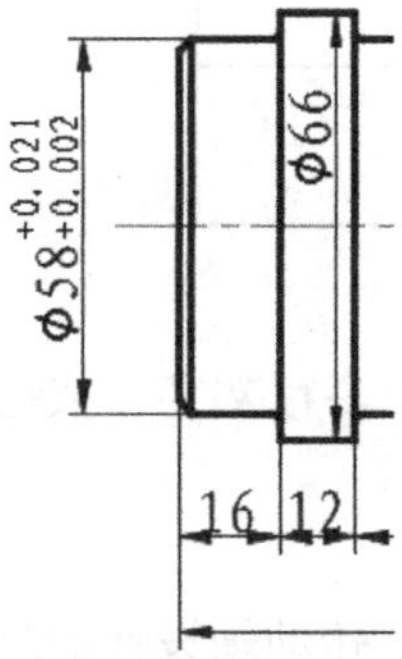

图 6-34 标注公差尺寸

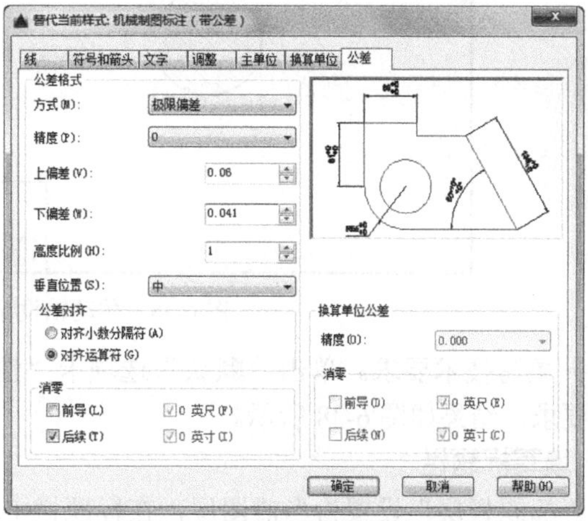

图 6-35 “替代当前样式”对话框

（4）继续标注尺寸公差。与上面方法相同，设置不同的替代公差值标注尺寸公差，结果如图 6-36 所示。

（5）标注粗糙度。单击“默认”选项卡“块”面板中的“插入”按钮，插入项目五/任务一中创建的粗糙度块，单击“默认”选项卡“注释”面板中的“多行文字”按钮A，标注粗糙度，结果如图 6-37 所示。

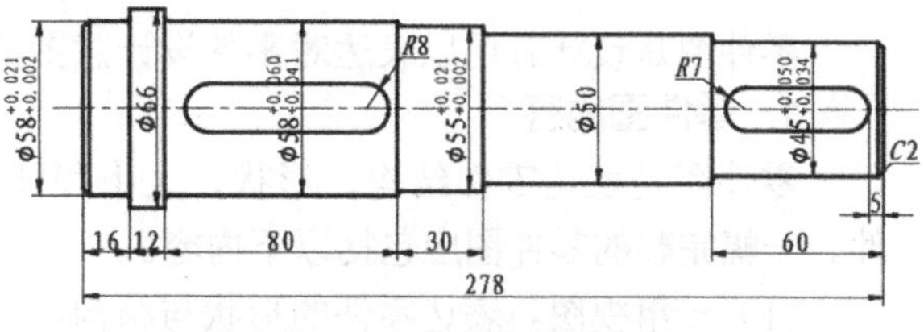

图 6-36 完成主视图极限偏差标注

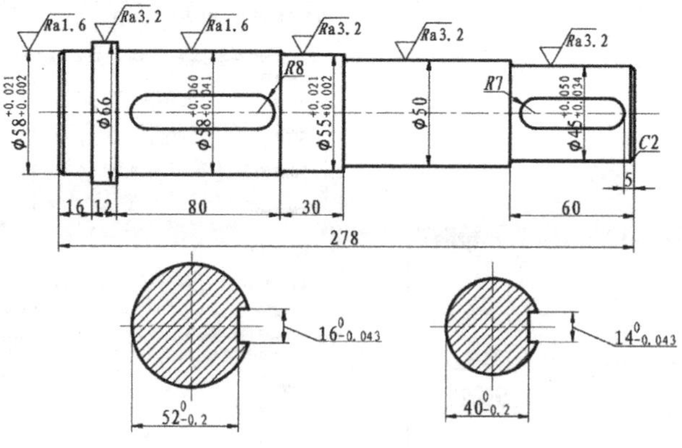

图 6-37　标注粗糙度

（6）标注剖面图的公差尺寸。采用同样的方法标注剖面图，最终标注图效果如图 6-38 所示。

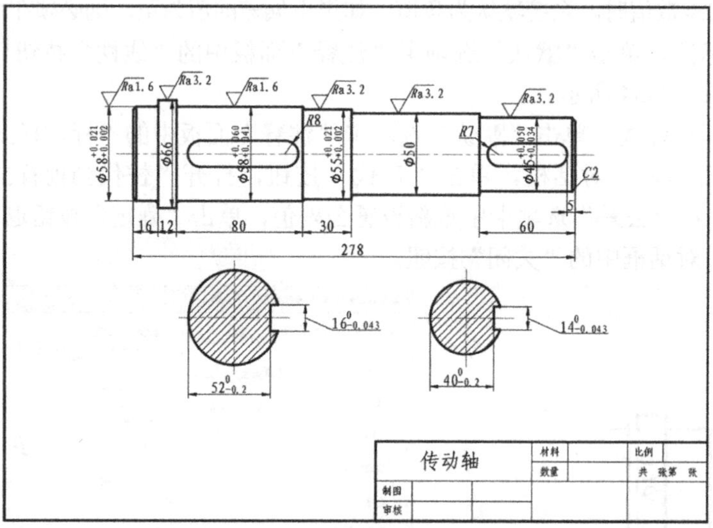

图 6-38　传动轴设计效果图

（7）填写技术要求。单击“默认”选项卡“注释”面板中的“多行文字”按钮A，创建技术要求。结果如图 6-38 所示。

6. 填写标题栏

将“标题栏层”设置为当前图层，在标题栏中填写“传动轴”。传动轴设计的最终效果图如图 6-38 所示。

【知识点详解】

零件图是设计者用以表达对零件设计意图的一种技术文件。

1. 零件图内容

零件图是表达零件结构、形状、大小和技术要求的工程图样，工人根据它加工制造零件。一幅完整的零件图应包括以下内容。

（1）一组视图。表达零件的形状与结构。

（2）一组尺寸。标出零件上结构的大小、结构间的位置关系。

（3）技术要求。标出零件加工、检验时的技术指标。

（4）标题栏。注明零件的名称、材料、设计者、审核者、制造厂家等信息的表格。

2. 零件图绘制过程

零件图的绘制过程包括草绘和绘制工作图，AutoCAD 一般用作绘制工作图。绘制零件图包括以下几步。

（1）设置作图环境。作图环境的设置一般包括以下两方面。

① 选择比例。根据零件的大小和复杂程度选择比例，尽量采用 1∶1。

② 选择图纸幅面。根据图形、标注尺寸、技术要求所需图纸幅面，选择标准幅面。

（2）确定作图顺序，选择尺寸转换为坐标值的方式。

（3）标注尺寸，标注技术要求，填写标题栏。标注尺寸前要关闭剖面层，以免剖面线在标注尺寸时影响端点捕捉。

（4）校核与审核。

任务二　轴 承 设 计

【任务背景】

滚动轴承的种类很多，但其结构大体相同，如图 6-39 所示为深沟球轴承的结构，大多数滚动轴承都是由外圈、内圈、滚动体和保持架 4 部分组成的，通常外圈装在机座的孔内，固定不动，而内圈套在轴上，随轴转动。

轴承零件的绘制过程分为两个阶段，先绘制主视图，然后完成剖面左视图的绘制。本任务再次使用了利用多视图互相投影对应关系绘制图形的方法。绘制的轴承图如图 6-40 所示。

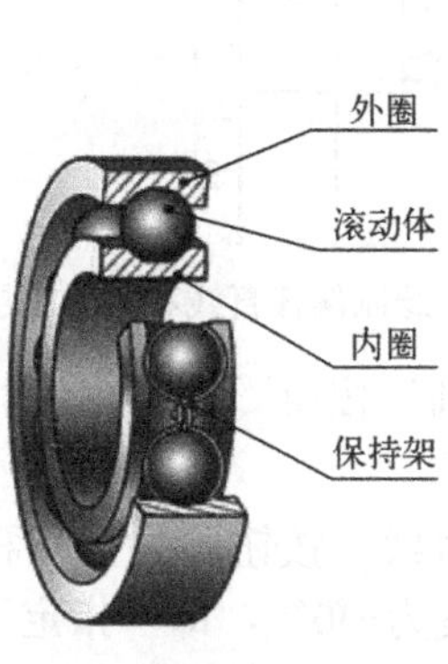

图 6-39　深沟球轴承的结构

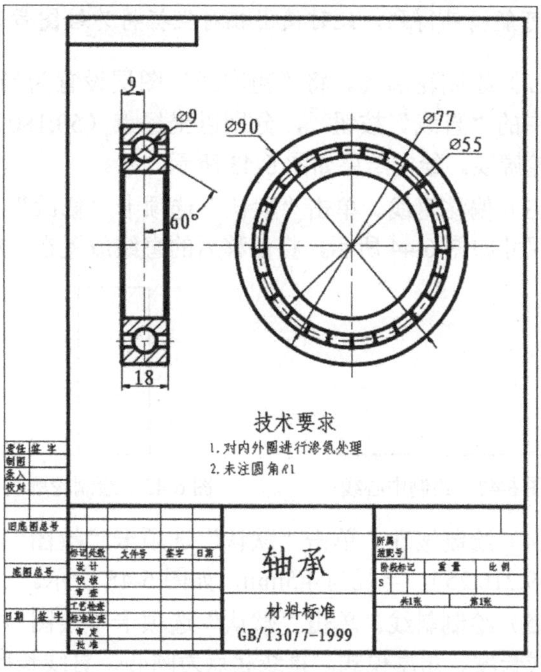

图 6-40　轴承设计

【操作步骤】

1. 配置环境

（1）单击“快速访问”工具栏中的“新建”按钮，打开“选择样板”对话框，在该对话框中选择A4竖向样板图，其中样板图左下端点坐标为（0,0）。

（2）单击“默认”选项卡“图层”面板中的“图层特性”按钮，打开“图层特性管理器”对话框，创建5个图层，如图6-41所示为创建好的图层。

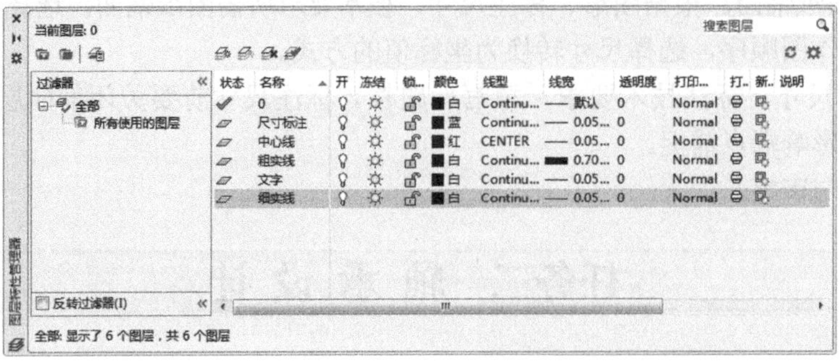

图6-41 创建好的图层

2. 绘制轴承主视图

（1）绘制中心线。将“中心线”图层设置为当前图层，单击“默认”选项卡“绘图”面板中的“直线”按钮，绘制直线端点坐标为{(40,180)，(200,180)}，如图6-42所示。

提示

如“@Δx，y，z”是相对于上一点的相对坐标值的输入。在很多时候某些点的绝对坐标不可能精确得到，此时使用相对坐标将为绘图带来很大方便。

（2）绘制轮廓线。将“粗实线”图层设置为当前图层，单击“默认”选项卡“绘图”面板中的“直线”按钮，分别以坐标点（50,180）、（50,225）、（@18,0）、（@0,-45）绘制外形轮廓线。绘制结果如图6-43所示。

（3）偏移直线。单击“默认”选项卡“修改”面板中的“偏移”按钮，偏移直线，偏移尺寸如图6-44所示，将偏移后的直线放置在“中心线”图层，如图6-44所示。

图6-42 绘制中心线

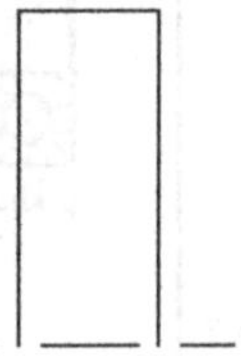

图6-43 绘制轮廓线

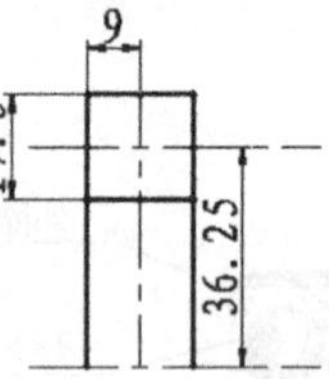

图6-44 绘制偏移直线和更改图层属性

（4）绘制滚珠。单击“默认”选项卡“绘图”面板中的“圆”按钮，绘制圆，圆心为（59,216.25），半径为4.5mm，如图6-45所示。

（5）绘制斜线。单击“默认”选项卡“绘图”面板中的“直线”按钮，采用极坐标下直线长度、角度模式。直线起点为圆心，直线长度为30，角度为-30°，即“指定下一点或[放弃(U)]: @30<-30”，如图6-45所示。

（6）绘制水平直线。单击“默认”选项卡“绘图”面板中的“直线”按钮，通过圆与斜线的交点绘制一条水平直线，单击“默认”选项卡“修改”面板中的“修剪”按钮，对水平直线进行修剪，如图 6-46 所示。

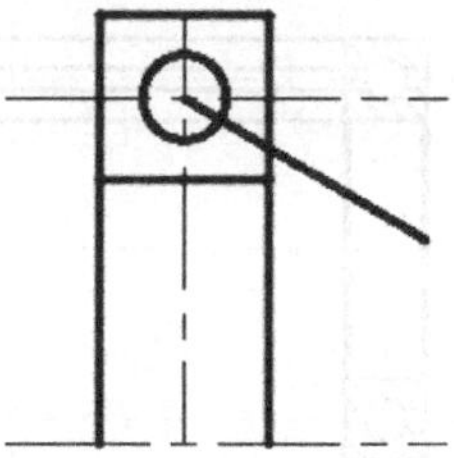

图 6-45　绘制圆与斜线

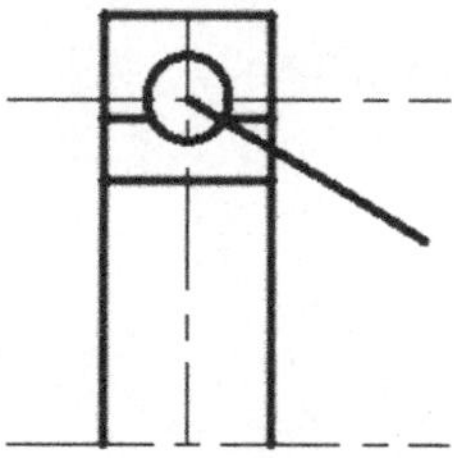

图 6-46　绘制通过定点的直线并进行修剪

（7）倒直角和圆角。单击“默认”选项卡“修改”面板中的“圆角”按钮，圆角半径为 1mm，对外侧两个直角采用修剪模式圆角；单击“默认”选项卡“修改”面板中的“倒角”按钮，对内侧两个直角采用不修剪模式倒角，倒角距离为 1，如图 6-47（a）所示。

（8）图形修剪。单击“默认”选项卡“修改”面板中的“修剪”按钮，对内侧两个倒角进行修剪，如图 6-47（b）所示。

（9）镜像图形。单击“默认”选项卡“修改”面板中的“镜像”按钮，进行两次镜像，先镜像第（6）步绘制的水平线，再镜像上半部轴承，结果如图 6-48 所示。

（10）补充轮廓线。删除绘制的斜线，单击“默认”选项卡“绘图”面板中的“直线”按钮，绘制左右轮廓线直线，如图 6-49 所示。

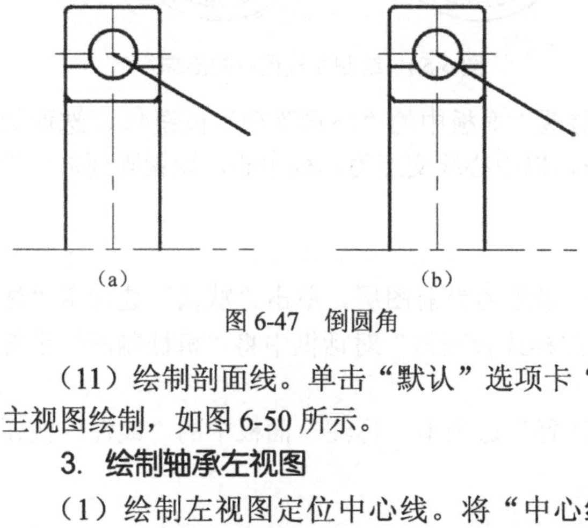

（a）　（b）

图 6-47　倒圆角

图 6-48　镜像图形

图 6-49　绘制直线

（11）绘制剖面线。单击“默认”选项卡“绘图”面板中的“图案填充”按钮，完成主视图绘制，如图 6-50 所示。

3. 绘制轴承左视图

（1）绘制左视图定位中心线。将“中心线”图层设置为当前图层，单击“默认”选项卡“绘图”面板中的“直线”按钮，绘制直线{(140,130)，(140,230)}。同理，绘制其他两条水平中心线，结果如图 6-51 所示。

提示

轴承左视图主要由同心圆和一系列滚珠圆组成。左视图是在主剖视图的基础上生成的，因此需要借助主视图的位置信息进行绘制，即从主视图引出相应的辅助线，然后进行必要的修剪和添加。

图 6-50　轴承主视图

（2）绘制辅助水平线。将“粗实线”图层设置为当前图层，单击“默认”选项卡“绘图”面板中的“直线”按钮，捕捉特征点，利用“正交”功能从主视图引出 4 条水平直线，如图 6-52 所示。

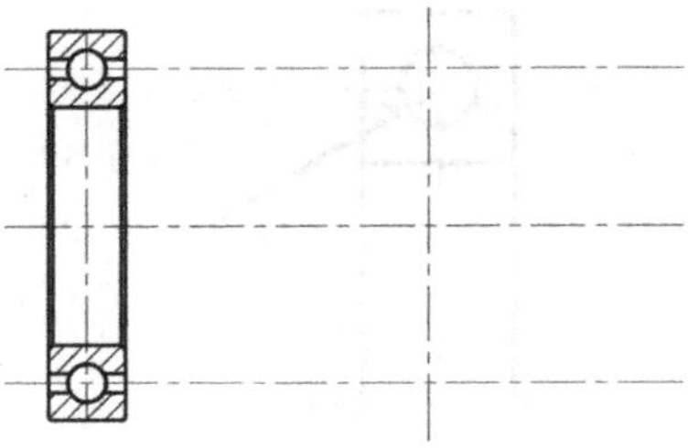

图 6-51　绘制左视图定位中心线

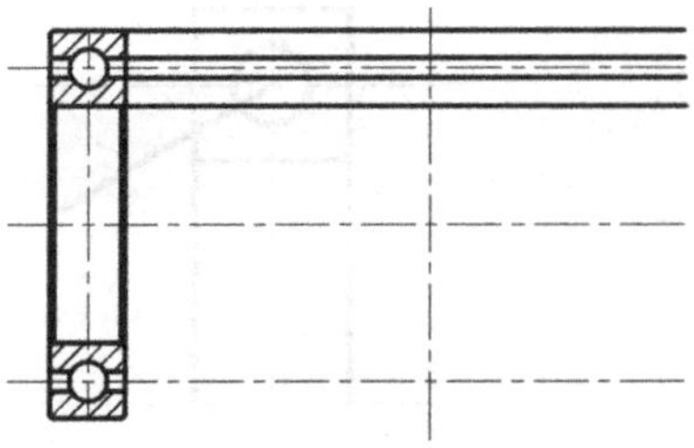

图 6-52　绘制辅助直线

（3）绘制 5 个圆。单击“默认”选项卡“绘图”面板中的“圆”按钮，圆心为（140,180），依次捕捉辅助线与中心线的交点，注意中间的圆，更改其图层属性为“中心线”图层，删除辅助直线，如图 6-53 所示。

（4）绘制滚珠。单击“默认”选项卡“绘图”面板中的“圆”按钮，圆心为中心线与圆弧中心线的交点，半径为 4.5mm，并进行修剪，如图 6-54 所示。

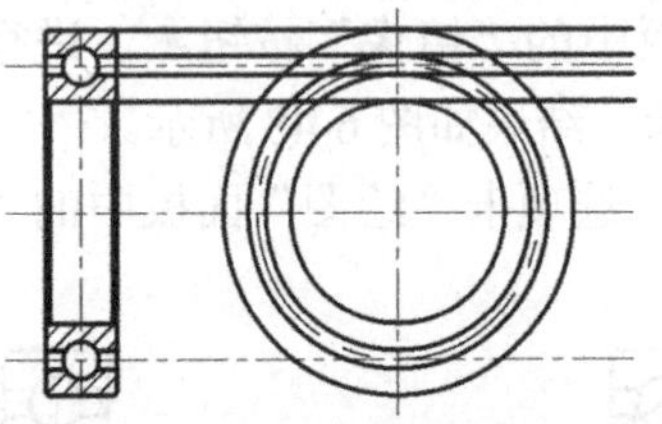

图 6-53　绘制左视图轮廓圆

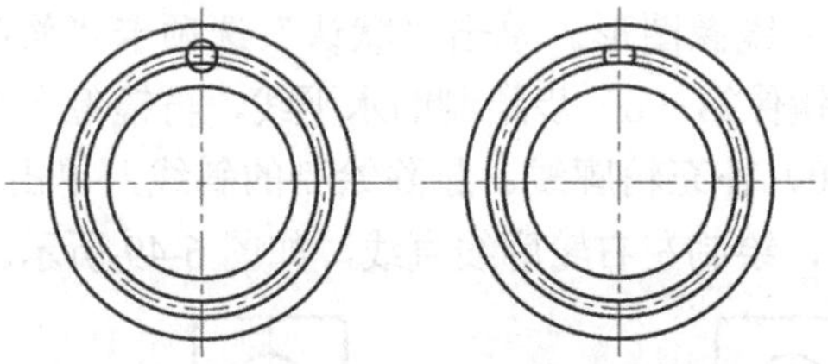

图 6-54　绘制左视图中的滚珠

（5）环形阵列。单击“默认”选项卡“修改”面板中的“环形阵列”按钮，选取如图 6-54 所示的绘制的滚珠轮廓线为阵列对象，以中心线交点为阵列中心，设置阵列数目为 25，结果如图 6-55 所示。

4. 标注尺寸

（1）设置标注样式。将“尺寸标注”图层设置为当前图层。单击“默认”选项卡“注释”面板中的“标注样式”按钮，在“标注样式管理器”对话框中将“机械制图”设置为当前使用的标注样式。

（2）标注轴承宽度和圆环宽度。单击“注释”选项卡“标注”面板中的“线性”按钮，标注轴承宽度为 18mm，如图 6-56 所示。

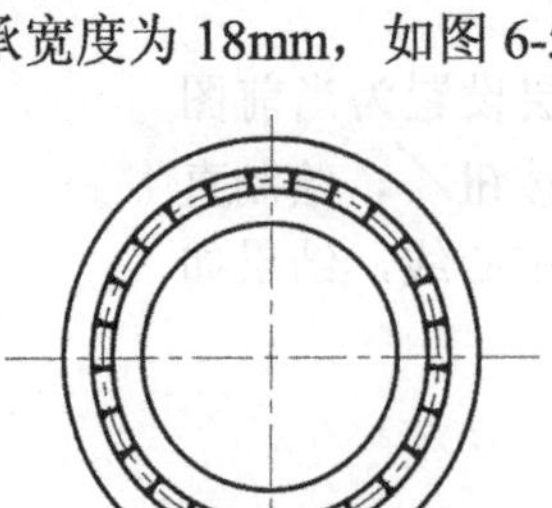

图 6-55　轴承左视图

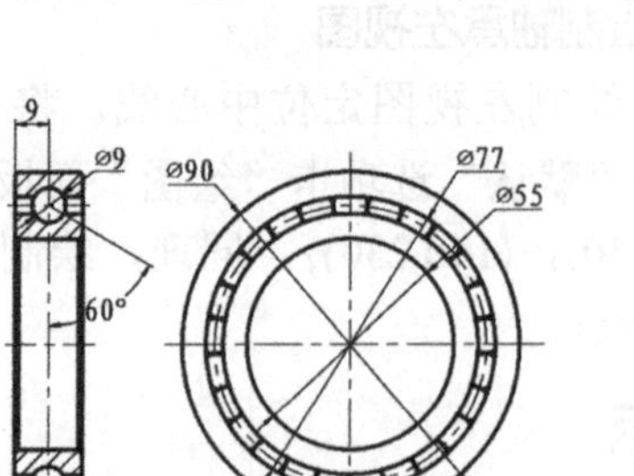

图 6-56　标注轴承主视图及左视图

（3）标注滚珠直径。单击“注释”选项卡“标注”面板中的“直径”按钮，标注滚珠直径为ϕ9mm，如图 6-56 所示。

（4）标注角度。单击“注释”选项卡“标注”面板中的“角度”按钮，标注角度为 60°。单击“默认”选项卡“修改”面板中的“打断”按钮，删掉过长的中心线，如图 6-56 所示。

（5）单击“注释”选项卡“标注”面板中的“直径”按钮，标注直径ϕ55、ϕ77 和ϕ90，如图 6-56 所示。

（6）将“文字”图层设置为当前图层，在空白处创建技术要求，在标题栏中填写“轴承”。轴承的最终效果如图 6-40 所示。

【知识点详解】

滚动轴承是标准件，一般不需要画零件图，在装配图中，滚动轴承是根据其代号从国家标准中查出外径 *D*、内径 *d* 和宽度 *B* 或 *T* 等几个主要尺寸来进行绘制。当需要较详细地表达滚动轴承的主要结构时，可采用规定画法；在只需要简单地表达滚动轴承的主要结构特征时，可采用特征画法。三种常用轴承的规定画法及特征画法见表 6-1。

表 6-1　常用滚动轴承的画法

轴承名称	结构形式	规定画法	特征画法
深沟球轴承	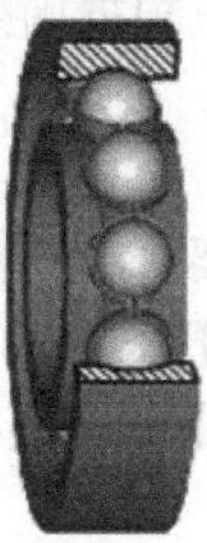	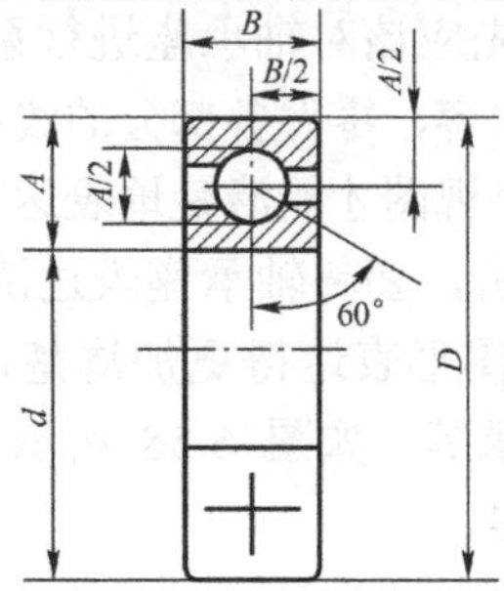	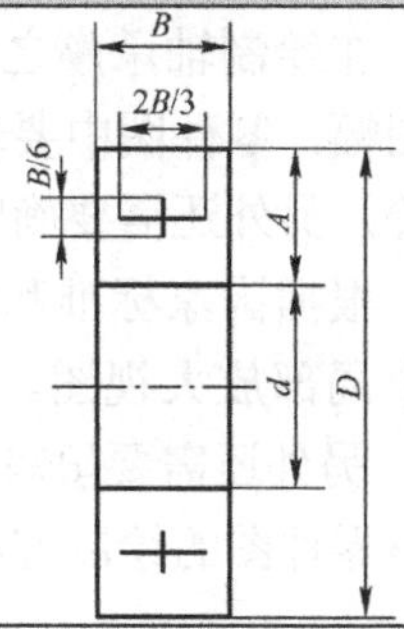
圆锥滚子轴承		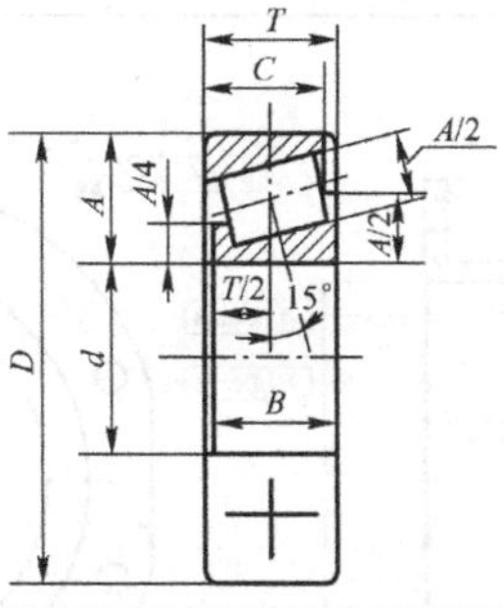	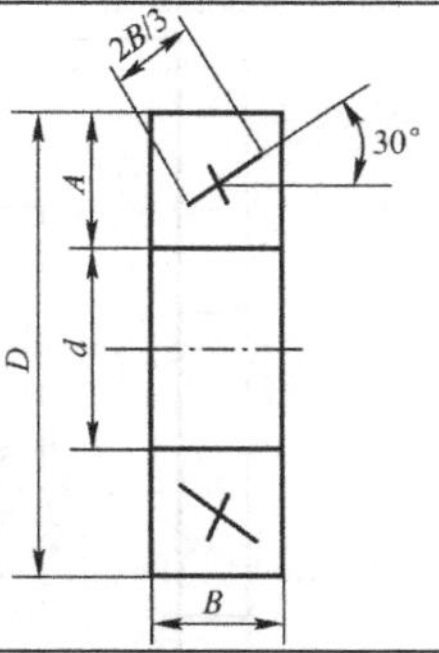
平底推力球轴承		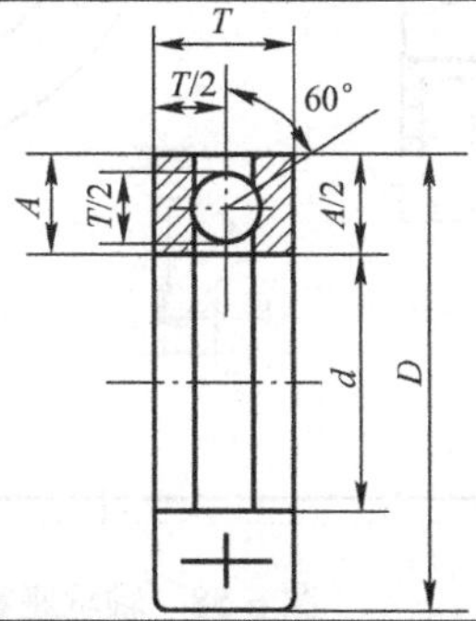	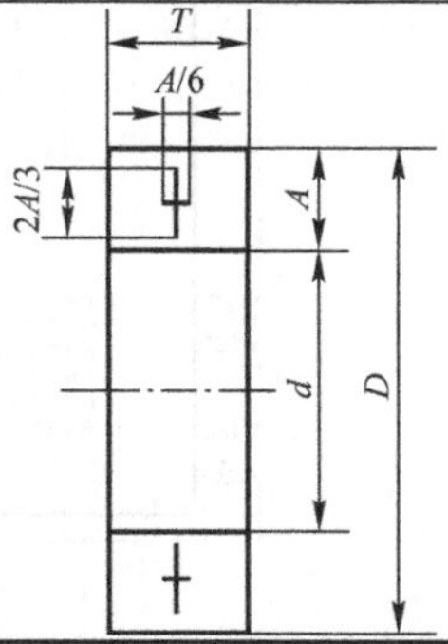

当不需要确切地表达滚动轴承外形轮廓、载荷特性、结构特性时，可用通用画法，即在矩形线框中央绘制正立十字形符号（十字形符号不与线框接触），如图 6-57 所示。

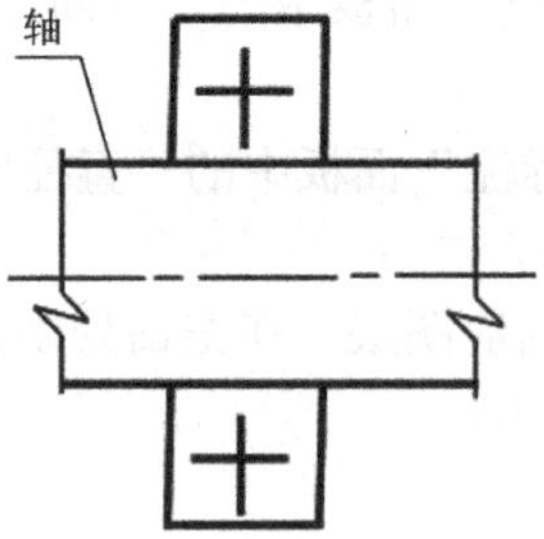

图 6-57　轴承的通用画法

任务三　轴承座设计

【任务背景】

在绘制轴承座之前，首先应该对轴承座进行系统分析。根据国家标准需要确定零件图的图幅，零件图中要表示的内容，零件各部分的线型、线宽、公差、公差标注样式以及粗糙度等，另外还需要确定用几个视图才能清楚地表达该零件。

根据国家标准和工程分析，要将轴承座表达清楚，需要一个主视图以及一个左视图和一个局部放大视图。为了将图形表达得更加清楚，我们选择绘图的比例为 1∶1，图幅为 A2，另外还需要填写技术要求等。如图 6-58 所示为要绘制的轴承座零件图，下面将介绍轴承座零件图的绘制方法和步骤。

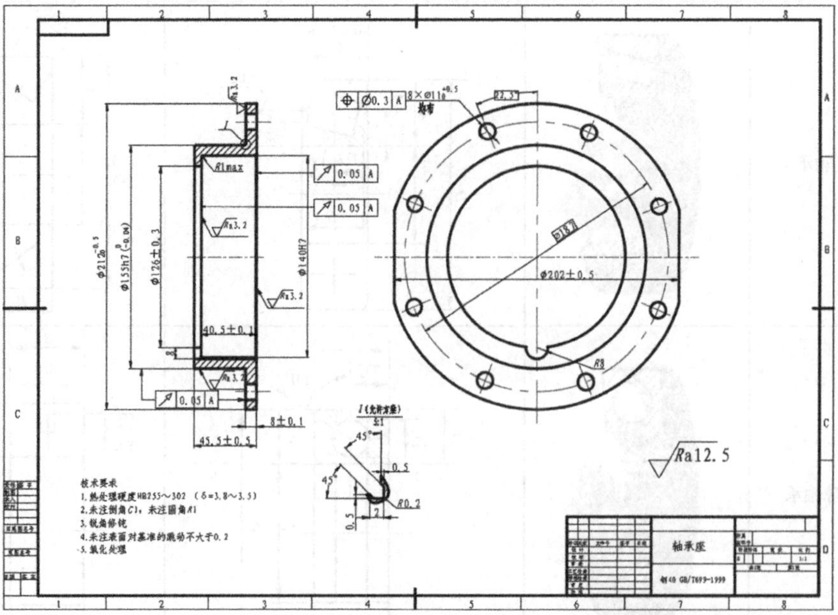

图 6-58　轴承座零件图

【操作步骤】

1. 调入样板图

单击“快速访问”工具栏中的“新建”按钮，打开“选择样板”对话框，如图 6-59 所示，用户可以在该对话框中选择需要的样板图。

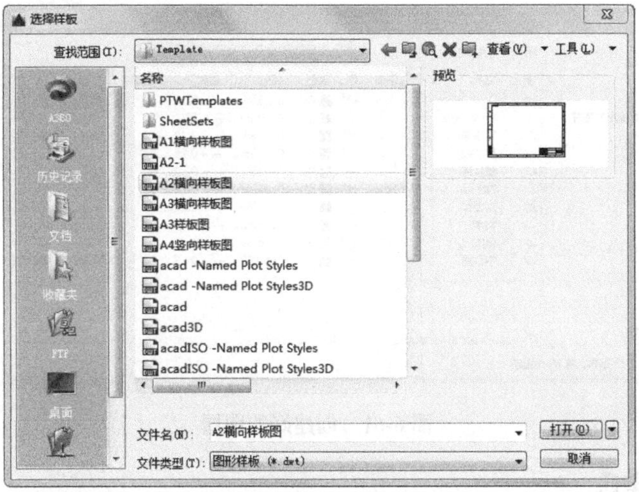

图 6-59 “选择样板”对话框

在“选择样板”对话框中选择用户已经绘制好的样板图后，单击“打开”按钮，则返回绘图区域，同时选择的样板图也会出现在绘图区域内，如图 6-60 所示，其中样板图左下端点坐标为（0,0）。

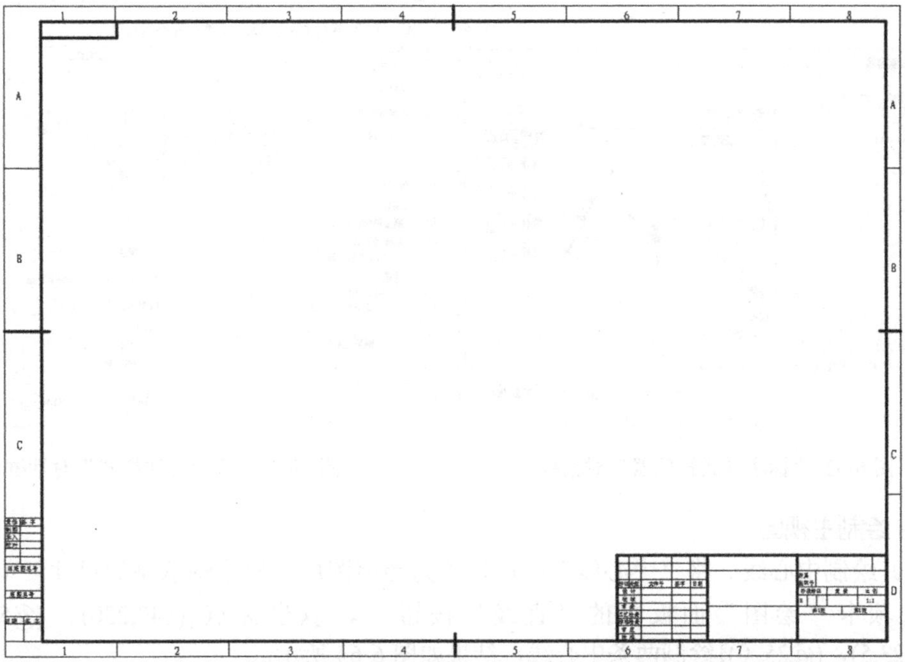

图 6-60　插入的样板图

2. 设置图层

根据国家标准和工程分析，在该零件图中主要用到粗实线、细实线、中心线和剖面线等。我们需要设置用到的图层，单击“默认”选项卡“图层”面板中的“图层特性”按钮，打开“图层特性管理器”对话框，用户可以参照前面介绍的命令，在其中创建需要的图层，如图 6-61 所示为创建好的图层。

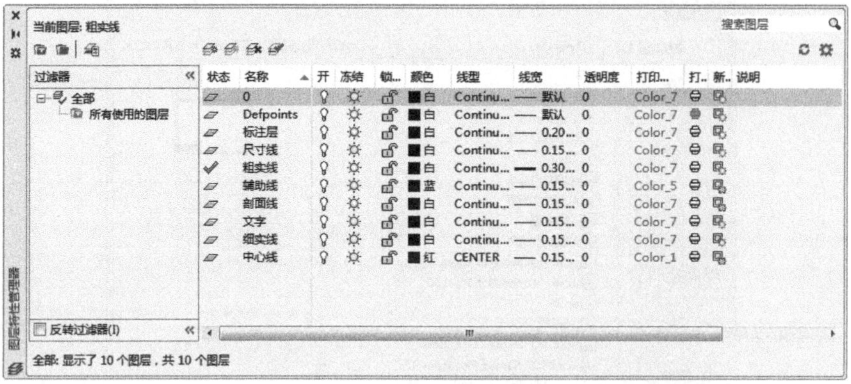

图 6-61 创建好的图层

3. 设置标注样式

单击“默认”选项卡“注释”面板中的“标注样式”按钮，打开“标注样式管理器”对话框，如图 6-62 所示，在该对话框中显示当前的标注样式，包括直径、角度、线性和引线的标注样式。单击“修改”按钮，打开“修改标注样式”对话框，如图 6-63 所示，可以在其中设置需要的标注样式。

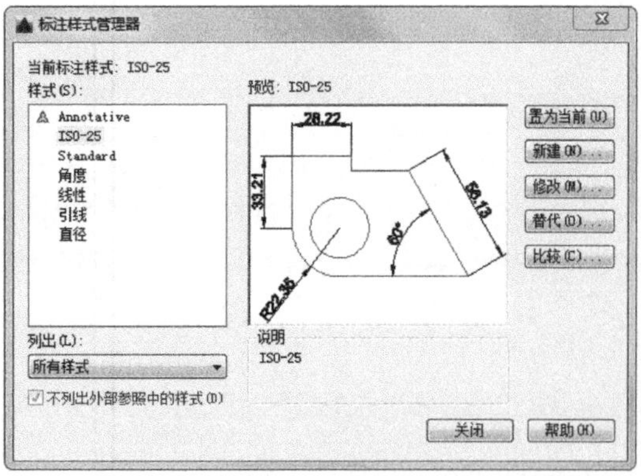

图 6-62 “标注样式管理器”对话框

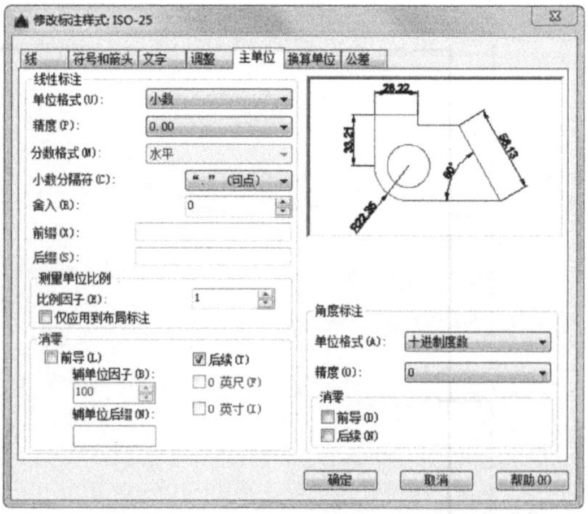

图 6-63 “修改标注样式”对话框

4. 绘制主视图

（1）绘制中心线。将“中心线”图层设置为当前图层。根据轴承座的尺寸，单击“默认”选项卡“绘图”面板中的“直线”按钮，以坐标点{(140,230)，(@55,0)}、{(175,323.5)，(@25, 0)}绘制两条中心线，结果如图 6-64 所示。

（2）绘制主视图轮廓线。根据分析可以知道，该主视图的轮廓线主要由直线组成，另外还需要填充剖面线。在绘制主视图轮廓线的过程中，需要用到直线、圆角、倒角以及剖面线等命令。

① 将“粗实线”图层设置为当前图层，单击“默认”选项卡“绘图”面板中的“直线”按钮，坐标点依次为（145,230）、（@0,77.5）、（@37.5,0）、（@0,28.5）和（@8,0），在对象捕捉模式下选择与中心线的垂直交点，绘制外轮廓线，结果如图 6-65 所示。

② 单击“默认”选项卡“绘图”面板中的“直线”按钮，以坐标点{(150,230)，(@0,70)，(@40.5,0)}绘制内轮廓线，结果如图 6-66 所示。

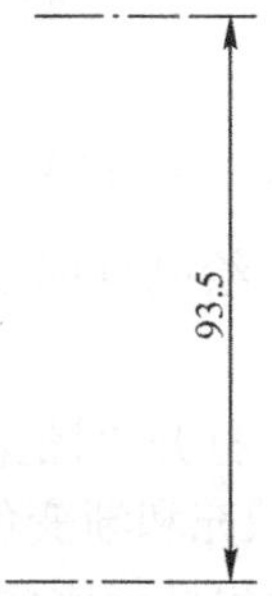

图 6-64　绘制中心线

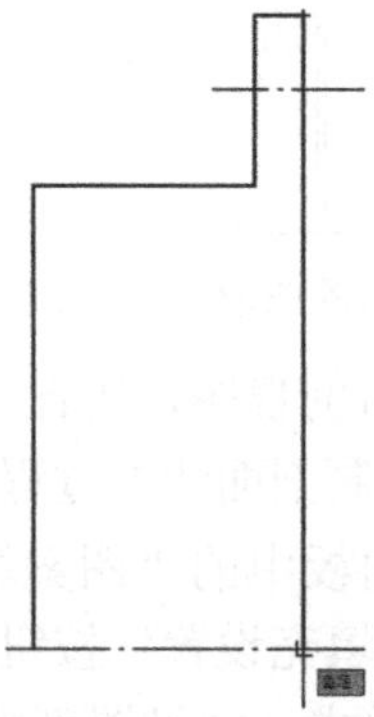

图 6-65　绘制直线后的图形

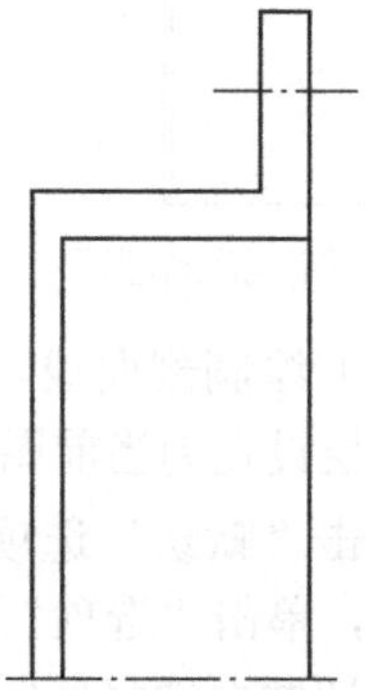

图 6-66　绘制内轮廓线后的图形

③ 单击“默认”选项卡“绘图”面板中的“直线”按钮，以坐标点{(145,293)，(@5,0)}、{(182.5,318)，(@8,0)}、{(182.5,329)，(@8,0)}绘制孔外形线，结果如图 6-67 所示。

④ 单击“默认”选项卡“修改”面板中的“倒角”按钮，对图 6-67 所示的直线 1、2 进行倒角，倒角距离为 1，结果如图 6-68 所示。

⑤ 单击“默认”选项卡“绘图”面板中的“直线”按钮，以图 6-68 所示的点 a 为起点，绘制到中心线的垂直交点的直线，同理绘制另一条直线，结果如图 6-69 所示。

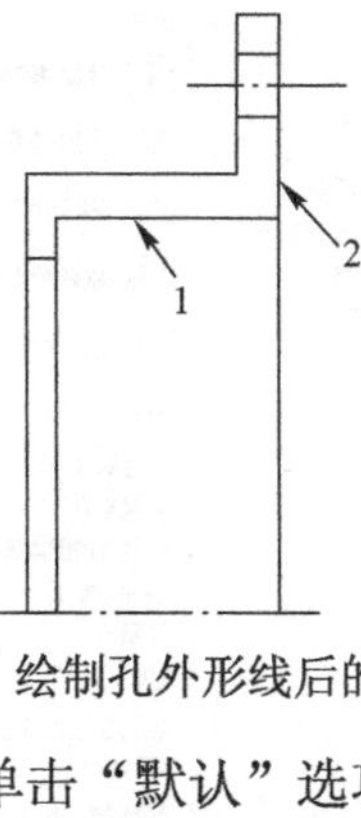

图 6-67　绘制孔外形线后的图形

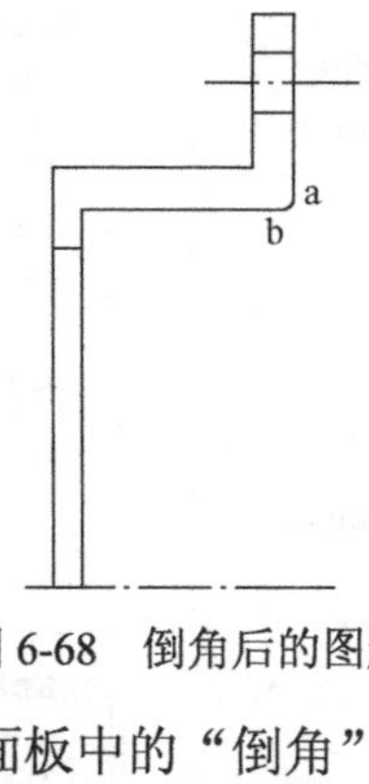

图 6-68　倒角后的图形

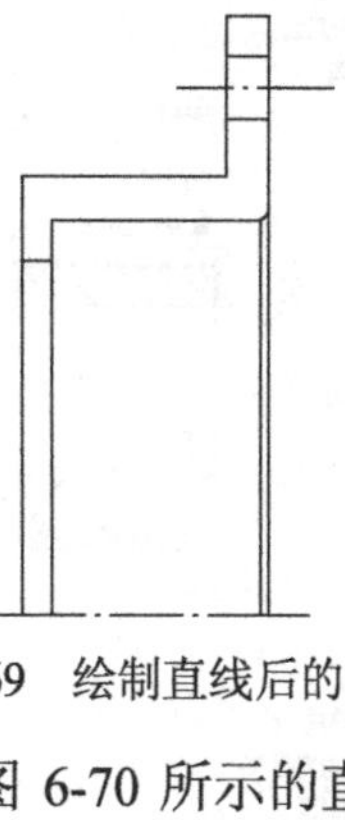

图 6-69　绘制直线后的图形

⑥ 单击“默认”选项卡“修改”面板中的“倒角”按钮，对图 6-70 所示的直线 1、2 进行倒角，倒角距离为 1，结果如图 6-70 所示。

⑦ 单击“默认”选项卡“修改”面板中的“圆角”按钮，分别对图 6-71 所示的直线 1、2 和直线 3、4 进行倒圆角，圆角半径为 1，结果如图 6-71 所示。

⑧ 单击“默认”选项卡“修改”面板中的“镜像”按钮，以水平中心线为镜像轴，对图 6-71 所绘制的图形进行镜像，结果如图 6-72 所示。

⑨ 单击“默认”选项卡“绘图”面板中的“直线”按钮╱，以坐标点（145,159）、（@45.5,0）绘制注油槽线，结果如图 6-73 所示。

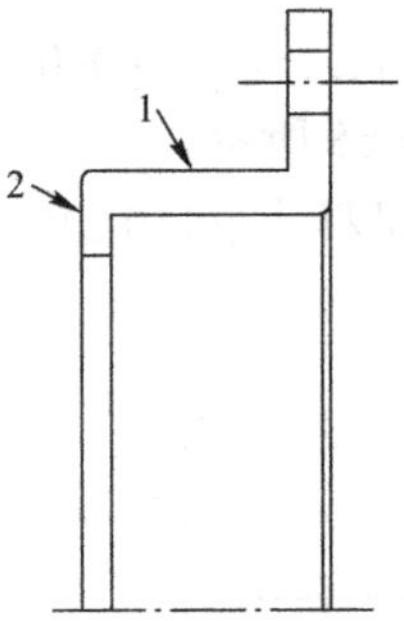

图 6-70　倒角后的图形

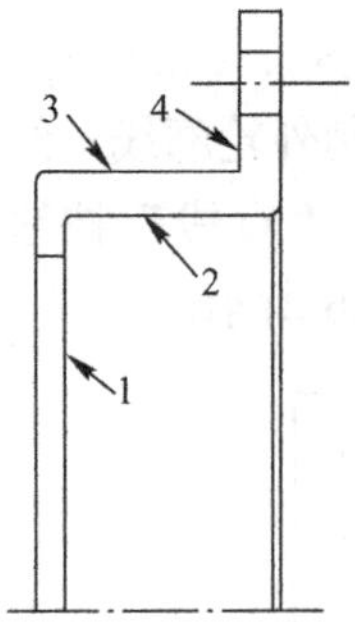

图 6-71　圆角后的图形

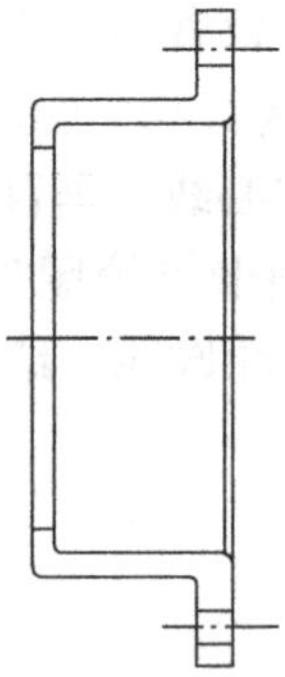

图 6-72　镜像后的图形

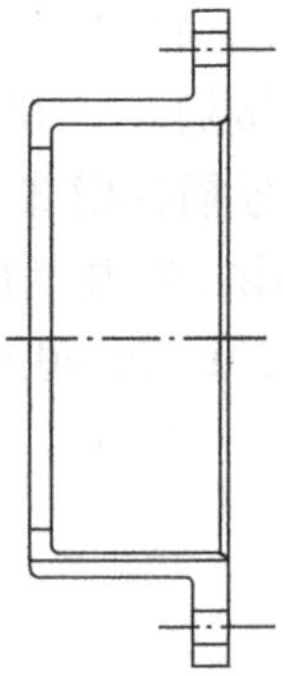

图 6-73　绘制注油槽线

（3）绘制剖面线。由于主视图为剖视图，因此需要在该视图上绘制剖面线。将“剖面线”图层设置为当前图层，以下为绘制剖面线的过程。

单击“默认”选项卡“绘图”面板中的“图案填充”按钮，打开“图案填充创建”选项卡，单击“选项”组中的“图案填充设置”按钮，弹出“图案填充和渐变色”对话框，在该对话框中选择所需要的剖面线样式，并设置剖面线的旋转角度和显示比例，如图 6-74 所示为设置完毕的“图案填充和渐变色”对话框。设置好剖面线的类型后，单击“添加：拾取点”按钮，返回绘图区域，用鼠标在图中所需添加剖面线的区域内拾取任意一点，选择完毕后返回“图案填充创建”功能区，然后单击“关闭”按钮，剖面线绘制完毕。

如果填充后用户感觉不满意，选择菜单栏中的“修改”→“对象”→“图案填充”命令，选择绘制的剖面线，系统会打开“图案填充编辑”对话框，如图 6-75 所示。用户可以在其中重新设定填充的样式，设置好以后，单击“确定”按钮，剖面线则会以刚刚设置好的参数显示，重复此过程，直到满意为止。如图 6-76 所示为填充剖面线后的主视图。

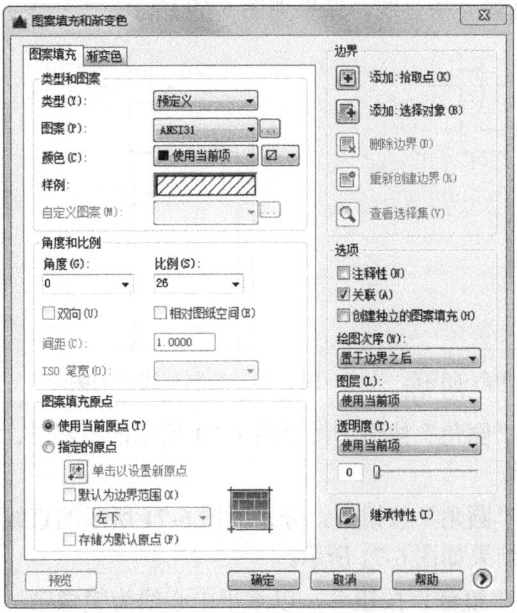

图 6-74　“图案填充和渐变色”对话框

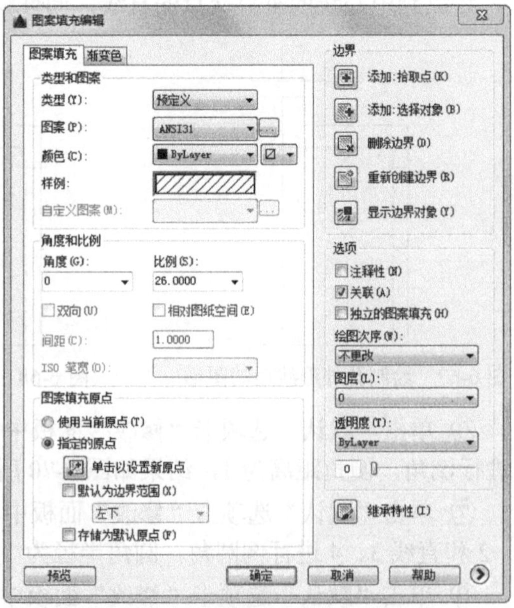

图 6-75　“图案填充编辑”对话框

5. 绘制左视图

（1）绘制中心线和辅助线。

① 将“中心线”图层设置为当前图层，单击“默认”选项卡“绘图”面板中的“直线”按钮，以坐标点{(275,230)，(505,230)}绘制水平中心线，以坐标点{(390,115)，(390,345)}绘制垂直中心线，结果如图 6-77 所示。

② 将“辅助线”图层设置为当前图层，单击“默认”选项卡“绘图”面板中的“直线”按钮，绘制辅助线。命令行提示与操作如下：

```
命令: _line
指定第一个点: 在对象捕捉模式下用鼠标拾取图 6-78 中的点 A
指定下一点或[放弃(U)]: @230,0
命令: _line
指定第一个点:在对象捕捉模式下用鼠标拾取图 6-78 中的点 B。
指定下一点或[放弃(U)]: @220,0
命令: _line
指定第一个点:在对象捕捉模式下用鼠标拾取图 6-78 中的点 C。
指定下一点或[放弃(U)]: @270,0
命令: _line
指定第一个点:在对象捕捉模式下用鼠标拾取图 6-78 中的点 D。
指定下一点或[放弃(U)]: @265,0
命令: _line
指定第一个点:在对象捕捉模式下用鼠标拾取图 6-78 中的点 E。
指定下一点或[放弃(U)]: @225,0
```

结果如图 6-78 所示。

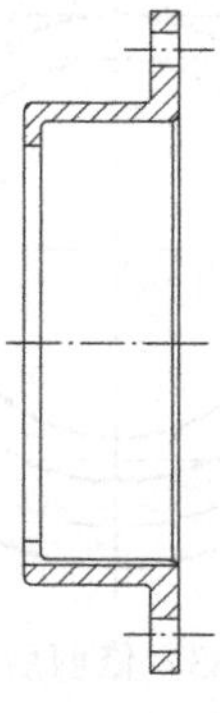

图 6-76　填充剖面线后的主视图

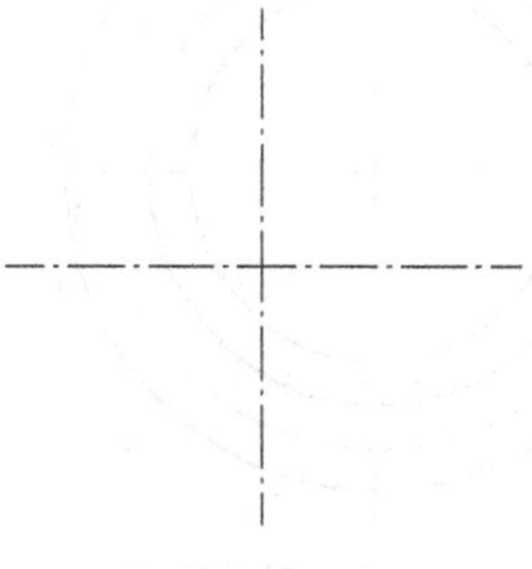

图 6-77　绘制中心线

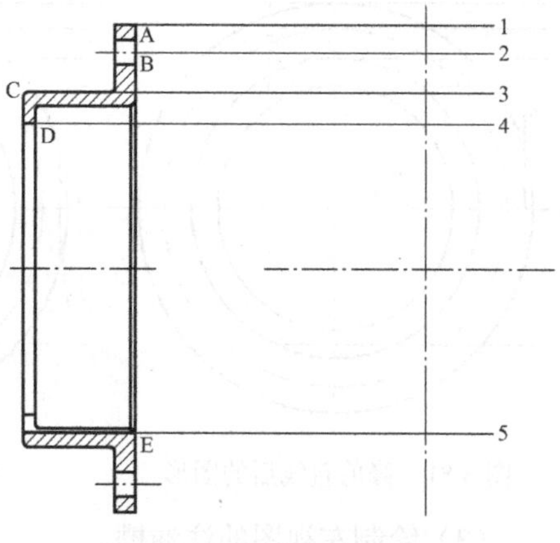

图 6-78　绘制辅助线后的图形

（2）绘制左视图的轮廓线。

① 将“粗实线”图层设置为当前图层，单击“默认”选项卡“绘图”面板中的“圆”按钮，以左视图两中心线的交点为圆心，分别以左视图竖直中心线与辅助线 1、3、4 的交点为半径绘制圆。

② 将“中心线”图层设置为当前图层，单击“默认”选项卡“绘图”面板中的“圆”按钮，以左视图两中心线的交点为圆心，以左视图竖直中心线与辅助线 2 的交点为半径绘制圆，结果如图 6-79 所示。

③ 将“粗实线”图层设置为当前图层，单击“默认”选项卡“绘图”面板中的“直线”按钮，以坐标点{(289,230)，(@0,50)}绘制直线，结果如图 6-80 所示。

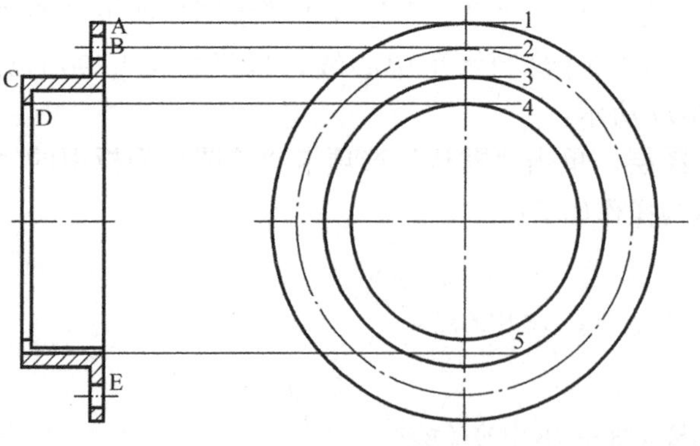

图 6-79　绘制圆后的图形

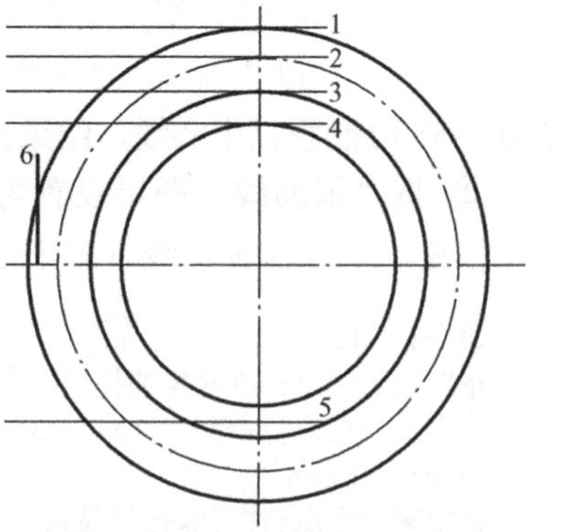

图 6-80　绘制直线后的图形

④ 单击“默认”选项卡“修改”面板中的“修剪”按钮，以左视图中与辅助线 1 相交的圆为剪切边，对图 6-80 所示的直线 6 进行修剪，结果如图 6-81 所示。

⑤ 单击“默认”选项卡“修改”面板中的“镜像”按钮，以水平中心线为镜像轴，对图 6-81 所示的修剪后的直线 6 进行镜像，然后以竖直中心线为镜像轴，对图 6-81 所示的修剪后的直线 6 进行镜像，结果如图 6-82 所示。

⑥ 单击“默认”选项卡“修改”面板中的“修剪”按钮，以图 6-82 所示的直线 6 为剪切边，对图 6-82 所示的圆弧 a 进行修剪，同理，对图 6-82 所示的圆弧 b 进行修剪，结果如图 6-83 所示。

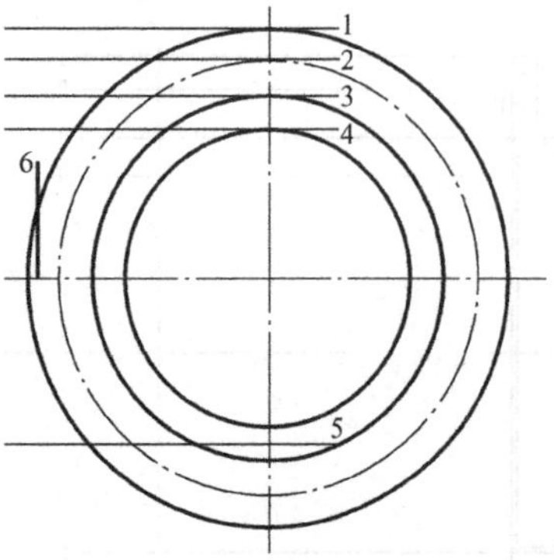

图 6-81　修剪直线后的图形

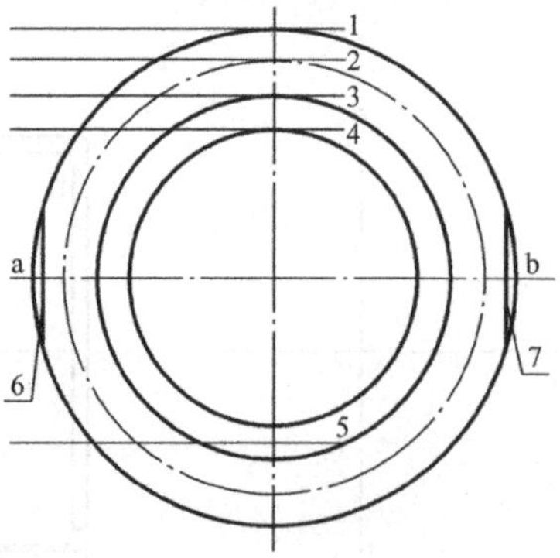

图 6-82　镜像后的图形

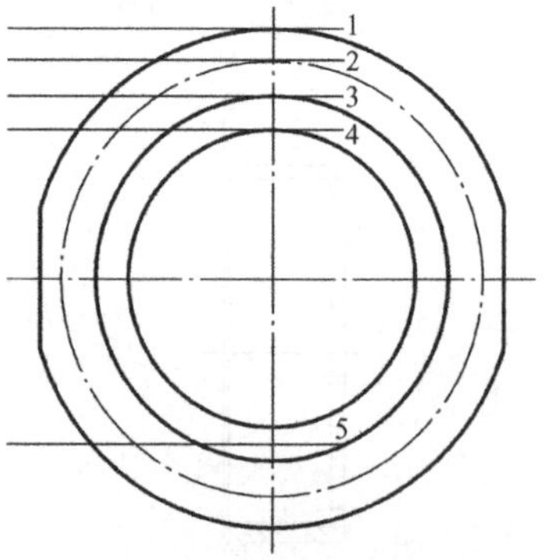

图 6-83　修剪后的图形

（3）绘制左视图的注油槽。

① 将“粗实线”图层设置为当前图层，单击“默认”选项卡“绘图”面板中的“圆”按钮，以图 6-84 所示的点 A 为圆心，用鼠标捕捉图 6-84 所示的点 B 绘制圆，结果如图 6-84 所示。

② 修剪对象。单击“默认”选项卡“修改”面板中的“修剪”按钮，修剪图形，结果如图 6-85 所示。

③ 删除辅助线。删除图 6-85 所示的 5 条辅助线，结果如图 6-86 所示。

（4）绘制边缘孔。

① 将“中心线”图层设置为当前图层，单击“默认”选项卡“绘图”面板中的“直

线”按钮，以坐标点{(360,305)，(@22<112.5)}绘制边缘孔中心线。

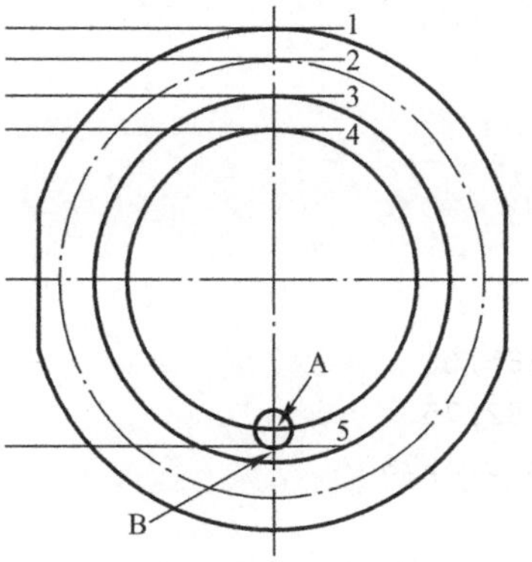

图 6-84　绘制圆后的图形

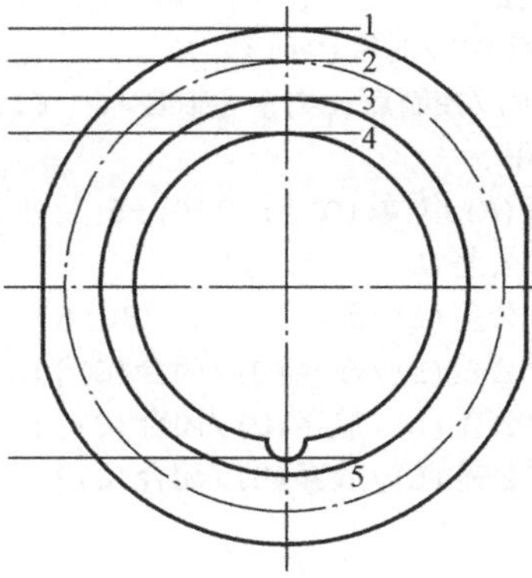

图 6-85　修剪后的图形

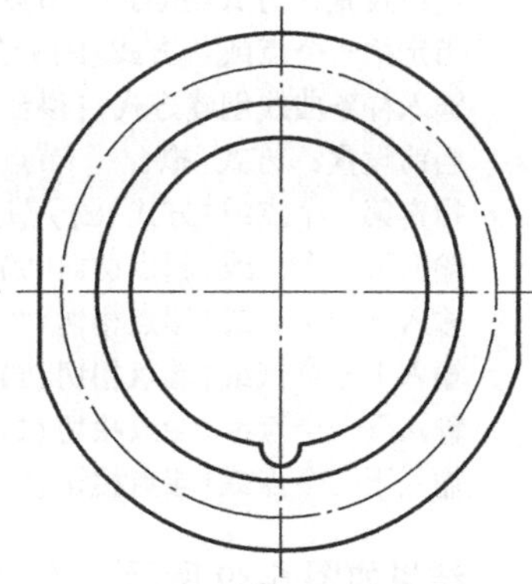

图 6-86　删除辅助线后的图形

② 将“粗实线”图层设置为当前图层，单击“默认”选项卡“绘图”面板中的“圆”按钮，以第①步绘制的中心线和以辅助线 2 为基准绘制的圆的交点为圆心，绘制直径为 11 的圆，结果如图 6-87 所示。

提示

在修剪直线时，由于直线 6 和 7 是由两条直线段形成的，所以要分别选择，否则不能修剪。

③ 绘制轴承座端部其他的孔和中心线。单击“默认”选项卡“修改”面板中的“环形阵列”按钮，使用窗口选择方式选择如图 6-87 所示绘制的中心线和圆孔，用鼠标点取左视图中两中心线的交点，设置阵列数目为 8，结果如图 6-88 所示。

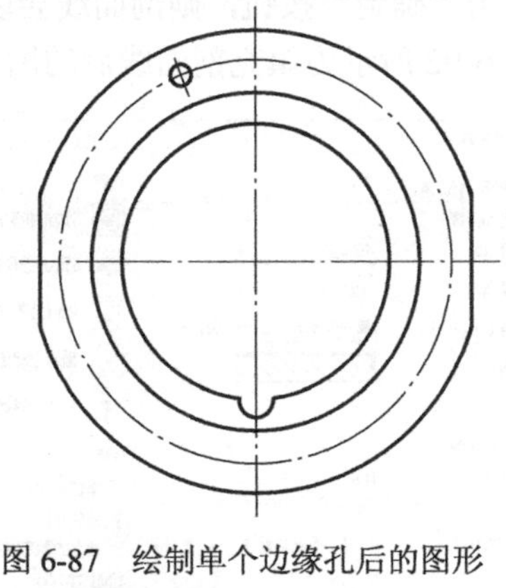

图 6-87　绘制单个边缘孔后的图形

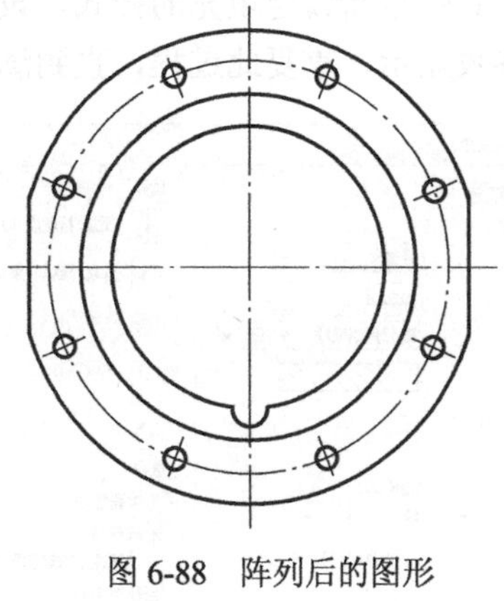

图 6-88　阵列后的图形

6. 绘制局部视图

（1）绘制局部视图的轮廓线。

① 将“粗实线”图层设置为当前图层，单击“默认”选项卡“绘图”面板中的“直线”按钮，以坐标点（270,65）、（272,65）、（274.5,62.5）、（282,62.5）、（282,70）、（279.5,72.5）、（279.5,78）绘制直线。

② 单击“默认”选项卡“绘图”面板中的“样条曲线拟合”按钮，绘制多段线。命令行提示与操作如下：

```
命令: _SPLINE
当前设置: 方式=拟合    节点=弦
指定第一个点或 [方式(M)/节点(K)/对象(O)]: _M
输入样条曲线创建方式 [拟合(F)/控制点(CV)] <拟合>: _FIT
当前设置: 方式=拟合    节点=弦
指定第一个点或[方式(M)/节点(K)/对象(O)]: 270,65
输入下一个点或[起点切向(T)/公差(L)]: 273,60
输入下一个点或[端点相切(T)/公差(L)/放弃(U)]: 280,60
输入下一个点或[端点相切(T)/公差(L)/放弃(U)/闭合(C)]: 285,65
输入下一个点或[端点相切(T)/公差(L)/放弃(U)/闭合(C)]: 282,75
输入下一个点或[端点相切(T)/公差(L)/放弃(U)/闭合(C)]: 279.5,78
```

结果如图 6-89 所示。

（2）填充剖面线。首先将“剖面线”图层设置为当前图层，然后单击“默认”选项卡“绘图”面板中的“图案填充”按钮，打开“图案填充创建”选项卡，单击“选项”组中的“图案填充设置”按钮，弹出“图案填充和渐变色”对话框，在该对话框中选择所需要的剖面线样式，并设置剖面线的旋转角度和显示比例，如图 6-90 所示为设置完毕的“图案填充和渐变色”对话框。设置好剖面线的类型后，单击“添加：拾取点”按钮，则返回绘图区域，用鼠标在图中所需添加剖面线的区域内拾取任意一点，选择完毕后，返回“图案填充创建”功能区，然后单击“关闭”按钮，剖面线绘制完毕。

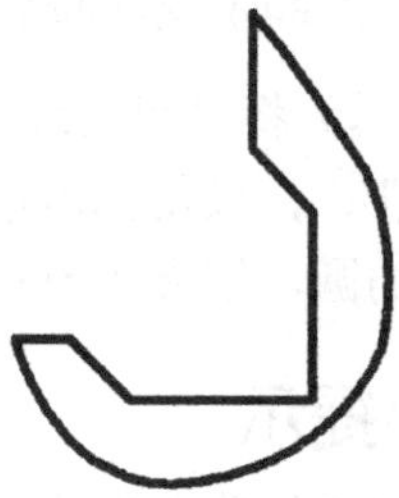

图 6-89　绘制的轮廓线

如果用户对填充的效果感觉不满意，选择菜单栏中的“修改”→“对象”→“图案填充”命令，选择绘制的剖面线，系统会打开“图案填充编辑”对话框，如图 6-91 所示。用户可以在其中重新设定填充的样式，设置好以后，单击“确定”按钮，则剖面线会以刚刚设置好的参数显示，重复此过程，直到满意为止。如图 6-92 所示为填充剖面线后的图形。

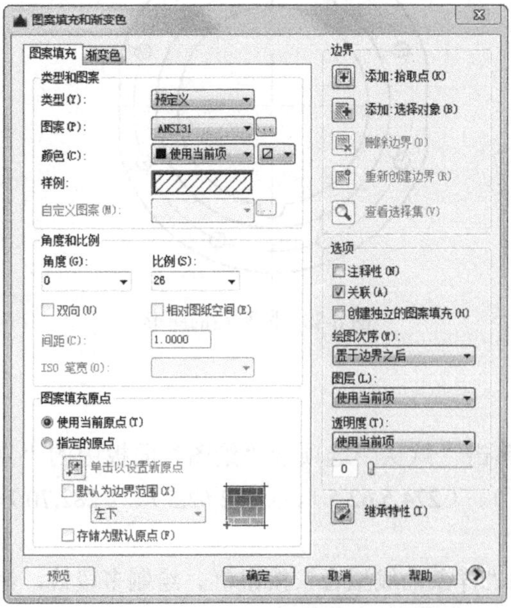

图 6-90　“图案填充和渐变色”对话框

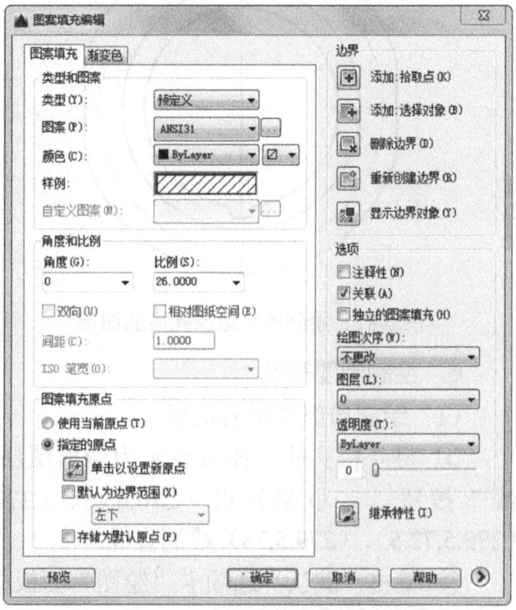

图 6-91　“图案填充编辑”对话框

（3）注释文字。因为该视图为局部放大视图，所以应该添加必要的文字说明，该视图的注释文字主要在标注线图层完成。首先使用绘制直线命令绘制一条直线，然后填写文字注释。直线上方的文字样式设置为：样式为 TXT，对正方式为正中，字高为 5，旋转角度为 0，宽度比例为 0.7，输入的文字内容为 *I*（允许方案）。直线下方的文字样式设置为：样式为 STANDARD，对正方式为正中，字高为 5，旋转角度为 0，宽度比例为 0.7，输入的文字内容为 5∶1，将创建好的文字放置在“文字”层，结果如图 6-93 所示。

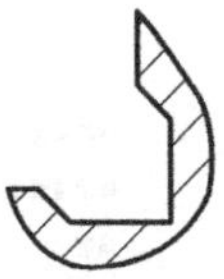

图 6-92　填充剖面线后的图形

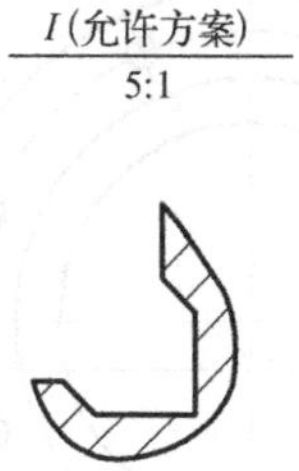

图 6-93　注释文字后的局部视图

7. 标注轴承座

（1）带公差的线性标注。下面以标注“202±0.5”为例说明带有公差的线性标注方法。首先将“尺寸线”图层设置为当前图层，然后单击“默认”选项卡“注释”面板中的“标注样式”按钮，打开“标注样式管理器”对话框，如图 6-94 所示，在其中的“样式”栏中选择“线性”选项，然后单击“修改”按钮，打开“修改标注样式”对话框。在“公差”选项卡的“方式”下拉列表框中选择“对称”选项，在“上偏差”微调框中输入“0.5”，如图 6-95 所示。设置好以后，单击“确定”按钮，然后进行标注。

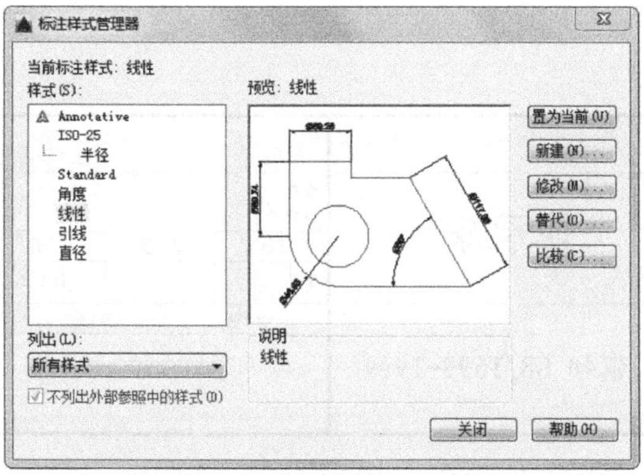

图 6-94　“标注样式管理器”对话框

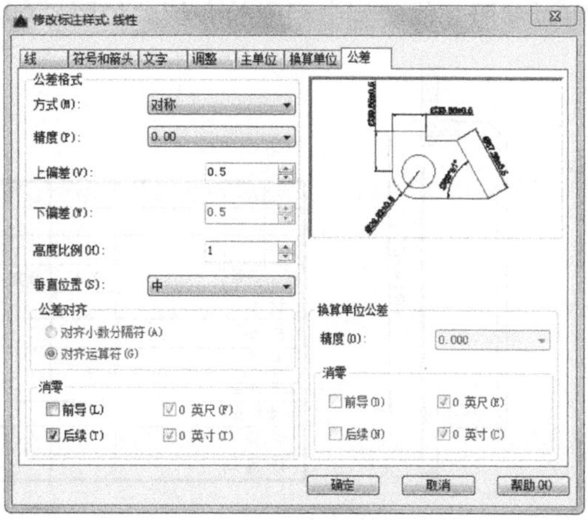

图 6-95　设置“公差”选项卡

单击“注释”选项卡“标注”面板中的“线性”按钮，标注图中的“202±0.5”尺寸，结果如图 6-96 所示。

（2）隐藏公差的线性标注。首先将“尺寸线”图层设置为当前图层，然后单击“默认”选项卡“注释”面板中的“标注样式”命令，打开“标注样式管理器”对话框，如图 6-94 所示，在其中的“样式”栏中选择“线性”选项，然后单击“替代”按钮，打开

“替代当前样式”对话框。在“主单位”选项卡的“前缀”微调框中输入“%%C”，“后缀”微调框中输入“H7”，如图 6-97 所示；选择“公差”选项卡，将公差“方式”设置为“无”，设置好以后，单击“确定”按钮。

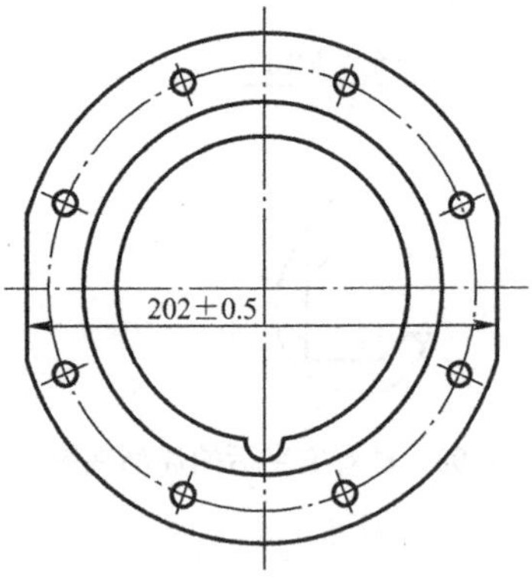

图 6-96　标注的公差线性尺寸

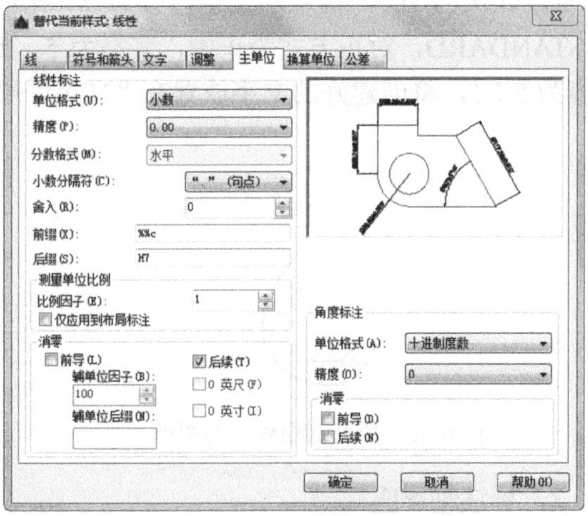

图 6-97　设置“主单位”选项卡

完成上述设置以后，单击“注释”选项卡“标注”面板中的“线性”按钮⊢⊣，标注图中的“ϕ140H7”尺寸，结果如图 6-98 所示。

8. 填写标题栏

标题栏是反映图形属性的一个重要信息来源，零件图的很多信息都反映在标题栏中，如零部件的材料、设计者以及修改信息等。其填写与标注文字的过程相似，这里不再讲述，可以参照其他实例中相应的介绍。如图 6-99 所示为绘制好的轴承座标题栏。

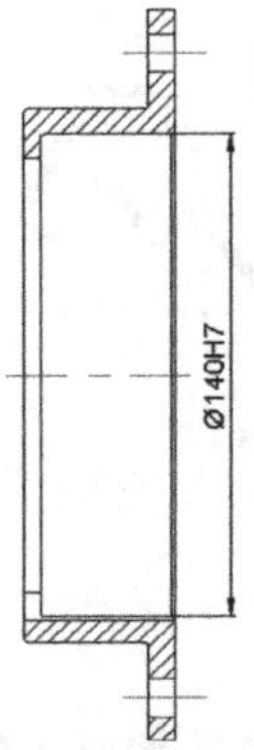

图 6-98　标注的线性尺寸

图 6-99　轴承座标题栏

任务四　模拟试题与上机实验

实验 1　绘制如图 6-100 所示的垫圈零件图

◆ 目的要求

垫圈是比较简单的机械零件。本实验的目的是帮助读者掌握零件图的基本绘制过程和思路。

◆ 操作提示

（1）设置图层，插入图框。

（2）绘制轴线。

（3）绘制轮廓线。

（4）填充图案。

（5）标注图形。

（6）填写标题栏。

实验 2　绘制如图 6-101 所示的圆锥滚子轴承

◆ 目的要求

本实验要绘制的是一个圆锥滚子轴承的剖视图。除了要用到一些基本的绘图命令外，还要用到“图案填充”命令以及“旋转”“镜像”“剪切”等编辑命令。通过对本例图形的绘制，使读者进一步熟悉常用编辑命令以及“图案填充”命令的使用。

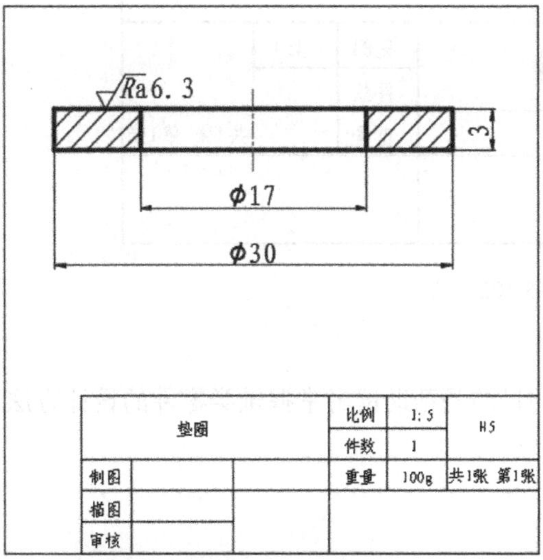

图 6-100　垫圈

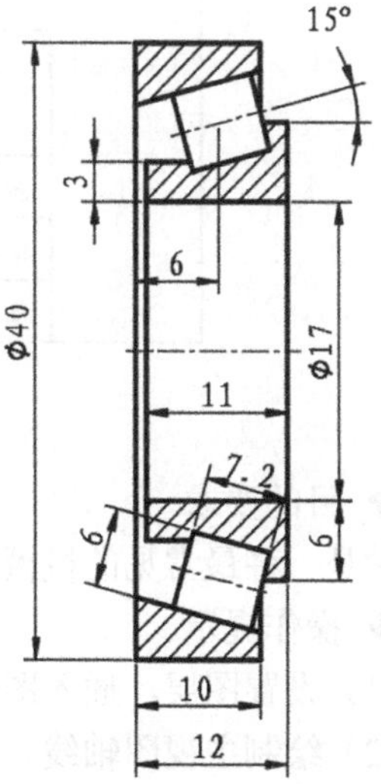

图 6-101　圆锥滚子轴承

◆ 操作提示

（1）新建图层。

（2）绘制中心线及滚子所在的矩形。

（3）旋转滚子所在的矩形。

（4）绘制半个轴承轮廓线。

（5）对绘制的图形进行剪切。

（6）镜像图形。

（7）分别对轴承外圈和内圈进行图案填充。

实验 3　绘制如图 6-102 所示的轴零件图

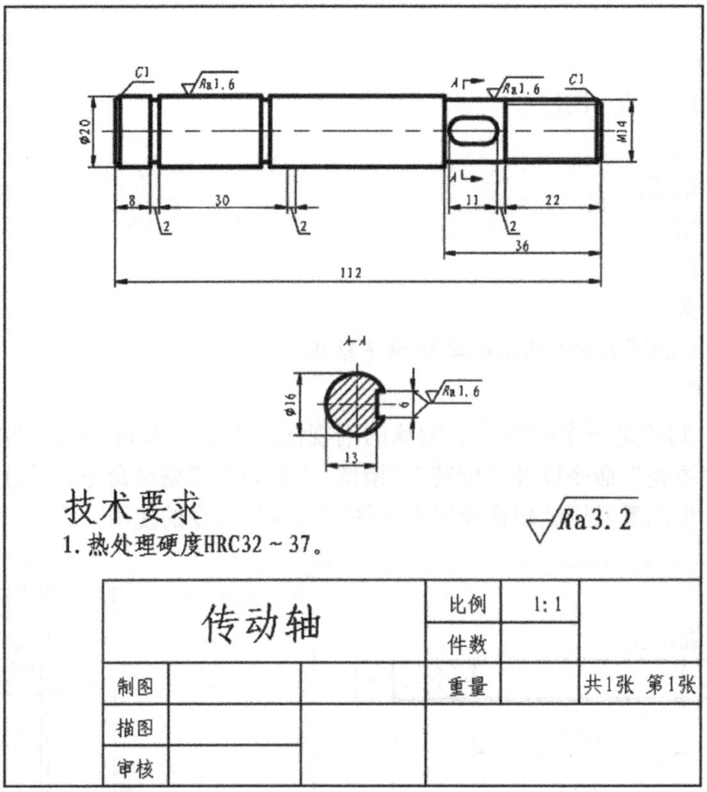

图 6-102 轴

◆ 目的要求

轴是一种最常见的机械零件。本实验的目的是帮助读者掌握轴类零件的设计方法。

◆ 操作提示

（1）设置图层，插入图框。

（2）绘制主视图轴线。

（3）利用“直线”“偏移”和“修剪”等命令绘制主视图上水平和竖直图线。

（4）绘制键槽。

（5）利用“圆角”和“倒角”等命令进行倒角和圆角处理。

（6）绘制键槽剖面图。

（7）标注图形尺寸。

（8）标注粗糙度。

（9）填写技术要求。

（10）填写标题栏。

项目七　齿轮类零件设计

【学习情境】

在前面的项目中，我们已经系统地学习了 AutoCAD 绘制机械图形时用到的 AutoCAD 各种命令的使用技巧。掌握这些绘图命令后，可以利用这些知识来绘制具体的机械零件图。齿轮类零件是机械中比较常见也比较重要的零件，本项目通过几个任务来学习齿轮类零件图的绘制方法。

【能力目标】

- 掌握齿轮类零件图的具体绘制方法。
- 灵活运用各种 AutoCAD 命令。
- 提高机械绘图的速度和效率。

【课时安排】

10 课时（讲课 4 课时，练习 6 课时）

任务一　圆柱齿轮设计

【任务背景】

圆柱齿轮传动是用于传递平行轴间动力和运动的一种齿轮传动。圆柱齿轮传动的传递功率和速度适用范围大，功率可从小于千分之一瓦到 10 万千瓦，速度可从极低到 300m/s。这种传动工作可靠，寿命长，传动效率高（可达 0.99 以上），结构紧凑，运行维护简单。但加工某些精度很高的齿轮，需要使用专用的或高精度的机床和刀具，因而制造工艺复杂，成本高，而低精度齿轮则常发生噪声和振动，无过载保护作用。

圆柱齿轮零件是机械产品中经常使用的一种典型零件，它的主剖视图呈对称形状，侧视图则由一组同心圆构成，如图 7-1 所示。由于圆柱齿轮的 1∶1 全尺寸平面图大于 A3 图幅，因此为了绘制方便，需要先隐藏“标题栏层”和“图框层”。按照 1∶1 全尺寸绘制圆柱齿轮的主视图和侧视图，与前面章节类似，绘制过程中充分利用多视图互相投影的对应关系。

【操作步骤】

1. 配置绘图环境

启动 AutoCAD 2016 应用程序，以“A3 横向样板”文件为模板，建立新文件。

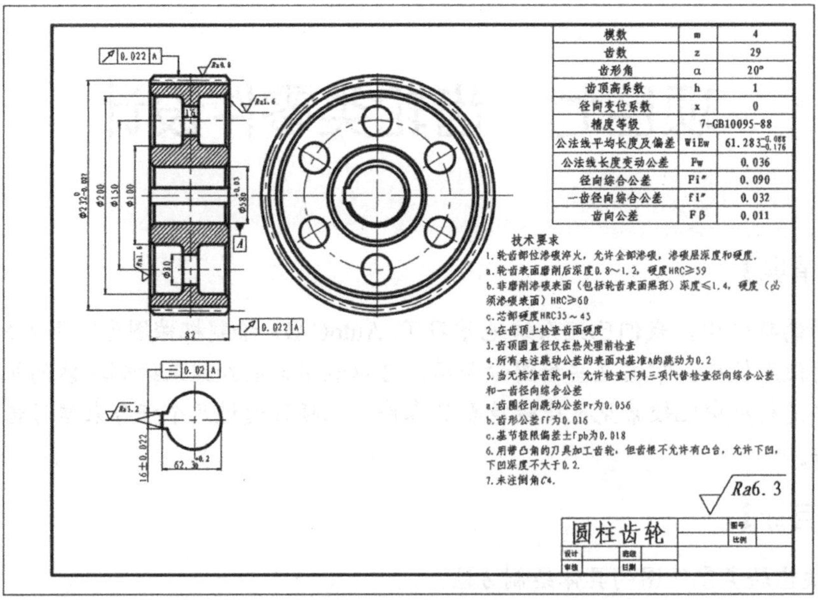

图 7-1　圆柱齿轮

2. 新建图层

单击“默认”选项卡“图层”面板中的“图层特性”按钮，打开“图层特性管理器”对话框，新建图层如图 7-2 所示。

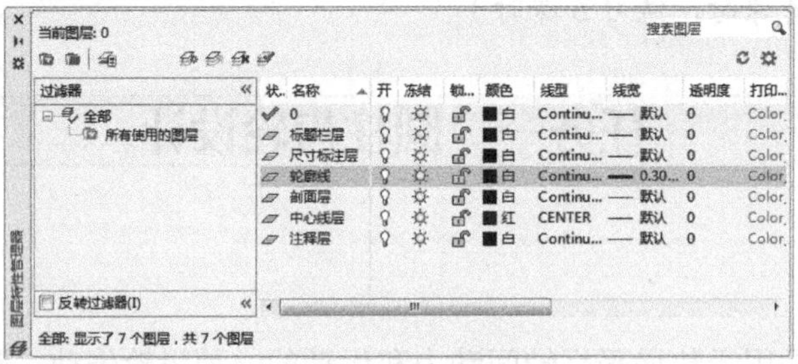

图 7-2　新建图层

3. 绘制中心线与隐藏图层

（1）绘制中心线。将“中心线层”设定为当前图层。单击“默认”选项卡“绘图”面板中的“直线”按钮，绘制直线{(25, 170), (410, 170)}、直线{(75, 47),(75, 292)}和直线{(270,47), (270,292)}，如图 7-3 所示。

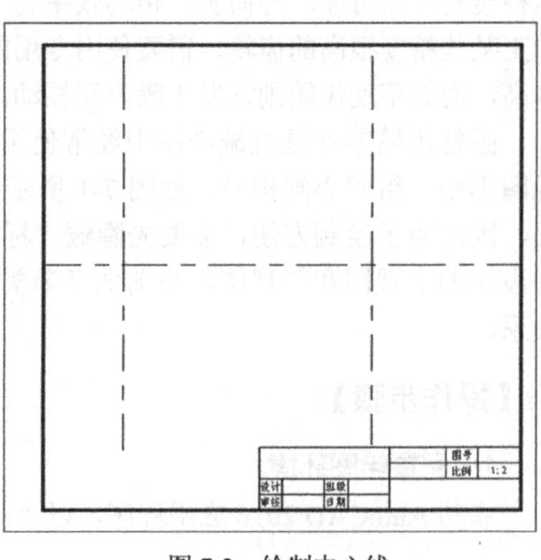

图 7-3　绘制中心线

注意

由于圆柱齿轮尺寸较大，因此先按照 1∶1 比例绘制圆柱齿轮，绘制完成后，再利用“图形缩放”命令使其缩小放入 A3 图纸里。为了绘制方便，隐藏“0”层，隐去标题栏和图框，以使图面干净，利于绘图。

（2）隐藏图层。单击“默认”选项卡“图层”面板中的“图层特性”按钮，打开“图层特性管理器”对话框，关闭“标题栏层”和“图框层”，如图 7-4 所示。效果如图 7-5 所示。

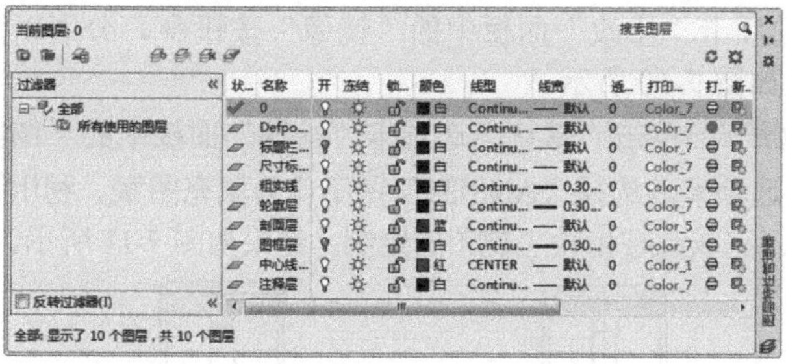

图 7-4　关闭“标题栏层”和“图框层”

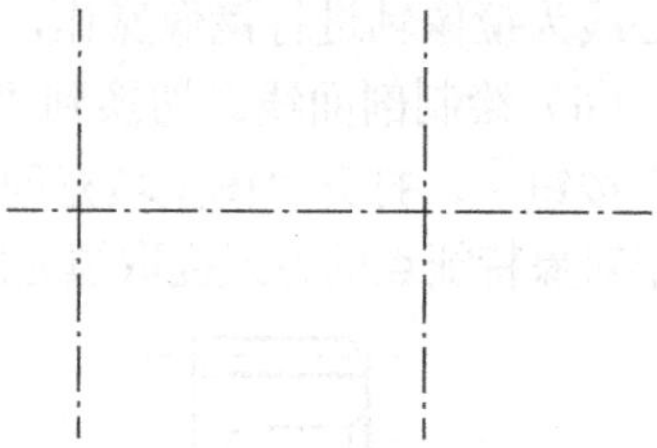

图 7-5　关闭图层后的绘图窗口

4. 绘制圆柱齿轮主视图

（1）绘制边界线。将当前图层从“中心线层”切换到“轮廓层”。单击“默认”选项卡“绘图”面板中的“直线”按钮，利用临时捕捉命令绘制两条直线，结果如图 7-6 所示，命令行提示与操作如下：

```
命令: LINE ↙
指定第一点: from （在按住 Ctrl 键的同时，单击鼠标右键，打开临时捕捉命令菜单，选择“自（F）”）↙
基点: (利用对象捕捉选择左侧中心线的交点)
<偏移>: @ -41,0 ↙
指定下一点或 [放弃(U)]: @ 0,120 ↙
指定下一点或 [放弃(U)]: @ 41, 0 ↙
指定下一点或 [闭合(C)/放弃(U)]: ↙
```

（2）偏移直线。单击“默认”选项卡“修改”面板中的“偏移”按钮，将最左侧的直线向右偏移 33mm，再将最上部的直线向下偏移 8mm、20mm、30mm、60mm、70mm 和 91mm。偏移中心线，向上偏移 75mm 和 116mm。结果如图 7-7 所示。

（3）图形倒角。单击“默认”选项卡“修改”面板中的“倒角”按钮，采用“角度，距离”模式，对齿轮的左上角处倒直角 C4；凹槽端口和孔口处倒直角 C4；单击“默认”选项卡“修改”面板中的“圆角”按钮，对中间凹槽底部倒圆角，半径为 5mm；然后进行修剪，绘制倒圆角轮廓线。结果如图 7-8 所示。

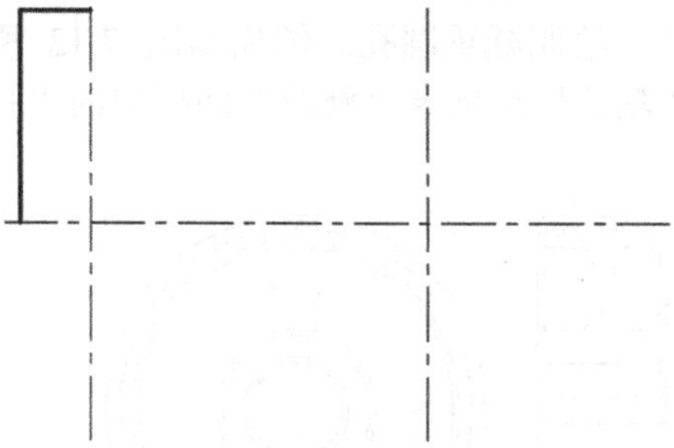

图 7-6　绘制边界线

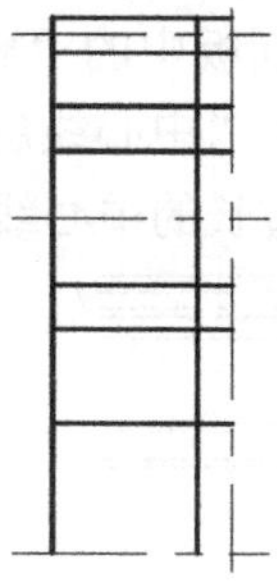

图 7-7　绘制偏移线

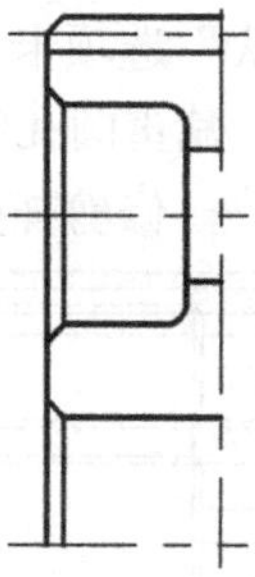

图 7-8　图形倒角

注意

在执行“倒圆角”命令时，需要对不同情况交互使用“修剪”模式和“不修剪”模式。若使用“不修剪”模式，还需调用“修剪”命令进行修剪编辑。

（4）绘制键槽。单击“默认”选项卡“修改”面板中的“偏移”按钮，将中心线向上偏移 8mm，将偏移后的直线放置在“轮廓层”，然后进行修剪，结果如图 7-9 所示。

（5）图形镜像。单击“默认”选项卡“修改”面板中的“镜像”按钮，分别以两条中心线为镜像轴进行镜像操作，结果如图 7-10 所示。

（6）绘制剖面线。切换到“剖面线”，单击“默认”选项卡“绘图”面板中的“图案填充”按钮，打开“图案填充创建”选项卡。选择“ANSI31”图案作为填充图案。利用提取图形对象特征点的方式提取填充区域。完成圆柱齿轮主视图的绘制，结果如图 7-11 所示。

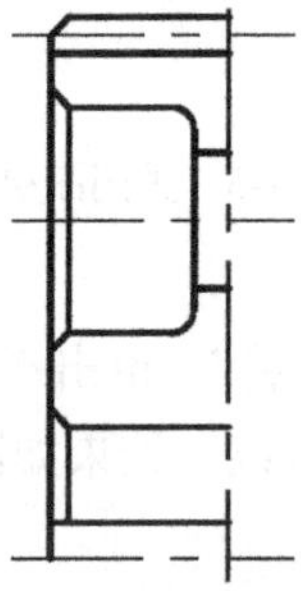

图 7-9　绘制键槽

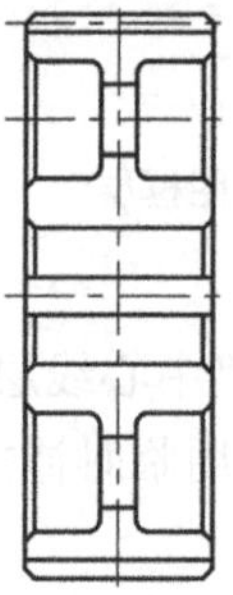

图 7-10　图形镜像

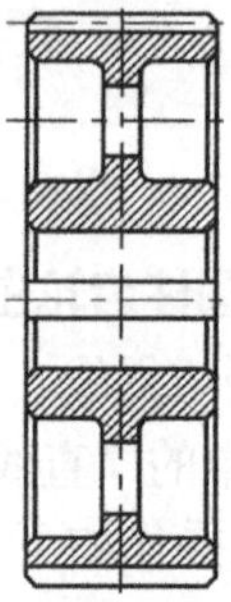

图 7-11　圆柱齿轮主视图

5. 绘制圆柱齿轮侧视图

注意

圆柱齿轮侧视图由一组同心圆和环形分布的圆孔组成。侧视图是在主视图的基础上生成的，因此需要借助主视图的位置信息确定同心圆的半径或直径数值，这时就需要从主视图引出相应的辅助定位线，利用“对象捕捉”确定同心圆。6 个减重圆孔利用“环形阵列”进行绘制。

（1）绘制辅助定位线。将当前图层切换到“轮廓层”。单击“默认”选项卡“绘图”面板中的“直线”按钮，利用“对象捕捉”在主视图中确定直线起点，再利用“正交”功能保证引出线水平，终点位置任意，绘制结果如图 7-12 所示。

（2）绘制同心圆。单击“默认”选项卡“绘图”面板中的“圆”按钮，以右侧中心线交点为圆心，半径依次捕捉辅助定位线与中心线的交点，绘制 9 个圆；删除辅助直线；再单击“默认”选项卡“绘图”面板中的“圆”按钮，绘制减重圆孔。结果如图 7-13 所示。注意，减重圆孔的圆环属于“中心线层”。单击“默认”选项卡“修改”面板中的“打断”按钮，修剪阵列减重孔过长的中心线。

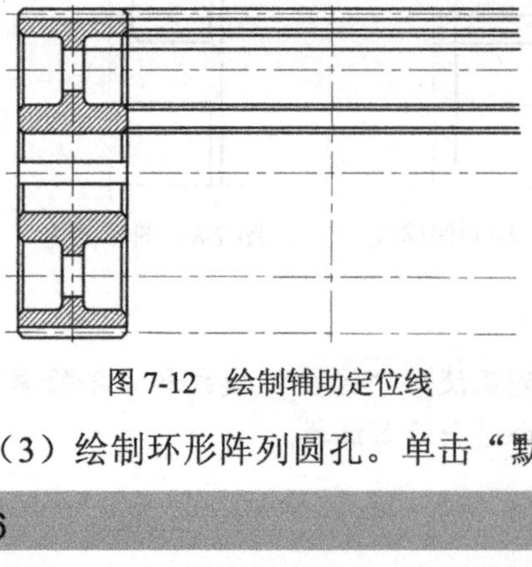

图 7-12　绘制辅助定位线

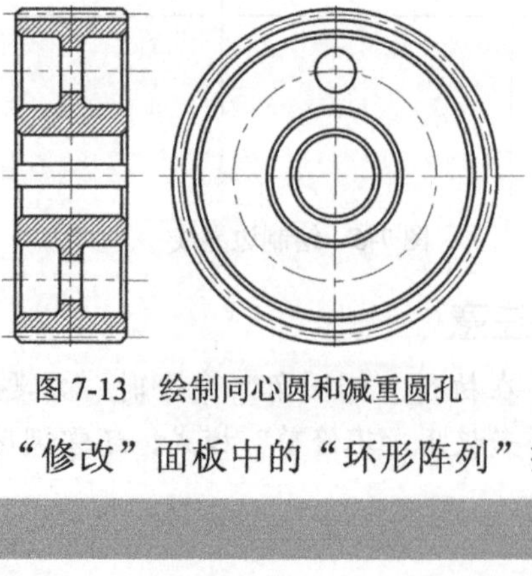

图 7-13　绘制同心圆和减重圆孔

（3）绘制环形阵列圆孔。单击“默认”选项卡“修改”面板中的“环形阵列”按钮，以同心圆的圆心为阵列中心点，选取如图 7-13 所示的绘制的减重圆孔为阵列对象，设置阵列数目为 6，填充角度为 360°，得到环形分布的减重圆孔，结果如图 7-14 所示。

（4）绘制键槽边界线。单击“默认”选项卡“修改”面板中的“偏移”按钮，偏移同心圆的竖直中心线，向左偏移，偏移量为 33.3mm；水平中心线上下偏移量分别为 8mm。更改其图层属性为“轮廓层”，结果如图 7-15 所示。

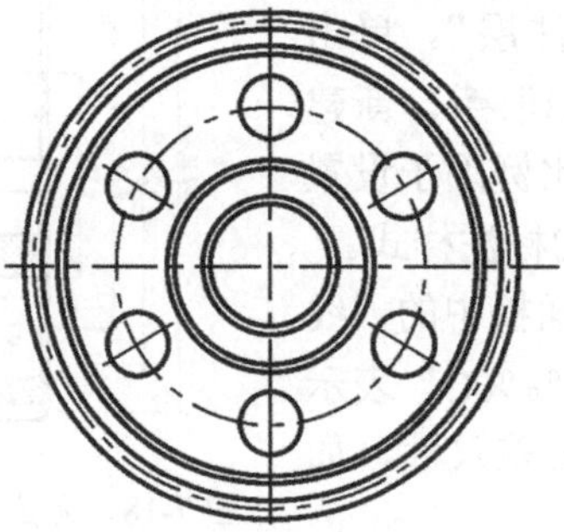

图 7-14　环形分布的减重圆孔

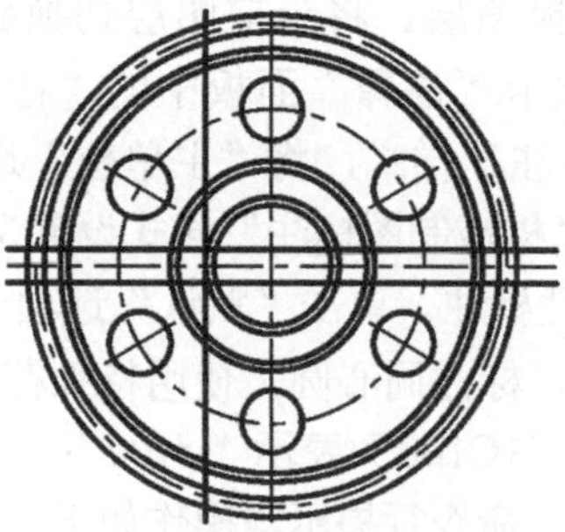

图 7-15　绘制键槽边界线

（5）修剪图形。对键槽进行修剪编辑，得到圆柱齿轮左视图，结果如图 7-16 所示。

注意

为了方便对键槽的标注，需要把圆柱齿轮左视图中的键槽图形复制出来单独放置，单独标注尺寸和形位公差。

（6）复制键槽。单击“默认”选项卡“修改”面板中的“复制”按钮，选择键槽轮廓线和中心线，如图 7-17 所示。

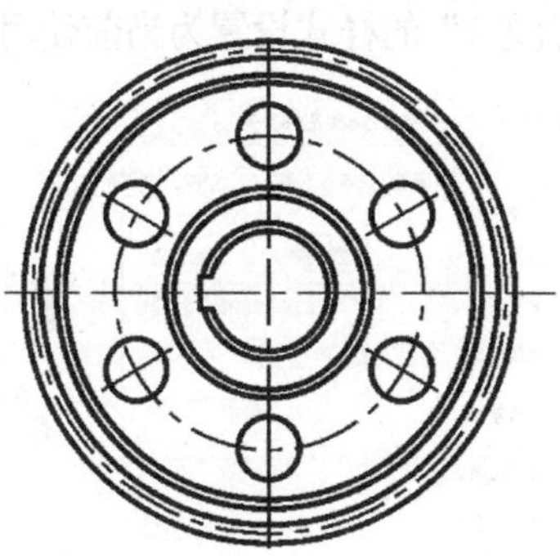

图 7-16　圆柱齿轮左视图

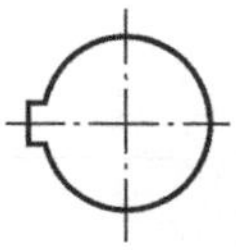

图 7-17　键槽轮廓线和中心线

注意

如果视图缩放比例不好，在提取复制对象时可能比较困难，由于“缩放”和“平移”命令都属于透明命令，即可以在运行其他命令过程中调用这两个命令，所以在提取复制对象前，可先调整视图，而不至于取消“复制”命令。

（7）图形缩放。单击“默认”选项卡“修改”面板中的“缩放”按钮，命令行提示与操作如下：

```
命令：SCALE ↙
```

```
选择对象:(选择所有图形对象，包括轮廓线、中心线)
选择对象:(可以按 Enter 键或空格键结束选择)
指定基点:(指定缩放中心点)
指定比例因子或[复制(C)/参照(R)]:0.5  ↙(缩小为原来的一半)
```

6. 尺寸标注

（1）切换图层。将当前图层切换到“尺寸标注层”。单击“默认”选项卡“注释”面板中的“标注样式”按钮，新建“机械制图标注”样式，将“主单位”选项卡中的比例因子设置为 2，并将“机械制图标注”样式设置为当前使用的标注样式。

（2）线性标注。单击“默认”选项卡“注释”面板中的“线性”按钮，标注同心圆，使用特殊符号表示法“%%C”表示“ϕ”，如“%%C100”表示“ϕ100”；标注其他无公差尺寸，如图 7-18 所示。命令行提示与操作如下：

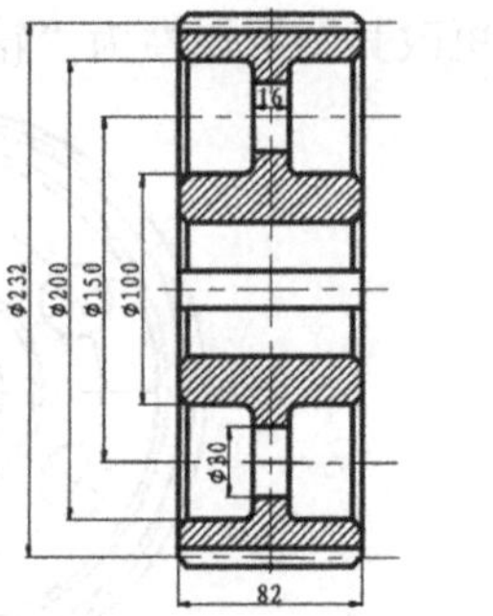

图 7-18　无公差尺寸标注

```
命令: DIMLINEAR ↙
指定第一条尺寸界线原点或 <选择对象>: (选择起点)
指定第二条尺寸界线原点: (选择终点)
指定尺寸线位置或[多行文字(M)/文字(T)/角度(A)/水平(H)/垂直(V)/旋转(R)]: M ( 弹出文字编辑器，数字前面输入%%C) ↙
```

（3）设置带公差标注样式。单击“默认”选项卡“注释”面板中的“标注样式”按钮，打开“标注样式管理器”对话框，建立一个名为“副本机械制图（带公差）”的样式，“基础样式”为“机械制图”，如图 7-19 所示。在“新建标注样式”对话框中，设置“公差”选项卡，设置如图 7-20 所示。将“副本机械制图（带公差）”的样式设置为当前使用的标注样式。

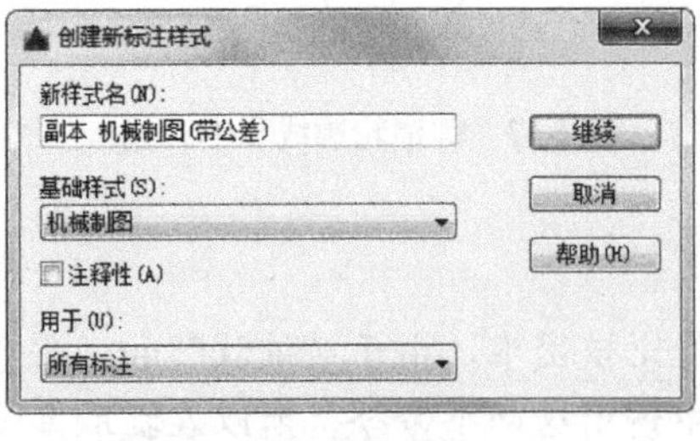

图 7-19　新建标注样式

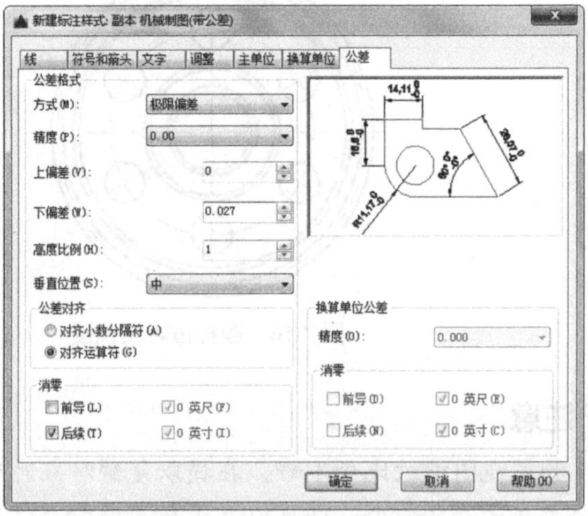

图 7-20　“公差”选项卡设置

（4）线性标注。单击“默认”选项卡“注释”面板中的“线性”按钮，标注带公差的尺寸。

（5）同理，可以按照上述步骤标注其他公差尺寸。也可以利用线性尺寸标注，在命令行中输入 M，打开“文字格式”对话框，利用“堆叠”功能进行编辑。

（6）选择需要编辑的尺寸的极限偏差分别为ϕ58：+0.030 和 0；ϕ240：0 和-0.027；16：+0.022 和-0.022；62.3：+0.20 和 0，结果如图 7-21 所示。

7．形位公差标注

（1）插入基准符号，如图 7-22 所示。

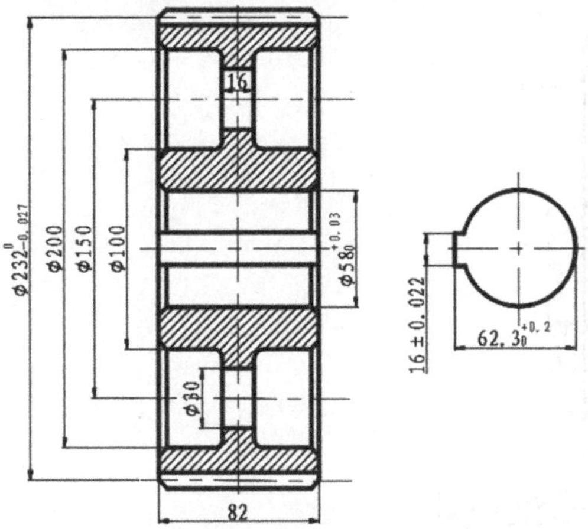

图 7-21　标注公差尺寸

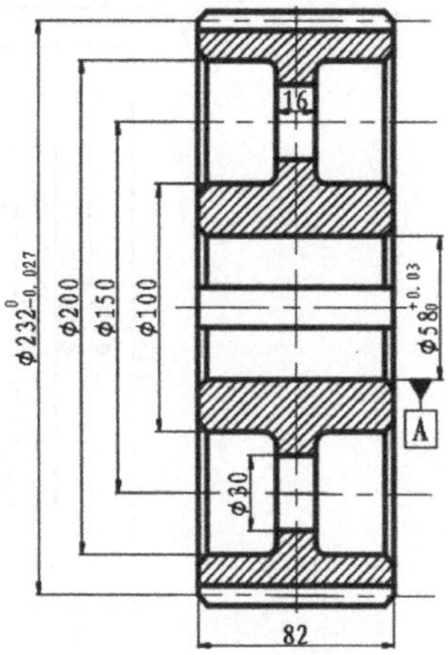

图 7-22　插入基准符号

（2）利用 QLEADER 命令标注形位公差，结果如图 7-23 所示。

（3）标注其他形位公差。用同样的方法，完成圆柱齿轮其他形位公差的标注。结果如图 7-24 所示。

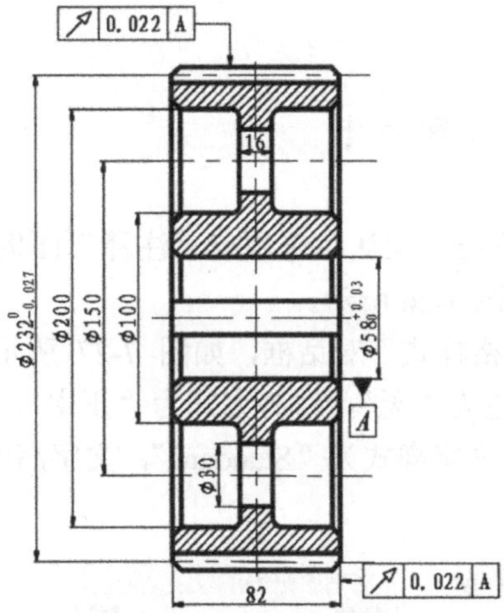

图 7-23　标注形位公差

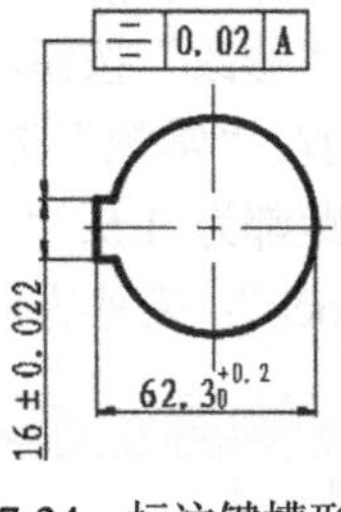

图 7-24　标注键槽形位公差

注意

若发现形位公差符号选择有错误，可以再次单击“符号”选项重新进行选择；也可以单击“符号”选项，选择对话框右下角“空白”选项，取消当前选择。

（4）打开图层。单击“默认”选项卡“图层”面板中的“图层特性”按钮，打开“图层特性管理器”对话框，单击“标题栏层”和“图框层”属性中呈灰暗的“打开/关闭图层”图标，使其呈鲜亮色，在绘图窗口中显示图幅边框和标题栏。

8. 粗糙度标注

打开项目五/任务一中的粗糙度块，将其复制到图中合适的位置处，结合“多行文字”命令标注粗糙度，结果如图 7-25 所示。

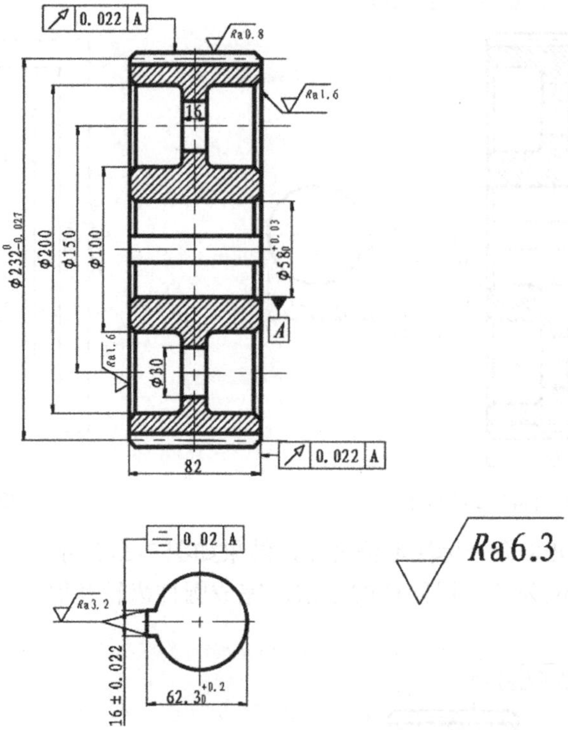

图 7-25 粗糙度标注

9. 参数表标注

（1）将“注释层”设置为当前图层。单击“默认”选项卡“注释”面板中的“表格样式”按钮，打开“表格样式”对话框，如图 7-26 所示。

（2）单击“修改”按钮，打开“修改表格样式”对话框，如图 7-27 所示。在该对话框中进行如下设置：“常规”选项卡中填充颜色为“无”，对齐方式为“正中”，水平单元边距和垂直单元边距都为 1.5；“文字”选项卡中文字样式为“Standard”，文字高度为 4.5，文字颜色为“ByBlock”；表格方向为“向下”。

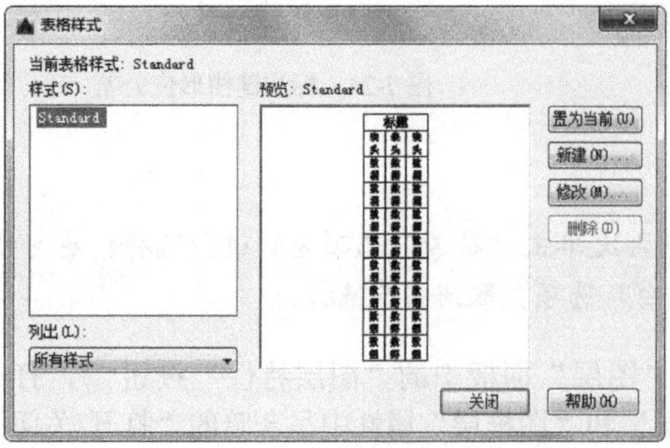

图 7-26 “表格样式”对话框

图 7-27 “修改表格样式”对话框

（3）设置好文字样式后，单击“确定”按钮退出。

（4）创建表格。单击“默认”选项卡“注释”面板中的“表格”按钮，打开“插入表格”对话框，如图 7-28 所示。设置插入方式为“指定插入点”，行和列设置为 9 行 3 列，列宽为 8，行高为 1。“第一行单元样式”“第二行单元样式”以及“所有其他行单元样式”都设置为“数据”。单击“确定”按钮后，在绘图平面指定插入点，则插入如图 7-29 所示的空表格，并显示多行文字编辑器，不输入文字，直接在多行文字编辑器中单击“确定”按钮退出。

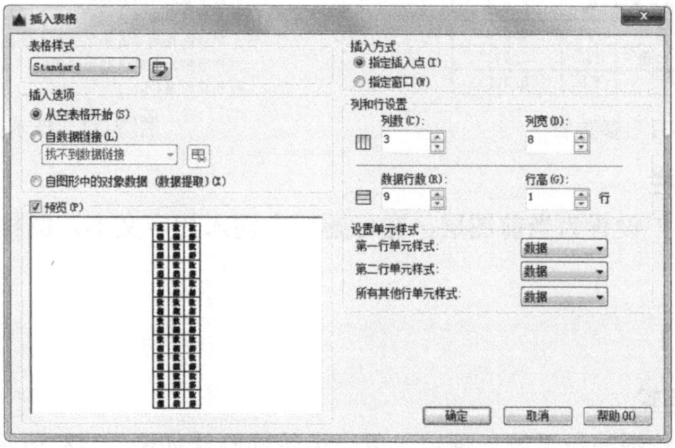

图 7-28 “插入表格”对话框

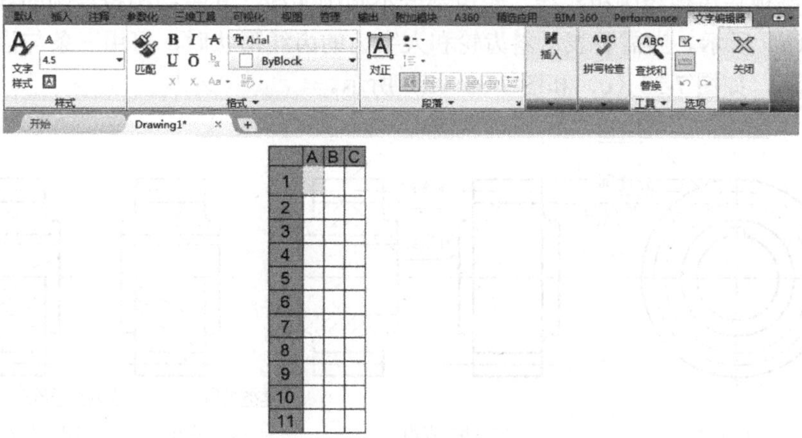

图 7-29　多行文字编辑器和空表格

（5）单击第 1 列某一个单元格，右击，利用特性命令调整列宽，使列宽变成 65，用同样的方法，将第 2 列和第 3 列的列宽拉成 20 和 40。结果如图 7-30 所示。

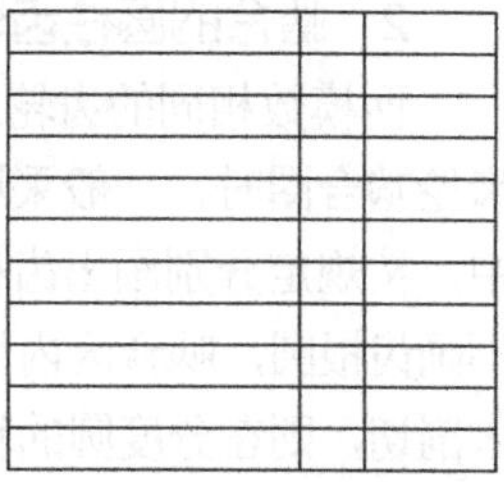

图 7-30　改变列宽

（6）双击单元格，重新打开多行文字编辑器，在各单元格中输入相应的文字或数据，结果如图 7-31 所示。

10. 技术要求标注

将“注释层”设置为当前图层。单击“默认”选项卡“注释”面板中的“多行文字”按钮，标注技术要求，如图 7-32 所示。

模数	m	4
齿数	z	29
齿形角	α	20°
齿顶高系数	h	1
径向变位系数	x	0
精度等级	7-GB10095-88	
公法线平均长度及偏差	WiEw	$61.283_{-0.176}^{-0.088}$
公法线长度变动公差	Fw	0.036
径向综合公差	Fi″	0.090
一齿径向综合公差	fi″	0.032
齿向公差	Fβ	0.011

图 7-31　参数表

技术要求

1. 轮齿部位渗碳淬火，允许全部渗碳，渗碳层深度和硬度.
a. 轮齿表面磨削后深度0.8～1.2，硬度HRC≥59
b. 非磨削渗碳表面（包括轮齿表面黑斑）深度≤1.4，硬度（必须渗碳表面）HRC≥60
c. 芯部硬度HRC35～45
2. 在齿顶上检查齿面硬度
3. 齿顶圆直径仅在热处理前检查
4. 所有未注跳动公差的表面对基准A的跳动为0.2
5. 当无标准齿轮时，允许检查下列三项代替检查径向综合公差和一齿径向综合公差
a. 齿圈径向跳动公差Fr为0.056
b. 齿形公差ff为0.016
c. 基节极限偏差±fpb为0.018
6. 用带凸角的刀具加工齿轮，但齿根不允许有凸台，允许下凹，下凹深度不大于0.2.
7. 未注倒角*C*4.

图 7-32　技术要求

11. 填写标题栏

将“标题栏层”设置为当前图层，在标题栏中输入相应文本。圆柱齿轮设计最终效果如图 7-1 所示。

【知识点详解】

1. 单个圆柱齿轮

国家标准对齿轮画法作了统一规定，单个齿轮的画法如图 7-33 所示。齿顶圆和齿顶线用粗实线画出；齿根圆和齿根线用细实线画出，也可省略不画；分度圆和分度线用细点划线画出，但取剖视后齿根线画粗实线，轮齿部分不画剖面线，其余结构按结构的真实投影画，如图 7-33（a）所示。当需要表示斜齿轮和人字齿的齿线形状时，可用三条与齿线方向一致的细实线表示，如图 7-33（c）和图 7-33（d）所示。

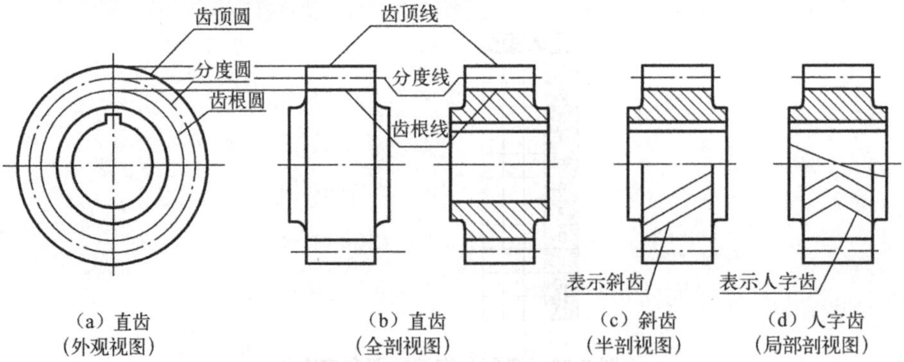

图 7-33　单个圆柱齿轮的画法

2. 啮合的圆柱齿轮

两模数相同的齿轮才能相互啮合。两标准齿轮相互啮合时，它们的分度圆处于相切位置，画齿轮啮合图时，一般采用圆的视图（端面视图）和非圆视图（轴向视图）两个视图。在圆的视图中，按规定分别画出齿根圆、分度圆和齿顶圆三个圆，两分度圆应相切。采用简化画法时，允许不画齿根圆，啮合区内齿顶圆也不画，如图 7-34（b）和图 7-34（c）所示。在非圆的视图中，如未剖切，则在分度圆的相切处画一条粗实线，如图 7-34（d）和图 7-34（e）所示。在剖视图中，当剖切平面通过两啮合齿轮的轴线时，在啮合区内，将一个齿轮的轮齿用粗实线绘制，另一个齿轮的轮齿被遮挡的部分用细虚线绘制（也可省略不画）。由于齿顶高和齿根高不相等，故一轮齿

的齿顶线与其啮合的另一轮齿的齿根线间有 0.25mm 的径向间隙。

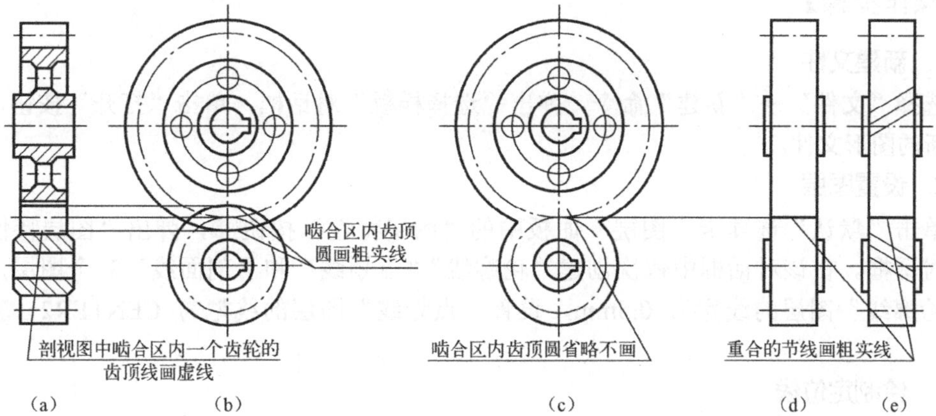

图 7-34　啮合圆柱齿轮的画法

任务二　圆柱齿轮轴设计

【任务背景】

齿轮轴指支撑传动零件并与之一起回转以传递运动、扭矩或弯矩的机械零件，一般为金属圆杆状，各段可以有不同的直径。

本任务将介绍圆柱齿轮轴的绘制过程。如图 7-35 所示，齿轮轴是对称结构，可以利用基本的“直线”和“偏移”命令来完成图形的绘制；也可以利用图形的对称性，绘制图形的一半再进行镜像处理来完成。这里选择第一种方法。

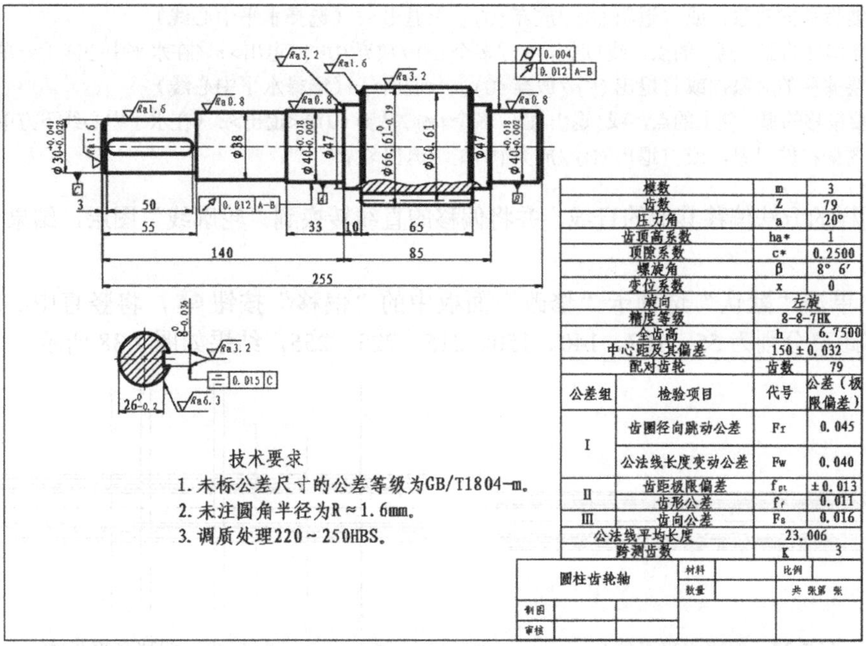

图 7-35　圆柱齿轮轴

【操作步骤】

1. 新建文件

选择“文件”→“新建”命令，弹出“选择样板”对话框，单击“打开”按钮，创建一个新的图形文件。

2. 设置图层

单击“默认”选项卡“图层”面板中的“图层特性”按钮，弹出“图层特性管理器”对话框。在该对话框中依次创建“轮廓线”“点划线”和“剖面线”3 个图层，并设置“轮廓线”图层的线宽为 0.5mm，设置“点划线”图层的线型为 CENTER2，颜色为红色。

3. 绘制定位线

将“点划线”图层设置为当前图层，单击“默认”选项卡“绘图”面板中的“直线”按钮，沿水平方向绘制一条中心线；将“轮廓线”图层设置为当前图层，单击“默认”选项卡“绘图”面板中的“直线”按钮，沿竖直方向绘制一条直线，结果如图 7-36 所示。

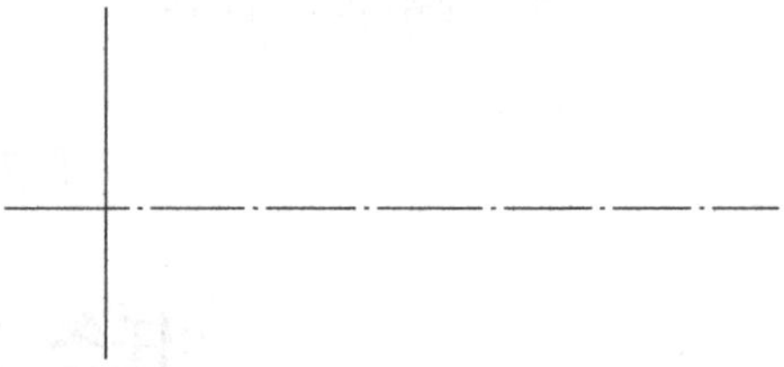

图 7-36　绘制定位线

4. 绘制轮廓线

（1）单击“默认”选项卡“修改”面板中的“偏移”按钮，将水平中心线向上、向下分别偏移 15、19、20、23.5、30.303、33.303，命令行提示与操作如下：

```
命令: _offset
当前设置: 删除源=否  图层=源  OFFSETGAPTYPE=0
指定偏移距离或 [通过(T)/删除(E)/图层(L)] <10.0000>:15↙
选择要偏移的对象，或 [退出(E)/放弃(U)] <退出>:（选择水平中心线）
指定要偏移的那一侧上的点，或[退出(E)/多个(M)/放弃(U)]<退出>:（在水平中心线上方单击）
选择要偏移的对象，或 [退出(E)/放弃(U)] <退出>:（选择水平中心线）
指定要偏移的那一侧上的点，或[退出(E)/多个(M)/放弃(U)]<退出>:（在水平中心线下方单击）
选择要偏移的对象，或 [退出(E)/放弃(U)] <退出>:↙
```

用同样的方法偏移其他的直线，并将偏移的直线转换到“轮廓线”图层，结果如图 7-37 所示。

（2）单击“默认”选项卡“修改”面板中的“偏移”按钮，将竖直中心线向右偏移，偏移距离分别为 55、107、140、150、215、225、255，结果如图 7-38 所示。

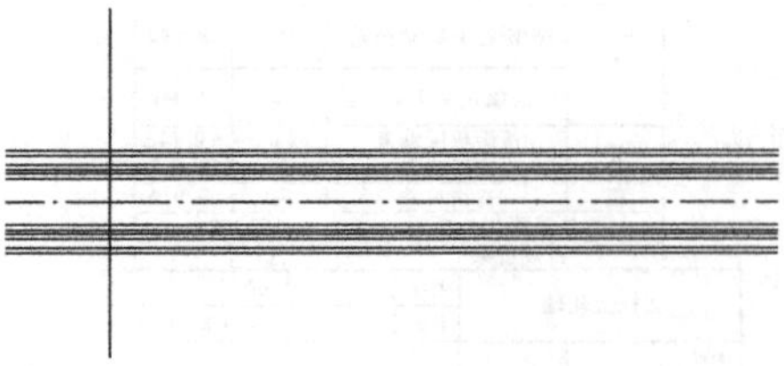

图 7-37　偏移水平直线

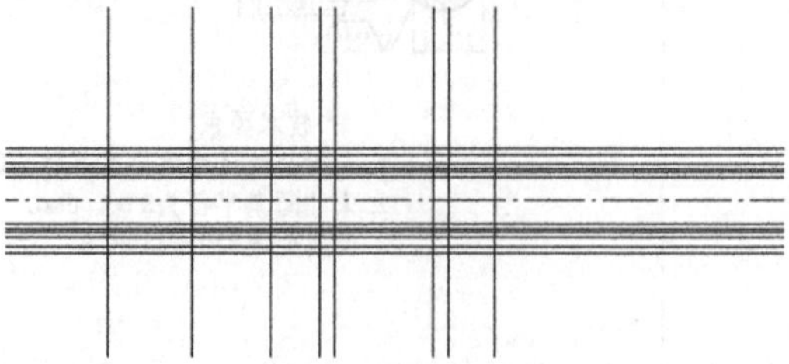

图 7-38　偏移竖直直线

（3）单击“默认”选项卡“修改”面板中的“修剪”按钮，修剪掉多余的直线，结果如图 7-39 所示。

5. 绘制键槽

（1）单击“默认”选项卡“修改”面板中的“偏移”按钮，将水平中心线分别向上、向下偏移，偏移距离为 4，同时将偏移的直线转换到“轮廓线”图层，结果如图 7-40 所示。

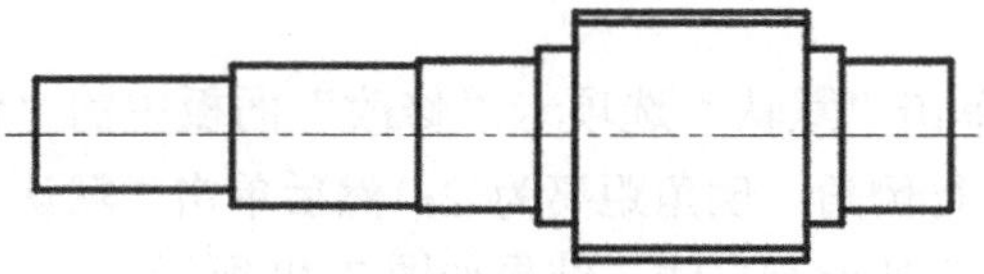

图 7-39　修剪结果

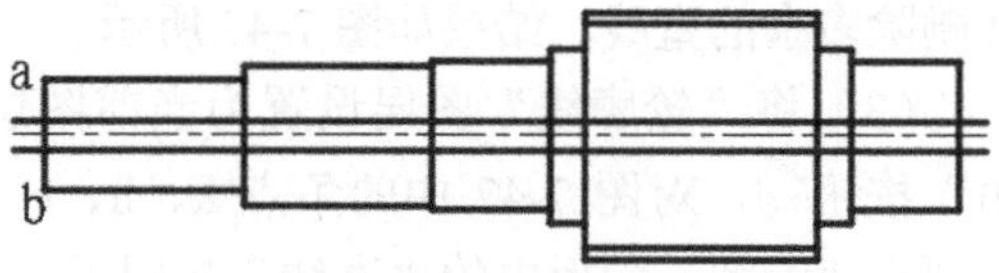

图 7-40　偏移结果

（2）单击“默认”选项卡“修改”面板中的“偏移”按钮，将如图 7-40 所示的直线 ab 向右偏移，偏移距离为 3 和 53，结果如图 7-41 所示。

（3）单击“默认”选项卡“修改”面板中的“修剪”按钮和“删除”按钮，对如图 7-41 所示的偏移的直线进行修剪并删除多余的线条，结果如图 7-42 所示。

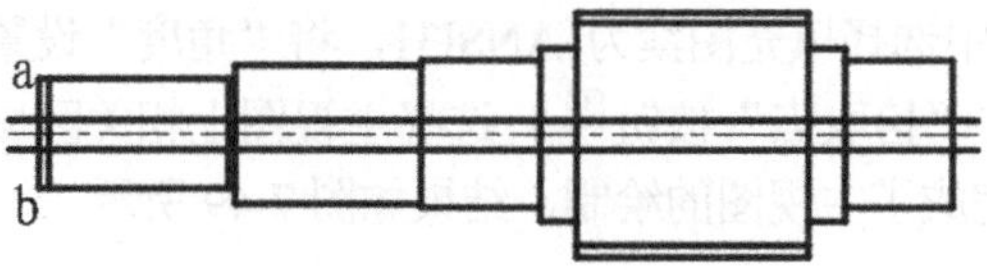

图 7-41　偏移直线

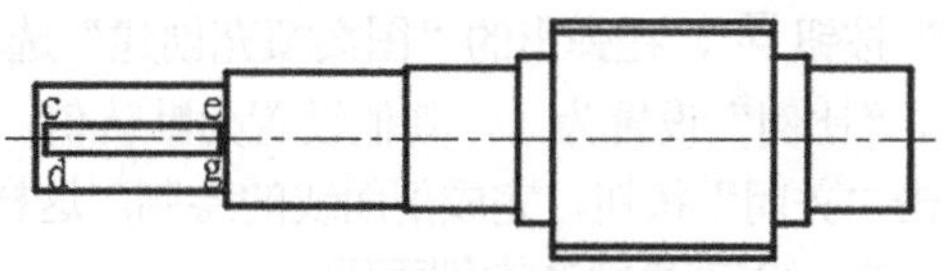

图 7-42　修剪结果

（4）单击“默认”选项卡“修改”面板中的“圆角”按钮，对如图 7-42 所示的角点 c、d、e、g 进行倒圆角，圆角半径为 4mm；倒圆角结果如图 7-43 所示。

6. 绘制齿轮轴轮齿

（1）将如图 7-43 所示的直线 mn 和 st 转换到“点划线”图层，并将其延长，结果如图 7-44 所示。

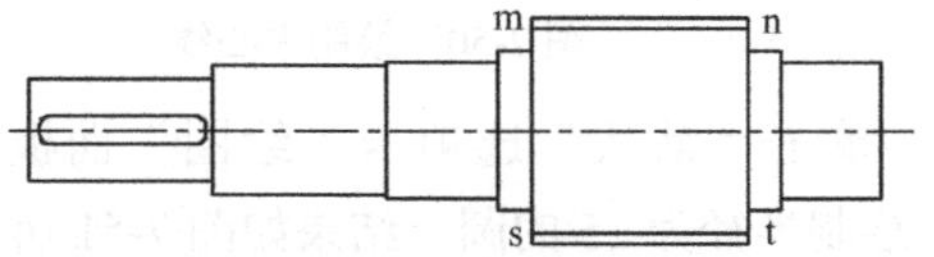

图 7-43　倒圆角结果

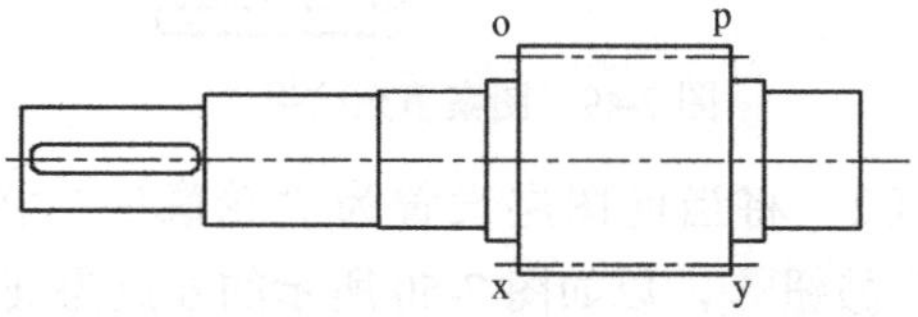

图 7-44　转换图层

（2）单击“默认”选项卡“修改”面板中的“偏移”按钮，将如图 7-44 所示的直线 xy 向上偏移，偏移距离为 6.75；然后单击“默认”选项卡“修改”面板中的“倒角”按钮，对如图 7-44 所示的角点 o、p、x、y 进行倒角，倒角距离为 2；接着单击“默认”选项卡“绘图”面板中的“直线”按钮，在倒角处绘制直线，结果如图 7-45 所示。

7. 绘制齿形处的剖面图

（1）将“剖面线”图层设置为当前图层，单击“默认”选项卡“绘图”面板中的“样条曲线拟合”按钮，绘制一条波浪线，结果如图 7-46 所示。

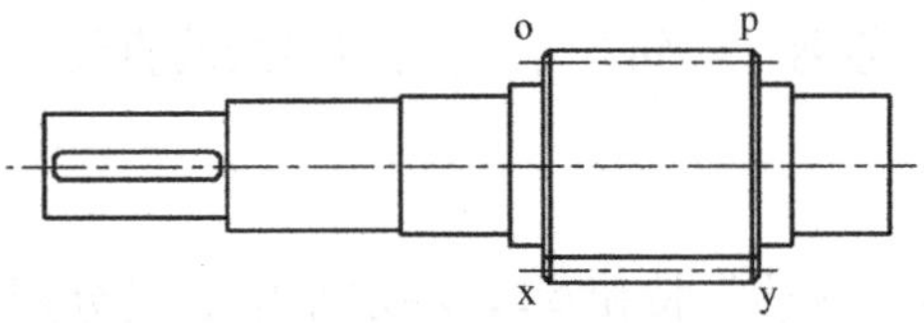

图 7-45　绘制倒角

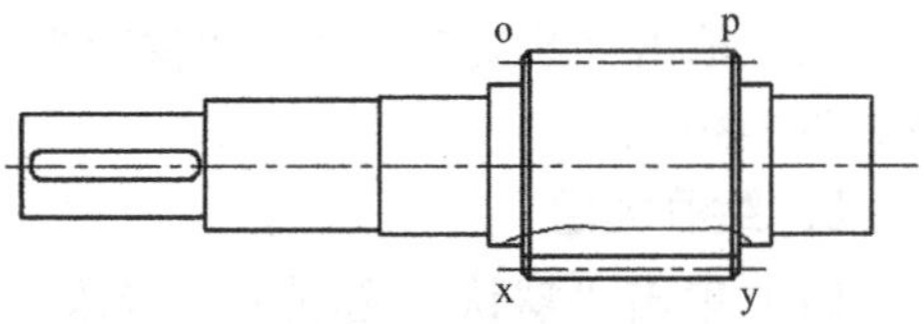

图 7-46　绘制波浪线

（2）单击“默认”选项卡“修改”面板中的“修剪”按钮和“删除”按钮，修剪并删除多余的直线，结果如图 7-47 所示。

（3）将“轮廓线”图层设置为当前图层，单击“默认”选项卡“修改”面板中的“倒角”按钮，对图 7-47 中的角点 k、h、r、j 进行倒角，倒角距离为 2；然后单击“默认”选项卡“绘图”面板中的“直线”按钮，在倒角处绘制直线，结果如图 7-48 所示。

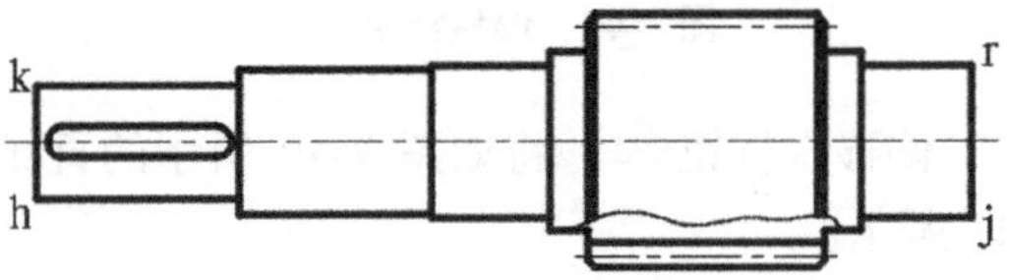

图 7-47　修剪图形

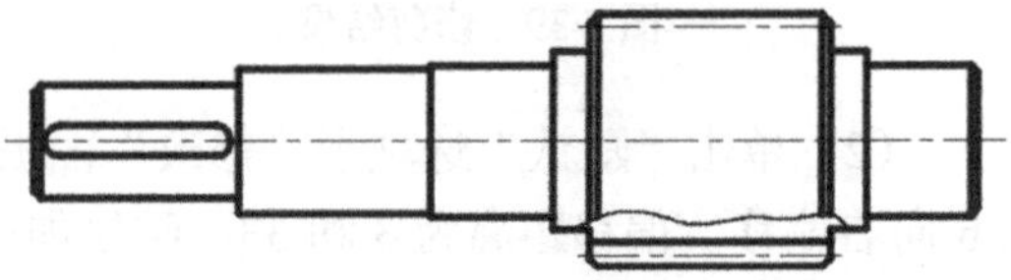

图 7-48　绘制倒角

（4）将当前图层设置为“剖面线”图层。单击“默认”选项卡“绘图”面板中的“图案填充”按钮，在弹出的“图案填充创建”选项卡中选择填充图案为 ANSI31，将“角度”设置为 0°，“比例”设置为 1，其他设置为默认值。单击“拾取点”按钮，选择主视图上相关区域，单击“关闭”按钮，完成剖面线的绘制。这样就完成了主视图的绘制，结果如图 7-49 所示。

8. 绘制键槽处的剖面图

（1）将“点划线”图层设置为当前图层，单击“默认”选项卡“绘图”面板中的“直线”按钮，在对应的位置绘制中心线，结果如图 7-50 所示。

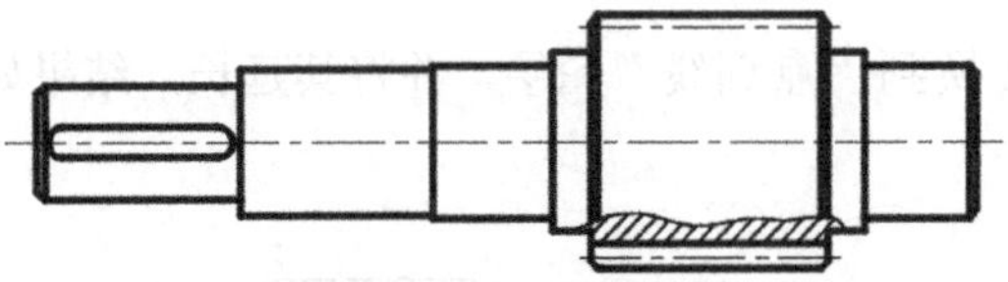

图 7-49　图案填充结果

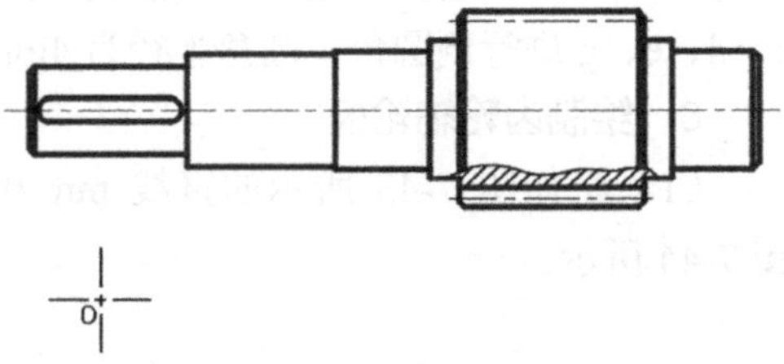

图 7-50　绘制中心线

（2）将当前图层设置为“轮廓线”图层，单击“默认”选项卡“绘图”面板中的“圆”按钮，以如图 7-50 所示的 o 点为圆心，绘制半径为 15 的圆，结果如图 7-51 所示。

（3）单击“默认”选项卡“修改”面板中的“偏移”按钮，将如图 7-51 所示的 o 点所在的水平中心线分别向上、向下偏移 4mm，将 o 点所在的竖直中心线向右偏移 11mm，并将偏移后的直线转换到轮廓线层，结果如图 7-52 所示。

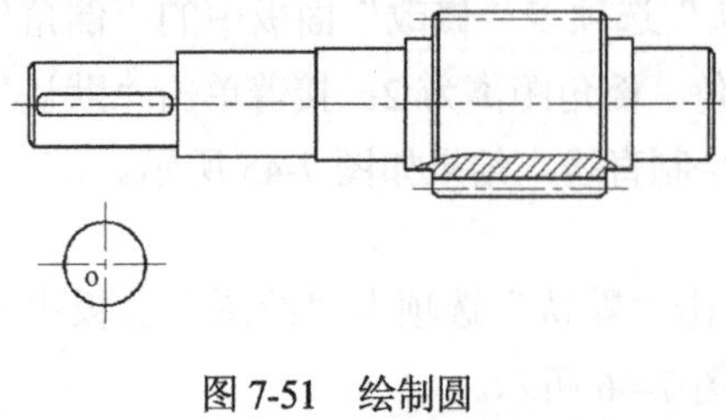

图 7-51　绘制圆

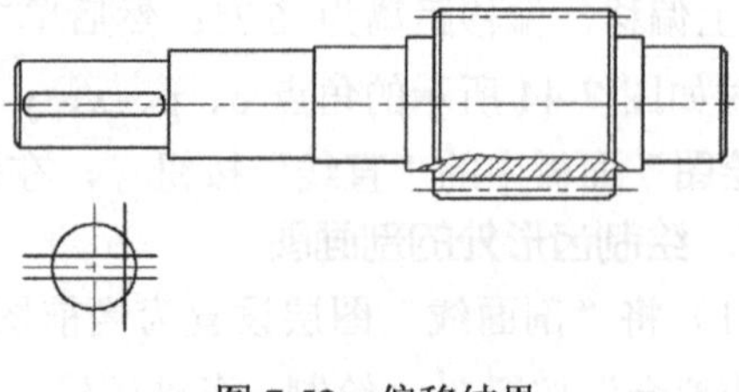

图 7-52　偏移结果

（4）单击“默认”选项卡“修改”面板中的“修剪”按钮 ，修剪多余的直线，结果如图 7-53 所示。

（5）将当前图层设置为“剖面线”图层，单击“默认”选项卡“绘图”面板中的“图案填充”按钮 ，完成剖面线的绘制。这样就完成了主视图的绘制，结果如图 7-54 所示。

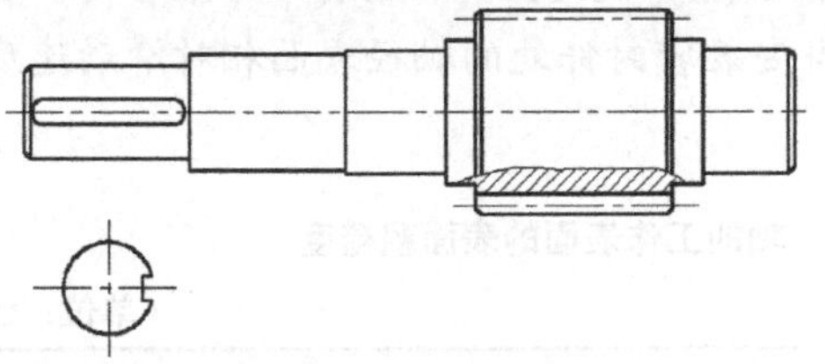

图 7-53　修剪图形

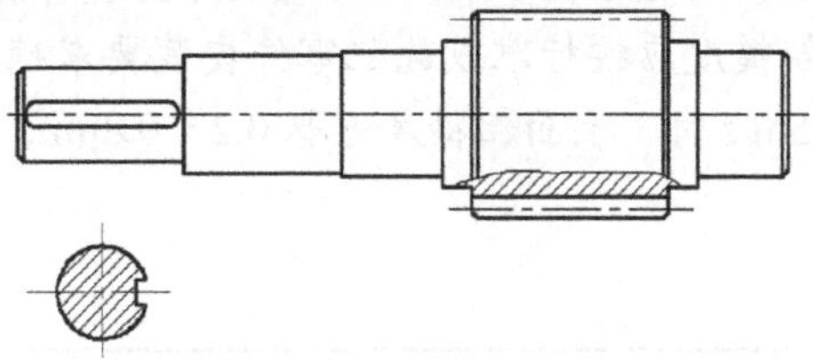

图 7-54　图案填充结果

9. 标注轴向尺寸

单击“默认”选项卡“注释”面板中的“标注样式”按钮 ，创建新的标注样式，并进行相应的设置，完成后将其设置为当前标注样式；然后单击“注释”选项卡“标注”面板中的“线性”按钮 ，对齿轮轴中的线性尺寸进行标注，结果如图 7-55 所示。

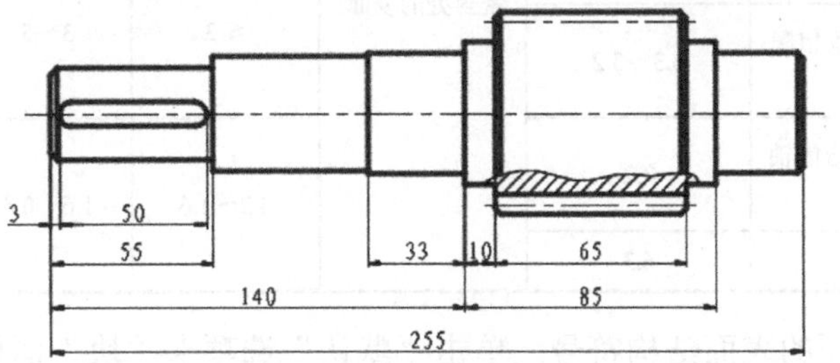

图 7-55　添加线性标注

10. 标注径向尺寸

使用线性标注对直径尺寸进行标注。单击“注释”选项卡“标注”面板中的“线性”按钮 ，标注各个不带公差的直径尺寸；然后双击标注的文字，在弹出的“特性”选项板中修改标注文字，完成标注；接下来创建新的标注样式，标注带公差的尺寸，方法与本项目任务一中的步骤 6 相同，结果如图 7-56 所示。

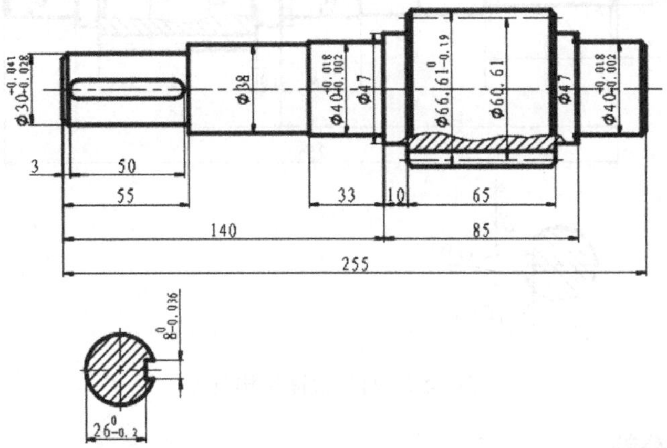

图 7-56　标注径向尺寸

11. 标注表面粗糙度

注意

轴的所有表面都需要加工，在标注表面粗糙度时，应查阅推荐数值，轴的工作表面的表面粗糙度见表 7-2。在满足设计要求的前提下，应选取较大值。轴与标准件配合时，其表面粗糙度应按标准或选配零件安装要求确定。当安装密封件处的轴径表面相对滑动速度大于 5m/s 时，表面粗糙度可取 0.2 ~ 0.8μm。

表 7-1　轴的工作表面的表面粗糙度

（单位：μm）

<table>
<tr><th>加工表面</th><th>Ra</th><th>加工表面</th><th colspan="4">Ra</th></tr>
<tr><td>与传动件及联轴器轮毂相配合的表面</td><td>3.2～0.8</td><td rowspan="6">密封处的表面</td><td>毡圈</td><td>橡胶油封</td><td colspan="2">间隙及迷宫</td></tr>
<tr><td>与→P0级滚动轴承相配合的表面</td><td>1.6～0.8</td><td colspan="3">与轴接触处的圆周速度</td><td>3.2～1.6</td></tr>
<tr><td>平键键槽的工作面</td><td>3.2～1.6</td><td rowspan="2">≤3</td><td rowspan="2">3～5</td><td rowspan="2">5～10</td><td rowspan="4">3.2～1.6</td></tr>
<tr><td>与传动件及联轴器轮毂相配合的轴肩端面</td><td>6.3～3.2</td></tr>
<tr><td>与→P0级滚动轴承相配合的轴肩端面</td><td>3.2</td><td rowspan="2">3.2～1.6</td><td rowspan="2">1.6～0.8</td><td rowspan="2">0.8～0.4</td></tr>
<tr><td>平键键槽表面</td><td>6.3</td></tr>
</table>

标注轴工作表面的表面结构符号。单击“默认”选项卡“块”面板中的“插入”按钮，将表面结构符号图块插入到图中的合适位置，然后单击“注释”选项卡“文字”面板中的“多行文字”按钮A，标注表面结构符号，结果如图 7-57 所示。

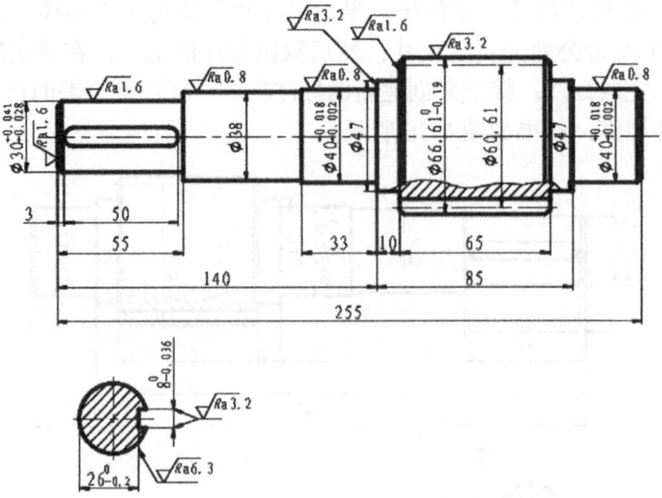

图 7-57　标注表面结构符号

12. 标注几何公差

（1）基准符号。单击“默认”选项卡“绘图”面板中的“矩形”按钮、多边形按钮

“图案填充”按钮、“直线”按钮和“文字”按钮A，绘制基准符号。

注意

基准符号需要单独绘制，因为上个例子已经绘制了，所以这里可以拿过来直接插入。

（2）单击“注释”选项卡“标注”面板中的“公差”按钮，弹出“形位公差”对话框，如图 7-58 所示。选择所需的符号、基准，输入公差数值，单击“确定”按钮即可，结果如图 7-59 所示。

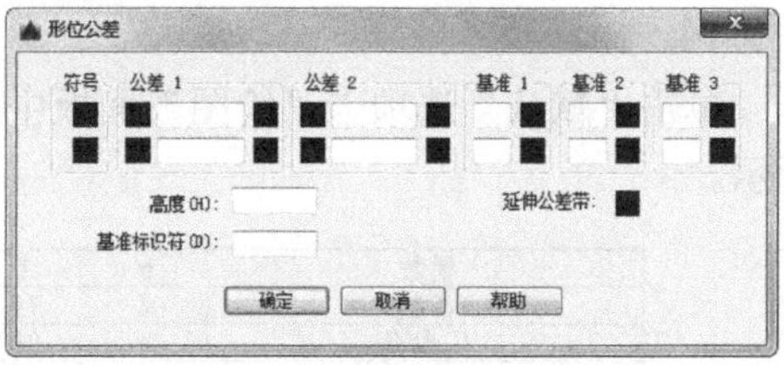

图 7-58 “形位公差”对话框

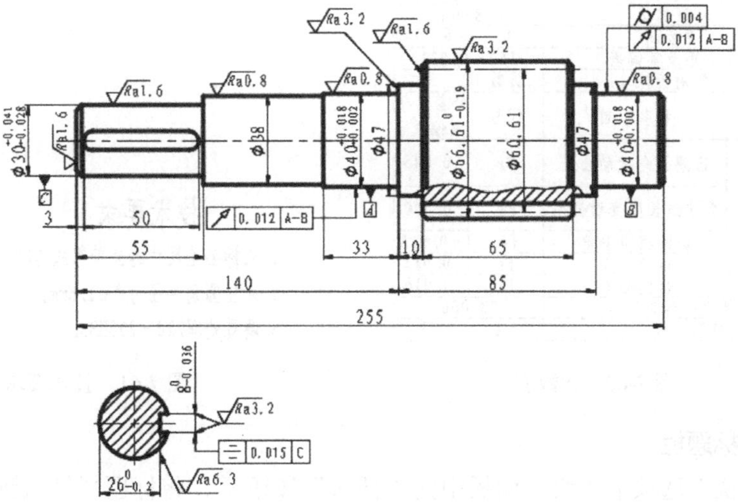

图 7-59 标注几何公差

注意

齿轮轴的几何公差图标明了轴端面、齿轮轴段、键槽的形状及相互位置的基本要求，其数值按表面作用查阅相关推荐值。

（3）在命令行中输入 QLEADER 命令，执行引线命令，对图中的倒角进行标注。

13. 标注参数表

（1）修改表格样式。单击“默认”选项卡“注释”面板中的“表格样式”按钮，在弹出的“表格样式”对话框中单击“修改”按钮，打开“修改表格样式”对话框。在该对话框中进行如下设置：在“常规”选项卡中将填充颜色设置为“无”，对齐方式为“正中”，水平页边距和垂直页边距都为 1.5；在“文字”选项卡中将文字样式设置为“文字”，文字高度为 6，文字颜色为 ByBlock；在“边框”选项卡的“特性”选项组中，单击“颜色”选项所对应的下拉按钮，选择颜色为“洋红”，再将表格方向设置为“向下”。设置好表格样式后，单击“确定”按钮退出。

（2）创建并填写表格：单击“默认”选项卡“注释”面板中的“表格”按钮，创建表格，然后双击单元格，打开多行文字编辑器，在各单元格中输入相应的文字或数据，并将多余的单元格合并；也可以将前面绘制的表格调入图中，然后进行修改，快速完成参数表的绘制，结果如图 7-60 所示。

14. 标注技术要求

单击“默认”选项卡“绘图”面板中的“多行文字”按钮A，标注技术要求，如图 7-61 所示。

模数		m	3
齿数		Z	79
压力角		a	20°
齿顶高系数		ha*	1
顶隙系数		c*	0.2500
螺旋角		β	8° 6′
变位系数		x	0
旋向		左旋	
精度等级		8-8-7HK	
全齿高		h	6.7500
中心距及其偏差		150±0.032	
配对齿轮		齿数	79
公差组	检验项目	代号	公差（极限偏差）
I	齿圈径向跳动公差	Fr	0.045
	公法线长度变动公差	Fw	0.040
II	齿距极限偏差	f_{pt}	±0.013
	齿形公差	f_f	0.011
III	齿向公差	F_β	0.016
公法线平均长度		23.006	
跨测齿数		K	3

图 7-60 参数表

技术要求

1. 未标公差尺寸的公差等级为GB/T1804-m。
2. 未注圆角半径为$R\approx1.6$mm。
3. 调质处理220～250HBS。

图 7-61 技术要求

15. 插入标题栏

单击“默认”选项卡“块”面板中的“插入”按钮，将标题栏插入到图中合适的位置；然后单击“默认”选项卡“绘图”面板中的“多行文字”按钮A，填写相应的内容。至此，圆柱齿轮轴绘制完毕，结果如图 7-35 所示。

【知识点详解】

齿轮轴的加工方法有很多，主要是采用滚切、铣削和磨削等切削加工方法，也可采用冷打、冷轧等塑性变形的加工方法。

（1）滚切法。用花键滚刀在花键轴铣床或滚齿机上按展成法加工，这种方法生产效率和精度均较高，适用于批量生产。

（2）铣削法。在万能铣床上用专门的成形铣刀直接铣出齿间轮廓，用分度头分齿逐齿铣削；若不用成形铣刀，也可用两把盘铣刀同时铣削一个齿的两侧，逐齿铣好后再用一把盘铣刀对底径稍作修整。铣削法的生产效率和精度都较低，主要用在单件小批生产中加工以外径定心的花键轴和淬硬前的粗加工。

（3）磨削法。用成形砂轮在花键轴磨床上磨削花键齿侧和底径，适用于加工淬硬的花键轴或精度要求更高的、特别是以内径定心的花键轴。

（4）冷打法。在专门的机床上进行。对称布置在工件圆周外侧的两个打头，随着工件的分度回转运动和轴向进给作恒定速比的高速旋转，工件每转过 1 齿，打头上的成形打轮对工件齿槽部锤击 1 次，在打轮高速、高能运动连续锤击下，工件表面产生塑性变形而成花键。

冷打的精度介于铣削和磨削之间，效率比铣削约高 5 倍左右，冷打法还可提高材料利用率。

任务三　腹板式带轮设计

【任务背景】

带轮常用铸铁制造，有时也采用钢或非金属材料，如塑料、木材等。铸铁带轮允许的最大圆周速度为 25m/s，速度更高时，可采用铸铁或钢板冲压后焊接。塑料带轮的质量轻、摩擦系数大，常用于机床中。

带轮基准直径 d_d 较小时可采用实心式带轮；中等直径的带轮常采用腹板式带轮；当直径大于 350mm 时，可采用轮辐式带轮，如图 7-62 所示。当采用轮辐式带轮时，轮辐的数目 Z_a 可根据带轮直径选取。当 $d_d \leqslant 500$mm 时，$Z_a = 4$；当 $d_d \leqslant (500 \sim 1600)$ mm 时，$Z_a = 6$；当 $d_d \leqslant (1600 \sim 3000)$ mm 时，$Z_a = 8$。

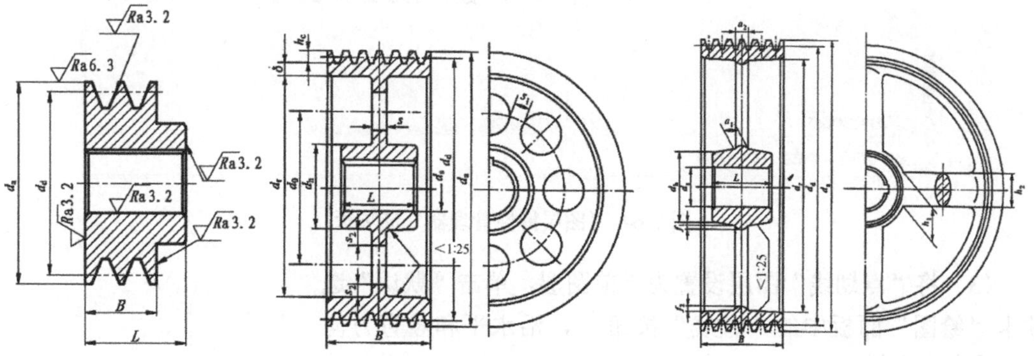

（a）实心式　（b）腹板式　（c）轮辐式

图 7-62　带轮结构

本任务首先绘制主视图，然后绘制左视图，最后进行尺寸标注，如图 7-63 所示。

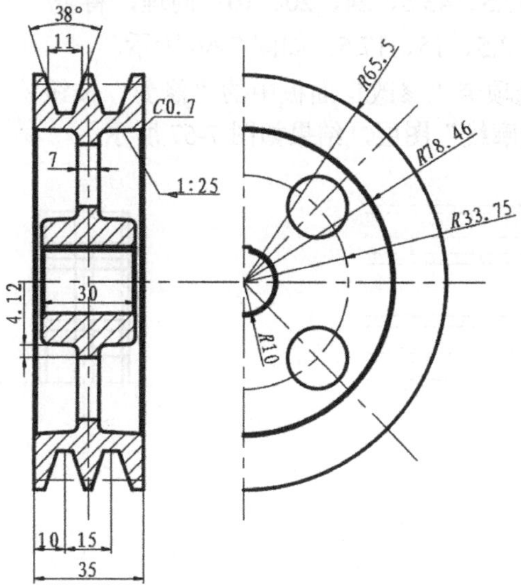

图 7-63　腹板式带轮

【操作步骤】

1. 绘制主视图

（1）选择“文件”→“新建”命令，弹出“选择样板”对话框，以“无样板打开一公制（M）”方式建立新文件，创建一个新的图形文件。

（2）单击“默认”选项卡“图层”面板中的“图层特性”按钮，弹出“图层特性管理器”对话框。在该选项板中依次创建“点划线”“轮廓线”和“剖面线”3 个图层，并设置“轮廓线”图层的线宽为 0.5mm，设置“点划线”图层的线型为 CENTER2，如图 7-64 所示。

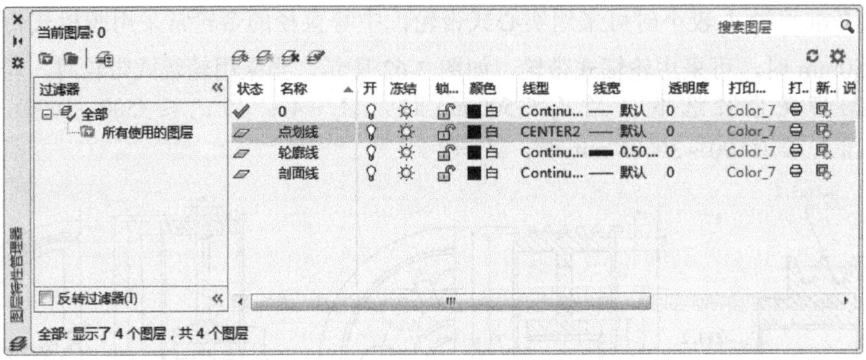

图 7-64 “图层特性管理器”选项板

（3）将“点划线”图层设置为当前图层，单击“默认”选项卡“绘图”面板中的“直线”按钮，沿水平和竖直方向绘制两条中心线，如图 7-65 所示。

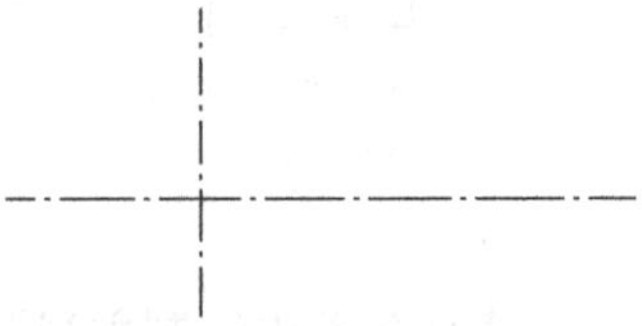

图 7-65 绘制中心线

（4）将“轮廓线”图层设置为当前图层，单击“默认”选项卡“修改”面板中的“偏移”按钮，将水平中心线向上偏移 65.5、62.5、53.5、47.5、43.5、24、20、10；同理，将竖直中心线向左、右各偏移 3.5、15、17.5，如图 7-66 所示。

（5）单击“默认”选项卡“修改”面板中的“修剪”按钮，修剪掉多余的线条，并将偏移的直线转换到“轮廓线”图层，结果如图 7-67 所示。

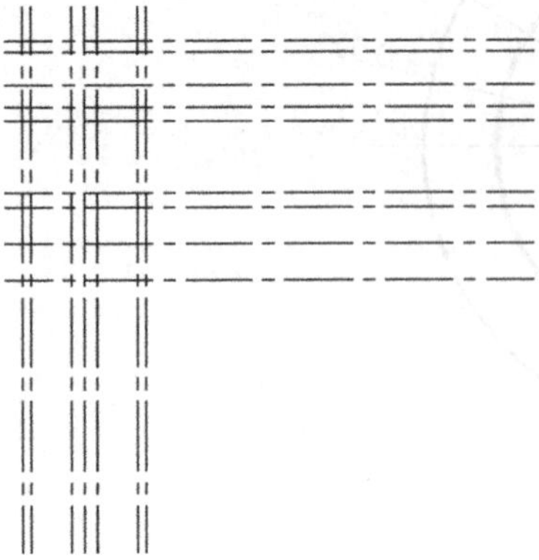

图 7-66 偏移中心线

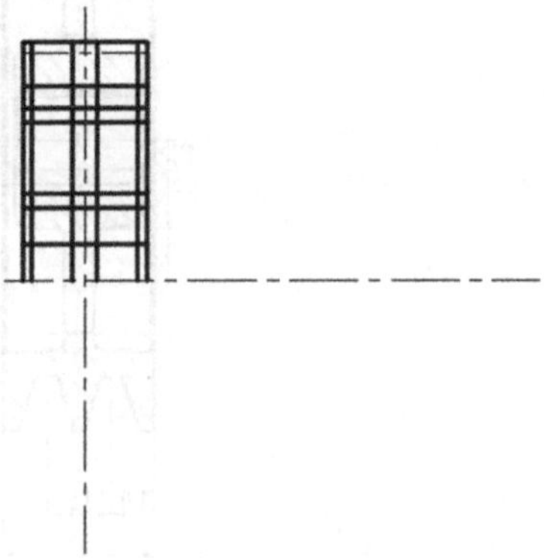

图 7-67 修剪并转换图层结果

（6）单击“默认”选项卡“修改”面板中的“修剪”按钮，修剪掉多余线条，结果如图 7-68 所示。

（7）单击“默认”选项卡“修改”面板中的“偏移”按钮，将最左边竖线向右偏移，偏移距离分别为 10 和 25，并将偏移的直线转换到“点划线”图层，结果如图 7-69 所示。

（8）再次单击“默认”选项卡“修改”面板中的“偏移”按钮，将如图 7-69 所示的直线 ab 向左、右各偏移 5.5；然后以图 7-70 中的 c 为起点，单击“默认”选项卡“绘图”面板中的“直线”按钮，绘制与竖直线成 289° 的斜线，以 d 为起点，单击“默认”选项卡“绘图”面板中的“直线”按钮，绘制与竖直线成 251° 的斜线，结果如图 7-70 所示。

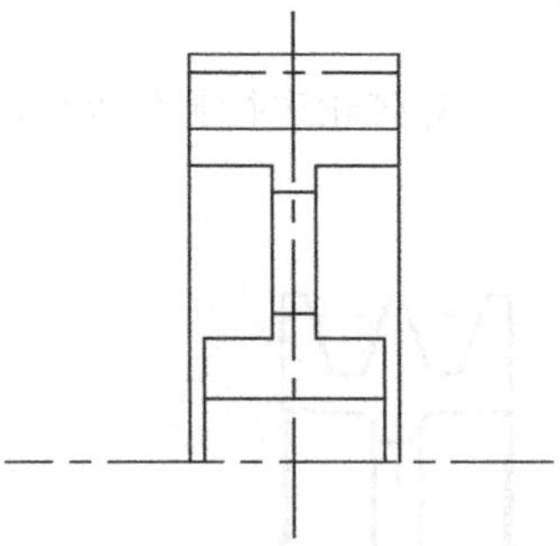

图 7-68　修剪结果

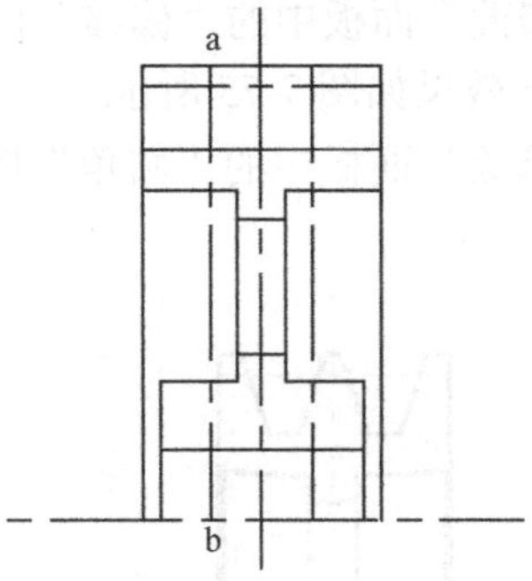

图 7-69　偏移并转换图层结果

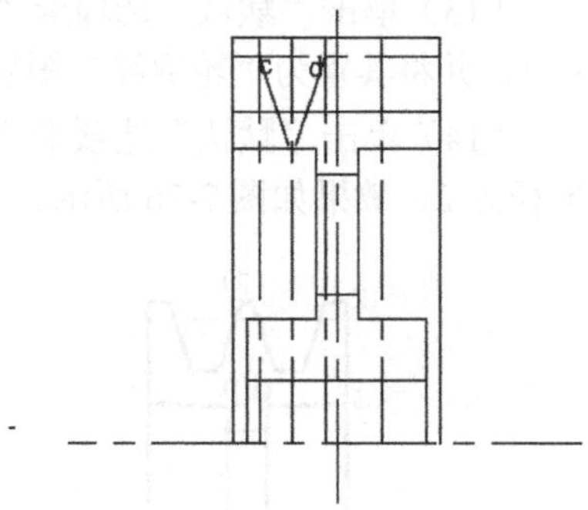

图 7-70　绘制斜线

（9）单击“默认”选项卡“修改”面板中的“延伸”按钮，将第（8）步绘制的两条斜线向上延伸，然后调用“修剪”命令修剪掉多余的线条，效果如图 7-71 所示。

（10）单击“默认”选项卡“修改”面板中的“镜像”按钮，镜像对象如图 7-72 所示的虚线部分，以直线 mn 为镜像线，镜像结果如图 7-73 所示。

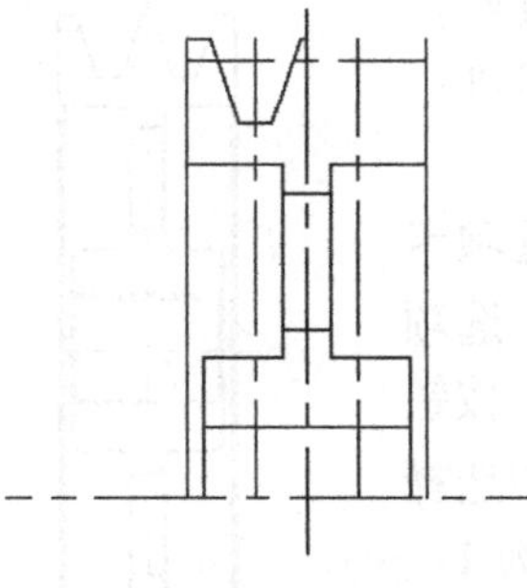

图 7-71　修剪结果

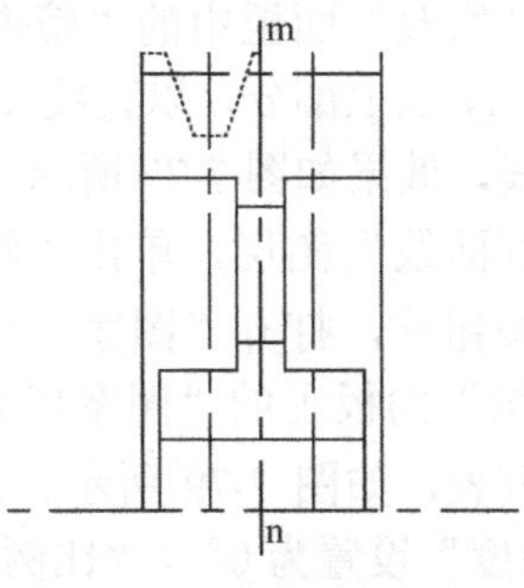

图 7-72　选择镜像对象

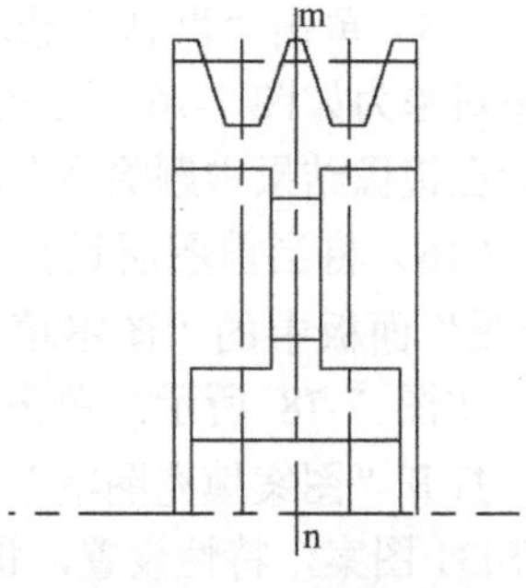

图 7-73　镜像结果

（11）单击“默认”选项卡“绘图”面板中的“直线”按钮，分别以如图 7-74 所示的 o、p、q、t 为起点，绘制两条角度分别为 2.3° 和−2.3° 的角度线；然后单击“默认”选项卡“修改”面板中的“删除”按钮，删除掉多余的直线，或者单击“默认”选项卡“修改”面板中的“旋转”按钮，将直线旋转，效果如图 7-74 所示。

（12）单击“默认”选项卡“修改”面板中的“倒角”按钮，对图形进行倒角处理，命令行提示与操作如下：

```
命令：_chamfer
```

```
（“修剪”模式）当前倒角距离 1 = 0.0000，距离 2 = 0.0000
选择第一条直线或[放弃(U)/多线段(P)/距离(D)/角度(A)/修剪(T)/方式(E)/多个(M):d
指定第一个倒角距离 <0.0000>: 0.7
指定第二个倒角距离 <0.7000>:↙
选择第一条直线或[放弃(U)/多段线(P)/距离(D)/角度(A)/修剪(T)/方式(E)/多个(M)]: t
输入修剪模式选项 [修剪(T) /不修剪(N)] <修剪>: n
选择第一条直线或 [放弃(U) /多段线(P) /距离(D) /角度(A) /修剪(T) /方式(E) /多个(M)]（选择图 7-74 中的斜线 os）
选择第二条直线，或按住 Shift 键选择要应用角点的直线:（选择图 7-74 中的直线 zs）
```

重复“倒角”命令，将其他边进行倒角处理，并且绘制键槽，效果如图 7-75 所示。

（13）单击“默认”选项卡“修改”面板中的“偏移”按钮，将水平中心线向上偏移 11.3，并将其置为“轮廓线”图层，效果如图 7-75 所示。

（14）单击“默认”选项卡“修改”面板中的“圆角”按钮，对带轮进行圆角处理，半径为 2，效果如图 7-76 所示。

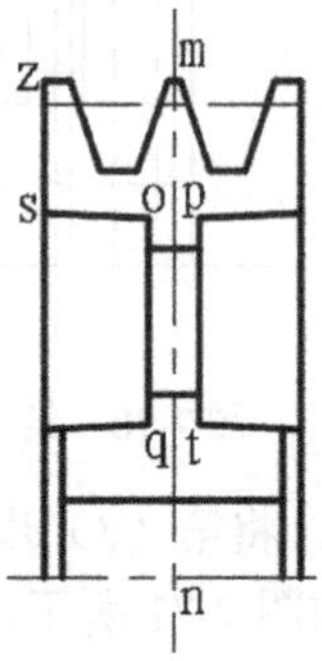

图 7-74　绘制角度线

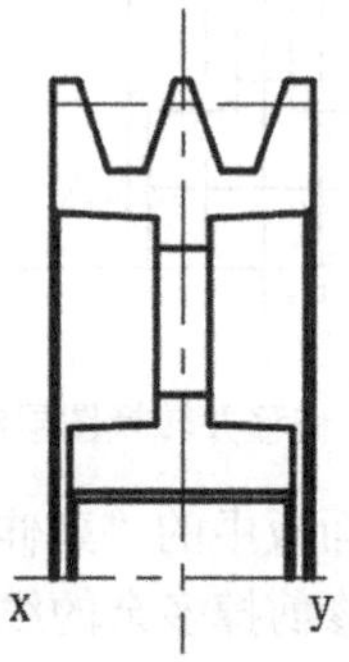

图 7-75　倒角处理

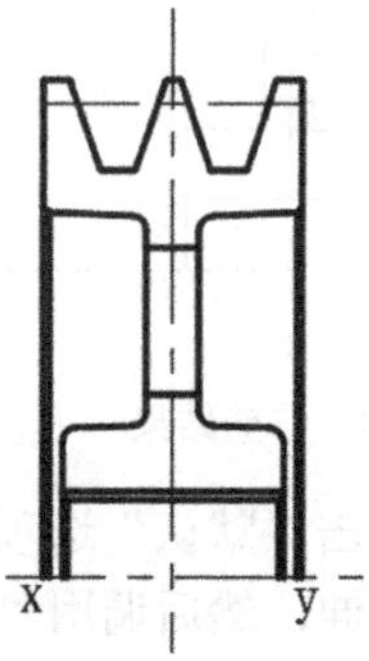

图 7-76　圆角处理

（15）单击“默认”选项卡“修改”面板中的“镜像”按钮，镜像对象为如图 7-76 所示的直线 xy 以上部分，以直线 xy 为镜像线；然后在镜像结果中删除多余的直线，效果如图 7-77 所示。

（16）将当前图层设置为“剖面线”图层。单击“默认”选项卡“绘图”面板中的“图案填充”按钮，打开“图案填充创建”选项卡，如图 7-78 所示。单击“图案”面板上的“图案填充图案”按钮，打开“图案填充图案”下拉列表，如图 7-79 所示。在列表中选择 ANSI31 图案，特性设置，将“角度”设置为 0°，“比例”设置为 1，其他为默认值。单击“拾取点”按钮，在绘图窗口中进行选择，选择主视图上相关区域，单击“关闭”按钮，完成剖面线的绘制。这样就完成了主视图的绘制，效果如图 7-80 所示。

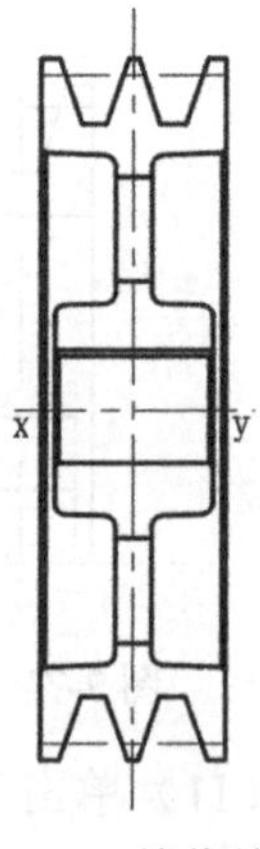

图 7-77　镜像结果

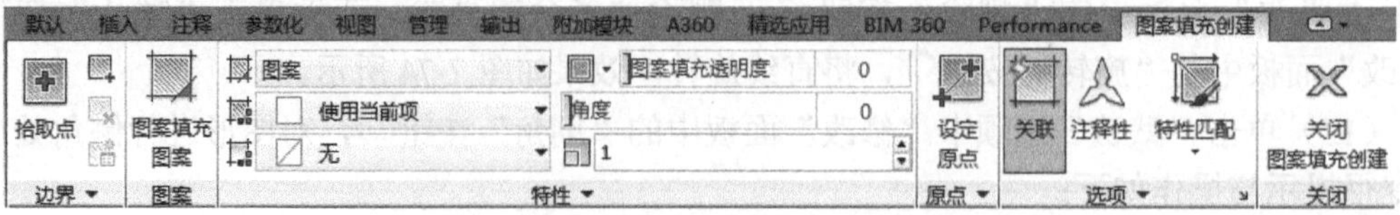

图 7-78　“图案填充创建”选项卡

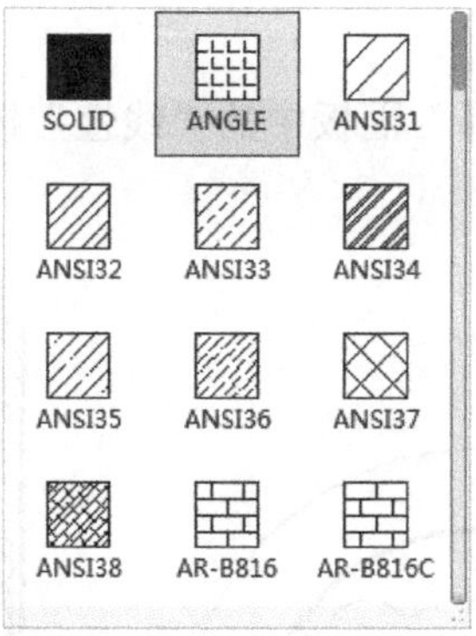

图 7-79 “图案填充图案”下拉列表

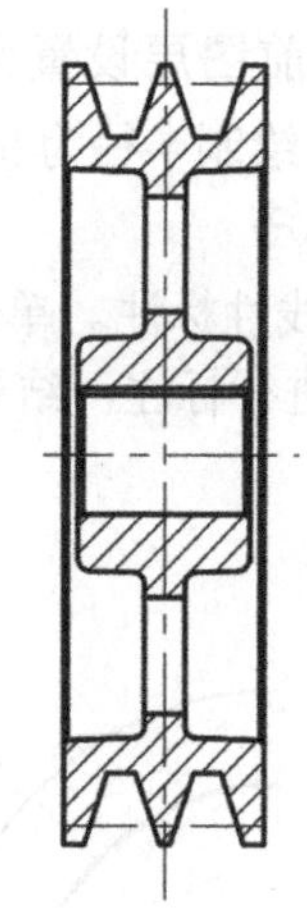

图 7-80　带轮主视图绘制结果

2. 绘制左视图

（1）将当前图层设置为“轮廓线”图层；单击“默认”选项卡“修改”面板中的“偏移”按钮，将主视图中的竖直中心线向右偏移，偏移距离为 50；然后单击“默认”选项卡“绘图”面板中的“圆”按钮，分别绘制半径为 10、10.7、48.03、48.76、65.5 的同心圆；最后单击“默认”选项卡“修改”面板中的“修剪”按钮，修剪掉左半个圆，结果如图 7-81 所示。

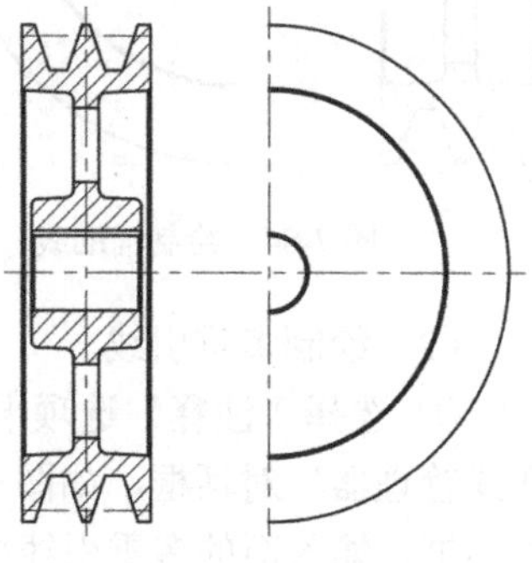

图 7-81　绘制圆

（2）单击“默认”选项卡“修改”面板中的“偏移”按钮，将左视图中的竖直中心线向右偏移，偏移距离为 2。单击“默认”选项卡“绘图”面板中的“直线”按钮，捕捉交点绘制水平直线，使其与刚偏移的直线垂直相交，如图 7-82 所示。

（3）首先将第（2）步偏移的直线转换到“轮廓线”图层，然后单击“默认”选项卡“修改”面板中的“修剪”按钮，修剪掉多余的线条，结果如图 7-83 所示。

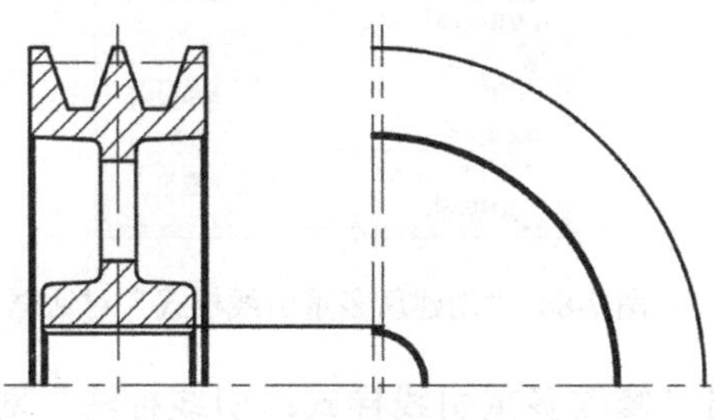

图 7-82　偏移直线

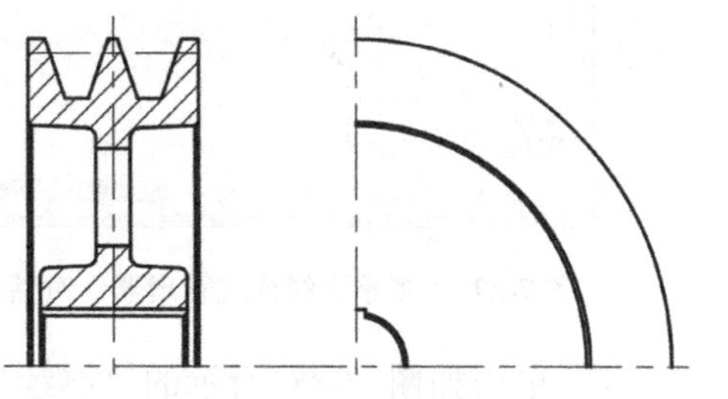

图 7-83　修剪键槽

（4）将当前图层设置为“点划线”图层；单击“默认”选项卡“绘图”面板中的“圆”按钮，绘制半径为 33.75 的圆；然后单击“默认”选项卡“修改”面板中的“修剪”按钮，修剪掉左半个圆；再单击“默认”选项卡“绘图”面板中的“直线”按钮，绘制角度分别为 45° 和−45° 的角度线，结果如图 7-84 所示。

（5）将当前图层设置为“轮廓线”图层，单击“默认”选项卡“绘图”面板中的“圆”按钮，绘制半径为 9.75 的圆，结果如图 7-85 所示。

3. 添加标注

（1）添加线性标注。单击“默认”选项卡“注释”面板中的“线性”按钮，对带轮中的线性尺寸进行标注，结果如图 7-86 所示。

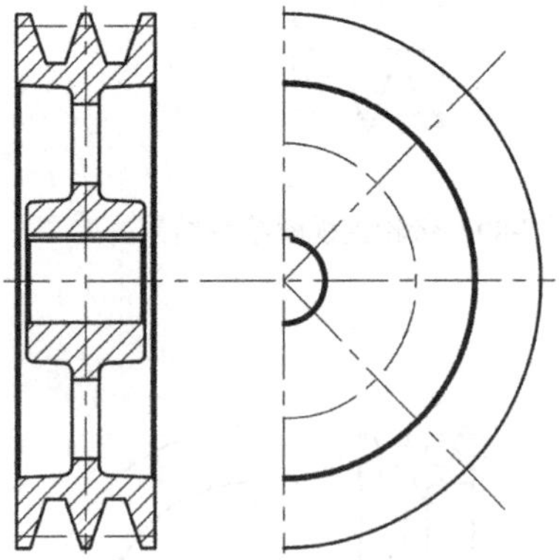

图 7-84　绘制辅助线

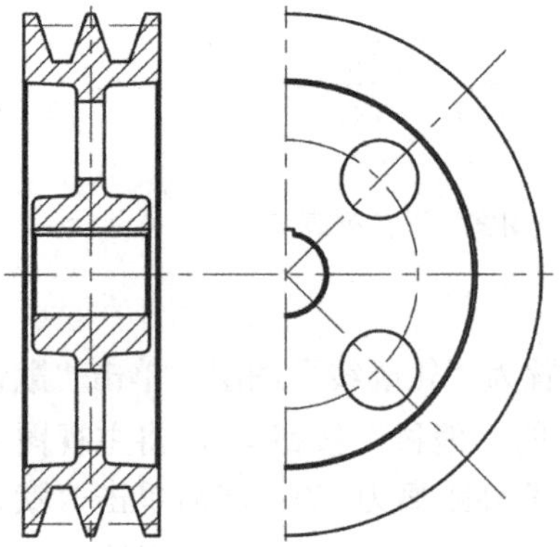

图 7-85　完成左视图

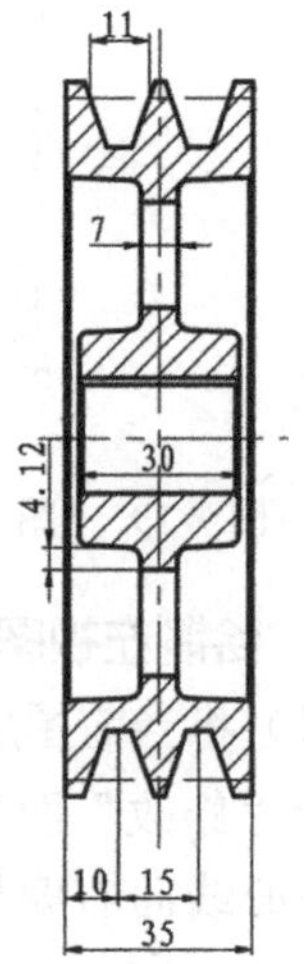

图 7-86　添加线性标注结果

（2）绘制多重引线。

① 选择“注释”选项卡中的“引线”→“管理多重引线样式”命令，弹出“多重引线样式管理器”对话框，如图 7-87 所示。单击“新建”按钮，弹出“创建新多重引线样式”对话框，输入新的多重引线样式的名称“引线标注”，如图 7-88 所示。

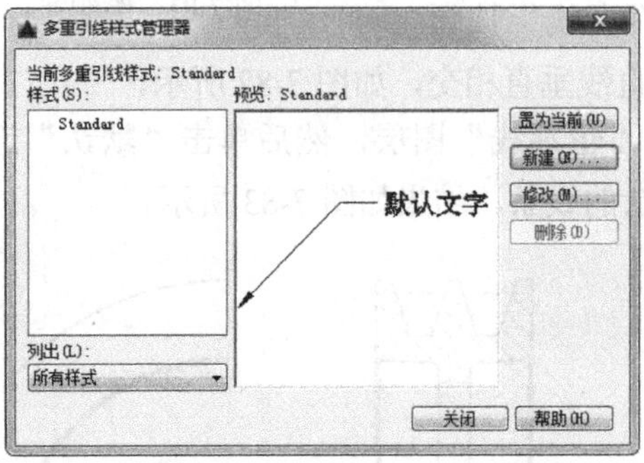

图 7-87　“多重引线样式管理器”对话框

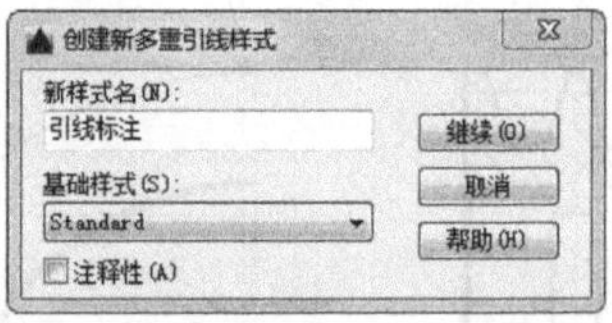

图 7-88　“创建新多重引线样式”对话框

② 单击如图 7-88 所示的“继续”按钮，弹出“修改多重引线样式：引线标注”对话框，如图 7-89 所示。在各个选项卡中进行相应设置，然后单击“确定”按钮。返回“多重引线样式管理器”对话框后，将“引线标注”选项置为当前引线样式，单击“关闭”按钮。

③ 单击“注释”选项卡“引线”面板中的“多重引线”按钮，对倒角进行标注。

④ 单击“默认”选项卡“绘图”面板中的“直线”按钮和“文字样式”按钮，对斜度进行标注，效果如图 7-90 所示。

（3）添加角度标注。单击“注释”选项卡“标注”面板中的“角度”按钮△，对带槽的倾斜角度进行标注，结果如图 7-91 所示。

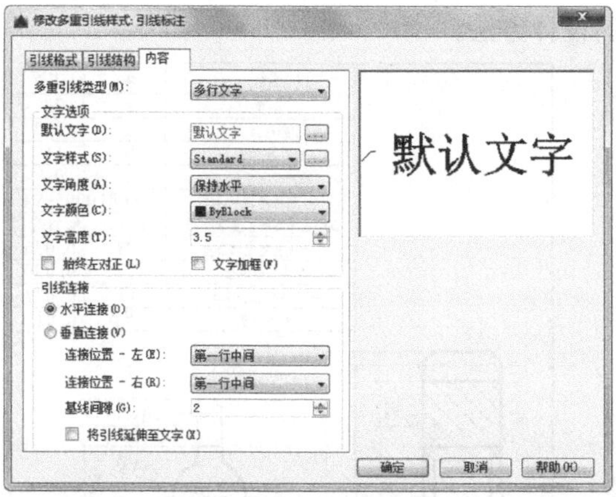

图 7-89 “修改多重引线样式：引线标注”对话框

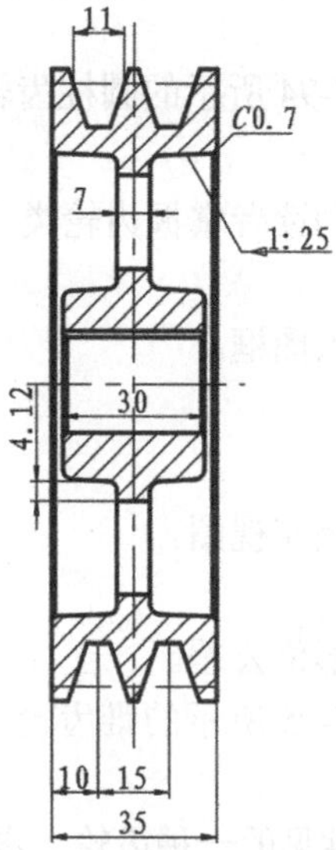

图 7-90　标注倒角和斜度

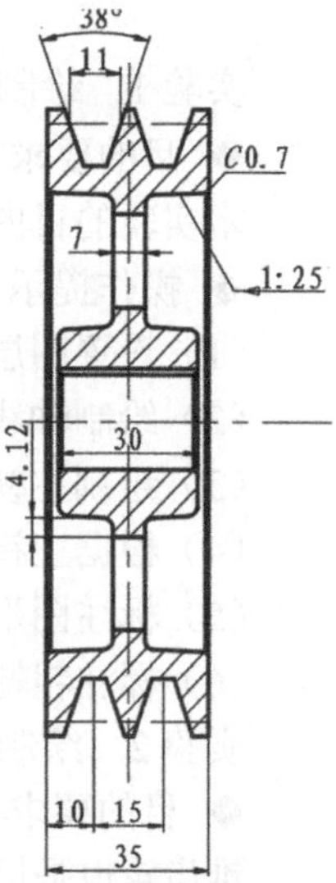

图 7-91　标注角度

（4）添加半径标注。单击“注释”选项卡“标注”面板中的“半径”按钮，对图中的半径尺寸进行标注。至此，整个零件图绘制完成，结果如图 7-63 所示。

【知识点详解】

带传动通过中间挠性件（带）传递运动和动力，适用于两轴中心距较大的场合。带传动具有结构简单、成本低廉等优点，因此得到了广泛的应用。

带传动通常由主动轮 1、从动轮 2 和张紧在两轮上的环形带 3 组成，如图 7-92 所示。传动带按横截面形状不同可分为平带、V 带和特殊截面带（如多楔带、圆带等）3 大类，如图 7-93 所示。

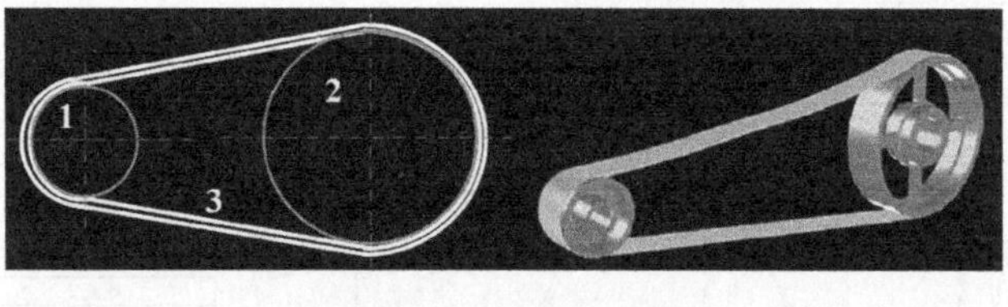

图 7-92　带传动结构

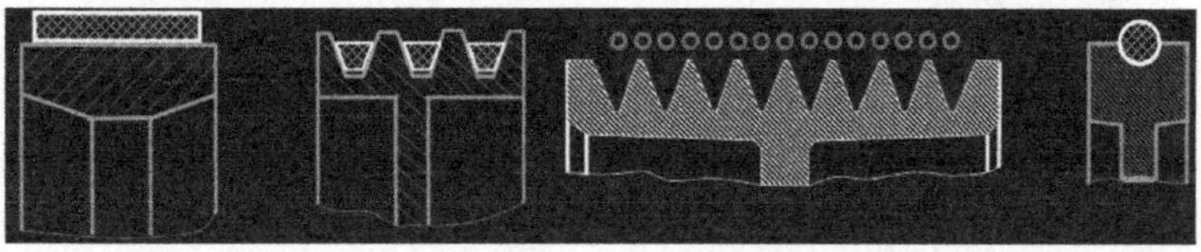

（a）平带　（b）V带　（c）多楔带　（d）圆带

图 7-93　传动带种类

任务四　模拟试题与上机实验

实验 1　绘制如图 7-94 所示的圆柱齿轮

◆ 目的要求

本实验的目的是帮助读者掌握齿轮类零件的设计方法。

◆ 操作提示

（1）设置图层，插入图框。

（2）绘制轴线。

（3）绘制主视图。

（4）根据主视图绘制左视图。

（5）标注图形尺寸。

（6）标注粗糙度、形位公差。

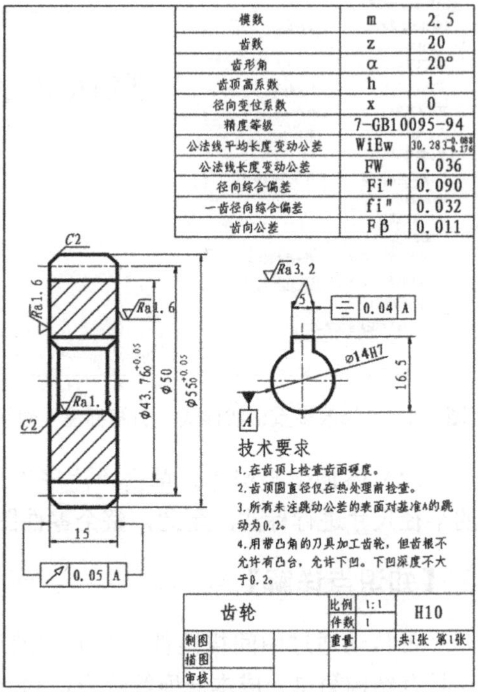

图 7-94　圆柱齿轮

实验 2　绘制如图 7-95 所示的锥齿轮

◆ 目的要求

锥齿轮也是机械中常见的一种齿轮。本实验的目的是帮助读者掌握齿轮类零件的设计方法。

◆ 操作提示

（1）设置图层。

（2）绘制轴线。

（3）绘制主视图。

（4）绘制左视图。

（5）标注图形尺寸。

（6）绘制参数表。

（7）标注技术要求。

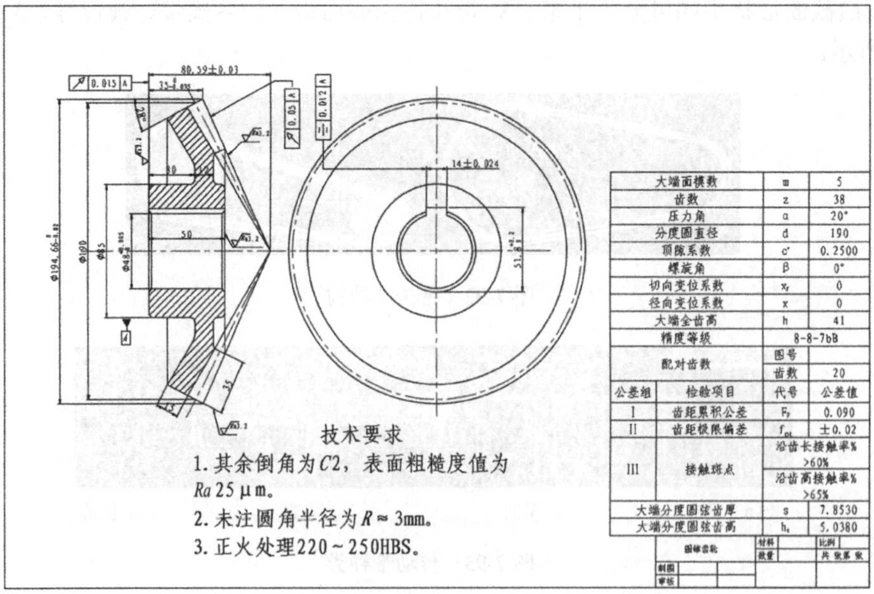

图 7-95　锥齿轮

项目八 箱体和箱盖设计

【学习情境】

本项目将详细讲解二维图形制作中比较经典的实例——减速箱的箱体和箱盖设计。在本实例中，绘图环境的设置、文字和尺寸标注样式的设置都得到了充分的应用，是系统使用 AutoCAD 2016 二维绘图功能的综合实例。

【能力目标】

- ➢ 掌握减速箱的箱体和箱盖零件图的具体绘制方法。
- ➢ 灵活应用各种 AutoCAD 命令。
- ➢ 提高机械绘图的速度和效率。

【课时安排】

8 课时（讲课 3 课时，练习 5 课时）

任务一 减速器箱盖设计

【任务背景】

箱盖的结构形状比较复杂，加工的表面多，要求高，机械加工的工作量大。

本任务依次绘制减速器箱盖主视图、俯视图和左视图，最后标注各个视图，绘制的减速器箱盖如图 8-1 所示。

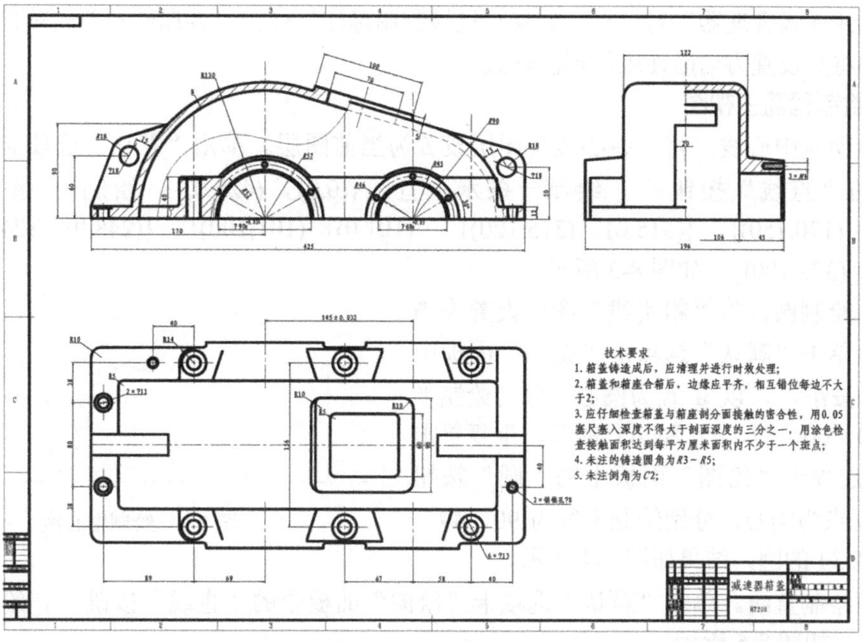

图 8-1 减速器箱盖

【操作步骤】

1. 配置绘图环境

（1）建立新文件。启动 AutoCAD 2016 应用程序，单击“快速访问”工具栏中的“新建”命令，打开“选择样板”对话框，单击“打开”按钮右侧的下拉按钮，以“无样板打开—公制（M）”方式建立新文件，将新文件命名为“减速器箱盖.dwg”并保存。

（2）创建新图层。单击“默认”选项卡“图层”面板中的“图层特性”按钮，打开“图层特性管理器”对话框，新建并设置每一个图层，如图 8-2 所示。

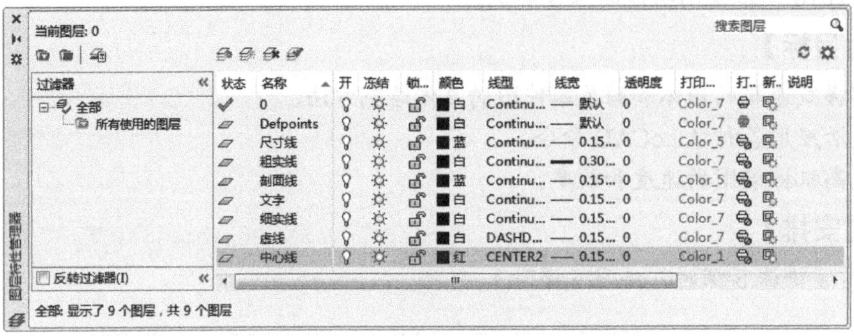

图 8-2 “图层特性管理器”对话框

（3）设置文字标注样式。单击“默认”选项卡“注释”面板中的“文字样式”按钮，打开“文字样式”对话框。创建“技术要求”文字样式，在“字体名”下拉列表框中选择“仿宋”，“字体样式”设置为“常规”，在“高度”文本框中输入“5.0000”。设置完成后，单击“应用”按钮，完成“技术要求”文字标注格式的设置。

（4）创建新标注样式。单击“默认”选项卡“注释”面板中的“标注样式”按钮，打开“标注样式管理器”对话框，创建“机械制图标注”样式，各属性与前面项目中的设置相同，并将其设置为当前使用的标注样式。

2. 绘制箱盖主视图

（1）绘制中心线。将“中心线”图层设置为当前图层。单击“默认”选项卡“绘图”面板中的“直线”按钮，绘制一条水平直线{(0,0)，(425,0)}，绘制 5 条竖直直线{(170,0)，(170,150)}、{(315,0)，(315,120)}、{(101,0)，(101,100)}、{(248,0)，(248,100)}和{(373,0)，(373,100)}，如图 8-3 所示。

（2）绘制圆。将“粗实线”图层设置为当前图层。单击“默认”选项卡“绘图”面板中的“圆”按钮，以 a 点为圆心，分别绘制半径为 130、60、57、47 和 45 的圆，重复单击“默认”选项卡“绘图”面板中的“圆”按钮，以 b 点为圆心，分别绘制半径为 90、49、46、36 和 34 的圆，结果如图 8-4 所示。

图 8-3 绘制中心线

（3）绘制直线。单击“默认”选项卡“绘图”面板中的“直线”按钮，绘制两个大圆的切线，如图 8-5 所示。

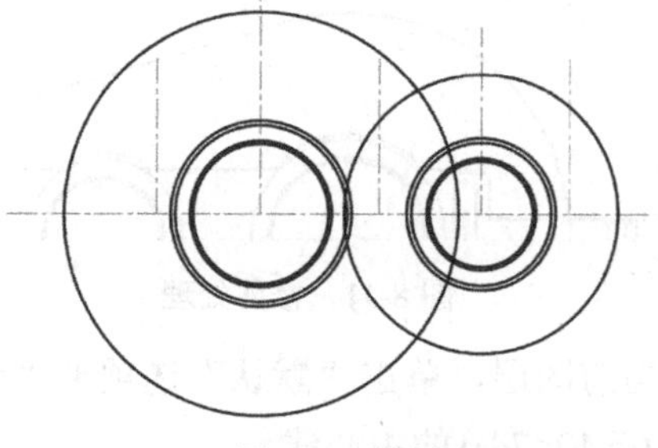

图 8-4　绘制圆

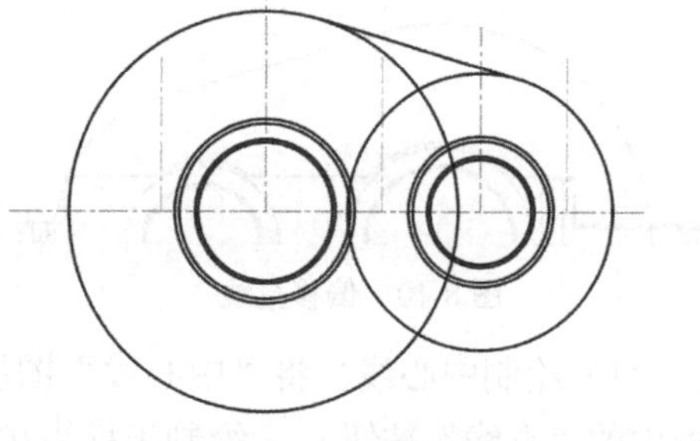

图 8-5　绘制切线

（4）修剪图形。单击“默认”选项卡“修改”面板中的“修剪”按钮，修剪视图中多余的线段，结果如图 8-6 所示。

（5）偏移直线。单击“默认”选项卡“修改”面板中的“偏移”按钮，将水平中心线向上偏移 12、38 和 40，将最左边的竖直中心线分别向左偏移 14，然后向两边偏移 6.5 和 12，将最右边的竖直中心线向右偏移 25，并将偏移后的线段切换到粗实线，结果如图 8-7 所示。

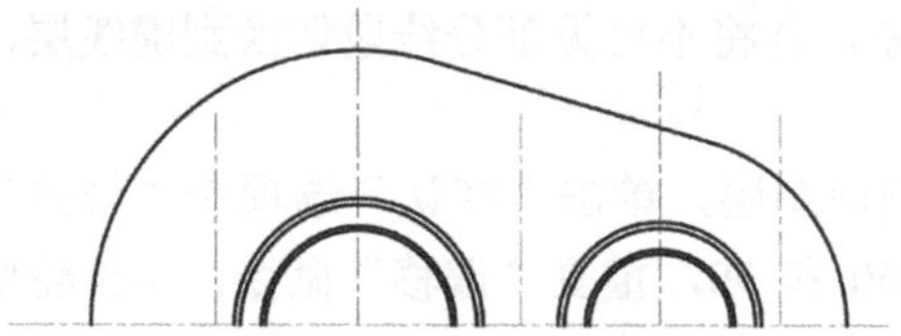

图 8-6　修剪后的图形

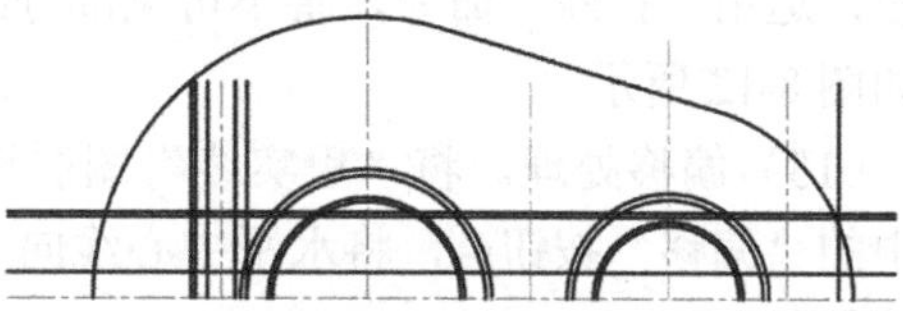

图 8-7　偏移结果

（6）修剪图形。单击“默认”选项卡“修改”面板中的“修剪”按钮，修剪视图中多余的线段，结果如图 8-8 所示。

（7）绘制直线。单击“默认”选项卡“绘图”面板中的“直线”按钮，连接两端，结果如图 8-9 所示。

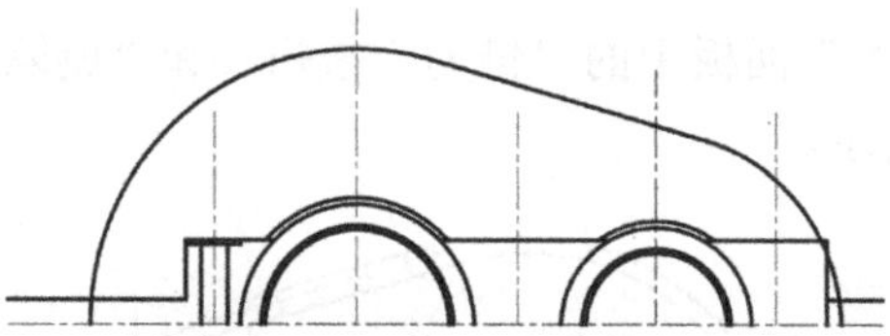

图 8-8　修剪后的图形

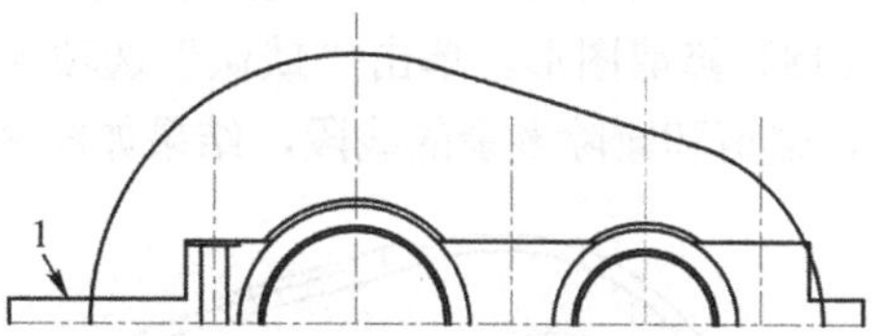

图 8-9　绘制直线

（8）偏移直线。单击“默认”选项卡“修改”面板中的“偏移”按钮，将最左端的直线向右偏移，偏移距离为 12，重复“偏移”命令，将偏移后的直线向两边偏移，偏移距离为 5.5 和 8.5，重复“偏移”命令，将直线 1 向下偏移，偏移距离为 2。

同理，单击“默认”选项卡“修改”面板中的“偏移”按钮，将最右端直线向左偏移，偏移距离为 12，重复“偏移”命令，将偏移后的直线向两边偏移，偏移距离分别为 4 和 5，结果如图 8-10 所示。

（9）绘制斜线。单击“默认”选项卡“绘图”面板中的“直线”按钮，连接右端偏移后的直线端点。

（10）修剪处理。单击“默认”选项卡“修改”面板中的“修剪”按钮和“删除”按钮，修剪和删除多余的线段，将中心线切换到“中心线”层，结果如图 8-11 所示。

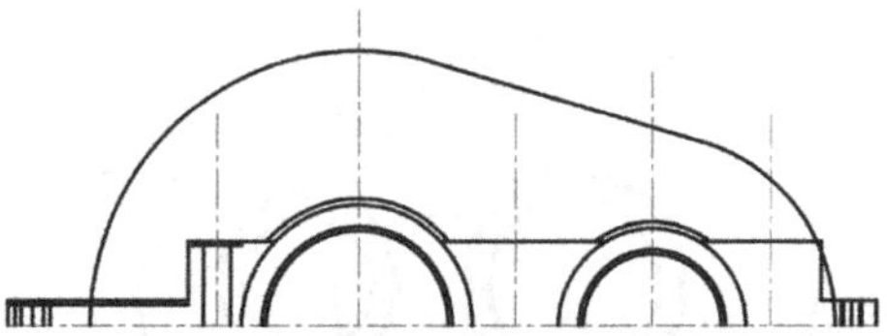

图 8-10 偏移直线

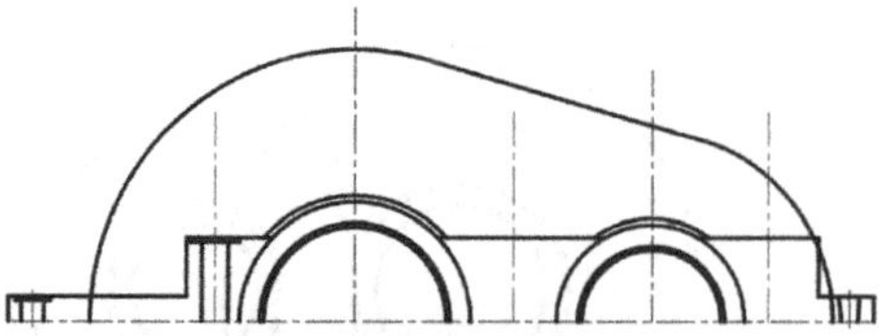

图 8-11 修剪处理

（11）绘制中心线。将“中心线”图层设置为当前图层，单击“默认”选项卡“绘图”面板中的“直线”按钮，绘制坐标为{(260,87)，(@40<74)}的中心线。

（12）偏移直线。单击“默认”选项卡“修改”面板中的“偏移”按钮，将第（1）步绘制的中心线向两边偏移，偏移距离为 50 和 35，重复“偏移”命令，将箱盖轮廓线向内偏移，偏移距离为 8，再将轮廓线向外偏移，偏移距离为 5，并将偏移后的中心线切换到“粗实线”图层。

（13）绘制样条曲线。将“细实线”图层设置为当前图层。单击“默认”选项卡“绘图”面板中的“样条曲线拟合”按钮，绘制样条曲线。

（14）修剪处理。单击“默认”选项卡“修改”面板中的“修剪”按钮，修剪多余的线段，运用“打断”命令，将不可见部分线段打断，并将不可见部分线段切换到虚线层，结果如图 8-12 所示。

（15）偏移处理。将“粗实线”图层设置为当前图层，单击“默认”选项卡“修改”面板中的“偏移”按钮，将水平中心线向上偏移 60 和 90，重复“偏移”命令，将外轮廓线向外偏移 15。

（16）绘制圆。单击“默认”选项卡“绘图”面板中的“圆”按钮，以偏移后的外轮廓线和偏移 60 的水平直线交点为圆心，绘制半径为 9 和 18 的两个圆。

（17）绘制直线。单击“默认”选项卡“绘图”面板中的“直线”按钮，以左上端点为起点绘制与 R18 圆相切的直线，重复“直线”命令，以 R18 圆的切点为起点，以偏移 90 的直线与外轮廓线交点为端点绘制直线。

（18）修剪图形。单击“默认”选项卡“修改”面板中的“修剪”按钮和“删除”按钮，修剪和删除多余的线段，结果如图 8-13 所示。

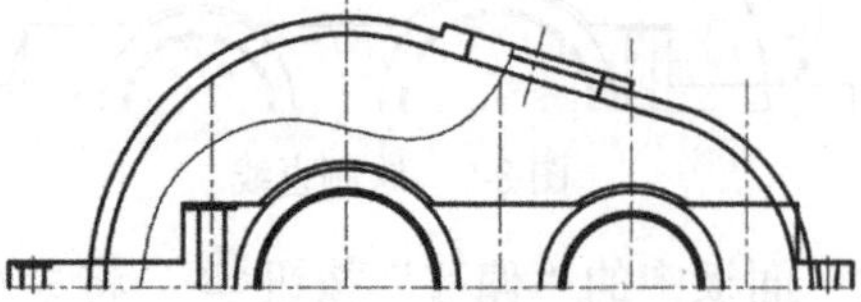

图 8-12 修剪后的图形

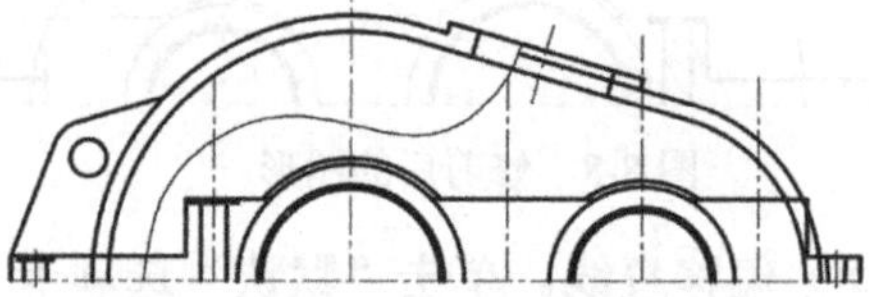

图 8-13 绘制左吊耳

（19）偏移处理。单击“默认”选项卡“修改”面板中的“偏移”按钮，将水平中心线向上偏移 50，重复“偏移”命令，将外轮廓线向外偏移 15。

（20）绘制圆。单击“默认”选项卡“绘图”面板中的“圆”按钮，以偏移后的外轮廓线和偏移 50 的水平直线交点为圆心，绘制半径为 9 和 18 的两个圆。

（21）绘制直线。单击“默认”选项卡“绘图”面板中的“直线”按钮，以右上端点为起点绘制与 R18 圆相切的直线，重复“直线”命令，以外轮廓圆弧线端点为起点绘制与 R18 圆相切的直线。

（22）修剪图形。单击“默认”选项卡“修改”面板中的“修剪”按钮和“删除”按钮，修剪和删除多余的线段，结果如图 8-14 所示。

（23）绘制直线。将“中心线”图层设置为当前图层。单击“默认”选项卡“绘图”面板中的“直线”按钮，以坐标点{(170,0)，(@60<30)}绘制中心线，重复“直线”命令，以坐标点{(315,0)，(@50<30)}绘制中心线。

（24）绘制中心圆。单击“默认”选项卡“绘图”面板中的“圆”按钮，分别以（170,0）、（315,0）为圆心，绘制半径为 52 和 41 的圆。

（25）绘制圆。将“粗实线”图层设置为当前图层，单击“默认”选项卡“绘图”面板中的“圆”按钮，分别以第（24）步绘制的中心圆和直线交点为圆心，绘制半径为 2.5 和 3 的圆。

（26）阵列圆。单击“默认”选项卡“修改”面板中的“环形阵列”按钮，将第（25）步绘制的圆和中心线绕圆心阵列，阵列个数为 3，项目间角度为 60°，并将半径为 3 的圆放置在“细实线”图层。

（27）修剪处理。单击“默认”选项卡“修改”面板中的“修剪”按钮，修剪多余的线段，结果如图 8-15 所示。

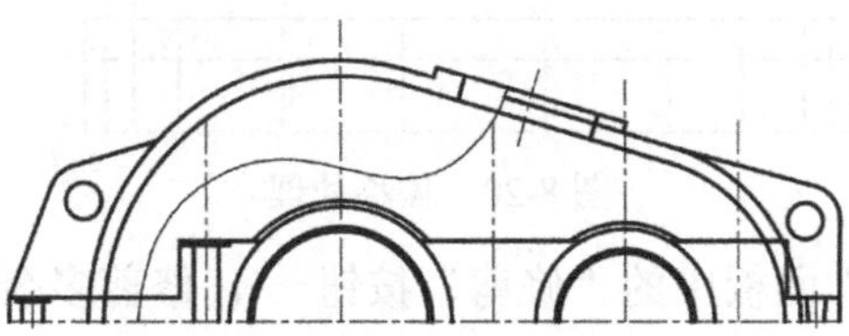

图 8-14　绘制右吊耳

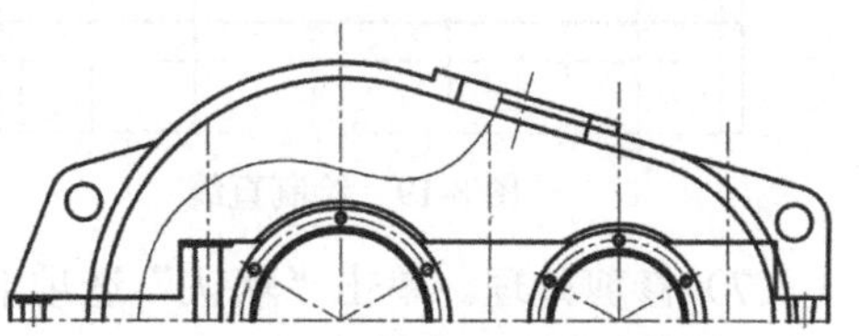

图 8-15　绘制端盖安装孔

（28）绘制样条曲线。将“细实线”图层设置为当前图层。单击“默认”选项卡“绘图”面板中的“样条曲线拟合”按钮，绘制样条曲线。

（29）修剪曲线。单击“默认”选项卡“修改”面板中的“修剪”按钮，修剪多余的线段。

（30）圆角处理。单击“默认”选项卡“修改”面板中的“圆角”按钮，对图形进行圆角处理，设置圆角半径为 3。

（31）图案填充。将“剖面线”设置为当前图层，单击“默认”选项卡“绘图”面板中的“图案填充”按钮，打开“图案填充创建”选项卡，选择“ANSI31”案例，设置比例为 2。

（32）绘制直线。将“粗实线”图层设置为当前图层，单击“默认”选项卡“绘图”面板中的“直线”按钮，绘制箱盖主视图底面直线，结果如图 8-16 所示。

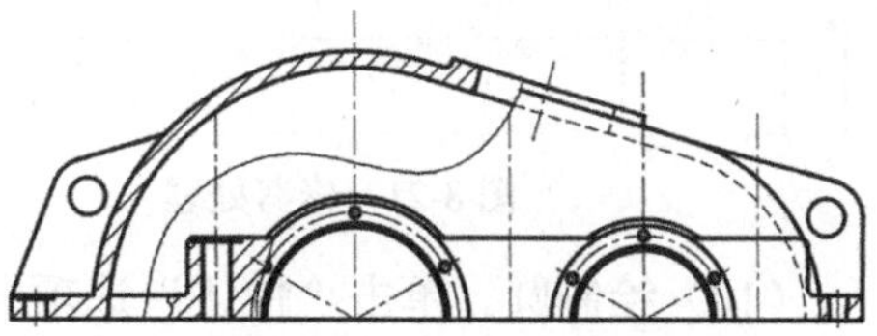

图 8-16　细节处理

3. 绘制箱盖俯视图

（1）在状态栏中单击“对象捕捉追踪”按钮，打开“对象捕捉追踪”功能，将“中心线”图层设置为当前图层。

（2）绘制中心线。单击“默认”选项卡“绘图”面板中的“直线”按钮，绘制水平中心线和竖直中心线，结果如图 8-17 所示。

（3）偏移处理。单击“默认”选项卡“修改”面板中的“偏移”按钮，将水平中心线向上偏移，偏移距离为 78 和 40。重复“偏移”命令，将第一条竖直中心线向右偏移，偏移距离为 49，结果如图 8-18 所示。

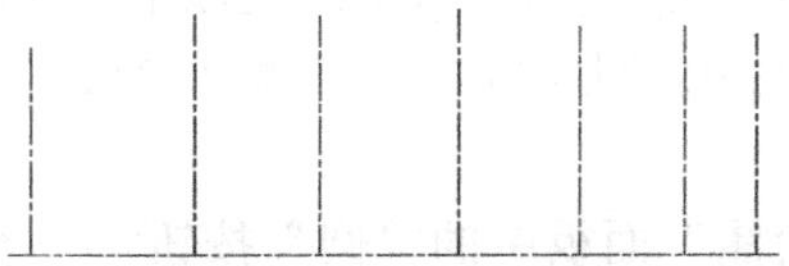

图 8-17　绘制中心线

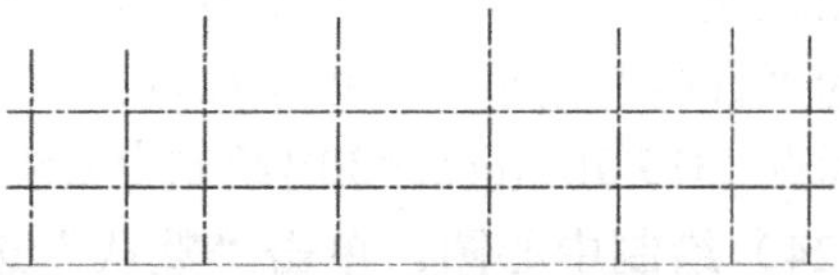

图 8-18　偏移中心线

（4）偏移处理。单击“默认”选项卡“修改”面板中的“偏移”按钮，将水平中心线向上偏移，偏移距离为 61、93 和 98，将偏移后的直线切换到“粗实线”图层。

（5）绘制直线。将“粗实线”图层设置为当前图层，单击“默认”选项卡“绘图”面板中的“直线”按钮，分别连接两端直线端点，结果如图 8-19 所示。

（6）偏移处理。单击“默认”选项卡“修改”面板中的“偏移”按钮，将第（2）步绘制的直线分别向内偏移，偏移距离为 27，结果如图 8-20 所示。

图 8-19　绘制直线

图 8-20　偏移处理

（7）修剪处理。单击“默认”选项卡“修改”面板中的“修剪”按钮，修剪多余的线段，结果如图 8-21 所示。

（8）绘制圆。单击“默认”选项卡“绘图”面板中的“圆”按钮，以 a 点为圆心，绘制半径为 8.5 和 5.5 的圆。重复“圆”命令，以 b 点为圆心，绘制半径为 4 和 5 的圆。重复“圆”命令，以 c 点为圆心，绘制半径为 14、12 和 6.5 的圆。

（9）复制圆。单击“默认”选项卡“修改”面板中的“复制”按钮，将 c 点处的 12 和 6.5 两个同心圆复制到 d 点和 e 点处，单击“默认”选项卡“绘图”面板中的“圆”按钮，以 e 点为圆心绘制半径为 25 的圆，结果如图 8-22 所示。

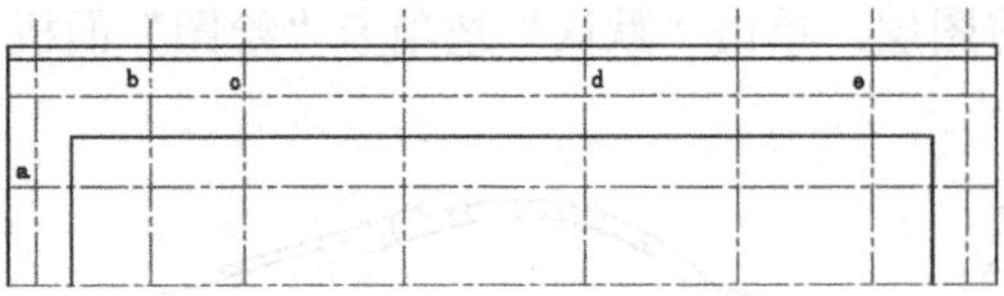

图 8-21　修剪处理

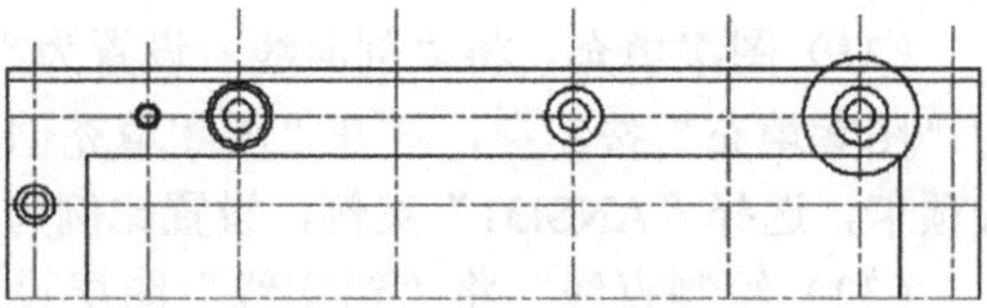

图 8-22　绘制圆

（10）绘制圆。单击“默认”选项卡“绘图”面板中的“圆”按钮，以如图 8-21 所示的 a 和 b 两点为圆心，分别绘制半径为 60 和 49 的圆。

（11）绘制直线。采用对象追踪功能，单击“默认”选项卡“绘图”面板中的“直线”按钮，对应主视图在适当位置绘制直线。

（12）修剪图形。单击“默认”选项卡“修改”面板中的“修剪”按钮和“删除”按钮，修剪和删除多余的线段。

（13）圆角处理。单击“默认”选项卡“修改”面板中的“圆角”按钮，对俯视图进行倒圆角处理，圆角半径为 10、5 和 3，结果如图 8-23 所示。

（14）绘制直线。采用对象追踪功能，单击“默认”选项卡“绘图”面板中的“直线”

按钮，对应主视图在适当位置绘制直线。

（15）镜像直线。单击“默认”选项卡“修改”面板中的“镜像”按钮，对上一步绘制的斜线进行镜像。

（16）修剪图形。单击“默认”选项卡“修改”面板中的“修剪”按钮和“删除”按钮，修剪和删除多余的线段。

（17）圆角处理。单击“默认”选项卡“修改”面板中的“圆角”按钮，进行倒圆角处理，圆角半径为 3，并修剪多余的线段。

（18）绘制直线。单击“默认”选项卡“绘图”面板中的“直线”按钮，绘制直线，如图 8-24 所示。

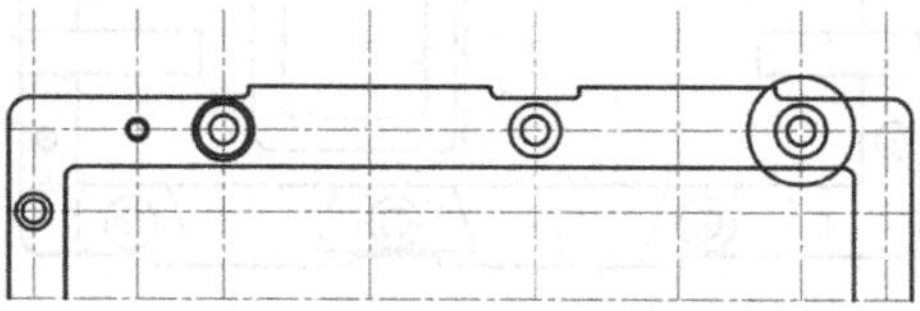

图 8-23　“修剪”和“圆角”处理

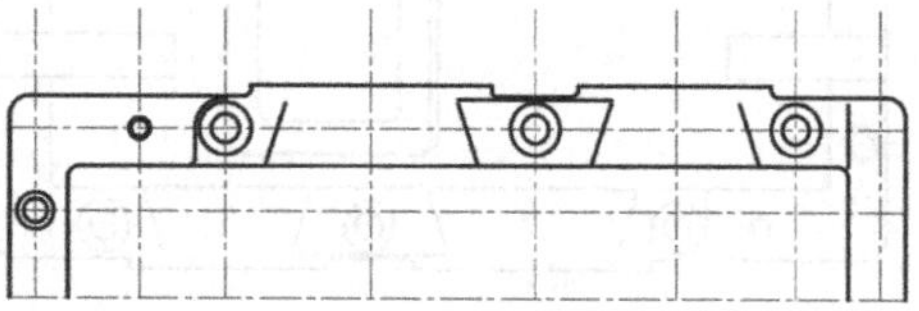

图 8-24　绘制直线

（19）修剪图形。单击“默认”选项卡“修改”面板中的“打断”按钮，对中心线进行打断。单击“删除”按钮，删除多余的线段。单击“拉长”按钮，拉长水平中心线。

（20）偏移处理。单击“默认”选项卡“修改”面板中的“偏移”按钮，将第一条水平中心线向上偏移，偏移距离为 30 和 45，并将偏移后的直线切换为粗实线。

（21）绘制直线。采用对象捕捉追踪功能，单击“默认”选项卡“绘图”面板中的“直线”按钮，对应主视图中的透视盖图形绘制直线。

（22）修剪图形。单击“默认”选项卡“修改”面板中的“修剪”按钮和“删除”按钮，修剪和删除多余的线段。

（23）圆角处理。单击“默认”选项卡“修改”面板中的“圆角”按钮，对透视孔进行倒圆角处理，圆角半径分别为 5 和 10，结果如图 8-25 所示。

（24）偏移处理。单击“默认”选项卡“修改”面板中的“偏移”按钮，将第一条水平中心线向上偏移，偏移距离为 10，并将偏移后的直线切换为粗实线。

（25）绘制直线。采用对象捕捉追踪功能，对应主视图中的吊耳图形绘制直线。

（26）修剪图形。单击“默认”选项卡“修改”面板中的“修剪”按钮和“删除”按钮，修剪和删除多余的线段。

（27）圆角处理，单击“默认”选项卡“修改”面板中的“圆角”按钮，对吊耳进行倒圆角处理，圆角半径为 3。

（28）继续修剪。单击“默认”选项卡“修改”面板中的“修剪”按钮，修剪多余的线段，如图 8-26 所示。

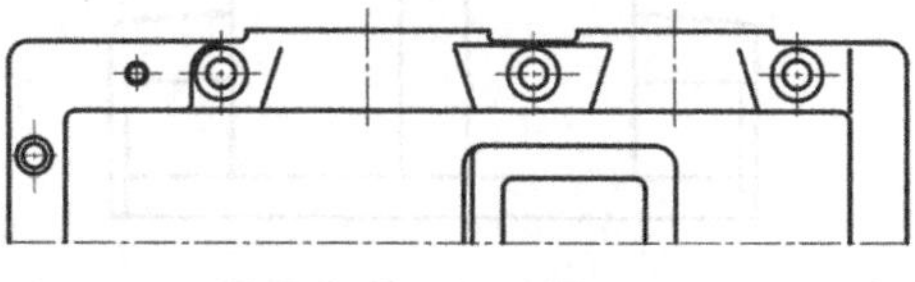

图 8-25　绘制透视盖

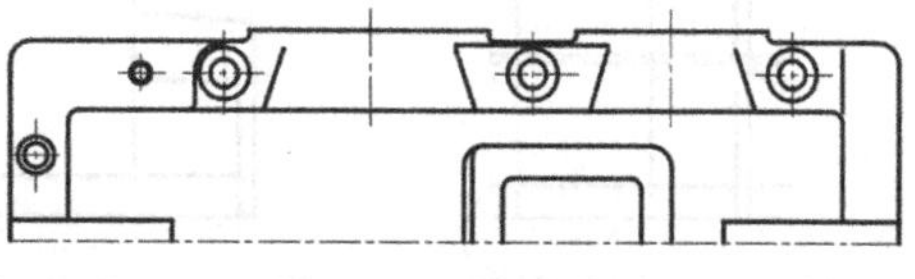

图 8-26　绘制吊耳

（29）镜像处理。单击“默认”选项卡“修改”面板中的“镜像”按钮，将俯视图沿第一条水平中心线进行镜像，结果如图 8-27 所示。

（30）偏移处理。单击“默认”选项卡“修改”面板中的“偏移”按钮，将第一条水平中心线向下偏移，偏移距离为 40，继续将最右边的竖直中心线向右偏移，偏移距离为 40，并重新编辑中心线。

（31）移动圆。单击“默认”选项卡“修改”面板中的“移动”按钮，将 f 点处的两个同心圆移动到 g 点处，结果如图 8-28 所示。

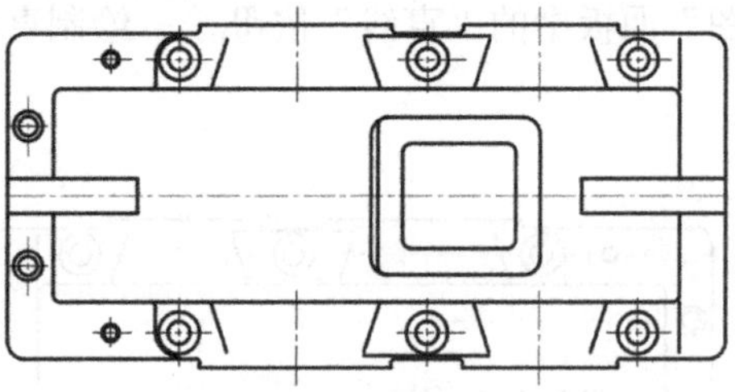

图 8-27　镜像图形

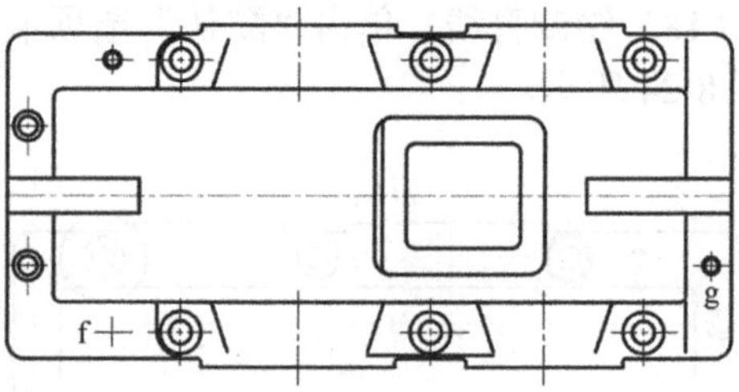

图 8-28　移动图形

（32）删除中心线，结果如图 8-29 所示。

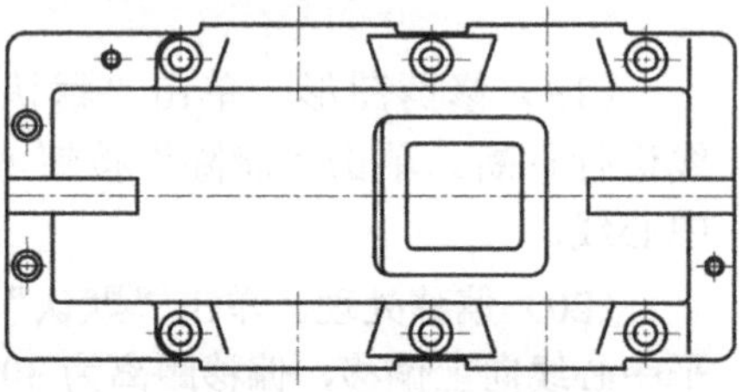

图 8-29　完成俯视图

4. 绘制箱盖左视图

（1）绘制中心线。将“中心线”图层设置为当前图层，单击“默认”选项卡“绘图”面板中的“直线”按钮，绘制一条竖直中心线。

（2）绘制直线。将“粗实线”图层设置为当前图层。采用对象捕捉追踪功能，单击“默认”选项卡“绘图”面板中的“直线”按钮，绘制一条水平直线。

（3）偏移处理。单击“默认”选项卡“修改”面板中的“偏移”按钮，将水平直线向上偏移，偏移距离为 12、40、57、60、90 和 130，重复“偏移”命令，将竖直中心线向左偏移，偏移距离为 10、61、93 和 98，将偏移后的直线切换到粗实线，结果如图 8-30 所示。

（4）绘制直线。单击“默认”选项卡“绘图”面板中的“直线”按钮，连接如图 8-30 所示的 1、2 两点。

（5）修剪图形。单击“默认”选项卡“修改”面板中的“修剪”按钮和“删除”按钮，修剪图形中多余的线段，结果如图 8-31 所示。

（6）镜像处理。单击“默认”选项卡“修改”面板中的“镜像”按钮，将左视图中的左半部分沿竖直中心线进行镜像，结果如图 8-32 所示。

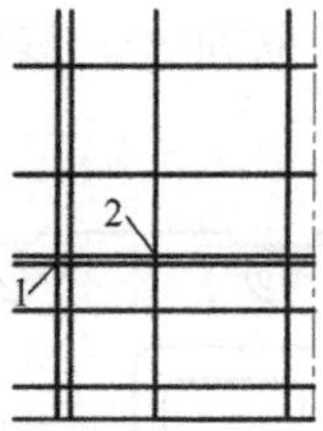

图 8-30　偏移直线

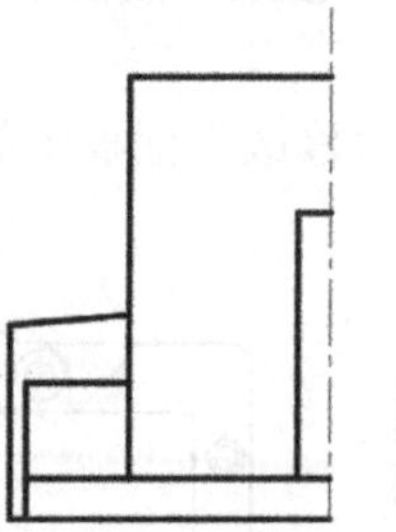

图 8-31　修剪后的图形

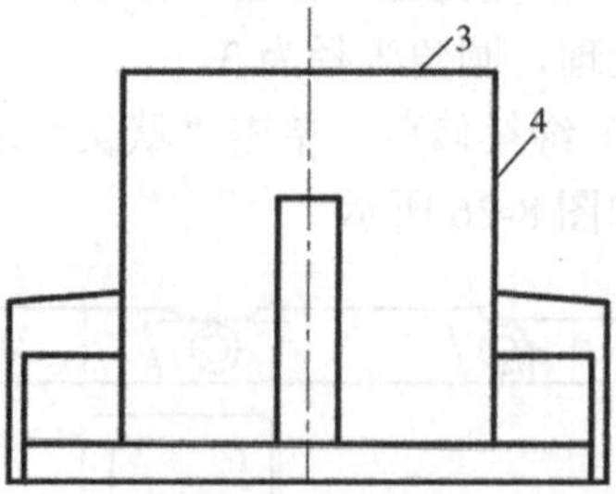

图 8-32　镜像图形

（7）偏移处理。单击“默认”选项卡“修改”面板中的“偏移”按钮，将图 8-32 中的直线 3 和直线 4 向内偏移，偏移距离为 8，重复“偏移”命令，将最下边的水平直线向上偏移 45。

（8）修剪图形。单击“默认”选项卡“修改”面板中的“修剪”按钮和“删除”按钮，修剪和删除多余的线段，结果如图 8-33 所示。

（9）绘制端盖安装孔。单击“默认”选项卡“修改”面板中的“偏移”按钮，将最下边的水平线向上偏移，偏移距离为 52，将偏移后的直线切换到“中心线”图层。重复“偏移”命令，将偏移后的中心线向两边偏移，偏移距离为 2.5 和 3；重复“偏移”命令，将最右端的竖直直线向左偏移，偏移距离为 16 和 20，将偏移距离为 2.5 的直线切换到“粗实线”图层，偏移距离为 3 的直线切换到“细实线”图层。单击“默认”选项卡“修改”面板中的“修剪”按钮和“删除”按钮，修剪多余的线段，结果如图 8-34 所示。

（10）绘制直线。单击“默认”选项卡“绘图”面板中的“直线”按钮，单击“默认”选项卡“修改”面板中的“修剪”按钮，修剪多余的直线，结果如图 8-35 所示。

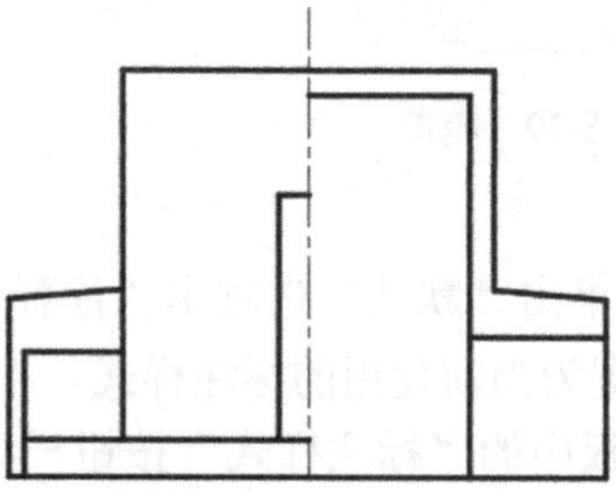

图 8-33　修剪图形

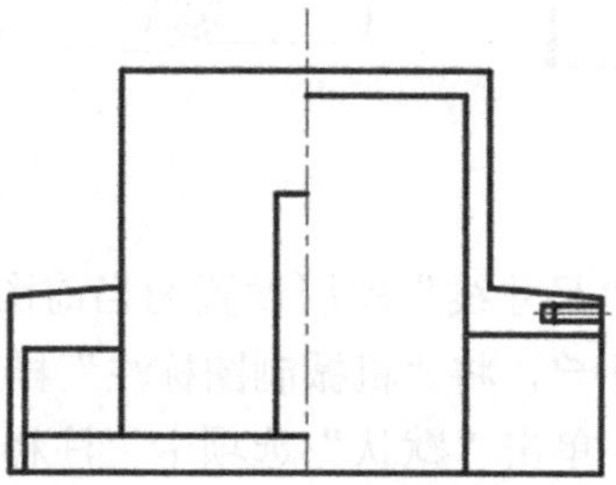

图 8-34　继续修剪图形

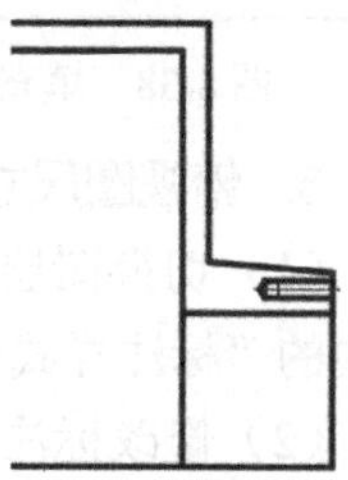

图 8-35　绘制端盖安装孔

（11）绘制透视孔。单击“默认”选项卡“修改”面板中的“偏移”按钮，将竖直中心线向右偏移，偏移距离为 30；将偏移后的直线切换到“粗实线”图层。单击“默认”选项卡“绘图”面板中的“直线”按钮，采用对象捕捉追踪功能，捕捉主视图中透视孔上的点，绘制水平直线。单击“默认”选项卡“修改”面板中的“修剪”按钮和“删除”按钮，修剪多余的线段，结果如图 8-36 所示。

（12）圆角处理。单击“默认”选项卡“修改”面板中的“圆角”按钮，对左视图进行圆角处理，半径分别为 14、6 和 3。

（13）倒角处理。单击“默认”选项卡“修改”面板中的“倒角”按钮，对右边轴孔进行倒角处理，倒角距离为 2，调用“直线”命令，连接倒角后的孔，结果如图 8-37 所示。

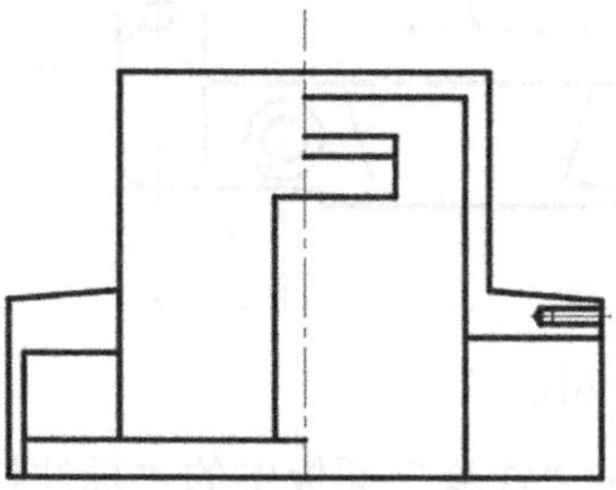

图 8-36　绘制透视孔

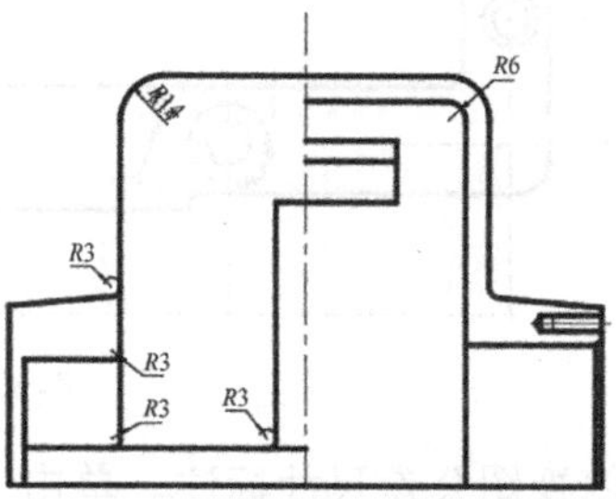

图 8-37　圆角和倒角处理

（14）填充图案。将“剖面线”图层设置为当前图层，单击“默认”选项卡“绘图”面板中的“图案填充”按钮，打开“图案填充创建”选项卡，选择 ANSI31 案例，设置比例为 2，填充图形，结果如图 8-38 所示。

至此，箱盖绘制完成，如图 8-39 所示。

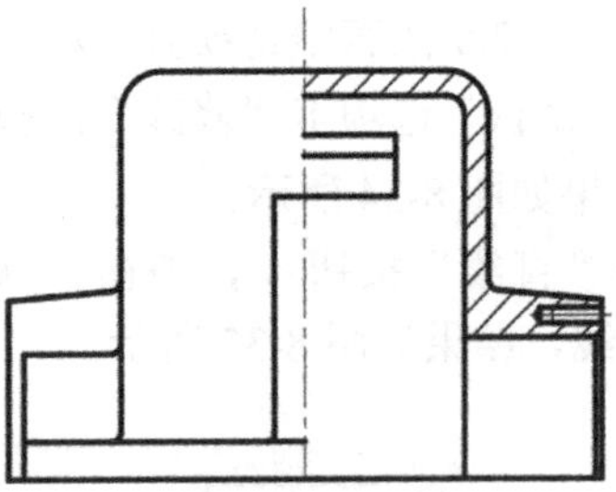

图 8-38　填充图案

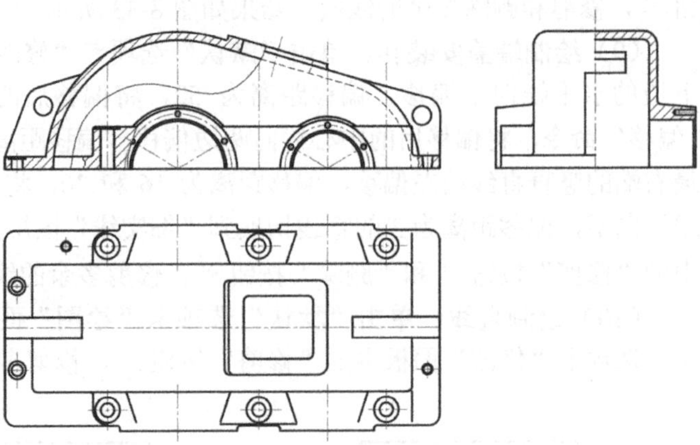

图 8-39　箱盖

5. 俯视图尺寸标注

（1）切换图层。将“尺寸线”图层设置为当前图层。单击“默认”选项卡“注释”面板中的“标注样式”按钮，将“机械制图标注”样式设置为当前使用的标注样式。

（2）修改标注样式。单击“默认”选项卡“注释”面板中的“标注样式”按钮，打开“标注样式管理器”对话框，选中“机械制图标注”样式，然后单击“修改”按钮，弹出“修改标注样式（机械制图标注）”对话框。打开“文字”选项卡，选择“ISO 标准”，单击“确定”按钮，完成修改。

（3）俯视图无公差尺寸标注。单击“注释”选项卡“标注”面板中的“线性”按钮、“半径”按钮和“直径”按钮，对俯视图进行尺寸标注，结果如图 8-40 所示。

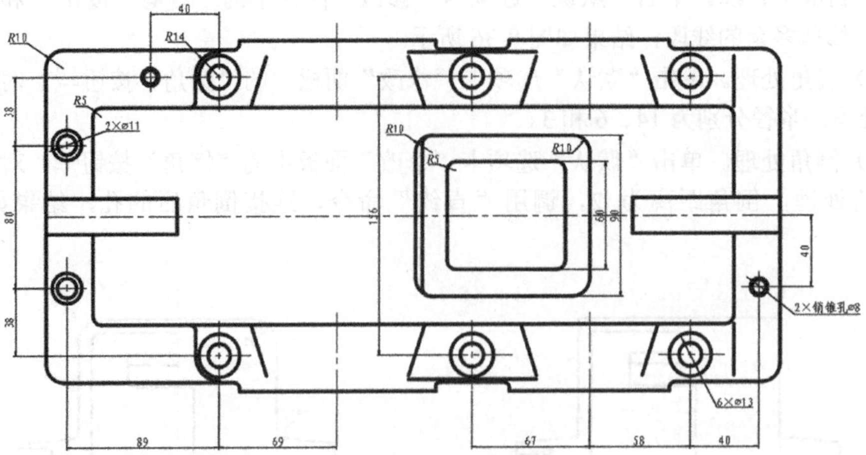

图 8-40　无公差尺寸标注

（4）俯视图公差尺寸标注。单击“默认”选项卡“注释”面板中的“标注样式”按钮，打开“标注样式管理器”对话框，建立一个名为“副本机械制图标注（带公差）”的样式，“基础样式”为“机械制图标注”。在“新建标注样式”对话框中设置“公差”选项卡，并将“副本机械制图样式（带公差）”的样式设置为当前使用的标注样式。

（5）主视图带公差尺寸标注。单击“注释”选项卡“标注”面板中的“线性”按钮 ⊢⊣，对俯视图进行带公差尺寸标注，结果如图 8-41 所示。

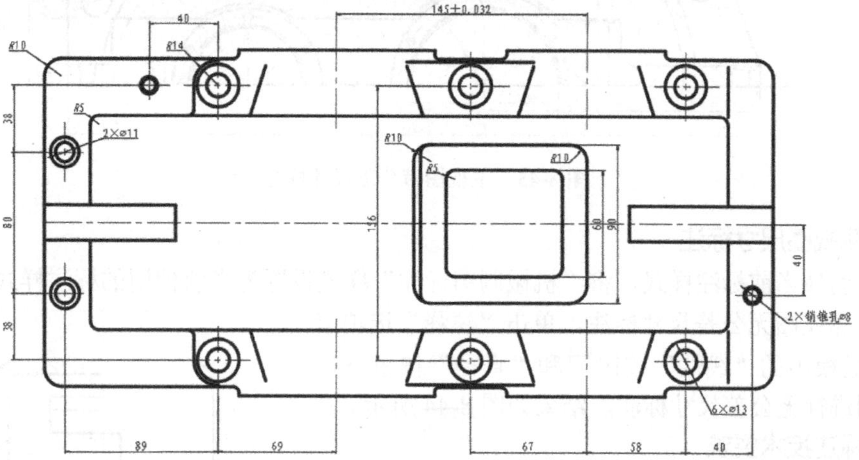

图 8-41　带公差尺寸标注

6. 主视图尺寸标注

（1）主视图无公差尺寸标注。切换到“机械制图标注”标注样式，单击“注释”选项卡“标注”面板中的“线性”按钮 ⊢⊣、“已对齐”按钮、“半径”按钮和“直径”按钮，对主视图进行无公差尺寸标注，结果如图 8-42 所示。

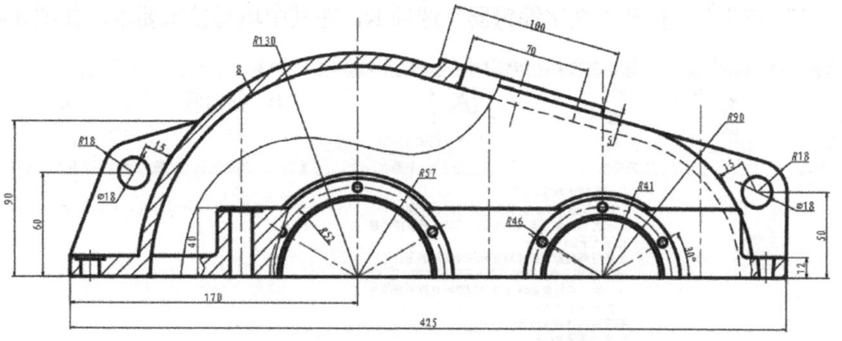

图 8-42　主视图无公差尺寸标注

（2）修改带公差标注样式。单击“默认”选项卡“注释”面板中的“标注样式”按钮，打开“标注样式管理器”对话框，选中“副本机械制图标注（带公差）”样式，单击“替代”按钮，打开“替代当前样式：副本机械制图标注（带公差）”对话框，在“修改标注样式”对话框中设置“公差”选项卡，并把“副本机械制图样式（带公差）”的样式设置为当前使用的标注样式。

（3）主视图带公差尺寸标注。单击“注释”选项卡“标注”面板中的“线性”按钮 ⊢⊣，对主视图进行带公差尺寸标注。使用前面章节所述的带公差尺寸标注的方法，进行公差编辑修改，结果如图 8-43 所示。

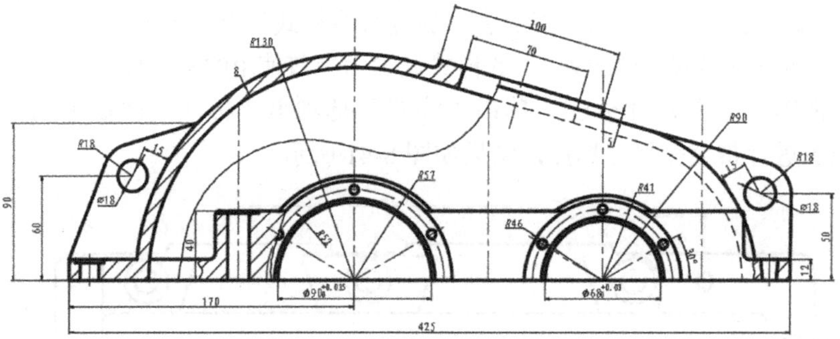

图 8-43　主视图带公差尺寸标注

7. 侧视图尺寸标注

（1）切换当前标注样式。将“机械制图标注”样式设置为当前使用的标注样式。

（2）侧视图无公差尺寸标注。单击“注释”选项卡“标注”面板中的“线性”按钮和“直径”按钮，对侧视图进行无公差尺寸标注，结果如图 8-44 所示。

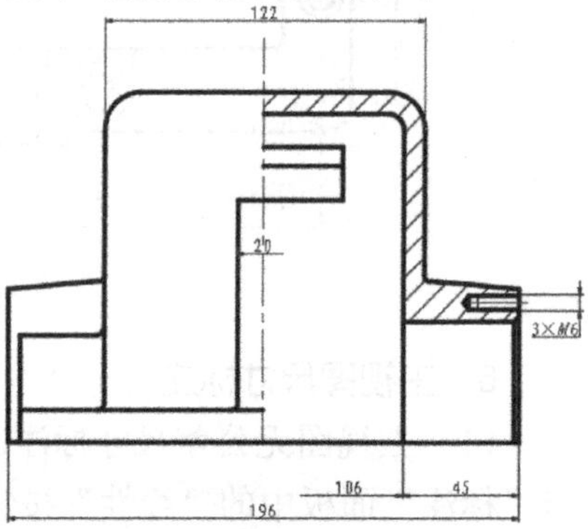

图 8-44　侧视图尺寸标注

8. 标注技术要求

（1）设置文字标注格式。单击“默认”选项卡“注释”面板中的“文字样式”按钮，打开“文字样式”对话框，在“样式名”下拉列表框中选择“技术要求”，输入高度为 8，单击“应用”按钮，将其设置为当前使用的文字样式。

（2）文字标注。单击“注释”选项卡“文字”面板中的“多行文字”按钮A，打开“文字编辑器”选项卡，在其中填写技术要求，如图 8-45 所示。

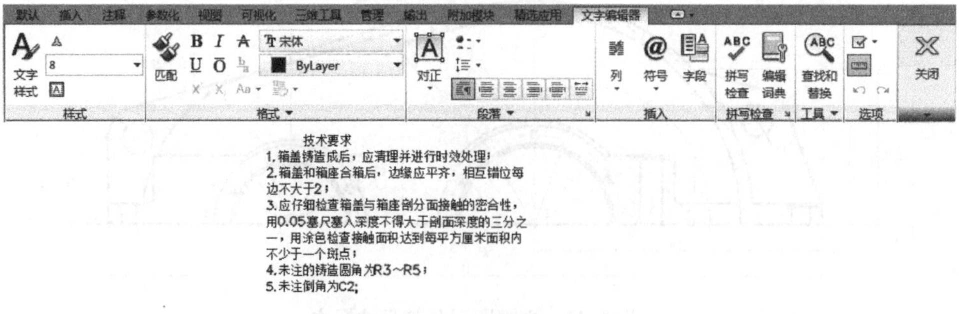

图 8-45　标注技术要求

将已经绘制好的 A1 横向样板图图框复制到当前图形中，并调整到适当位置。

将“标题栏”图层设置为当前图层，在标题栏中填写“减速器箱盖”。减速器箱盖设计最终效果如图 8-1 所示。

【知识点详解】

用剖切面局部地剖开物体所得的剖视图称为局部剖视图。所谓“局部地剖开”就是在用剖切面剖开物体后，将剖切面和观察者之间的一部分移走，如图 8-46 所示。

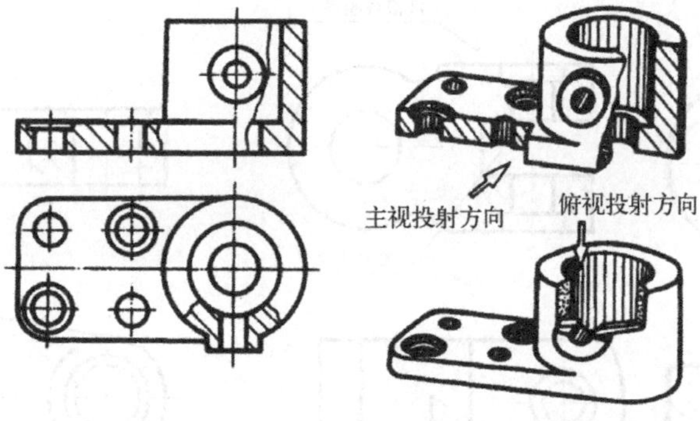

图 8-46　局部剖视图

如图 8-1 所示的机件，在主视图中，需要表达左侧圆柱及右侧底座上的孔的内形，但这些孔的轴线并不处在一个剖切平面上，同时该机件前面水平圆柱也需要在主视图上表示其形状和位置。这样，采用全剖视不合适，采用半剖视又不具备条件，因此只能用剖切平面分别将机件局部剖开，画成两个局部剖视图，这样表达既清晰又简洁。同样，在俯视图上采用局部剖视图表达前面水平圆柱的内形。

局部剖视图的画法是以波浪线为界，一部分画成视图表达外形，另一部分画成剖视图表达内部结构。波浪线的画法同前面的局部视图一样，不能过空，不能越界，不能重合。局部剖视图兼顾表达内形和外形，所采用的剖切平面的位置和剖切范围的大小，可根据物体的形状及具体表达需要而定。

1. 应用场合

用局部剖视图表达物体非常灵活，一般适用于以下场合：

（1）机件内外形均需表达，但机件不对称，不能采用半剖，或是不宜采用全剖的情况，可采用局部剖视图表达物体。如图 8-46 所示的主视图。

（2）机件上只有局部内部形状需要表达，不必或不宜采用全剖视时，如图 8-46 所示的俯视图。

（3）机件的轮廓线与对称中心线重合，不能采用半剖视图时，如图 8-47 所示，三个机件虽然前后、左右都对称，但因主视图的正中，分别有外壁或内壁的交线存在，因此，主视图不能画成半剖视图，而应画成局部剖视图，并尽可能把机件的内壁或外壁的交线清晰地显示出来。

图 8-47　用局部剖视图代替半剖视图

2. 注意事项

（1）在局部剖视图中，视图与剖视图的分界线为波浪线，它可视为机件断裂痕迹的投影。因此在绘制局部剖视图时，一定要注意波浪线的画法，不能过空、不能越界、不能重合，如图 8-48 所示。当被剖切结构为回转体时，允许将该结构的中心线作为局部剖视图与视图的分界线，如图 8-49 所示。

（2）在同一视图中，局部剖视图不宜过多，以免图形过于零碎，一般以一个视图中不能多于 3 个为宜。

（3）局部剖视图的标注应遵循剖视图的标注规则，但对于单一剖切位置明显的局部剖视图，其标注应省略。

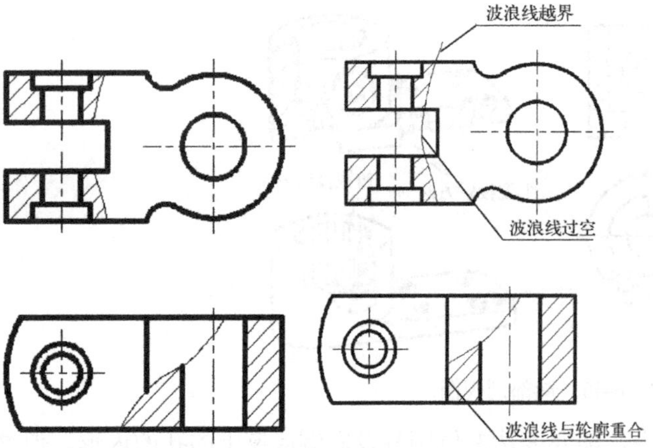

（a）正确　　（b）错误

图 8-48　局部剖视图中波浪线的画法

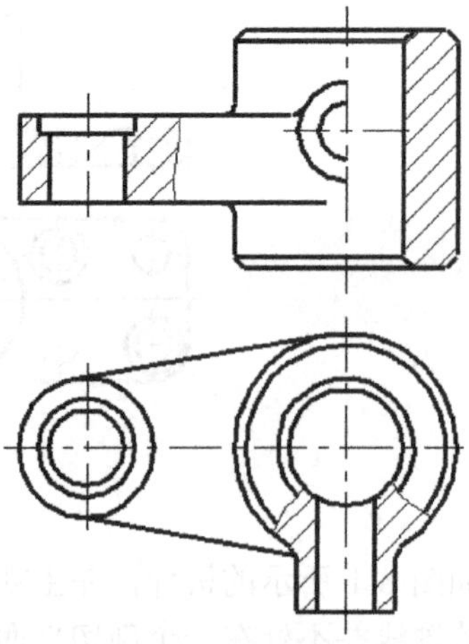

图 8-49　中心线作为局部剖视图与视图的分界线

任务二　减速器箱体设计

【任务背景】

减速器箱体起着支持和固定轴系零件，保证轴系运转精度、良好润滑及可靠密封等重要作用。箱体多采用剖分式结构，剖分面一般通过轴心线，在重型立式减速器中，为了便于制造、安装和运输，也可采用多个剖分面。

本任务依次绘制减速器箱体俯视图、主视图和侧视图，充分利用多视图投影对应关系，绘制辅助定位直线。对于箱体本身，从上至下划分为 3 个组成部分，分别为箱体顶面、箱体中间膛体和箱体底座，每一个视图的绘制也将围绕这 3 个部分分别进行。在箱体的绘制过程中还充分应用了局部剖视图。绘制的减速器箱体如图 8-50 所示。

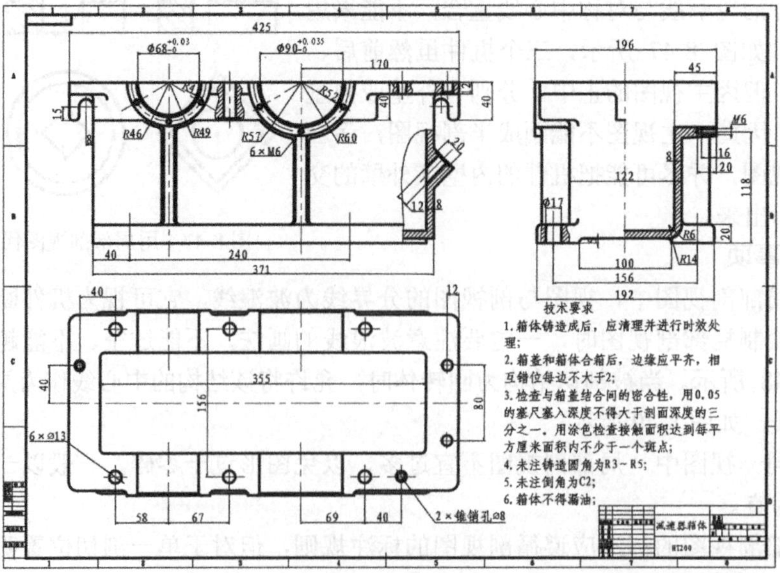

图 8-50　减速器箱体

【操作步骤】

1. 建立新文件

（1）建立新文件。启动 AutoCAD 2016 应用程序，单击“快速访问”工具栏中的“新建”命令，打开“选择样板”对话框，单击“打开”按钮右侧的下拉按钮，以“无样板打开—公制（M）”方式建立新文件，将新文件命名为“减速器箱体.dwg”并保存。

（2）设置图形界限。在命令行输入 LIMITS 命令，使用 A1 图纸，设置两角点坐标分别为（0,0）和（841, 594）。

（3）创建新图层。单击“默认”选项卡“图层”面板中的“图层特性”按钮，打开“图层特性管理器”对话框，新建并设置每一个图层，如图 8-51 所示。

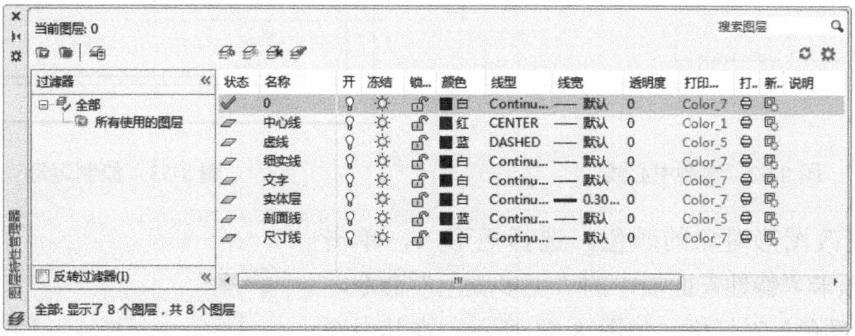

图 8-51 “图层特性管理器”对话框

2. 设置文字和尺寸标注样式

（1）设置文字标注样式。单击“默认”选项卡“注释”面板中的“文字样式”按钮，打开“文字样式”对话框。创建“技术要求”文字样式，在“字体名”下拉列表框中选择“仿宋”，“字体样式”设置为“常规”，在“高度”文本框中输入“6.0000”。设置完成后，单击“应用”按钮，完成“技术要求”文字标注格式的设置。

（2）创建新标注样式。单击“默认”选项卡“注释”面板中的“标注样式”按钮，打开“标注样式管理器”对话框，创建“机械制图标注”样式，各属性与前面章节设置相同，并将其设置为当前使用的标注样式。

3. 绘制俯视图

（1）切换图层。将“中心线”图层设置为当前图层。单击“默认”选项卡“绘图”面板中的“直线”按钮，绘制 3 条水平直线{(50,150)，(500,150)}、{(50,360)，(800,360)}和{(50,530)，(800,530)}，绘制 5 条竖直直线{(65,50)，(65,550)}、{(490,50)，(490,550)}、{(582,350)，(582,550)}、{(680,350)，(680,550)}和{(778,350)，(778,550)}，如图 8-52 所示。

提示

按照传统的机械三视图的绘制方法，应该首先绘制主视图，再利用主视图的图形特征来绘制其他视图和局部剖视图。而对于减速器箱体的绘制，将采用先绘制结构相对简单且又能表达减速器箱体与传动轴、齿轮等安装关系的俯视图，再利用俯视图来绘制其他视图。

（2）切换图层。将当前层从“中心线”图层切换到“实体”图层。单击“默认”选项卡“绘图”面板中的“矩形”按钮，利用给定矩形的两个角点的方法分别绘制矩形 1{(65,52)，(490,248)}、矩形 2{(100,97)，(455,203)}、矩形 3{(92,54)，(463,246)}、矩形 4{(92,89)，(463,211)}。矩形 1 和矩形 2 构成箱体顶面轮廓线，矩形 3 表示箱体底座轮廓线，矩形 4 表示箱体中间膛轮廓线，如图 8-53 所示。

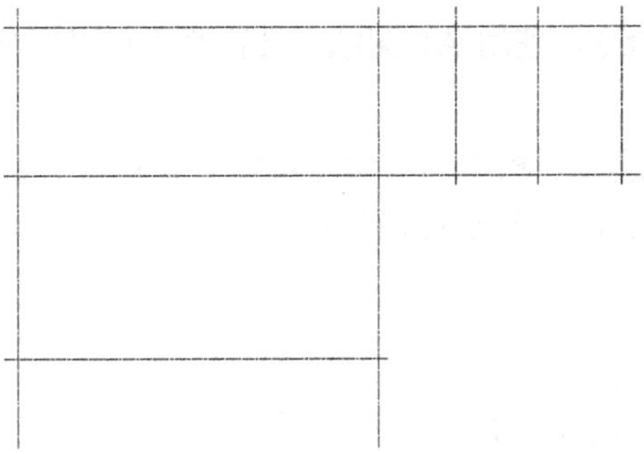

图 8-52　绘制中心线

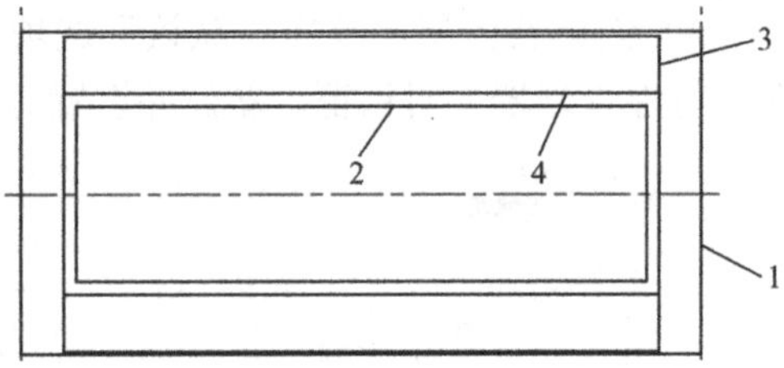

图 8-53　绘制矩形

（3）更改图形对象的颜色。选择矩形 3，单击“默认”选项卡“特性”面板中的“更多颜色”命令，打开“选择颜色”对话框，如图 8-54 所示。在其中选择蓝颜色赋予矩形 3。使用同样的方法更改矩形 4 的线条颜色，颜色为红色。

（4）绘制轴孔。绘制轴孔中心线，单击“默认”选项卡“修改”面板中的“偏移”按钮，从左向右偏移量依次为 110mm 和 255mm，绘制轴孔，重复“偏移”命令，左轴孔直径为 68mm，右轴孔直径为 90mm，将偏移后的孔放置在“实体”图层，再进行修剪，修剪后的结果如图 8-55 所示。

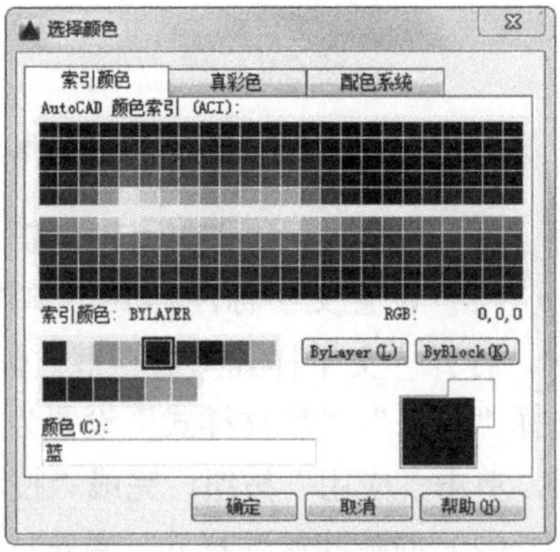

图 8-54　更改对象颜色

（5）细化顶面轮廓线。将矩形 1 进行分解，单击“默认”选项卡“修改”面板中的“偏移”按钮，并将上边和下边向内偏移 5mm，将直径为 68 和 90 的孔分别向外侧偏移 12mm，绘制结果如图 8-56 所示。

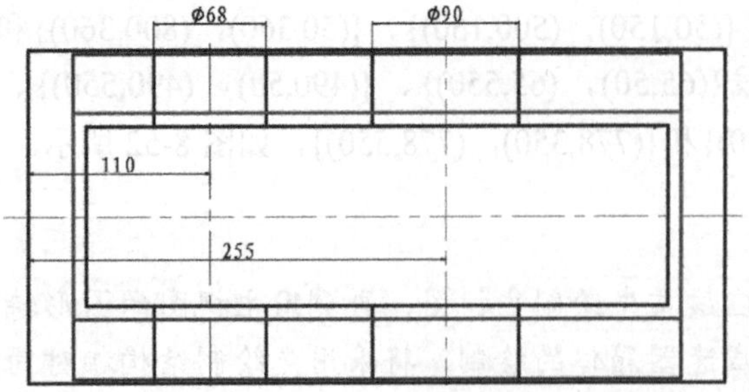

图 8-55　绘制轴孔

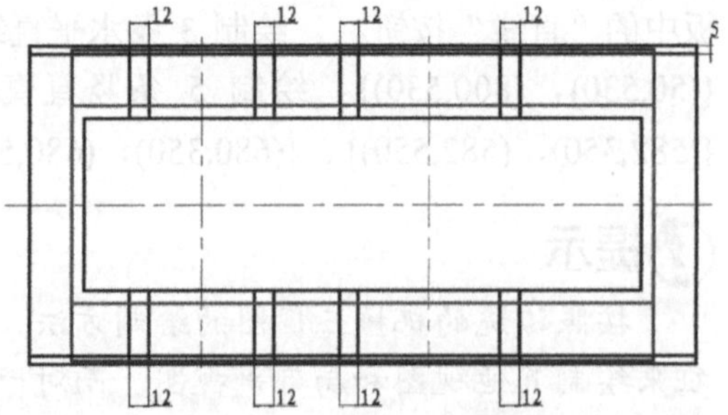

图 8-56　绘制偏移直线

（6）顶面轮廓线倒圆角。单击“默认”选项卡“修改”面板中的“圆角”按钮，将偏移量为 5mm 的直线与矩形 1 的两条竖直线形成的 4 个直角进行圆角处理，半径为 10mm，然后进行修剪，删除多余的线段。继续倒圆角，圆角半径为 5mm。单击“默认”选项卡“修改”面板中的“删除”按钮，删除多余的线段。

（7）细化轴孔。单击“默认”选项卡“修改”面板中的“倒角”按钮，对轴孔进行倒角，倒角距离为 C2，修剪后的结果如图 8-57 所示。

（8）绘制螺栓孔和销孔中心线。单击“默认”选项卡“修改”面板中的“偏移”按钮，竖直偏移量和水平偏移量如图 8-58 所示，绘制并修剪后的结果如图 8-58 所示。

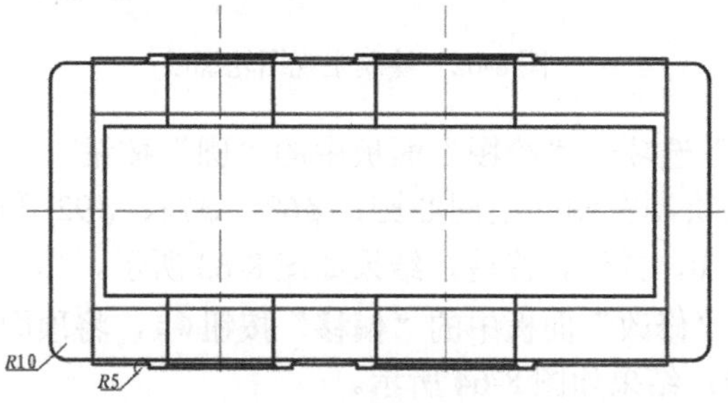

图 8-57 倒圆角和倒角

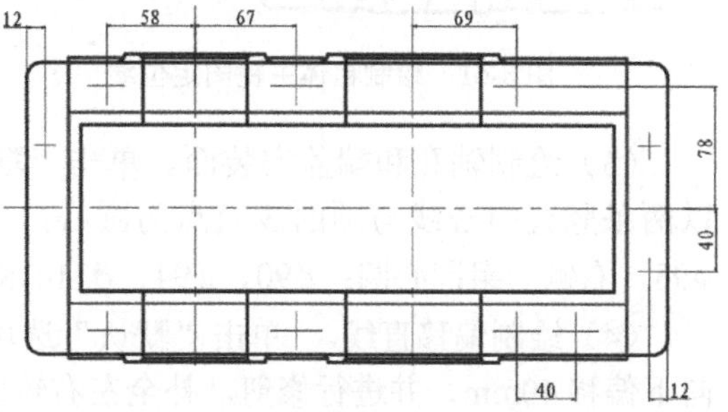

图 8-58 绘制螺栓孔和销孔中心线

（9）绘制螺栓孔和销孔。螺栓孔上下为ϕ13 的通孔，右侧为ϕ11 的通孔，销孔由ϕ10 和ϕ8 两个投影圆组成。单击“默认”选项卡“绘图”面板中的“圆”按钮，以中心线交点为圆心分别绘制，绘制结果如图 8-59 所示。

（10）箱体底座轮廓线（矩形 3）倒圆角。单击“默认”选项卡“修改”面板中的“圆角”按钮，对底座轮廓线（矩形 3）倒圆角，半径为 10mm。对矩形 2 倒圆角，半径为 5mm。进行修剪，完成减速器箱体俯视图的绘制，结果如图 8-60 所示。

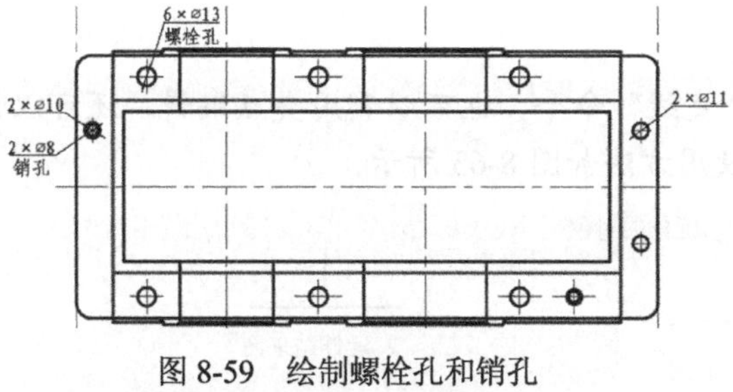

图 8-59 绘制螺栓孔和销孔

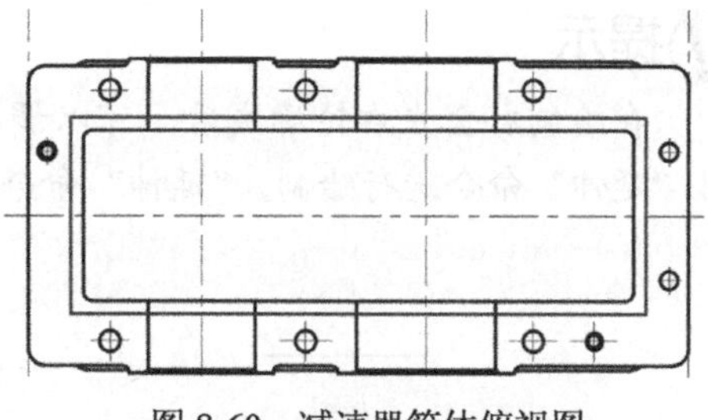

图 8-60 减速器箱体俯视图

3. 绘制减速器箱体主视图

（1）绘制箱体主视图定位线。单击“默认”选项卡“绘图”面板中的“直线”按钮，利用“对象捕捉”和“正交”功能从俯视图绘制投影定位线，单击“默认”选项卡“修改”面板中的“偏移”按钮，将上面的中心线向下偏移 12mm，下面的中心线向上偏移 20mm，结果如图 8-61 所示。

（2）绘制主视图轮廓线。单击“默认”选项卡“修改”面板中的“修剪”按钮，对主视图进行修剪，形成箱体顶面、箱体中间膛和箱体底座的轮廓线，并将所有轮廓线放置在“实体”图层，结果如图 8-62 所示。

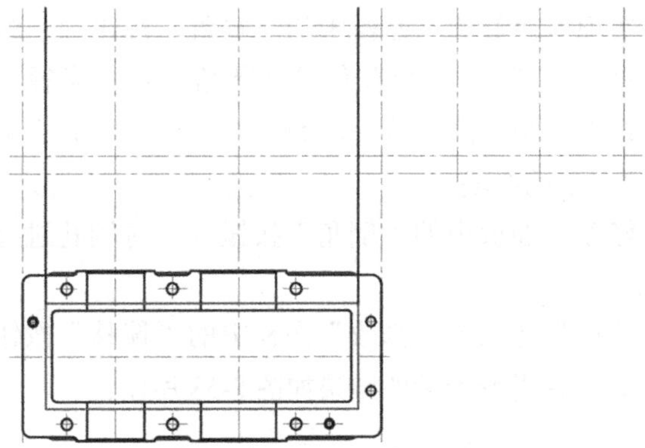

图 8-61　绘制箱体主视图定位线

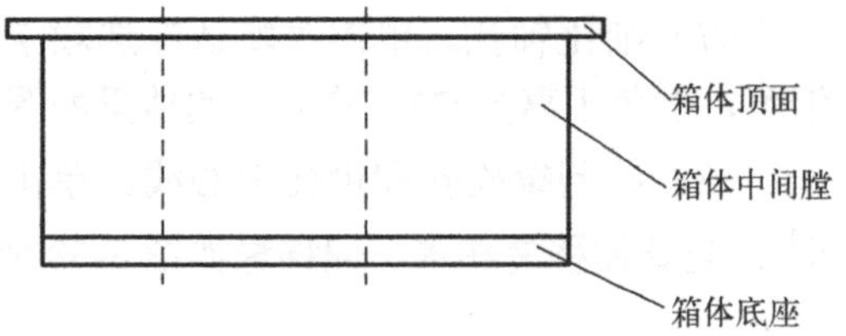

图 8-62　绘制主视图轮廓线

（3）绘制轴孔和端盖安装面。单击“默认”选项卡“绘图”面板中的“圆”按钮，以两条竖直中心线与顶面线交点为圆心，分别绘制左侧一组同心圆：ϕ68、ϕ72、ϕ92 和 ϕ98，右侧一组同心圆：ϕ90、ϕ94、ϕ114 和ϕ120，并进行修剪，结果如图 8-63 所示。

（4）绘制偏移直线。单击“默认”选项卡“修改”面板中的“偏移”按钮，将顶面向下偏移 40mm，并进行修剪，补全左右轮廓线，结果如图 8-64 所示。

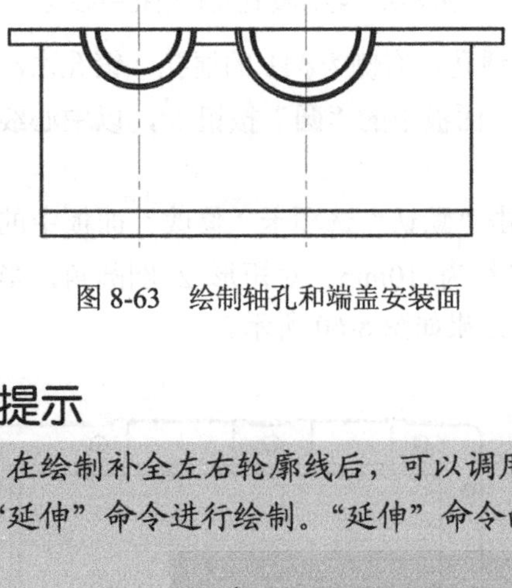

图 8-63　绘制轴孔和端盖安装面

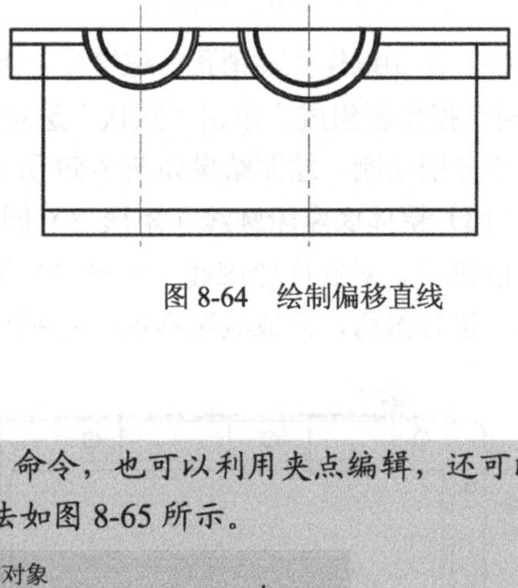

图 8-64　绘制偏移直线

提示

在绘制补全左右轮廓线后，可以调用“直线”命令，也可以利用夹点编辑，还可以调用“延伸”命令进行绘制。“延伸”命令的使用方法如图 8-65 所示。

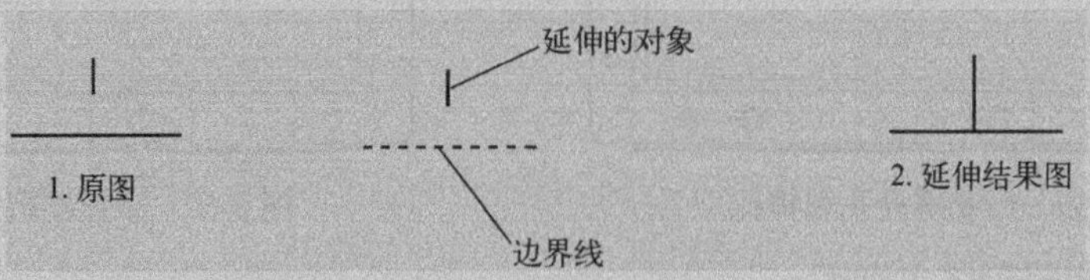

图 8-65　“延伸”命令的使用方法

（5）绘制左右耳片。单击“默认”选项卡“修改”面板中的“偏移”按钮、“圆”按钮和“直线”、“倒圆角”按钮，并进行修剪和删除，耳片半径为 8mm，深度为 15mm，圆角半径为 5，结果如图 8-66 所示。

（6）绘制左右肋板。单击“默认”选项卡“修改”面板中的“偏移”按钮，绘制偏移直线，肋板宽度为 12mm，与箱体中间膛的相交宽度为 16mm。对图形进行修剪，结果如图 8-67 所示。

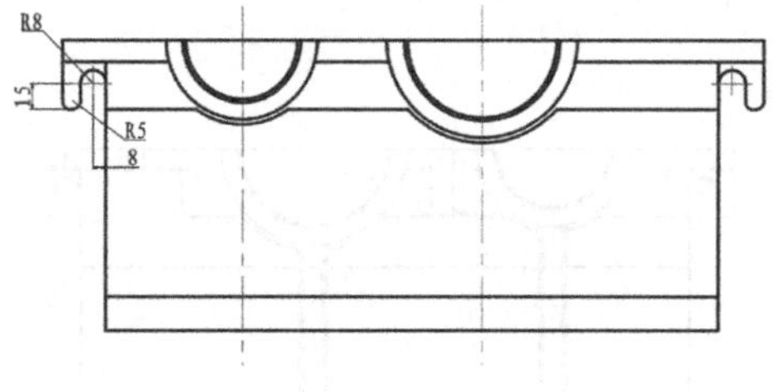

图 8-66　绘制左右耳片

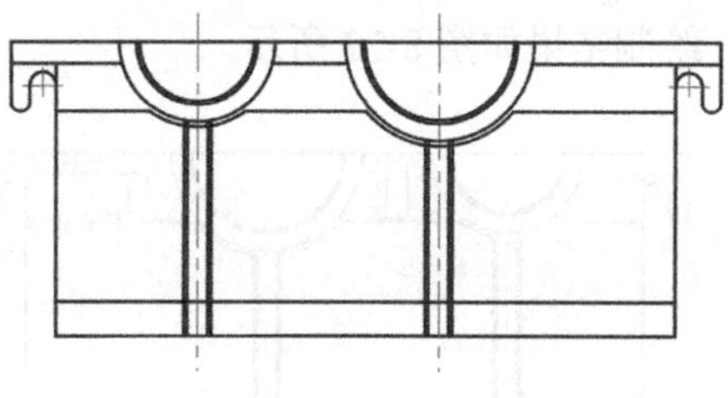

图 8-67　绘制左右肋板

（7）图形倒圆角。单击“默认”选项卡“修改”面板中的“圆角”按钮，采用不修剪、半径模式，对主视图进行倒圆角操作，箱体的铸造圆角半径为 5mm。倒角后再对图形进行修剪，结果如图 8-68 所示。

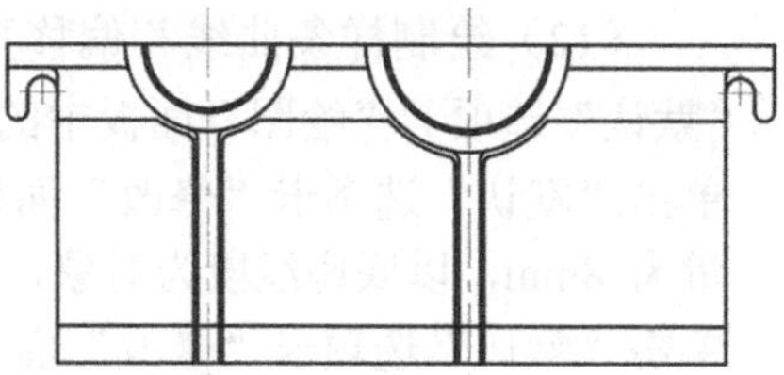

图 8-68　图形倒圆角

（8）绘制直线。利用直线、偏移、倒圆角命令绘制图形，修剪结果如图 8-69 所示。

（9）绘制样条曲线。根据俯视图的投影关系，绘制中心线。将“细实线”图层设置为当前图层，单击“默认”选项卡“绘图”面板中的“样条曲线拟合”按钮，在两个端盖安装面之间绘制曲线构成剖切平面，修剪后的结果如图 8-70 所示。

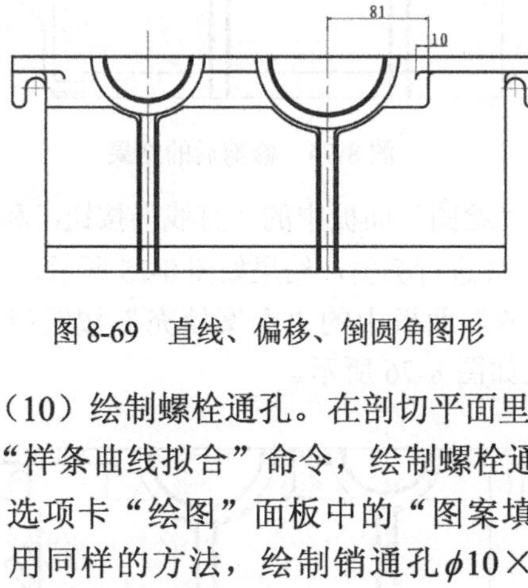

图 8-69　直线、偏移、倒圆角图形

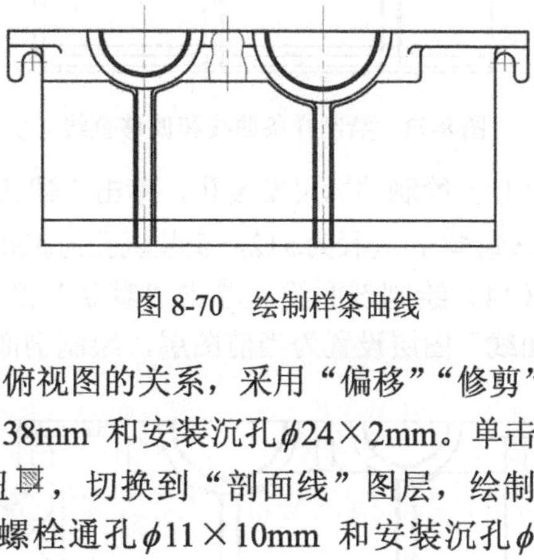

图 8-70　绘制样条曲线

（10）绘制螺栓通孔。在剖切平面里，利用与俯视图的关系，采用“偏移”“修剪”“删除”“样条曲线拟合”命令，绘制螺栓通孔$\phi13\times38$mm 和安装沉孔$\phi24\times2$mm。单击“默认”选项卡“绘图”面板中的“图案填充”按钮，切换到“剖面线”图层，绘制剖面线。用同样的方法，绘制销通孔$\phi10\times12$mm、螺栓通孔$\phi11\times10$mm 和安装沉孔$\phi15\times2$mm，结果如图 8-71 所示。

（11）绘制油标尺安装孔轮廓线。

① 将“实体”图层切换到当前图层，单击“默认”选项卡“修改”面板中的“偏移”按钮，箱底线段向上偏移量为 100mm。

② 单击“默认”选项卡“绘图”面板中的“直线”按钮，以偏移线与箱体右侧线的交点为起点绘制直线。命令行提示与操作如下：

```
命令: _line
指定第一个点:利用“对象捕捉”功能捕捉偏移线与箱体右侧线交点
指定下一点或[放弃(U)]: @30<-45
指定下一点或[放弃(U)]: @30<-135
```

绘制结果如图 8-72 所示。

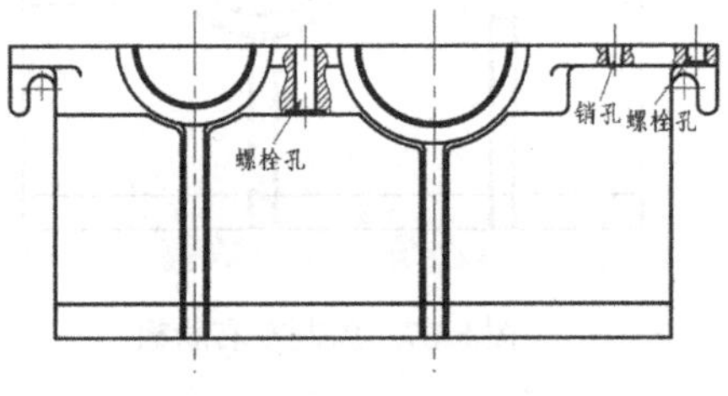

图 8-71　绘制螺栓通孔

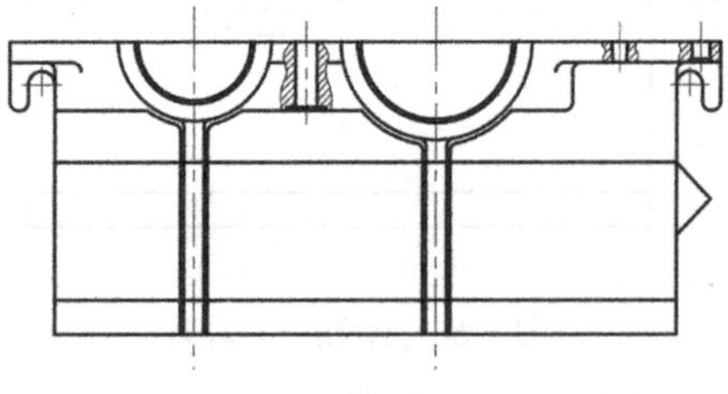

图 8-72　绘制油标尺安装孔轮廓线

（12）绘制样条曲线和偏移直线。删除辅助线。将“细实线”图层作为当前层，单击“默认”选项卡“绘图”面板中的“样条曲线拟合”按钮，绘制油标尺安装孔剖面界线，单击“默认”选项卡“修改”面板中的“偏移”按钮，进行偏移，水平向左偏移，偏移量为 8mm，以底座线段为对象，向上偏移量依次为 5mm 和 13mm，结果如图 8-73 所示。单击“默认”选项卡“修改”面板中的“修剪”按钮，进行修剪，完成箱体内壁轮廓线的绘制，如图 8-74 所示。

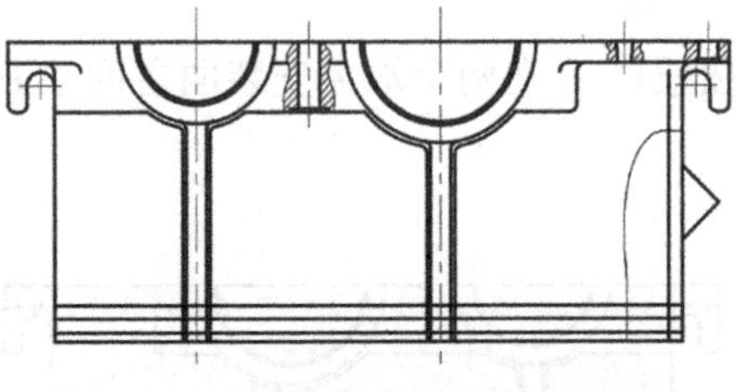

图 8-73　绘制样条曲线和偏移直线

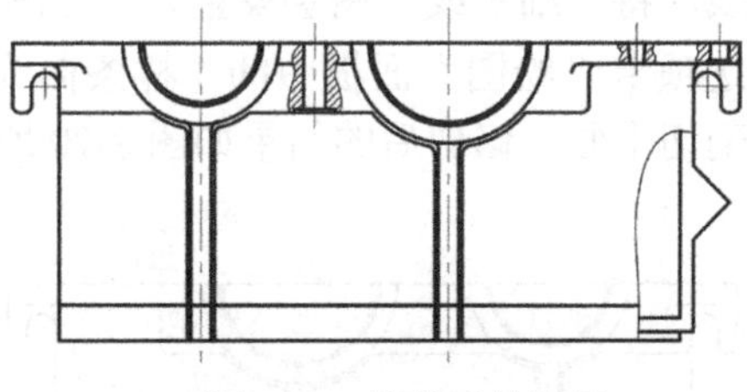

图 8-74　修剪后的结果

（13）绘制油标尺安装孔。单击“默认”选项卡“绘图”面板中的“直线”按钮和“偏移”按钮，孔径为ϕ12，安装沉孔为ϕ20×1.5mm，并进行编辑，结果如图 8-75 所示。

（14）绘制剖面线。单击“默认”选项卡“绘图”面板中的“图案填充”按钮，将“剖面线”图层设置为当前图层，绘制剖面线，结果如图 8-76 所示。

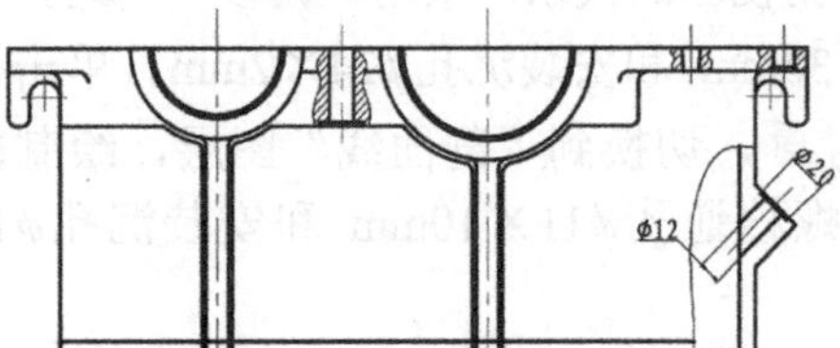

图 8-75　绘制油标尺安装孔

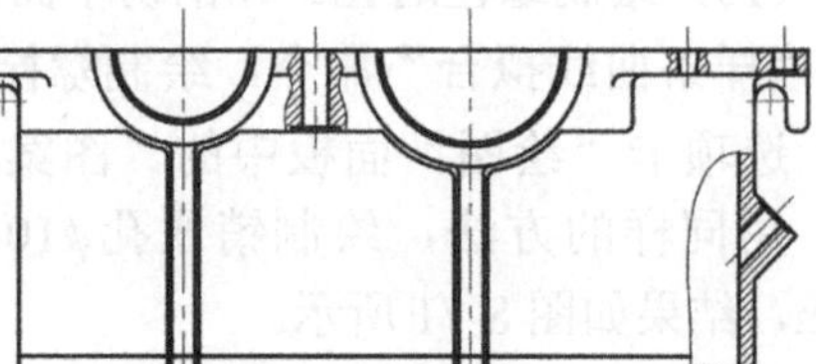

图 8-76　减速器箱体主视图

（15）绘制端盖安装孔。将“中心线”图层设置为当前图层，单击“默认”选项卡“绘图”面板中的“直线”按钮，分别以 a、b 为起点，绘制端点为（@60<-30）的直线。单击“默认”选项卡“绘图”面板中的“圆”按钮，以 a 点为圆心绘制半径为 41 的圆，再以 b 点为圆心绘制半径为 52mm 的圆；重复“圆”命令，切换到“实体”图层，以中心线和中心圆的交点为圆心，绘制半径为 2.5mm 和 3mm 的圆，并对绘制的圆进行修剪和删除。单击“默认”选项卡“修改”面板中的“环形阵列”按钮，将绘制的同心圆进行环形阵列，阵列个数为 3，项目间角度为 60°，填充角度为-120°，结果如图 8-77 所示。

（16）修改主视图。单击“默认”选项卡“修改”面板中的“圆角”按钮，给主视图绘制圆角，圆角半径为 5mm。修剪结果如图 8-78 所示。

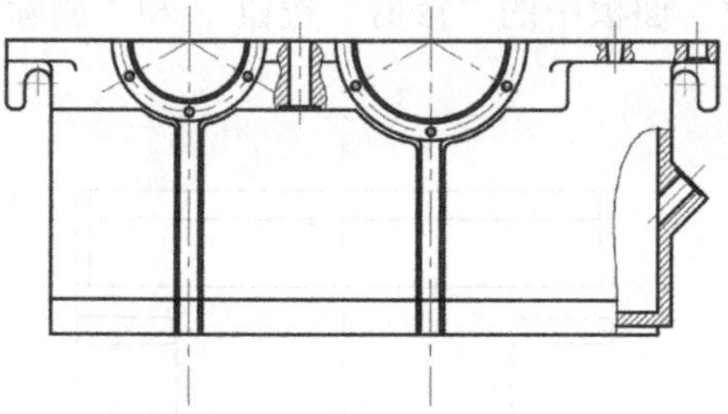

图 8-77 绘制端盖安装孔

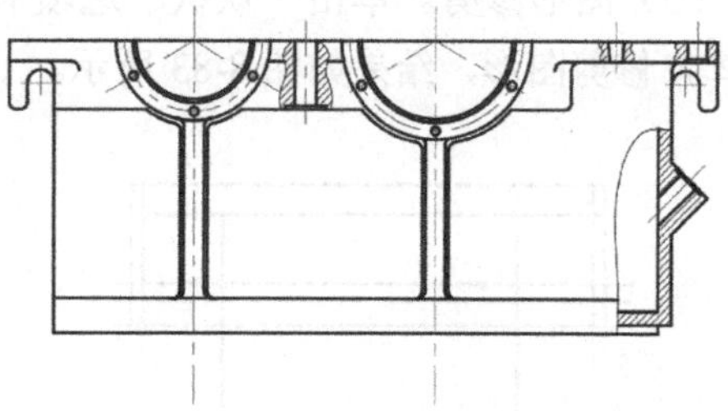

图 8-78 修剪结果

4. 绘制减速器箱体左视图

（1）绘制箱体左视图定位线。单击“默认”选项卡“修改”面板中的“偏移”按钮，将对称中心线向左、右各偏移 61mm 和 96mm，将所有轮廓线均放置在实体层，结果如图 8-79 所示。

（2）绘制侧视图轮廓线。单击“默认”选项卡“修改”面板中的“修剪”按钮，对图形进行修剪，形成箱体顶面、箱体中间膛和箱体底座的轮廓线，如图 8-80 所示。

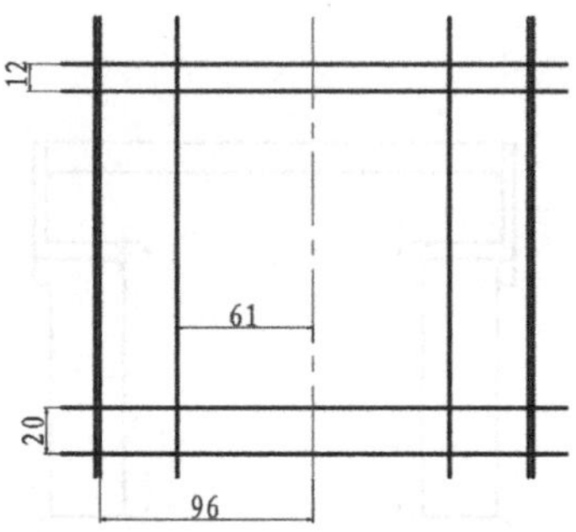

图 8-79 绘制箱体左视图定位线

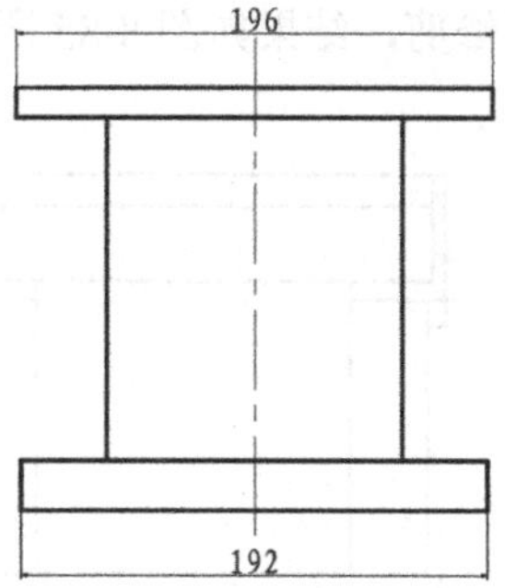

图 8-80 绘制侧视图轮廓线

（3）绘制顶面水平定位线。将“实体”图层设置为当前图层。单击“默认”选项卡“绘图”面板中的“直线”按钮，以主视图中特征点为起点，利用“正交”功能绘制水平定位线，结果如图 8-81 所示。

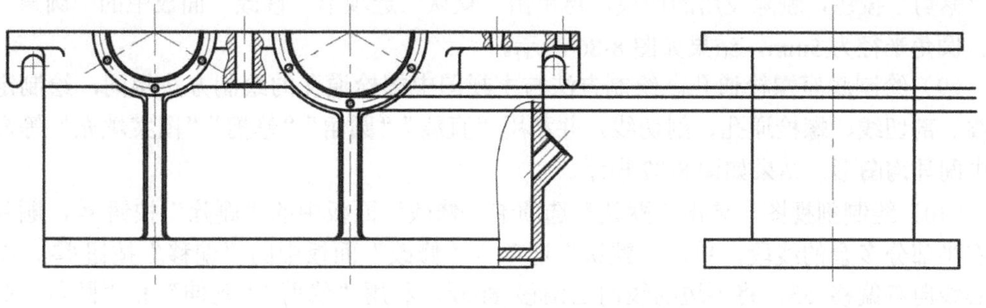

图 8-81 绘制顶面水平定位线

（4）绘制顶面竖直定位线。单击“默认”选项卡“修改”面板中的“延伸”按钮，将左右两侧轮廓线延伸，单击“默认”选项卡“修改”面板中的“偏移”按钮，偏移量为 5mm，结果如图 8-82 所示。

（5）图形修剪。单击“默认”选项卡“修改”面板中的“修剪”按钮和“删除”按钮，修剪图形，结果如图 8-83 所示。

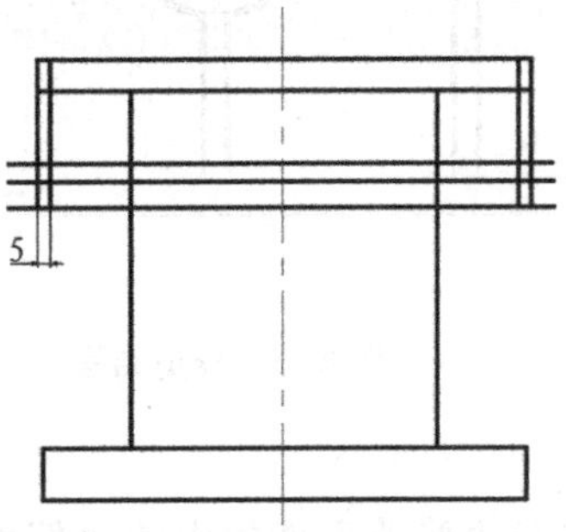

图 8-82　绘制顶面竖直定位线

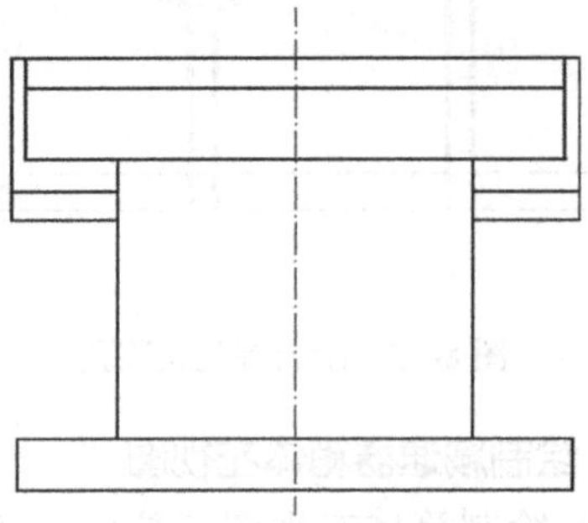

图 8-83　图形修剪

（6）绘制肋板。单击“默认”选项卡“修改”面板中的“偏移”按钮，偏移量为 5mm，然后修剪，结果如图 8-84 所示。

（7）倒圆角。单击“默认”选项卡“修改”面板中的“圆角”按钮，圆角半径为 5mm，然后修剪，结果如图 8-85 所示。

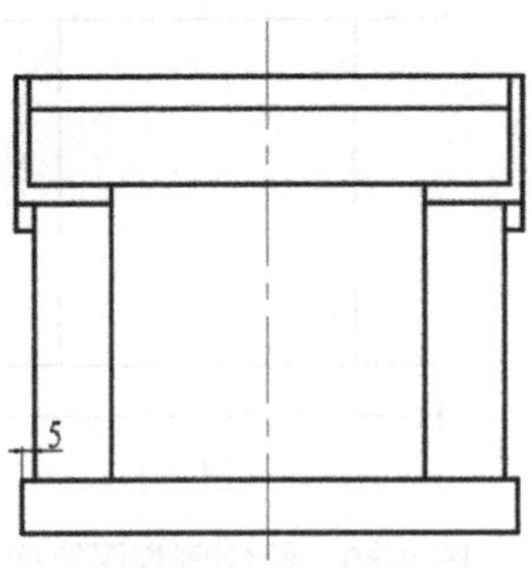

图 8-84　绘制肋板

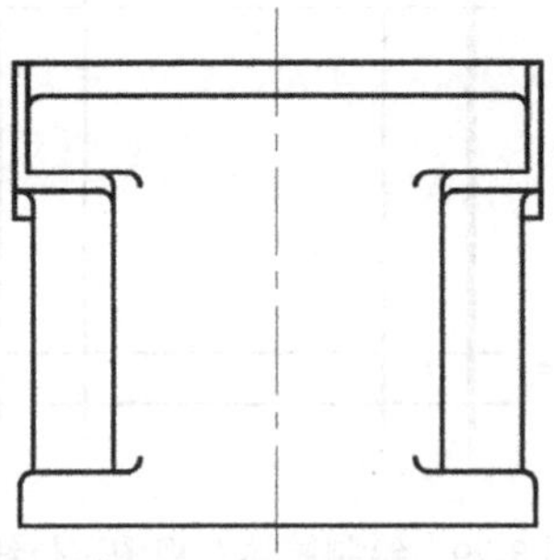

图 8-85　图形倒圆角

（8）绘制底座。单击“默认”选项卡“修改”面板中的“偏移”按钮，中心线左右偏移量均为 50mm，将偏移的中心线放置到“实体”图层，底面线向上偏移量为 5mm，单击“修剪”按钮，删除没用的曲线，再单击“默认”选项卡“修改”面板中的“圆角”按钮，圆角半径为 5mm，结果如图 8-86 所示。

（9）绘制底座螺栓通孔。绘制方法与主视图中螺栓通孔的绘制方法相同，绘制定位中心线、剖切线、螺栓通孔、剖切线，并利用“直线”“圆角”“修剪”“图案填充”等命令绘制中间耳钩图形，结果如图 8-87 所示。

（10）绘制剖视图。单击“默认”选项卡“修改”面板中的“删除”按钮，删除左视图右半部分多余的线段，单击“默认”选项卡“修改”面板中的“偏移”按钮，将竖直中心线向右偏移 53，将下边的线向上偏移 8mm，利用“修剪”“延伸”和“圆角”命令，圆角半径从大到小依次为 14mm、6mm、5mm，整理图形如图 8-88 所示。

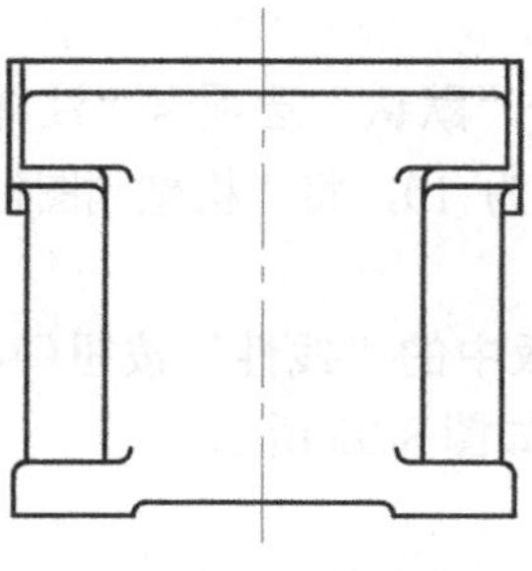

图 8-86　绘制底座

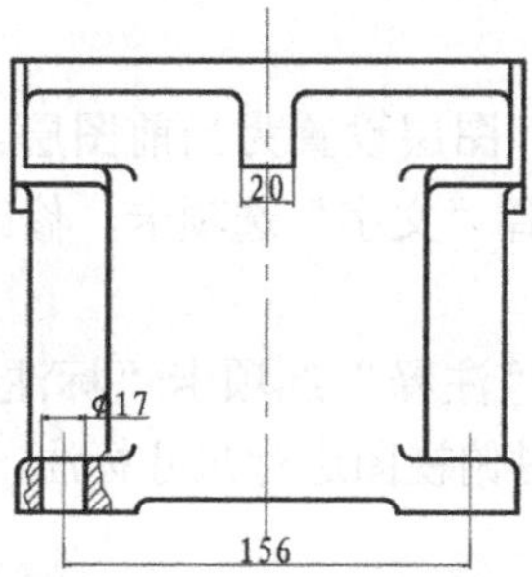

图 8-87　绘制底座螺栓通孔

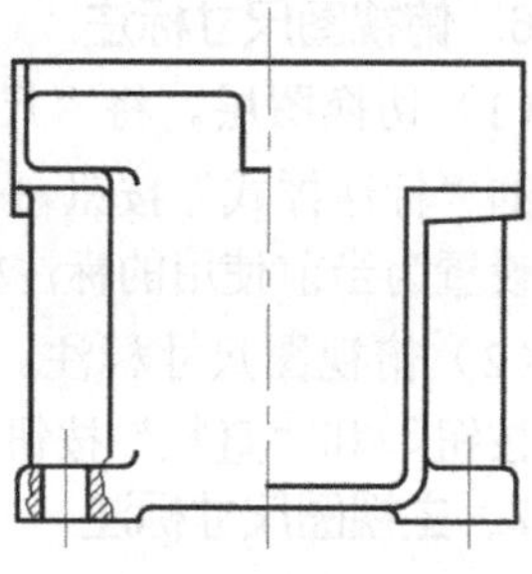

图 8-88　绘制剖视图

（11）绘制螺纹孔。利用“直线”“偏移”和“修剪”命令，绘制螺纹孔，将底面直线向上偏移 118mm，再将偏移后的直线分别向两侧偏移 2.5mm 和 3mm，并将偏移 118mm 后的直线放置在“中心线”层，最右侧直线向左偏移 16mm 和 20mm；再利用直线命令绘制 120° 顶角，修剪结果如图 8-89 所示。

（12）填充图案。单击“默认”选项卡“绘图”面板中的“图案填充”按钮，对剖视图填充图案，结果如图 8-90 所示。

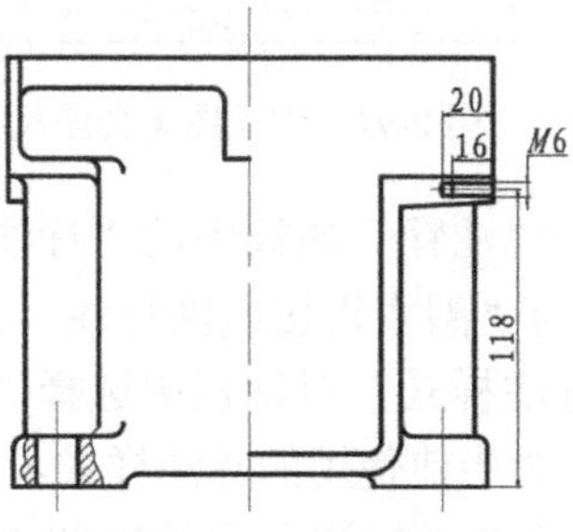

图 8-89　绘制螺纹孔

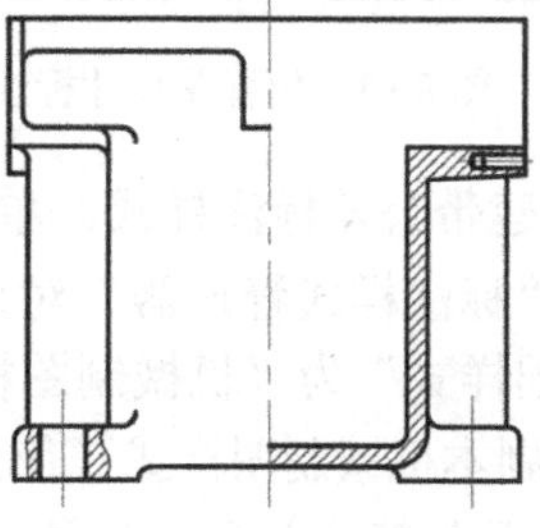

图 8-90　填充图案

（13）修剪俯视图。单击“默认”选项卡“修改”面板中的“删除”按钮，删除俯视图中的箱体中间膛轮廓线（矩形 4），最终完成减速器箱体的设计，如图 8-91 所示。

5. 添加主视图底部的安装螺栓孔的定位中心线

利用“偏移”“修剪”命令绘制主视图底部的安装螺栓孔的定位中心线，结果如图 8-92 所示。

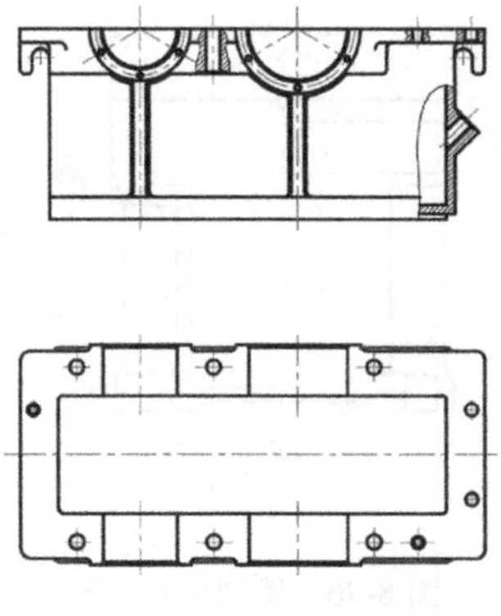

图 8-91　删除结果

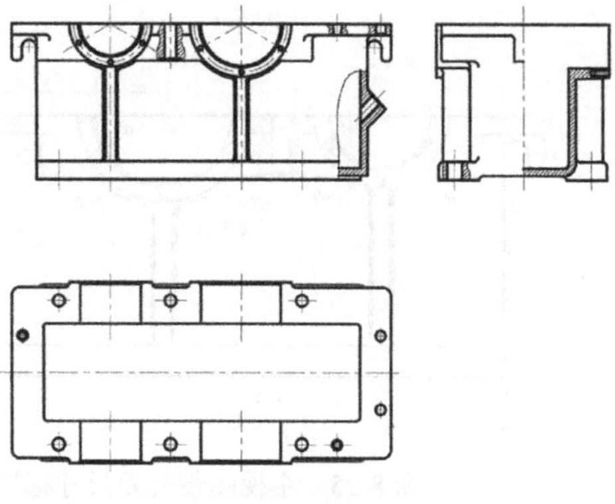

图 8-92　减速箱箱体完成图

6. 俯视图尺寸标注

（1）切换图层。将“尺寸线”图层设置为当前图层。单击“默认”选项卡“注释”面板中的“标注样式”按钮，选择“文字”选项卡，修改字高为 10，将“机械制图标注”样式设置为当前使用的标注样式。

（2）俯视图尺寸标注。单击“注释”选项卡“标注”面板中的“线性”按钮、“半径”按钮和“直径”按钮，对俯视图进行尺寸标注，结果如图 8-93 所示。

7. 主视图尺寸标注

（1）主视图无公差尺寸标注。单击“注释”选项卡“标注”面板中的“线性”按钮、“半径”按钮和“直径”按钮，对主视图进行无公差尺寸标注，结果如图 8-94 所示。

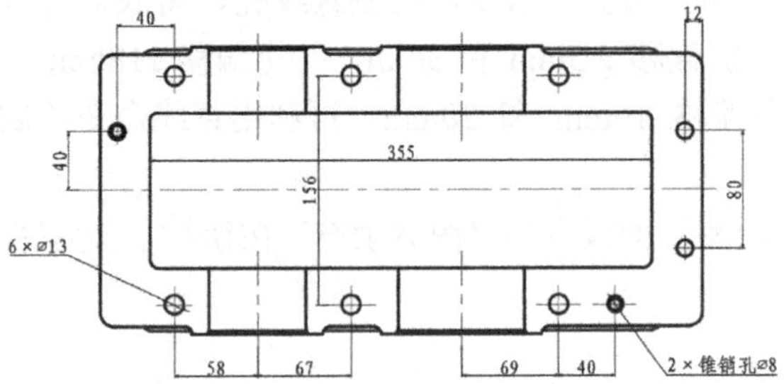

图 8-93　俯视图尺寸标注

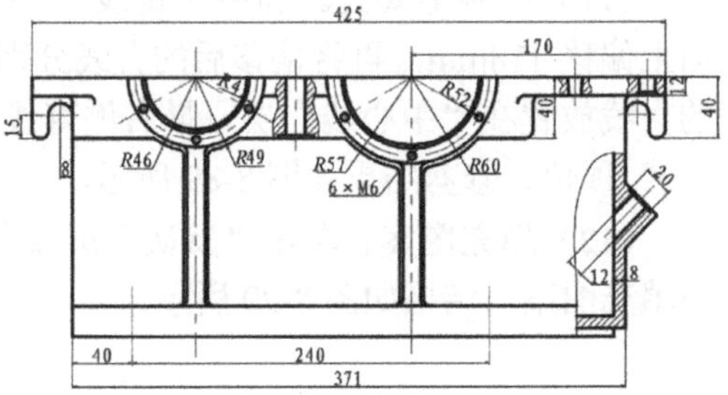

图 8-94　主视图无公差尺寸标注

（2）新建带公差标注样式。单击“默认”选项卡“注释”面板中的“标注样式”按钮，打开“标注样式管理器”对话框，建立一个名为“副本机械制图标注（带公差）”的样式，“基础样式”为“机械制图样式”。在“新建标注样式”对话框中选择“公差”选项卡，并把“副本机械制图样式（带公差）”的样式设置为当前使用的标注样式。

（3）主视图带公差尺寸标注。单击“注释”选项卡“标注”面板中的“线性”按钮，对主视图进行带公差尺寸标注。使用如同前面项目中所述的带公差尺寸标注的方法，进行公差编辑修改，结果如图 8-95 所示。

8. 侧视图尺寸标注

（1）切换当前标注样式。将“机械制图样式”设置为当前使用的标注样式。

（2）侧视图无公差尺寸标注。单击“注释”选项卡“标注”面板中的“线性”按钮、“半径”按钮和“直径”按钮，对侧视图进行无公差尺寸标注，结果如图 8-96 所示。

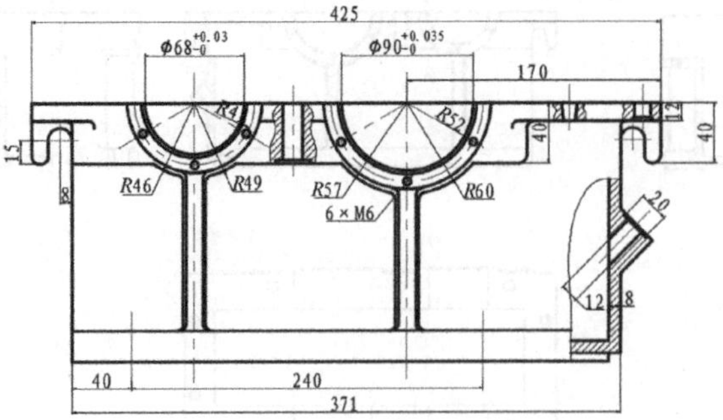

图 8-95　主视图带公差尺寸标注

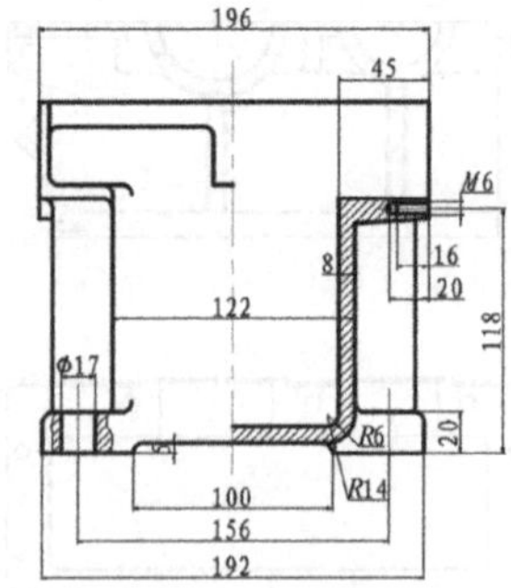

图 8-96　侧视图尺寸标注

9. 标注技术要求

（1）设置文字标注格式。单击“默认”选项卡“注释”面板中的“文字样式”按钮，打开“文字样式”对话框，在“样式名”下拉列表框中选择“技术要求”，单击“应用”按钮，将其设置为当前使用的文字样式。

（2）文字标注。将文字层切换到当前层，单击“注释”选项卡“绘图”面板中的“多行文字”按钮A，打开“文字编辑器”选项卡，在其中填写技术要求，如图8-97所示。

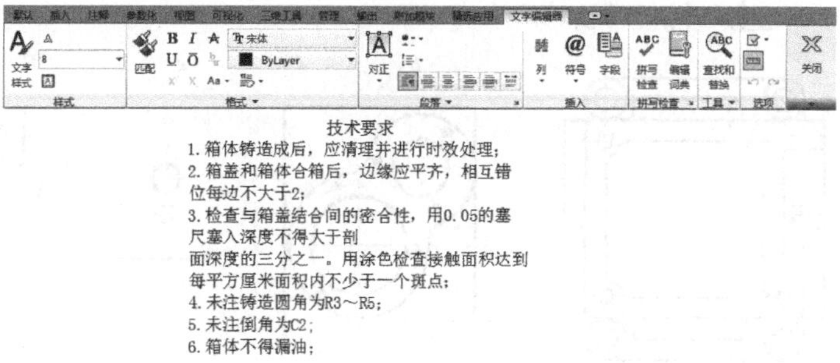

图8-97　标注技术要求

调入A1横向样板图，新建“标题栏”图层，并将其设置为当前图层，在标题栏中填写“减速器箱体”，减速器箱体设计最终结果如图8-50所示。

【知识点详解】

1. 箱体类零件

（1）结构特点。箱体类零件主要包括箱体、壳体、阀体、支座等，主要用来支承、包容和保护其他零件，是机器或部件中的主要零件，其结构形状最为复杂，一般为铸件，加工工序多，加工位置也多。

（2）视图选择。箱体类零件的形状、结构都比较复杂，加工工序也较多，所以一般按其工作位置摆放，并以最能反映其形状特征的方向作为主视图的投射方向，此类零件一般需要三个或三个以上基本视图及其他辅助图形，采用多种图样画法才能表达清楚其结构和形状。

如图8-98所示的箱体，可分为腔体和底板两大部分，腔体的内、外结构形状复杂程度类似，四个侧面和上、下底面均有孔和凸台。以箱体的工作位置摆放，以最能反映其形状特征的A方向作为主视图的投射方向。请读者自行分析如图8-99所示的两种表达方案的优缺点。

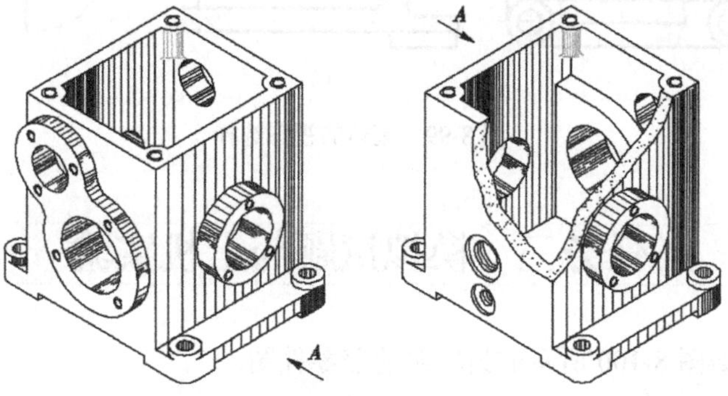

图8-98　踏脚座的视图选择

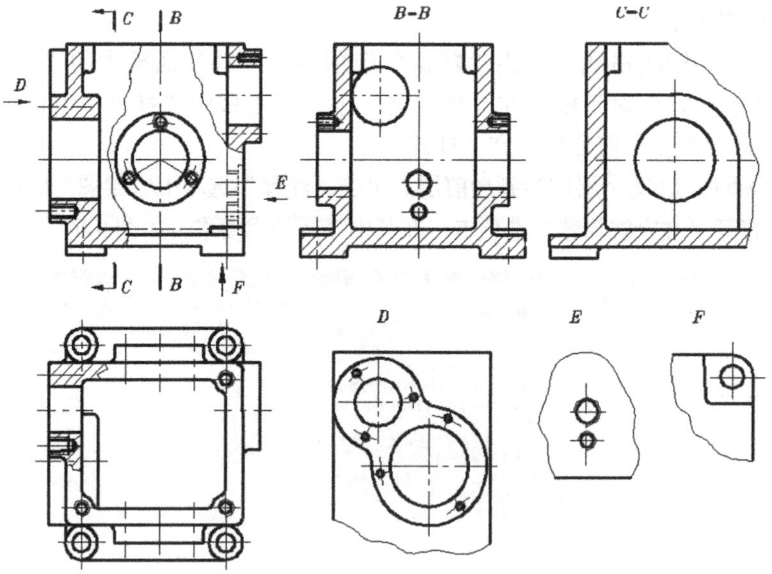

(a)

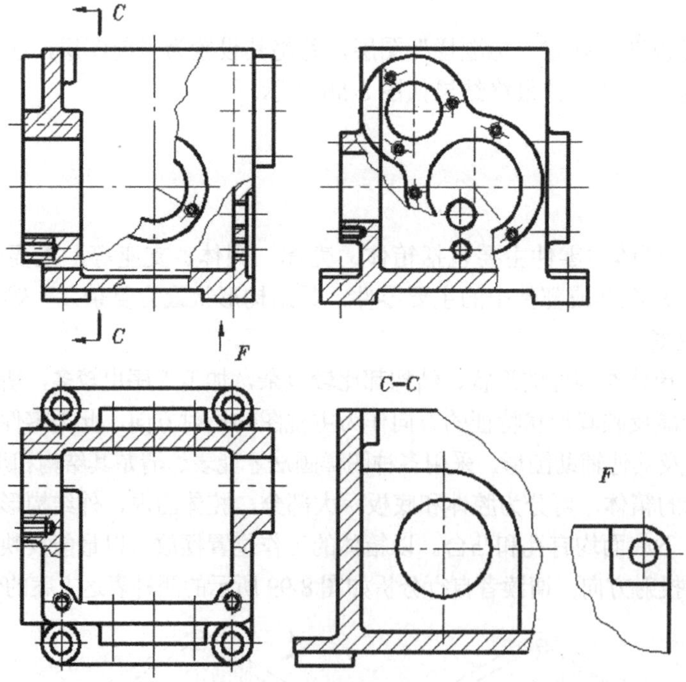

(b)

图 8-99　箱体的视图选择

任务三　模拟试题与上机实验

实验 1　绘制如图 8-100 所示的齿轮泵前盖零件图

◆ 目的要求

本实验的目的是帮助读者掌握盖类零件的设计方法。

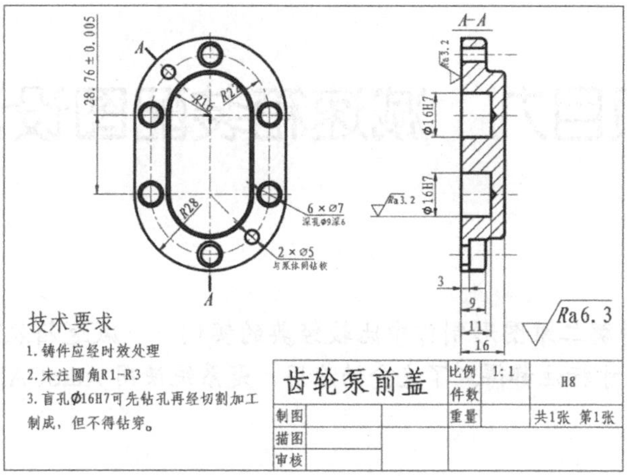

图 8-100　齿轮泵前盖

◆ 操作提示

（1）设置图层。

（2）绘制主视图。

（3）绘制左视图。

（4）标注图形尺寸。

（5）标注技术要求。

实验 2　绘制如图 8-101 所示的齿轮泵机座

◆ 目的要求

本实验的目的是帮助读者深入掌握机械零件的设计方法和技能。

◆ 操作提示

（1）设置图层。

（2）绘制主视图，综合应用各种方法。

（3）利用主视图与左视图的尺寸关系，绘制俯视图。

（4）标注图形尺寸。

（5）填写技术要求。

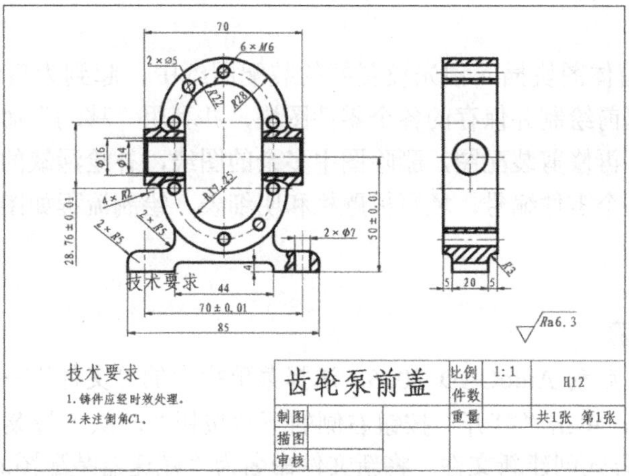

图 8-101　齿轮泵机座

项目九　减速箱装配图设计

【学习情境】

本项目将详细讲解二维图形制作中比较经典的实例——减速箱装配图设计。在本实例中，图块、表格、尺寸标注都得到了充分的应用，是系统使用 AutoCAD 2016 二维绘图功能的综合实例。

【能力目标】

- 掌握装配图的具体绘制方法。
- 灵活应用各种 AutoCAD 命令。
- 提高机械装配图的绘图速度和效率。

【课时安排】

6 课时（讲课 2 课时，练习 4 课时）

任务一　减速箱装配图

【任务背景】

减速箱又称减速机或减速器，是按照原动机连接减速箱，减速箱再连接工作机的原理来进行工作的，是一种动力传达设备。减速箱的作用主要是降低电动机的输出或提高电动机的输出。在有减速传动时，原动机提供的是高转速、低转矩的动力，反之，在有增速传动时，原动机提供的是低转速、大转矩的动力。在机械传动中，减速箱需要带动其工作对象——工作机来实现预定目的。

首先将减速器箱体图块插入预先设置好的装配图纸中，起到为后续零件装配定位的作用；然后分别插入提前绘制并保存的各个零件图块，并利用“移动”命令将其安装到减速器箱体中的合适位置；再修剪装配图，删除图中多余的图线，补绘漏缺的轮廓线；最后标注装配图配合尺寸，为各个零件编号，填写标题栏和明细表。绘制流程如图 9-1 所示。

【操作步骤】

1. 配置绘图环境

（1）新建文件。启动 AutoCAD 2016，选择菜单栏中的“文件”→“新建”命令，打开“选择样板”对话框，单击“打开”按钮右侧的下拉按钮▾，从下拉菜单中选择“无样板打开一公制（毫米）”方式创建新文件。将新文件命名为“减速器装配图.dwg”并保存。

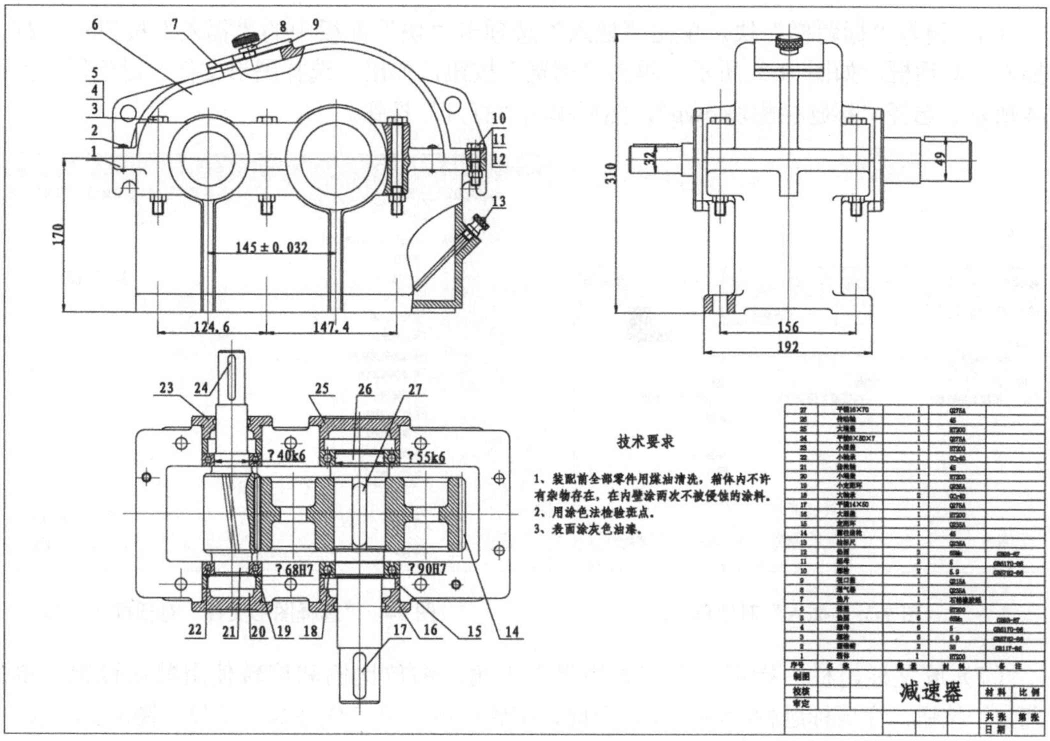

图 9-1　减速器装配图

（2）设置图形界限。在命令行中输入 LIMITS 命令，按【Enter】键，命令行提示与操作如下：

```
命令：LIMITS
指定左下角点或 [开(ON)/关(OFF)] <0.0000,0.0000>:
指定右上角点 <420.0000,297.0000>: 1189, 841 （即使用 A1 图纸）
```

（3）开启栅格功能。单击状态栏中的“栅格”按钮，关闭栅格。

（4）创建新图层。单击“默认”选项卡“图层”面板中的“图层特性”按钮，打开“图层特性管理器”选项板，新建并设置每一个图层，如图 9-2 所示。

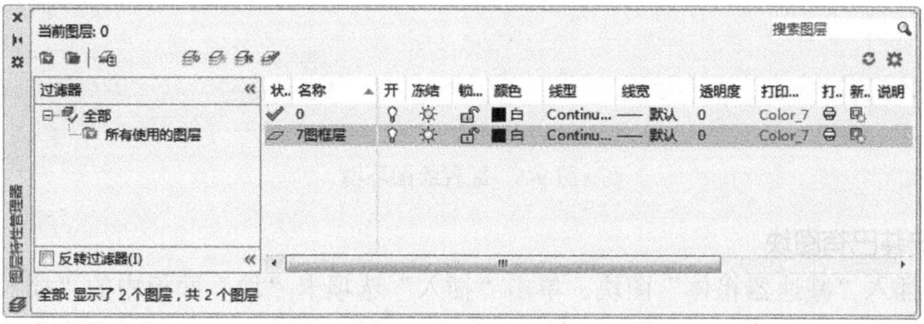

图 9-2　“图层特性管理器”选项板

（5）绘制图幅边框。将“7 图框层”设置为当前图层，单击“默认”选项卡“绘图”面板中的“矩形”按钮，指定矩形的长度为 1189，宽度为 841。

（6）调入“标题栏”块。单击“插入”选项卡“块”面板中的“插入”按钮，打开“插入”对话框，如图 9-3 所示。单击“浏览”按钮，弹出“选择图形文件”对话框，如图 9-4 所示。选择“标题栏图块.dwg”，然后单击“打开”按钮。

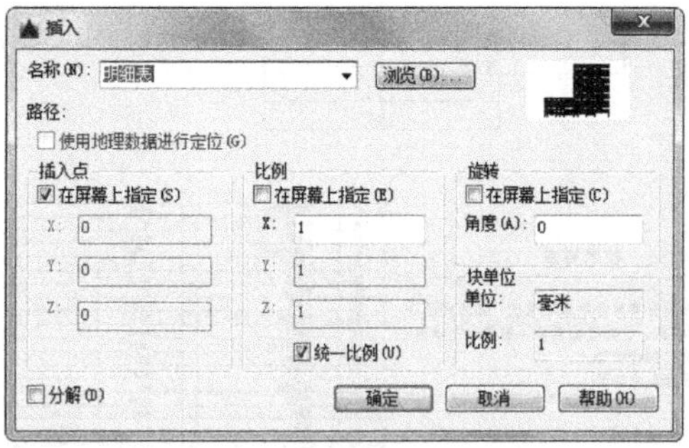

图 9-3 “插入”对话框

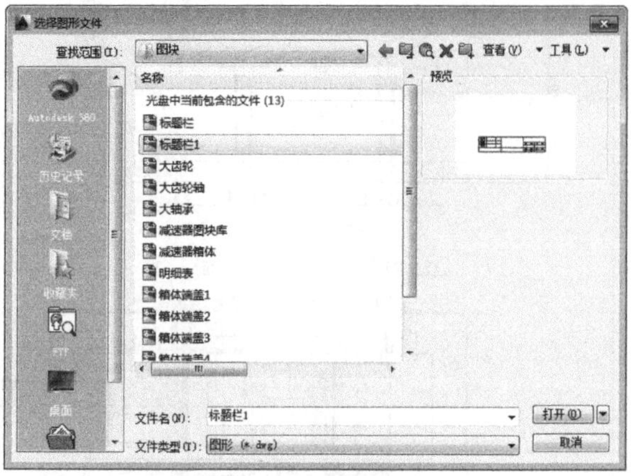

图 9-4 “选择图形文件”对话框

（7）放置标题栏。指定插入点为矩形右下角，缩放比例和旋转使用默认设置。单击“确定”按钮，完成标题栏绘制工作。至此，配置绘图环境工作完成，结果如图 9-5 所示。

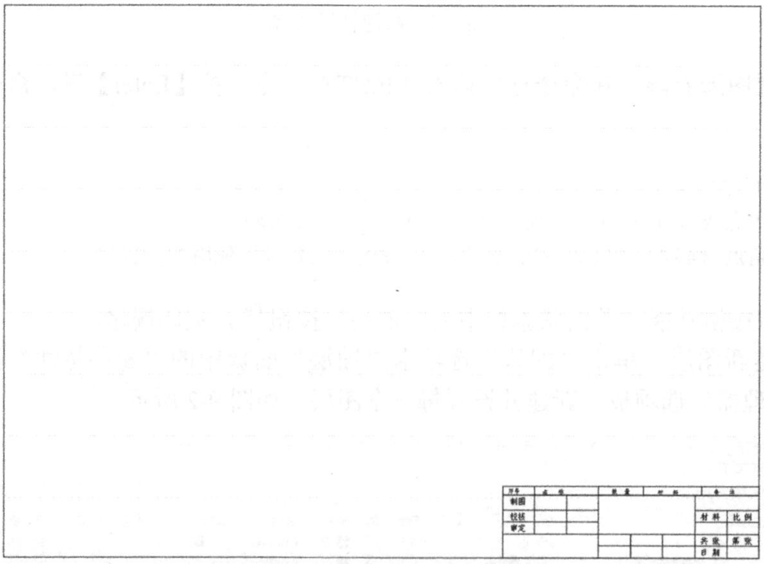

图 9-5 配置绘图环境

2. 安装已有图块

（1）插入“减速器箱体”图块。单击“插入”选项卡“块”面板中的“插入块”按钮，打开“插入”对话框，如图 9-6 所示。单击“浏览”按钮，打开“选择图形文件”对话框，选择“箱体俯视图.dwg”图块，单击“打开”按钮。返回“插入”对话框，设定“插入点”坐标为（360,360,0），“比例”和“旋转”使用默认设置，单击“确定”按钮，结果如图 9-7 所示。

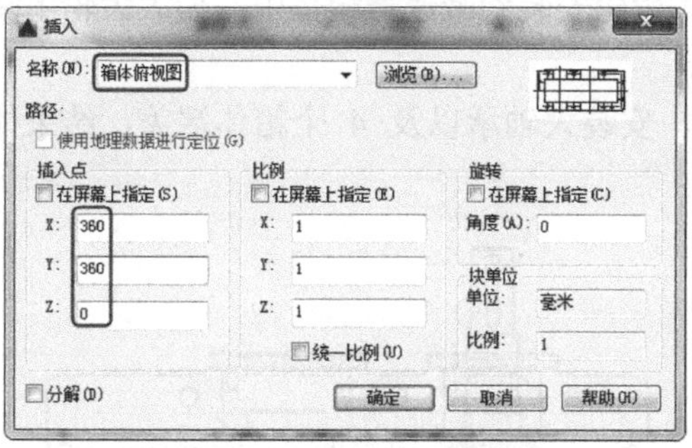

图 9-6 “插入”对话框

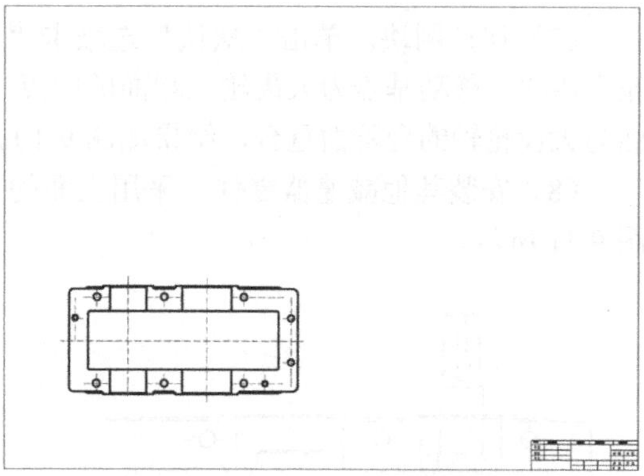

图 9-7　插入“箱体俯视图”图块

（2）插入“小齿轮轴”图块。继续执行插入块操作，打开“插入”对话框，单击“浏览”按钮，打开“选择图形文件”对话框，选择“小齿轮轴.dwg”图块。设置插入属性，设置“插入点”方式为“在屏幕上指定”，设置“旋转”角度为 90°，“比例”使用默认设置，单击“确定”按钮。

（3）移动图块。单击“默认”选项卡“修改”面板中的“移动”按钮，选择“小齿轮轴”图块，将小齿轮轴安装到减速器箱体中，使小齿轮轴最下面的台阶面与箱体的内壁重合，如图 9-8 所示。

（4）插入“大齿轮轴”图块。继续执行插入块操作，打开“插入”对话框，单击“浏览”按钮，打开“选择图形文件”对话框，选择“大齿轮轴.dwg”图块。设置插入属性，设置“插入点”方式为“在屏幕上指定”，设置“旋转”角度为-90°，“比例”使用默认设置，单击“确定”按钮。

（5）移动图块。单击“默认”选项卡“修改”面板中的“移动”按钮，选择“大齿轮轴”图块，选择移动基点为大齿轮轴的最上面台阶面的中点，将大齿轮轴安装到减速器箱体中，使大齿轮轴最上面的台阶面与减速器箱体的内壁重合，结果如图 9-9 所示。

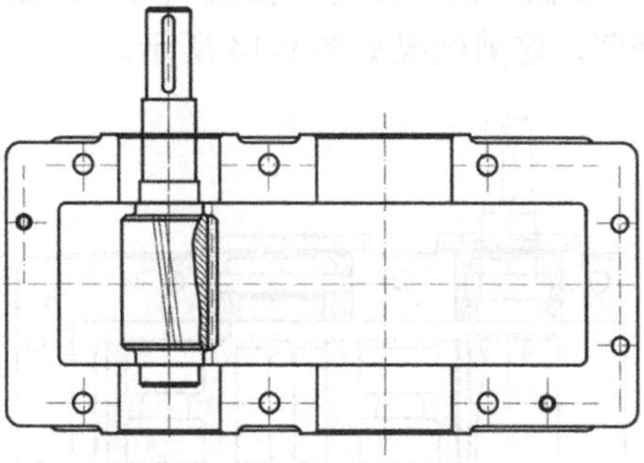

图 9-8　安装小齿轮轴

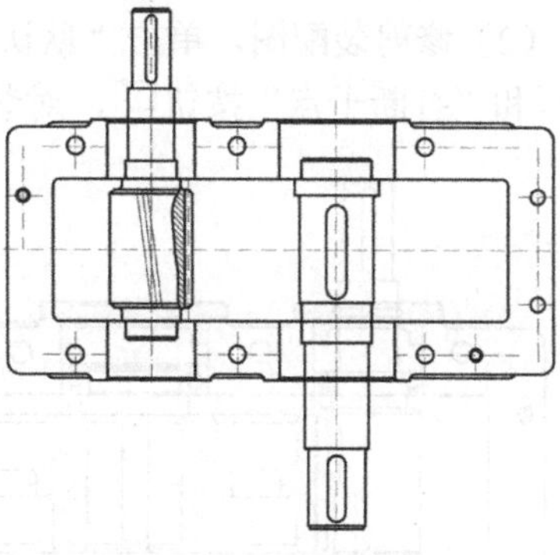

图 9-9　安装大齿轮轴

（6）插入“圆柱齿轮”图块。继续执行插入块操作，打开“插入”对话框，单击“浏览”按钮，打开“选择图形文件”对话框，选择“大齿轮.dwg”图块。设置插入属性，设置“插入点”方式为“在屏幕上指定”，设置“旋转”角度为 90°，其他选项保持默认设置，单击“确定”按钮。

（7）移动图块。单击“默认”选项卡“修改”面板中的“移动”按钮，选择“大齿轮”图块，移动基点为大齿轮上端面的中点，将大齿轮安装到减速器箱体中，使大齿轮上端面与大齿轮轴的台阶面重合，结果如图 9-10 所示。

（8）安装其他减速器零件。采用上面的方法，安装大轴承以及 4 个箱体端盖，结果如图 9-11 所示。

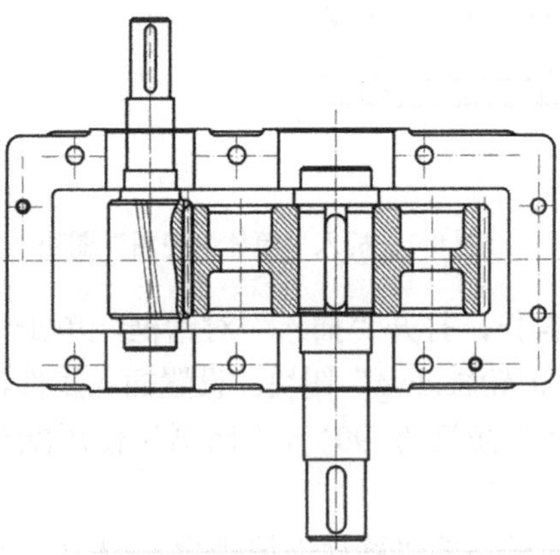

图 9-10　安装大齿轮

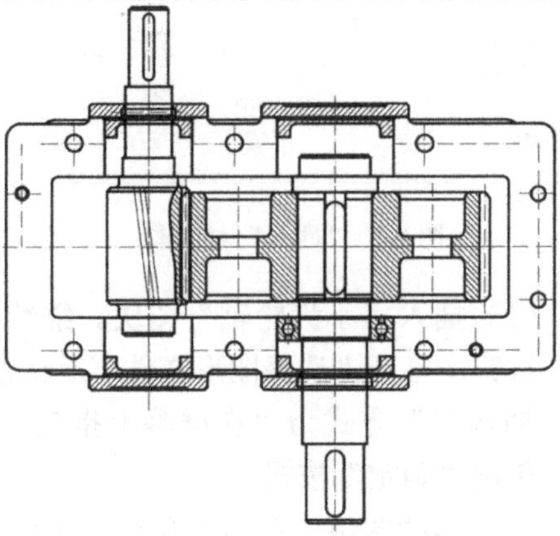

图 9-11　安装其他零件

3. 补全装配图

（1）绘制大、小轴承。单击“默认”选项卡“修改”面板中的“复制”按钮，复制“大轴承”图块，并将其移动到大齿轮轴上的合适位置。绘制小齿轮轴上的两个轴承，内径为$\phi40$、外径为$\phi68$、宽度为 14，结果如图 9-12 所示。

（2）绘制定距环。在轴承与端盖、轴承与齿轮之间绘制定距环，结果如图 9-13 所示。

4. 修剪装配图

（1）分解所有图块。单击“默认”选项卡“修改”面板中的“分解”按钮，选择所有图块进行分解。

（2）修剪装配图。单击“默认”选项卡“修改”面板中的“修剪”按钮、“删除”按钮和“打断于点”按钮，对装配图进行细节修剪，修剪结果如图 9-14 所示。

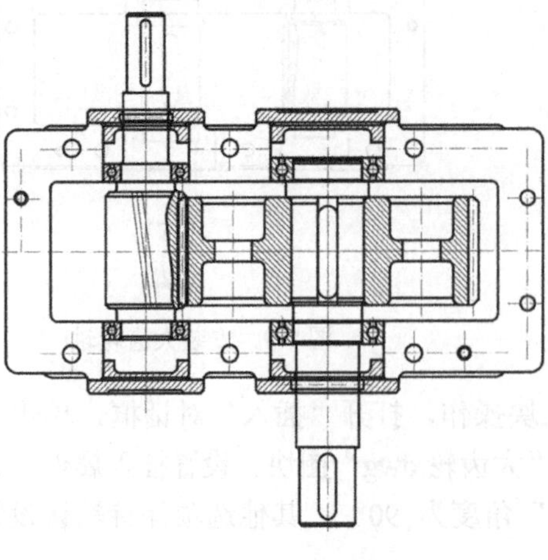

图 9-12　绘制大、小轴承

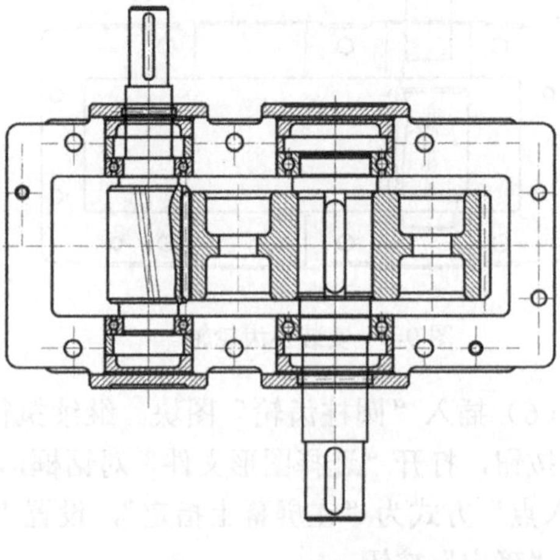

图 9-13　绘制定距环

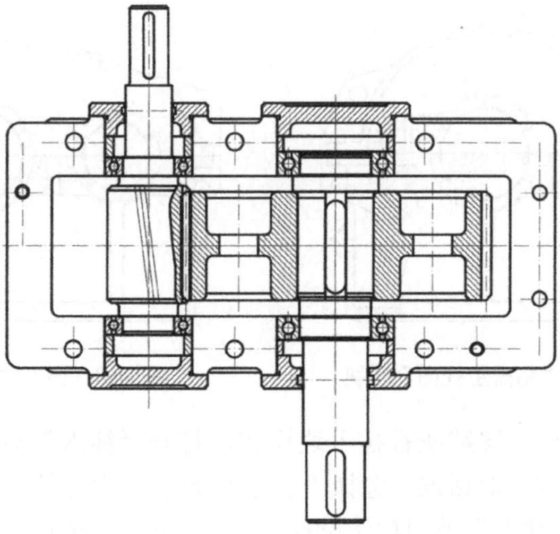

图 9-14　修剪装配图

5. 装配主视图

（1）插入“箱体主视图”图块。单击“插入”选项卡“块”面板中的“插入块”按钮，打开“插入”对话框，如图 9-15 所示。单击“浏览”按钮，弹出“选择图形文件”对话框，选择“箱体主视图.dwg”。单击“打开”按钮，返回“插入”对话框。“缩放比例”和“旋转”使用默认设置。单击“确定”按钮，结果如图 9-16 所示。

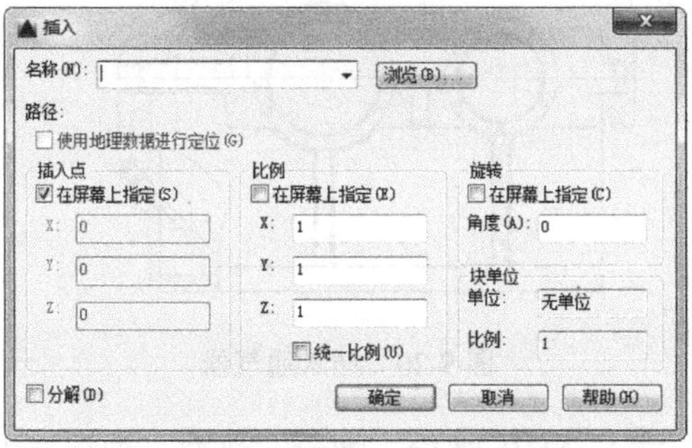

图 9-15 “插入”对话框

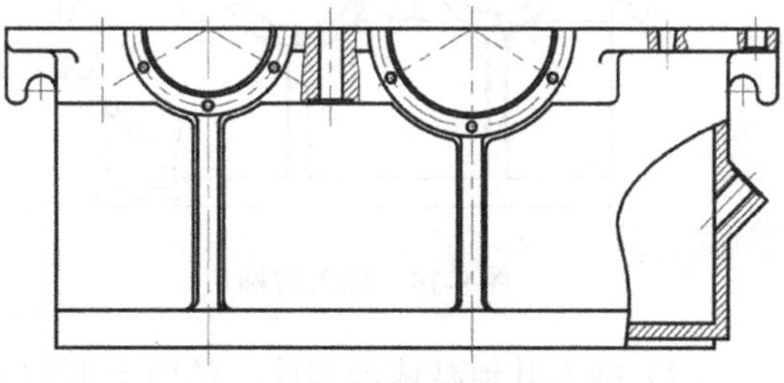

图 9-16　插入“箱体主视图”图块

（2）移动图块。移动箱体主视图图块，使之与俯视图保持投影关系。

（3）插入“箱盖主视图”图块。继续执行插入块操作，打开“插入”对话框。单击“浏览”按钮，弹出“选择图形文件”对话框，选择“箱盖主视图.dwg”。设定插入属性，“插入点”设置为“在屏幕上指定”，“缩放比例”使用默认设置，单击“确定”按钮。然后单击“默认”选项卡“修改”面板中的“移动”按钮，将图块移动到合适的位置，结果如图 9-17 所示。

（4）插入“圆锥销”图块。继续执行插入块操作，打开“插入”对话框。单击“浏览”按钮，弹出“选择图形文件”对话框，选择“圆锥销.dwg”。设定插入属性，“插入点”设置为“在屏幕上指定”，“旋转”设置为“0”，“缩放比例”使用默认设置，单击“确定”按钮。结果如图 9-18 所示。

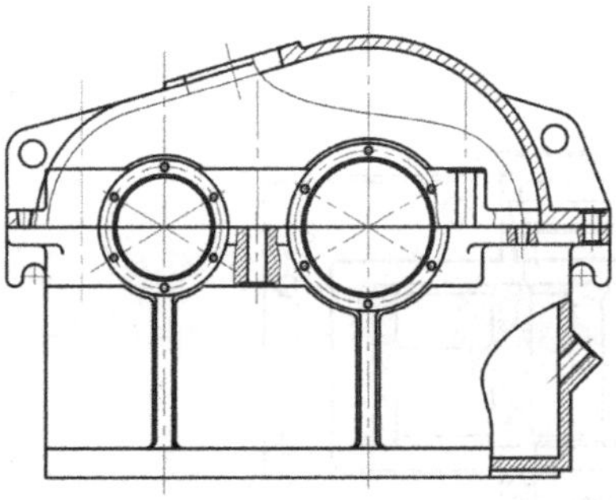

图 9-17　插入“箱盖主视图”图块

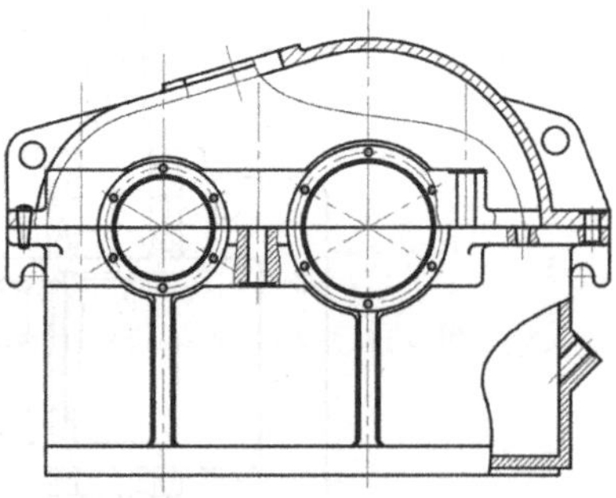

图 9-18　插入“圆锥销”图块

（5）插入“游标尺”。继续执行插入块操作，打开“插入”对话框。单击“浏览”按钮，弹出“选择图形文件”对话框，选择“游标尺.dwg”。设定插入属性，“插入点”设置为“在屏幕上指定”，“缩放比例”使用默认设置，单击“确定”按钮。结果如图 9-19 所示。

（6）插入“通气器”。继续执行插入块操作，打开“插入”对话框。单击“浏览”按钮，弹出“选择图形文件”对话框，选择“通气器.dwg”。设定插入属性，“插入点”设置为“在屏幕上指定”，“旋转”设置为 16°，“缩放比例”设置为 0.5，单击“确定”按钮。结果如图 9-20 所示。

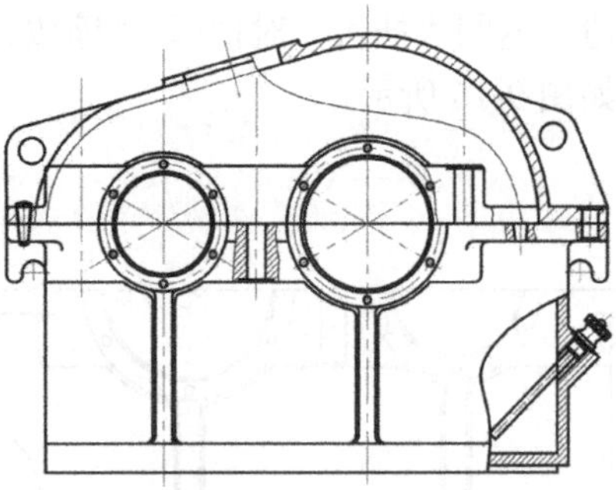

图 9-19　插入游标尺

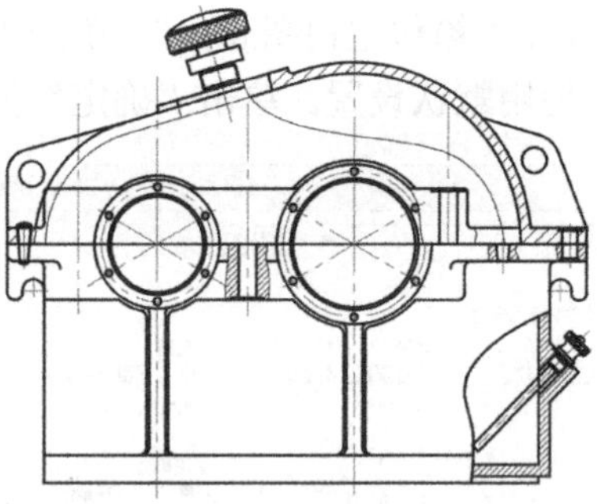

图 9-20　插入通气器

（7）插入其他减速器零件。仿照上面的方法，插入 M10 螺栓、螺母、垫圈，轴承端盖 1、轴承端盖 2 以及 3 个 M12 螺栓、螺母、垫圈。结果如图 9-21 所示。

（8）在通气器位置插入视孔盖和垫片，绘制结果如图 9-22 所示。

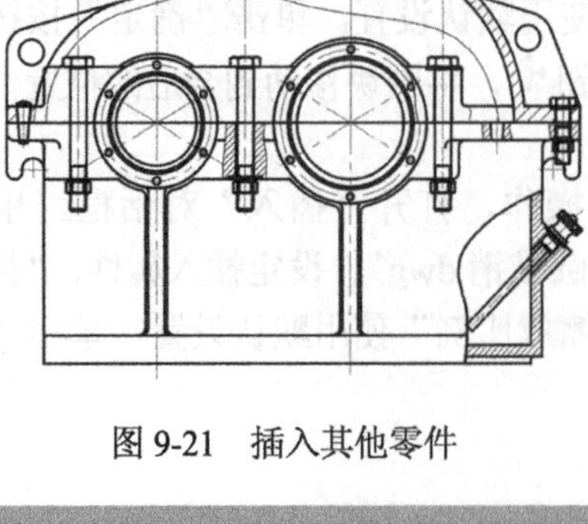

图 9-21　插入其他零件

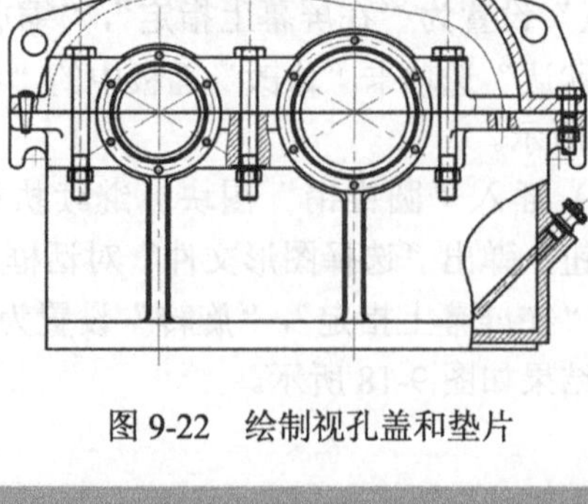

图 9-22　绘制视孔盖和垫片

6. 修剪主视图

（1）分解所有图块。单击“默认”选项卡“修改”面板中的“分解”按钮，选择所有图块进行分解。

（2）修剪主视图。单击“默认”选项卡“修改”面板中的“修剪”按钮、“删除”按钮和“打断于点”按钮，对装配图进行细节修剪，所涉及知识不多，这只是一项烦琐、需要细心的工作，修剪后的结果如图 9-23 所示。

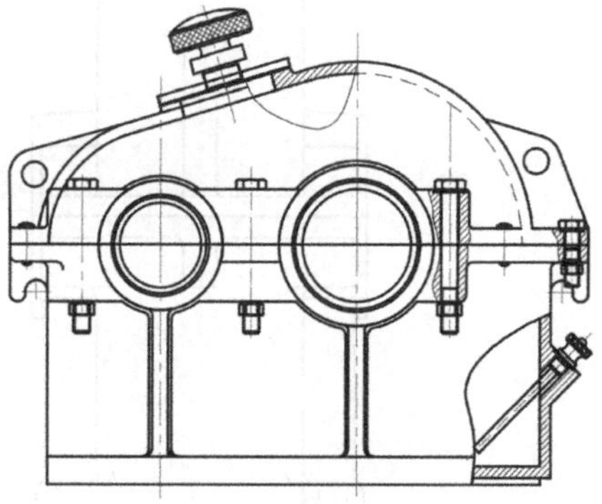

图 9-23　修剪主视图

7. 装配左视图

（1）插入“箱体左视图”图块。单击“插入”选项卡“块”面板中的“插入块”按钮，打开“插入”对话框，如图 9-24 所示。单击“浏览”按钮，弹出“选择图形文件”对话框，选择“箱体左视图.dwg”。单击“打开”按钮，返回“插入”对话框。“缩放比例”和“旋转”使用默认设置。单击“确定”按钮，结果如图 9-25 所示。

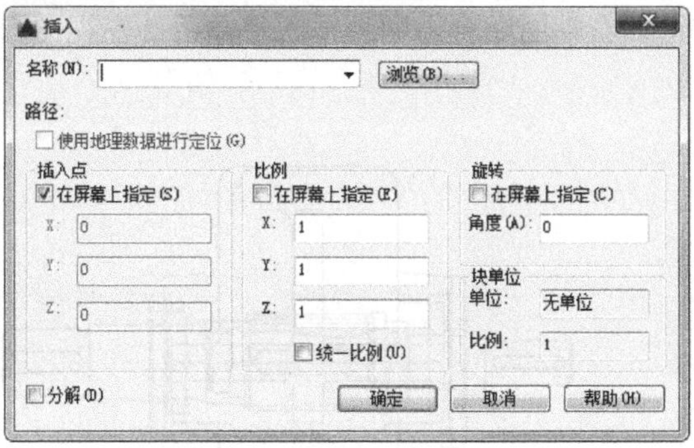

图 9-24　“插入”对话框

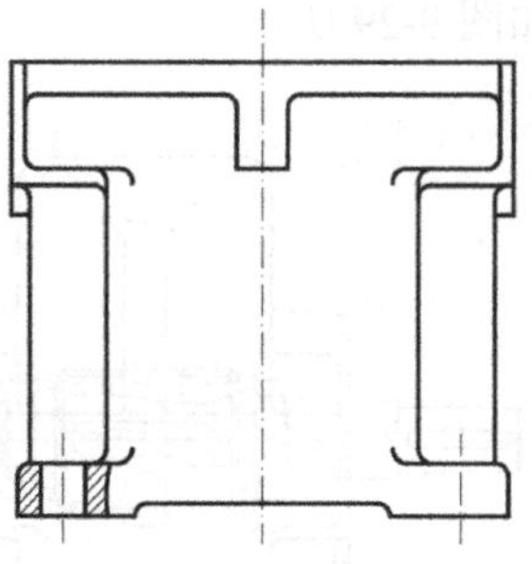

图 9-25　插入“箱体左视图”图块

（2）移动图块。移动箱体左视图，使之与主视图保持投影关系。

（3）插入“箱盖左视图”图块。继续执行插入块操作，打开“插入”对话框。单击“浏览”按钮，弹出“选择图形文件”对话框，选择“箱盖左视图.dwg”。设定插入属性，“插入点”设置为“在屏幕上指定”，“缩放比例”使用默认设置，单击“确定”按钮，如图 9-26 所示。

（4）插入“传动轴”图块。继续执行插入块操作，打开“插入”对话框。单击“浏览”按钮，弹出“选择图形文件”对话框，选择“传动轴.dwg”。设定插入属性，“插入点”设置为“在屏幕上指定”，“缩放比例”使用默认设置，单击“确定”按钮。

（5）移动图块。单击“默认”选项卡“修改”面板中的“移动”按钮，移动“传动轴”，使其左端距离中心线 69mm，位置如图 9-27 所示。

（6）插入“齿轮轴”。继续执行插入块操作，打开“插入”对话框。单击“浏览”按钮，弹出“选择图形文件”对话框，选择“齿轮轴.dwg”。设定插入属性，“插入点”设置为“在屏幕上指定”，“旋转”设置为 180，“缩放比例”使用默认设置，单击“确定”按钮。移动齿轮轴使其右端距离中心线 67mm，结果如图 9-28 所示。

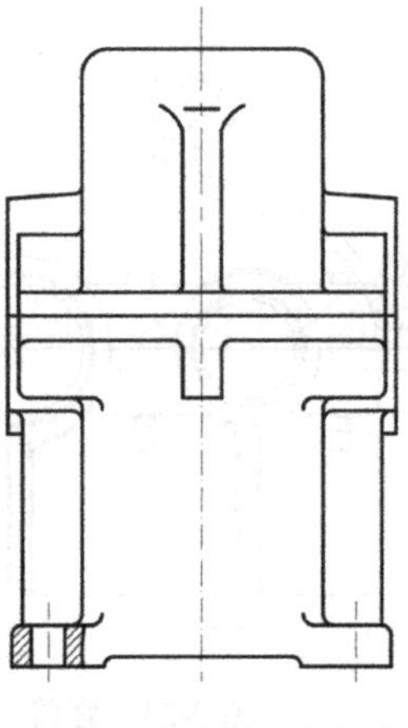

图 9-26　插入“箱盖左视图”图块

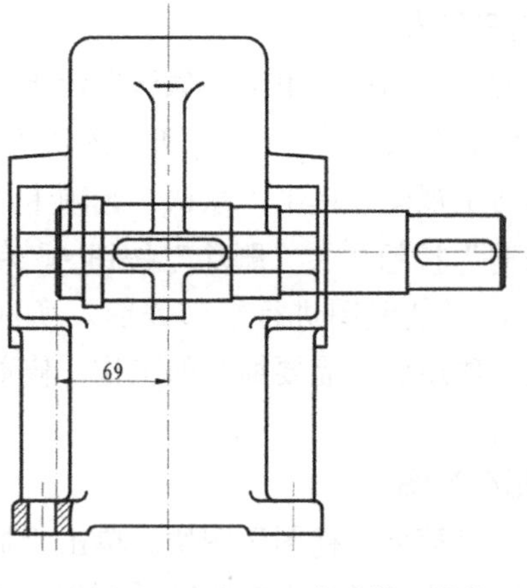

图 9-27　插入“传动轴”图块

（7）插入“端盖 1 左视图”图块。继续执行插入块操作，打开“插入”对话框。单击“浏览”按钮，弹出“选择图形文件”对话框，选择“端盖 1 左视图.dwg”。设定插入属性，“插入点”设置为“在屏幕上指定”，“旋转”设置为 90，“缩放比例”使用默认设置，单击“确定”按钮。将图块进行移动，使端盖与箱体右端面贴合。同理插入“端盖 2 左视图”，结果如图 9-29 所示。

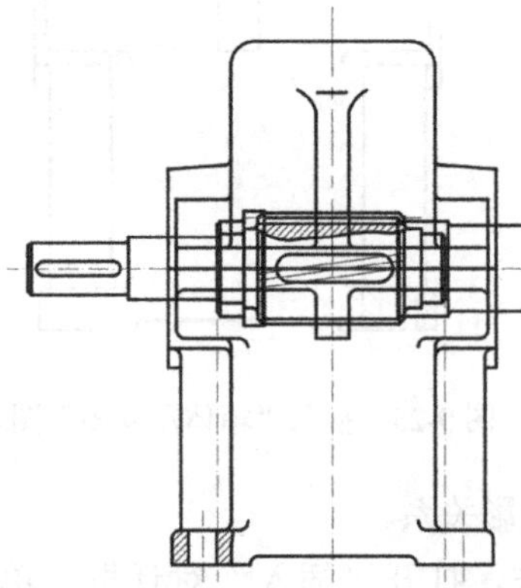

图 9-28　插入齿轮轴

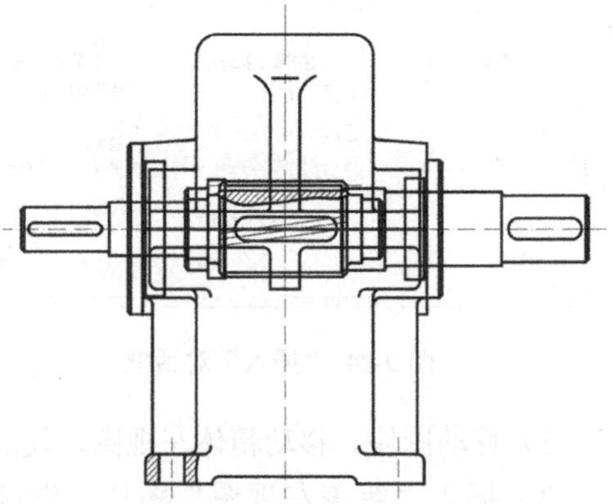

图 9-29　插入“端盖”图块

（8）镜像端盖。单击“默认”选项卡“修改”面板中的“镜像”按钮，选择插入的端盖，将其关于中心线镜像。结果如图 9-30 所示。

（9）插入其他减速器零件。仿照上面的方法，插入 2 个 M12 螺栓、垫片和螺母。结果如图 9-31 所示。

（10）插入圆头平键。仿照前面的方法插入传动轴平键和齿轮轴平键，结果如图 9-32 所示。

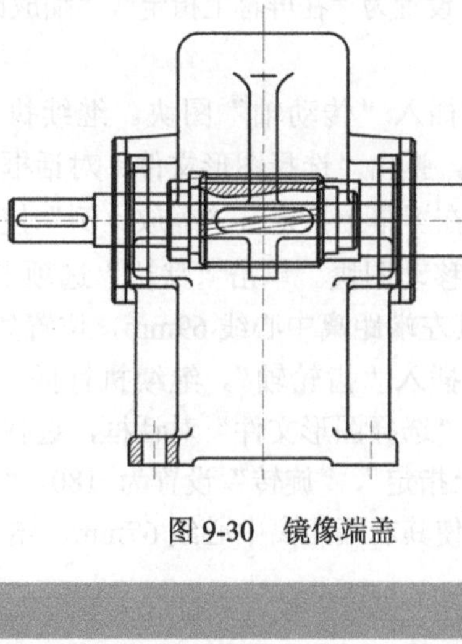

图 9-30　镜像端盖

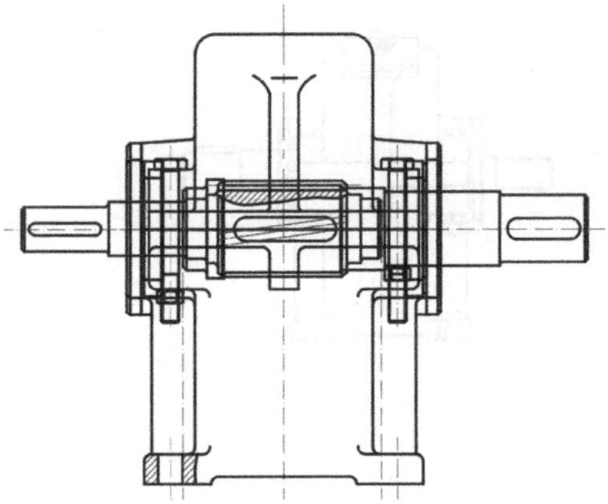

图 9-31　插入其他零件

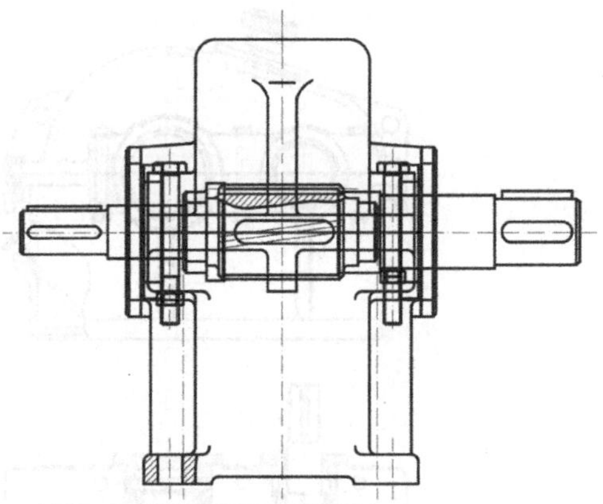

图 9-32　插入圆头平键

8. 修剪左视图

（1）分解所有图块。单击“默认”选项卡“修改”面板中的“分解”按钮，选择所有图块进行分解。

（2）修剪左视图。单击“默认”选项卡“修改”面板中的“修剪”按钮、“删除”按钮和“打断于点”按钮，对装配图进行细节修剪，由于所涉及知识不多，此处直接给出修剪后的结果，如图 9-33 所示。

（3）插入顶部通气器和视孔盖，结果如图 9-34 所示。

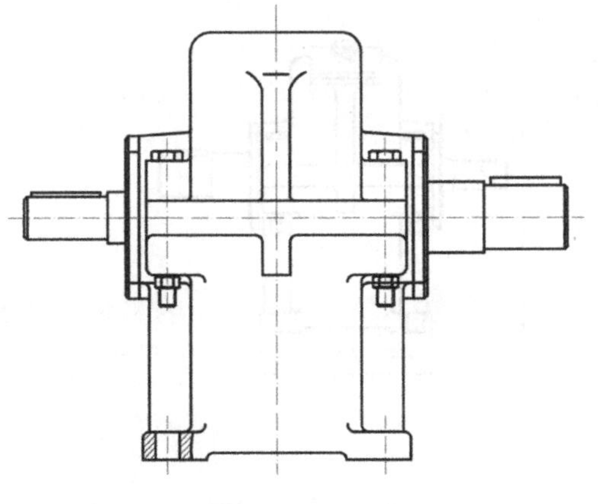

图 9-33　修剪减速器左视图装配图

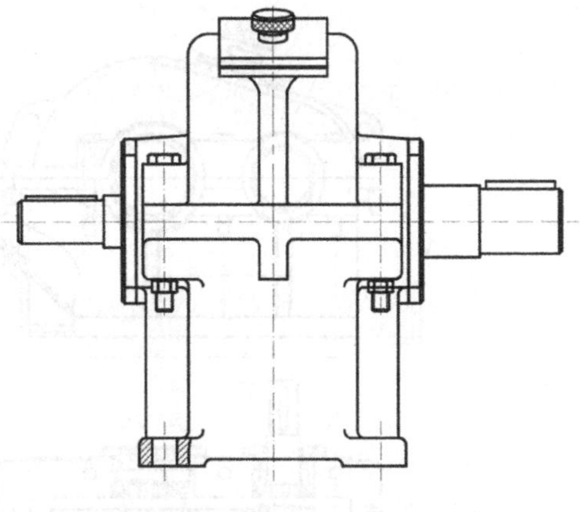

图 9-34　插入通气器和视孔盖

9. 修整总装图

将总装图按照三视图投影关系进行修整，结果如图 9-35 所示。

10. 标注装配图

（1）设置尺寸标注样式。单击“默认”选项卡“注释”面板中的“标注样式”按钮，打开“标注样式管理器”对话框，创建“机械制图标注”样式，各属性与前面章节设置相同，将其设置为当前使用的标注样式，并将“尺寸标注层”设置为当前图层。

（2）标注带公差的配合尺寸。单击“注释”选项卡“标注”面板中的“线性”按钮，标注小齿轮轴与小轴承的配合尺寸、小轴承与箱体轴孔的配合尺寸、大齿轮轴与大齿轮的配合尺寸、大齿轮轴与大轴承的配合尺寸以及大轴承与箱体轴孔的配合尺寸。

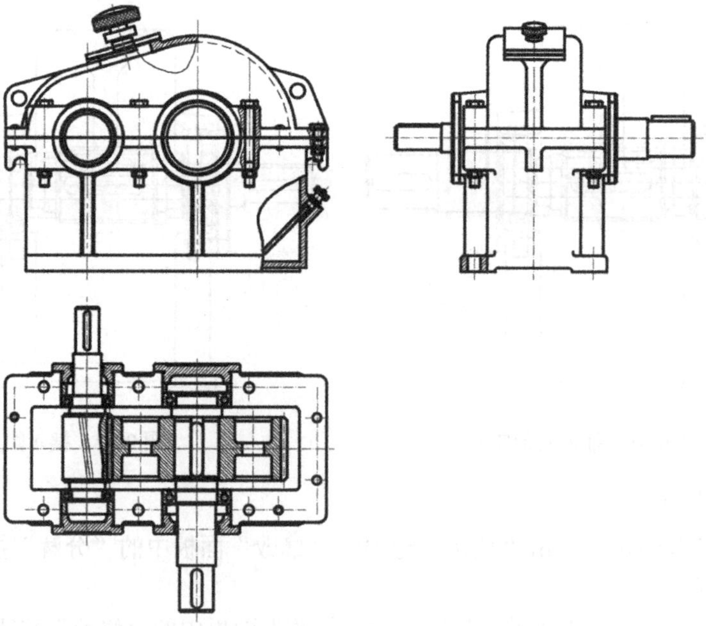

图 9-35　修整总装图

（3）标注零件号。在命令行中输入 QLEADER 命令，从装配图左上角开始，沿装配图外表面按顺时针方向依次为各个减速器零件编号，结果如图 9-36 所示。

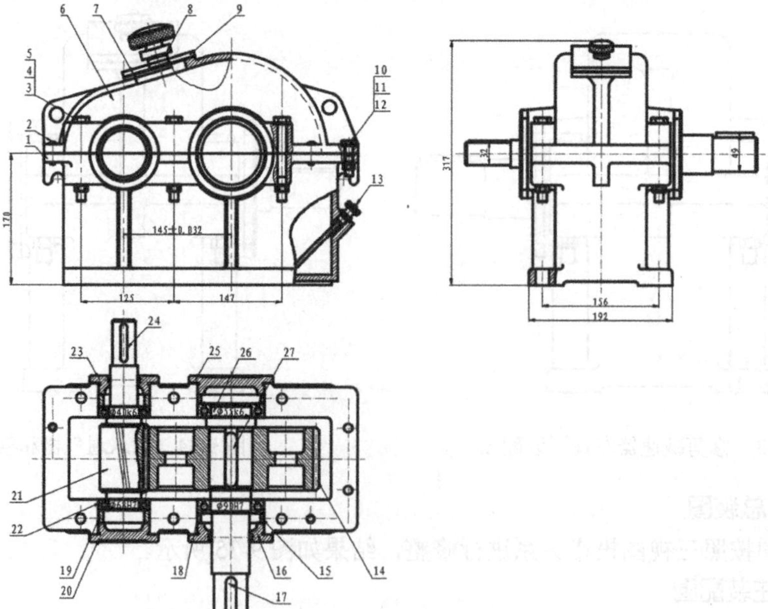

图 9-36　装配图零件编号

11. 填写标题栏和明细表

（1）填写标题栏。将“图框层”设置为当前图层，在标题栏中填写“装配图”。

（2）插入“明细表”图块。单击“默认”选项卡“绘图”面板中的“插入块”按钮，打开“插入”对话框，单击“浏览”按钮，打开“选择图形文件”对话框，选择“明细表.dwg”图块，单击“打开”按钮。返回“插入”对话框，设定“插入点”坐标为(835,45,0)，“比例”和“旋转”使用默认设置，单击“确定”按钮，结果如图 9-37 所示。至此，装配图绘制完毕。

27	平键16×70	1	Q275A	
26	传动轴	1	45	
25	大端盖	1	HT200	
24	平键8×50×7	1	Q275A	
23	小通盖	1	HT200	
22	小轴承	1	GCr40	
21	齿轮轴	1	45	
20	小端盖	1	HT200	
19	小定距环	1	Q235A	
18	大轴承	2	GCr40	
17	平键14×50	1	Q275A	
16	大通盖	1	HT200	
15	定距环	1	Q235A	
14	圆柱齿轮	1	45	
13	油标尺	1	Q235A	
12	垫圈	2	65Mn	GB93-87
11	螺母	2	5	GB6170-86
10	螺栓	2	5.9	GB5782-86
9	视口盖	1	Q215A	
8	通气器	1	Q235A	
7	垫片	1	石棉橡胶纸	
6	箱盖	1	HT200	
5	垫圈	6	65Mn	GB93-87
4	螺母	6	5	GB6170-86
3	螺栓	6	5.9	GB5782-86
2	圆锥销	2	35	GB117-86
1	箱体	1	HT200	
序号	名　称	数　量	材　料	备　注

制图					
校核				材 料	比 例
审定					
				共 张	第 张
				日 期	

图 9-37　插入“明细表”图块

【知识点详解】

1. 装配图的一般绘制过程

装配图的绘制过程与零件图比较相似，但又具有自身的特点，下面简单介绍装配图的一般绘制过程。

（1）在绘制装配图之前，同样需要根据图纸幅面大小和版式的不同，分别建立符合机械制图国家标准的若干机械图样模板。模板中包括图纸幅面、图层、使用文字的一般样式、尺寸标注的一般样式等，在绘制装配图时可以直接调用建立好的模板进行绘图，这样有利于提高工作效率。

（2）使用绘制装配图的绘制方法绘制完成装配图。

（3）对装配图进行尺寸标注。

（4）编写零部件序号。用快速引线标注命令 QLEADER 绘制编写序号的指引线及序号。

（5）绘制明细栏（也可以将明细栏的单元格创建为图块，用到时插入即可），填写标题栏及明细栏，注写技术要求。

（6）保存图形文件。

2. 装配图的绘制方法

（1）零件图块插入法。即将组成部件或机器的各个零件的图形先创建为图块，然后再按零件间的相对位置关系，将零件图块逐个插入，拼画成装配图的一种方法。

（2）图形文件插入法。由于在 AutoCAD2016 中，图形文件可以用插入块命令 INSERT

在不同的图形中直接插入，因此，可以用直接插入零件图形文件的方法来拼画装配图，该方法与零件图块插入法极其相似，不同的是此时插入基点为零件图形的左下角坐标（0,0），这样在拼画装配图时就无法准确地确定零件图形在装配图中的位置。为了使图形插入时能准确地放到需要的位置，在绘制完零件图形后，应首先用定义基点命令 BASE 设置插入基点，然后再保存文件，这样在用插入块命令 INSERT 将该图形文件插入时，就以定义的基点为插入点进行插入，从而完成装配图的拼画。

（3）直接绘制。对于一些比较简单的装配图，可以直接利用 AutoCAD 的二维绘图及编辑命令，按照装配图的画图步骤将其绘制出来。在绘制过程中，还要用到对象捕捉及正交等绘图辅助工具帮助我们进行精确绘图，并用对象追踪来保证视图之间的投影关系。

（4）利用设计中心拼画装配图。在 AutoCAD 设计中心中，可以直接插入其他图形中定义的图块，但是一次只能插入一个图块。图块被插入到图形中后，如果原来的图块被修改，则插入到图形中的图块也随之改变。

3. 装配图的内容

一幅完整的装配图应包括以下内容。

（1）一组视图。装配图由一组视图组成，用以表达各组成零件的相互位置和装配关系及部件或机器的工作原理和结构特点。

（2）必要的尺寸。必要的尺寸包括部件或机器的性能规格尺寸、零件之间的配合尺寸、外形尺寸、部件或机器的安装尺寸和其他重要尺寸等。

（3）技术要求。说明部件或机器的装配、安装、检验和运转的技术要求，一般用文字写出。

（4）零部件序号、明细栏和标题栏。在装配图中，应对每个不同的零部件编写序号，并在明细栏中依次填写序号、名称、件数、材料和备注等内容。标题栏与零件图中的标题栏相同。

4. 装配图的特殊表达方法

（1）沿结合面剖切或拆卸画法。在装配图中，为了表达部件或机器的内部结构，可以采用沿结合面剖切画法，即假想沿某些零件的结合面剖切。此时，在零件的结合面上不画剖面线，而被剖切的零件一般都应画出剖面线。

在装配图中，为了表达被遮挡部分的装配关系或其他零件，可以采用拆卸画法，即假想拆去一个或几个零件，只画出所要表达部分的视图。

（2）假想画法。为了表示运动零件的极限位置，或与该部件有装配关系但又不属于该部件的其他相邻零件（或部件），可以用双点划线画出其轮廓。

（3）夸大画法。对于薄片零件、细丝弹簧、微小间隙等，若按它们的实际尺寸在装配图中很难画出或难以明显表示时，均可不按比例而采用夸大画法绘制。

（4）简化画法。在装配图中，零件的工艺结构，如圆角、倒角、退刀槽等可不画出。对于若干相同的零件组，如螺栓连接等，可详细地画出一组或几组，其余只需用点划线表示其装配位置即可。

5. 装配图的尺寸

装配图与零件图在生产中的作用不同，对标注尺寸的要求也不相同。装配图只标注与机器或部件的规格、性能、装配、检验、安装、运输及使用等有关的尺寸。

（1）特性尺寸。表示机器或部件规格或性能的尺寸为特性尺寸。它是设计的主要参数，也是用户选用产品的依据。

（2）装配尺寸。表示机器或部件中与装配有关的尺寸为装配尺寸。它是装配工作的主要依据，是保证机器或部件的性能所必需的重要尺寸。装配尺寸一般包括配合尺寸、连接尺寸和重要的相对位置尺寸。

① 配合尺寸。配合尺寸是指相同基本尺寸的孔与轴有配合要求的尺寸，一般由基本尺寸和表示配合种类的配合代号组成。

② 连接尺寸。连接尺寸一般包括非标准件的螺纹连接尺寸及标准件的相对位置尺寸。对于螺纹紧固件，其连接部分的尺寸由明细表中的名称反映出来。

③ 相对位置尺寸。包括主要轴线到安装基准面之间的距离；主要平行轴之间的距离；装配后两零件之间必须保证的间隙。

（3）外形尺寸。表示机器或部件的总长、总宽和总高的尺寸为外形尺寸。它反映了机器或部件所占空间的大小，是包装、运输、安装以及厂房设计所需要的数据。

（4）安装尺寸。表示机器或部件与其他零件、部件、机座间安装所需要的尺寸为安装尺寸。

装配图中除上述尺寸外，设计中通过计算确定的重要尺寸及运动件活动范围的极限尺寸等也需要标注。

6. 装配图的零件序号、明细表和技术要求

为了便于读图和进行图样管理，以及做好生产准备工作，装配图中所有零部件都必须编写序号，且同一装配图中相同零部件只编写一个序号，并将其填写在标题栏上方的明细栏中。

（1）序号。

① 装配图中序号编写的常见形式。装配图中序号的编写形式有 3 种，如图 9-38 所示。

在所指的零部件的可见轮廓内画一圆点，然后从圆点开始画指引线（细实线），在指引线的末端画一水平线或圆（均为细实线），在水平线上或圆内注写序号，序号的字高应比尺寸数字大两号，如图 9-38（a）所示。

在指引线的末端也可以不画水平线或圆，直接注写序号，序号的字高应比尺寸数字大两号，如图 9-38（b）所示。

对于很薄的零件或涂黑的剖面，可用箭头代替圆点，箭头指向该部分的轮廓，如图 9-38（c）所示。

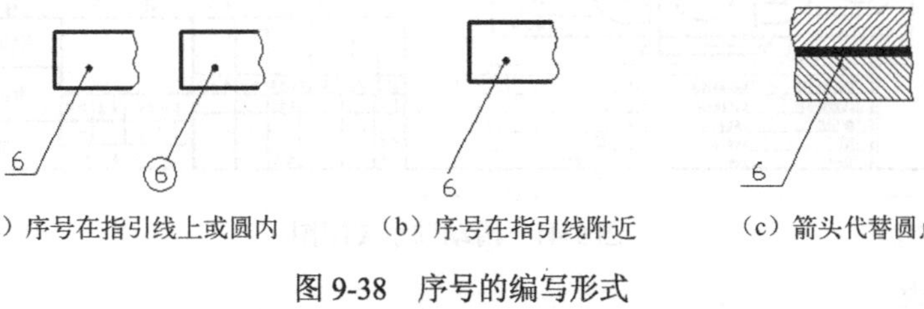

（a）序号在指引线上或圆内　（b）序号在指引线附近　（c）箭头代替圆点

图 9-38　序号的编写形式

② 编写序号的注意事项。指引线相互不能相交，不能与剖面线平行，必要时可以将指引线画成折线，但是只允许曲折一次，如图 9-39 所示。

序号应按照水平或垂直方向顺时针（或逆时针）方向顺次排列整齐，并尽可能均匀分布；一组紧固件以及装配关系清楚的零件组，可采用公共指引线，如图 9-40 所示。

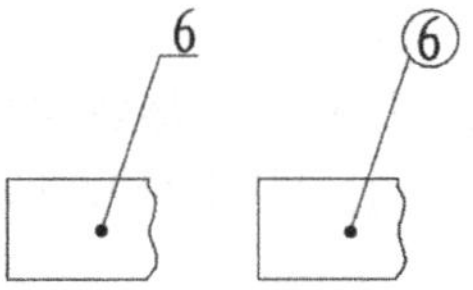

图 9-39　指引线为折线

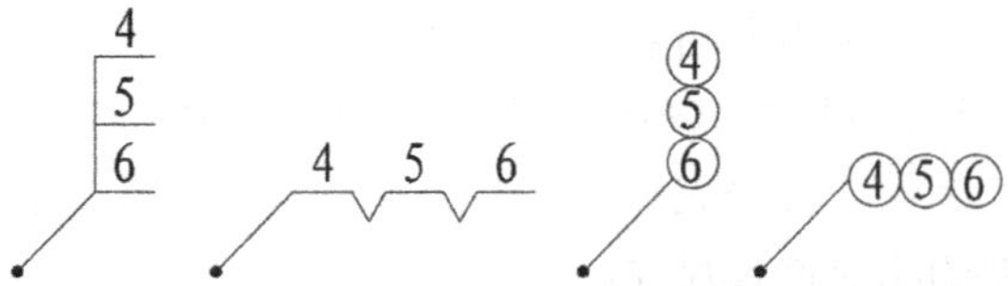

图 9-40　零件组的编号形式

装配图中的标准化组件（如滚动轴承、电动机等）可看作一个整体，只编写一个序号；部件中的标准件可以与非标准件同样地编写序号，也可以不编写序号，而将标准件的数量与规格直接用指引线标明在图中。

（2）明细表。明细表是说明零件序号、代号、名称、规格、数量、材料等内容的表格，画在标题栏的上方，外框为粗实线，内格为细实线，假如地方不够，也可将明细表分段依次画在标题栏的左方。

（3）技术要求。在装配图的空白处，用简明的文字说明对机器或部件的性能要求、装配要求、试验和验收要求、外观和包装要求、使用要求以及执行标准等内容。

任务二　模拟试题与上机实验

实验 1　绘制如图 9-41 所示的滑动轴承装配图

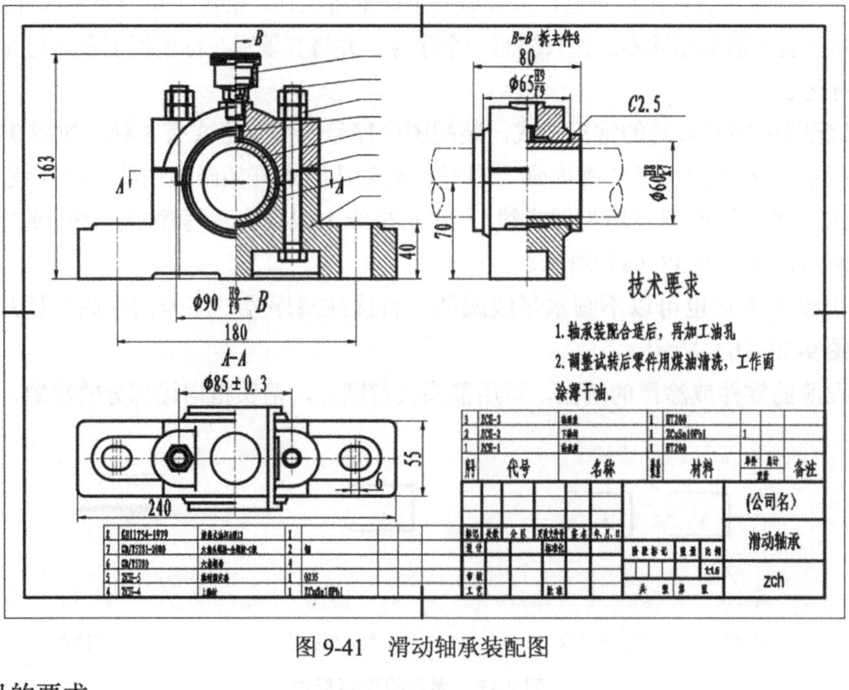

图 9-41　滑动轴承装配图

◆ 目的要求

装配图主要用于表达部件的结构原理和装配关系，是一种非常重要的工程图。在绘制时，主要利用插入图块的方法完成。本实验的目的是帮助读者深入掌握机械装配图的设计方法和技能。

◆ 操作提示

（1）设置图层，插入图框。

(2) 插入轴承座图块。

(3) 依次插入其他各个图块。

(4) 分解相关图块，修剪相关图线，理清相关图线在空间的位置关系。

(5) 标注图形尺寸。

(6) 标注零件序号。

(7) 绘制明细表。

(8) 填写技术要求。

(9) 填写标题栏。

实验 2　绘制如图 9-42 所示的手压阀装配图

◆ 目的要求

手压阀装配图由阀体、阀杆、手把、底座、弹簧、胶垫、压紧螺母、销轴、胶木球、密封垫零件图组成，将这些零件图的视图进行修改，制作成块，然后将这些块插入装配图中。本实验的目的是帮助读者深入掌握机械装配图的设计方法和技能。

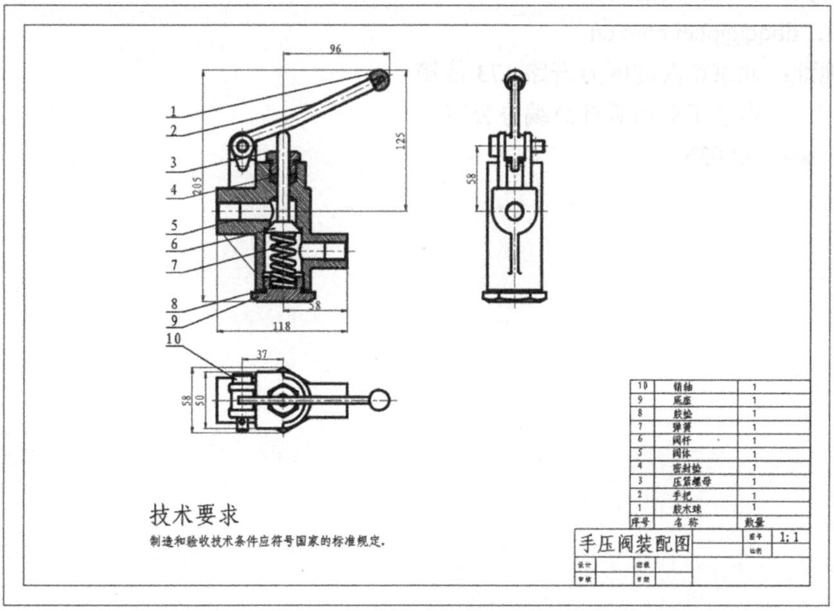

图 9-42　手压阀装配图

◆ 操作提示

(1) 设置图层，插入图框。

(2) 插入阀体图块。

(3) 依次插入其他各个图块。

(4) 分解相关图块，修剪相关图线，理清相关图线在空间的位置关系。

(5) 标注图形尺寸。

(6) 标注零件序号。

(7) 绘制明细表。

(8) 填写技术要求。

(9) 填写标题栏。

反侵权盗版声明

电子工业出版社依法对本作品享有专有出版权。任何未经权利人书面许可，复制、销售或通过信息网络传播本作品的行为；歪曲、篡改、剽窃本作品的行为，均违反《中华人民共和国著作权法》，其行为人应承担相应的民事责任和行政责任，构成犯罪的，将被依法追究刑事责任。

为了维护市场秩序，保护权利人的合法权益，本社将依法查处和打击侵权盗版的单位和个人。欢迎社会各界人士积极举报侵权盗版行为，本社将奖励举报有功人员，并保证举报人的信息不被泄露。

举报电话：（010）88254396；（010）88258888

传　　真：（010）88254397

E-mail：dbqq@phei.com.cn

通信地址：北京市海淀区万寿路 173 信箱

电子工业出版社总编办公室

邮　　编：100036